Cat: de Lyon N° 6491.

GÉOMÉTRIE
ÉLÉMENTAIRE
ET
PRATIQUE,
DE FEU M. SAUVEUR,
De l'Académie Royale des Sciences;

REVUE, CORRIGÉE ET AUGMENTÉE.

Par M. LE BLOND, Maître de Mathématique des Enfans de France, des Pages de la Grande Ecurie du Roi, &c.

PREMIERE PARTIE,
CONTENANT
LES ÉLÉMENS DE GÉOMÉTRIE.
AVEC FIGURES.

A PARIS,

Chez Ch. Ant. JOMBERT, Imprimeur-Libraire du Roi pour l'Artillerie & le Genie, rue Dauphine, à l'Image Notre-Dame.

___

M. DCC. LIV.

AVEC APPROBATION ET PRIVILEGE DU ROI.

AVERTISSEMENT.

Il y a long-tems que les deux Traités qui composent ce volume sont connus du Public, quoiqu'il soient ici imprimés pour la premiere fois. L'Auteur ne les avoit pas destinés à l'impression ; il avoit composé le premier, c'est-à-dire, les *Elémens de Géométrie*, pour les Enfans de France, auxquels il avoit l'honneur d'enseigner les Mathématiques, & il avoit fait graver les planches, comme moins faciles à copier que le discours.

Cet Ouvrage ayant été connu, sa méthode & sa clarté le firent adopter de la plûpart des Maîtres de Mathématique, qui en firent des copies pour l'expliquer à leurs Elèves. Ces copies se multiplierent ensuite d'une telle maniere que l'impression ne les auroit gueres rendu plus communes. Un Graveur de Paris en contrefit les planches, & malgré le peu de mérite de cette contrefaction, le débit en a été fort considérable.

Les planches de la *Géométrie pratique*, ou de la seconde Partie de ce volume, n'avoient point été gravées du vivant de M. Sauveur, parce qu'il en faisoit moins d'usage que de celles des Elémens ; elles le furent seulement après sa mort, par les soins de son fils aîné, Ingénieur du Roi, qui avoit formé le projet de faire imprimer ensemble ces deux Géométries. La mort ne lui en ayant pas permis l'exécution, il laissa les manus-

AVERTISSEMENT.

crits fur lefquels il avoit travaillé, & les planches, qui dès-lors étoient toutes gravées, à un de fes amis, des mains duquel, après un affez long efpace de tems, elles font parvenues dans les miennes. Je ne penfois gueres à en faire ufage, ou pour mieux dire, je les avois prefque entierement oubliées, lorfqu'un accident particulier, qui manqua de me les faire perdre, m'en renouvella le fouvenir.

Comme ces planches font au nombre de plus de cinquante, & qu'elles font très-bien gravées, pour empêcher que quelqu'autre inconvénient n'en prive abfolument le Public, & pour conferver les ouvrages aufquels elles appartiennent, qui nonobftant les bons Traités que l'on a fur les mêmes matieres, depuis la mort de M. Sauveur, peuvent encore être très-utiles, j'ai pris le parti de les céder à un Libraire qui s'eft chargé de l'impreffion de ces Ouvrages. Telle eft la circonftance qui m'en a rendu l'éditeur. Comme ils ont mérité l'approbation du Public, n'étant que manufcrits, & que bien des gens prennent encore la peine de les faire copier, malgré le peu d'exactitude des copies & la difficulté d'avoir les planches, j'efpere qu'on me fçaura quelque gré d'en avoir procuré l'impreffion.

Pour la rendre correcte & exacte, j'ai revû les manufcrits, ou les copies que M. Sauveur le fils s'étoit propofé de faire imprimer; j'ai ajoûté à plufieurs propofitions les démonftrations dont elles avoient befoin; j'ai mis des notes & des efpeces de fupplémens dans différens endroits, tant pour rectifier le texte que pour étendre quelques matieres traitées un peu trop brievement par l'Auteur. Il auroit été aifé de multiplier

AVERTISSEMENT.

ces augmentations, peut-être qu'on auroit dû le faire : mais en donnant ces deux Ouvrages, on n'a pas eu deſſein de s'écarter du plan de M. Sauveur, & d'y faire toutes les additions dont ils pouvoient être ſuſceptibles. On s'eſt borné ſeulement aux objets qui ont paru les plus utiles, ou les plus intéreſſans pour le plus grand nombre des lecteurs auſquels ce Livre peut particulierement convenir ; & même pour éviter tout ce qui pourroit les arrêter ou les embarraſſer, l'on a renvoyé dans les notes les démonſtrations un peu compliquées qu'on a ajoûté à cet ouvrage, afin qu'on puiſſe, ſi l'on veut, les paſſer plus aiſément, que ſi elles étoient inſérées dans le texte.

Ceux qui voudront prendre la peine de comparer les manuſcrits avec l'impreſſion, s'appercevront aiſément de ſes différens avantages ſur les meilleures copies. Les additions qu'on a cru devoir mettre dans le corps de l'ouvrage, ſont renfermées entre deux crochets de cette maniere [ ] ; pour les notes elles n'ont point de marques diſtinctives, parce qu'elles ſont entierement de l'Editeur.

L'ordre que M. Sauveur a ſuivi dans ſes Elémens de Géométrie, eſt à peu près celui de la Géométrie de *Port Royal* ou de M. Arnaud. Mais ſon Ouvrage eſt plus étendu & plus complet, parce qu'il y traite des ſolides, dont cet Auteur ne parle point. Comme M. Sauveur avoit beaucoup de netteté dans l'eſprit, & beaucoup d'expérience dans l'art d'enſeigner ; il a ſçû réunir enſemble le mérite ſi rare de la clarté, de la facilité & de la brieveté. Ce ſont, ſans doute, ces différentes qualités qui ont fait le ſuccès de ſes Elémens.

AVERTISSEMENT.

Quoiqu'il soit difficile d'en faire de plus courts, on y trouve néanmoins toutes les propositions vraiment Elémentaires, ou qui servent de bases aux différentes parties des Mathématiques.

L'Auteur donne d'abord un Traité abrégé des *rapports & des proportions*. Les démonstrations n'en sont pas aussi rigoureuses qu'on pourroit le desirer : d'ailleurs, comme il les donne par les nombres, elles ont le défaut de ne point être générales, mais il est aisé de les rectifier. On l'a fait ici pour les plus importantes ; il sera aisé de suivre la même méthode pour toutes les autres ; cette espece de supplément a paru trop facile pour l'ajoûter dans tous les endroits où il peut être utile.

La Géométrie Elémentaire qui est divisée en six Livres, suit le Traité précédent.

Le premier Livre contient les propriétés des lignes tirées sur un plan.

Le second traite des figures planes considérées par leur superficie ou par l'espace qu'elles renferment.

Le troisieme, de la mesure des figures planes, & du rapport de leurs superficies.

Le quatrieme, des lignes tirées hors un plan, & des sections des plans.

Le cinquieme, des figures solides considérées par leur superficie.

Et le sixieme, des figures solides considérées par leur solidité ou par l'espace qu'elles renferment.

Comme les propriétés des rapports & des proportions paroissent presque toujours difficiles aux commençans,

AVERTISSEMENT.

mençans, on pourroit, ainsi qu'on prétend que M. Sauveur le prescrivoit lui-même, étudier d'abord le premier Livre de la Géométrie jusqu'aux lignes proportionnelles exclusivement; passer ensuite au second, jusqu'aux figures semblables; voir dans le troisieme Livre tout ce qui peut s'entendre sans la connoissance des proportions. Le quatrieme Livre peut être passé dans une premiere lecture, à l'exception des définitions des lignes perpendiculaires & obliques à un plan, & de ce qui concerne les angles solides, dont on a besoin pour prendre une idée des solides dans les deux Livres suivans. On peut lire le cinquieme jusqu'au Théorême premier de la page 159, & le commencement du sixieme seulement.

Après cette premiere lecture on reviendra aux rapports & aux proportions; on en comprendra alors les propriétés avec bien plus de facilité qu'on ne l'auroit fait d'abord, & l'on verra ensuite dans une seconde lecture tout ce qui aura été obmis dans la premiere.

La Géométrie Pratique, qui forme la seconde partie de ce volume, est divisée en sept Livres.

Le premier contient un Traité abrégé des logarithmes.

La Trigonométrie rectiligne compose le second.

Le troisieme contient les usages du *Compas de proportion* & d'une regle proportionnelle que M. Sauveur appelle *logarithmique*.

Le quatrieme Livre traite de la construction des figures sur le papier & sur le terrein.

AVERTISSEMENT.

Le cinquieme, de *la Longimétrie* ou mesure des lignes, tant accessibles qu'inaccessibles, du nivellement, de la maniere de lever des plans & des cartes, &c.

Le sixieme, de *la Planimétrie* ou mesure des surfaces.

Et le septieme, de *la Stéréométrie* ou mesure des solides.

Toutes ces différentes matieres sont traitées avec le même ordre & la même clarté que les Elémens de Géométrie.

L'Auteur, dans tout cet ouvrage, est un maître éclairé qui conduit l'opérateur surement, en lui rendant raison de toutes les opérations qu'il lui fait exécuter. Cet avantage qu'on ne trouve pas dans toutes les Géométries Pratiques, est très-essentiel pour former de bons Praticiens : car, comme le dit un sçavant Académicien, *il est certain qu'on ne nous instruit jamais mieux que lorsqu'on nous fait au moins entrevoir les raisons des choses qu'on nous explique. La pratique est comparable à la main qui travaille, pendant que la théorie tient lieu de l'esprit qui dirige avec lumiere.* (a)

Aussi la Géométrie Pratique de M. Sauveur a-t elle toujours été fort estimée, le grand nombre de copies qu'il y en a dans le Public en est une preuve. Elle laisse peu de choses à desirer sur le détail des opérations qui s'exécutent sur le papier & sur le terrain : & les différens ouvrages qu'on a déja sur la même matiere ne la rendront pas moins utile.

Pour que l'on trouve sans peine les propositions

(*a*) Préface du *nouveau Traité de navigation*, par M. Bouguer.

AVERTISSEMENT.

qui fervent à la démonftration des autres, on les a toutes marquées par des chiffres placés au commencement. On a mis dans le corps de l'ouvrage des renvois à ces chiffres, pour indiquer les propofitions qui fervent de fondement à chaque démonftration.

Si le Public defire les autres ouvrages de M. Sauveur, on pourra les lui donner dans la fuite. Les principaux font un Traité de Méchanique & un Traité de Fortification.

Quoiqu'il y ait beaucoup de copies de ces ouvrages, ils ont befoin néanmoins d'être retouchés avec foin avant d'être livrés à l'impreffion, principalement la Méchanique, qui eft trop abrégée, & qui exige des fupplémens affez étendus. Elle eft divifée en quatre Livres.

Le premier Livre traite du mouvement des corps durs ou fans reffort.

Le fecond, du mouvement produit par la pefanteur. L'Auteur y donne la théorie du jet des bombes d'une maniere très-claire & très-facile.

Le troifiéme Livre traite des machines propres à communiquer ou à arrêter le mouvement.

Et le quatriéme applique au mouvement des corps fluides, les principes expliqués dans les Livres précédens.

Le Traité de Fortification eft également divifé en quatre Livres.

AVERTISSEMENT.

Dans le premier, l'Auteur donne tout ce qui appartient à l'enceinte commune des Places, c'est-à-dire qu'il traite du rempart, du fossé & du chemin couvert, sans égard à la figure de cette enceinte.

Dans le second, il examine quelle doit être la figure de l'enceinte, & il traite ensuite des principaux systêmes de Fortification.

Le troisiéme a pour objet la construction des dehors & des Citadelles.

Et le cinquiéme, la fortification irréguliere.

ÉLOGE
DE M. SAUVEUR,
PAR M. DE FONTENELLE,

Tiré de l'Histoire de l'Académie Royale des Sciences, année 1716.

Joseph Sauveur naquit à la Fléche le 24 Mars 1653, de Louis Sauveur, Notaire, & de Renée des Hayes, qui étoient alliés aux meilleures familles du pays. Il fut absolument muet jusqu'à l'âge de sept ans, par le défaut des organes de la voix, qui ne commencerent à se débarrasser qu'en ce tems-là, mais lentement & par dégrés, & n'ont jamais été bien libres.

On le mit au Collége des Jésuites. Il n'étoit gueres propre à y briller, il ne parloit qu'avec beaucoup de peine, & en avoit encore plus à apprendre par cœur. Sa mémoire se refusoit à tout ce qui n'est que de pure mémoire, & ne saisissoit rien qu'avec le secours du jugement. Il fut extrêmement négligé d'un premier Régent qu'il eut, & n'avança gueres sous lui. Il fit beaucoup mieux sous un second, qui démêla ce qu'il valoit. On ne peut gueres blâmer le premier, & il faut beaucoup louer le second.

Les Oraisons de Ciceron, les Poësies de Virgile, que sa Rhétorique fit passer en revûe devant lui, ne le toucherent point ; par hazard l'Arithmétique de Pelletier du Mans se présenta, il en fut charmé, & l'apprit seul.

Sa passion naissante pour les Sciences, lui en donna une

violente pour venir à Paris, car il ne sentoit que trop tout ce qui lui manquoit à la Fléche. Il avoit un oncle Chanoine & Grand-Chantre de Tournus ; il prit le dessein d'aller le trouver, pour en obtenir une pension qui le mît en état de subsister à Paris.

Sa famille le destinoit à l'Eglise, & dans cette vûe l'oncle lui accorda la pension pour étudier en Philosophie & en Théologie à Paris. Pendant sa Philosophie il apprit en un mois, & sans maître, les six premiers Livres d'Euclide ; ce qui étoit fort différent de ce qu'on lui enseignoit, quoique rien n'y dût appartenir davantage. Cet essai & ce succès ne firent qu'irriter son goût pour les Mathématiques, & il leur donna une application que la Philosophie Scholastique ne pouvoit obtenir de lui. La Théologie des Ecoles lui ressembloit trop pour être mieux traitée, il l'abandonna bientôt ; & pour ne sortir de son goût que le moins qu'il étoit possible, il se destina à la Médecine, & fit un cours d'Anatomie & de Botanique. Il alloit aussi fort assiduement aux conférences de M. Rohaut, qui en ce tems-là aidoient à familiariser un peu le monde avec la vraie Philosophie.

M. Sauveur connut alors M. de Cordemoi, Lecteur de Monsieur le Dauphin, & habile Philosophe, qui parla de lui à M. l'Evêque de Condom, depuis Evêque de Meaux, Précepteur du jeune Prince. Ce Prélat voulut voir M. Sauveur; il le tourna sur plusieurs matieres de Physique, le sonda, & le connut bien. Il lui donna un conseil qui ne pouvoit partir que d'un homme d'esprit, ce fut de renoncer à la Médecine. Il jugea qu'il auroit trop de peine à y réussir avec un grand sçavoir, mais qui alloit trop directement au but, & ne prenoit point de tours, avec des raisonnemens justes, mais secs & concis, où le peu qui en restoit par une nécessité absolue, étoit dénué de grace. En effet, un Médecin a presque aussi souvent affaire à l'imagination de ses malades qu'à leur poitrine ou à leur foie, & il faut sçavoir traiter cette imagination, qui demande des spécifiques particuliers.

Encore une chose détermina M. Sauveur à suivre le sage conseil de M. de Condom. Son oncle qui vit qu'il ne pensoit plus à l'Etat Ecclésiastique, fit scrupule de lui continuer une pension qu'il prenoit sur les revenus de son bénéfice; & comme le jeune Etudiant en Médecine étoit encore bien éloigné d'en pouvoir tirer aucun secours, il se tourna entierement du côté des Mathématiques, & se résolut à les enseigner.

Les Géométres, qui encore aujourd'hui ne sont pas communs, l'étoient encore beaucoup moins; c'étoit un titre assez singulier, & qui par lui-même attiroit l'attention; le peu qu'il y en avoit dans Paris, n'étoient que des Géométres de cabinet, séquestrés du monde. M. Sauveur, au contraire, s'y livroit, & cela dans le tems heureux de la nouveauté. Quelques Dames même aiderent à sa réputation, une principalement qui logeoit chez elle le célébre la Fontaine, & qui goûtant en même tems M. Sauveur, prouvoit combien elle étoit sensible à toutes les différentes sortes d'esprit. Il devint donc bientôt le Géométre à la mode, & il n'avoit encore que vingt-trois ans, lorsqu'il eut un écolier de la plus haute naissance, mais dont la naissance est devenue le moindre titre, le Prince Eugene.

Un Etranger de la premiere qualité voulut apprendre de lui la Géométrie de Descartes, mais le Maître ne la connoissoit point encore. Il demanda huit jours pour s'arranger, chercha bien vîte le livre, se mit à étudier, & plus encore par le plaisir qu'il prenoit que parce qu'il n'avoit pas de tems à perdre, il y passoit les nuits entieres, laissoit quelquefois éteindre son feu, car c'étoit en hiver, & se trouvoit le matin transi de froid, sans s'en être apperçu.

Il lisoit peu, parce qu'il n'en avoit gueres le loisir, mais il méditoit beaucoup, parce qu'il en avoit le talent & le goût. Il retiroit son attention des conversations inutiles, pour la placer mieux, & mettoit à profit jusqu'au tems d'aller & de venir par les rues. Il devinoit, quand il en avoit besoin, ce qu'il eût trouvé dans les livres, & pour s'épargner la peine de les chercher & de les étudier, il se les faisoit.

La Chaire de Ramus pour les Mathématiques, qui se donne au concours, étant venue à vaquer au Collége Royal, il se prépara à entrer dans la lice, mais il apprit qu'il falloit commencer le combat par une harangue : la difficulté de la faire, & plus encore celle de l'apprendre par cœur, lui firent abandonner l'entreprise.

Un Géomètre entierement renfermé dans sa Géométrie, n'attendoit certainement aucune fortune du jeu, cependant la Bassette fit plus de bien à M. Sauveur qu'à la plûpart de ceux qui y jouoient avec tant de fureur. M. le Marquis de Dangeau lui demanda en 1678 le calcul des avantages du banquier contre les pontes ; il le fit, au grand étonnement de quantité de gens, qui voyoient nettement évalué en nombres précis ce qu'ils n'avoient entrevu qu'à peine & avec beaucoup d'obscurité. Comme la Bassette étoit fort à la mode à la Cour, elle contribua à y mettre M. Sauveur, qui fut heureux d'avoir traité un sujet aussi intéressant. Il eut l'honneur d'expliquer son calcul au Roi & à la Reine. On lui demanda ensuite ceux du Quinquenove, du Hoca, du Lansquenet, jeux qu'il ne connoissoit point, & dont il n'apprenoit les régles que pour les transformer en équations algébriques, où les joueurs ne les connoissoient plus. Il a paru long-tems après un grand ouvrage d'une autre main, sur les *Jeux de hazard*, qui paroît en avoir épuisé tout le Géométrique.

En 1680 il fut choisi pour être maître de Mathématiques des Pages de Madame la Dauphine. Pendant un voyage de Fontainebleau, M. le Maréchal de Bellefonds l'engagea à faire un petit cours d'Anatomie pour les Courtisans. Il sortoit de sa sphére ordinaire, mais non pas de celle de son sçavoir. On dit que toute la Cour alloit l'entendre, mais je crains qu'on ne fasse trop d'honneur à toute la Cour.

Il alla à Chantilli avec M. Mariote en 1681, pour faire des expériences sur les eaux ; on sçait combien elles peuvent fournir d'occupation à un Mathématicien. Il fut connu du grand Prince Louis de Condé, dont l'ingénieuse & vive curiosité se portoit à tout ; il prit beaucoup de goût & d'affection pour M. Sauveur, il le faisoit venir souvent de Paris à Chantilli, & l'honoroit de ses lettres. Un jour que M. Sauveur entretenoit le Prince sur quelque matiere de science en présence de deux autres sçavans, ou qui faisoient profession de l'être, ils lui cou-

perent

perent la parole, ce qui n'étoit jamais difficile, & se mirent à expliquer ce qu'il avoit entrepris. Quand ils eurent fini, M. le Prince leur dit : *Vous avez cru que Sauveur ne s'entendoit pas bien, parce qu'il parle avec peine ; mais je le suivois, & l'entendois parfaitement. Vous m'avez parlé beaucoup plus éloquemment que lui, mais je ne vous ai pas compris, & peut-être ne vous comprenez-vous pas vous-mêmes.*

Il prit le tems de ses voyages de Chantilli pour travailler à un Traité de Fortification : quel oracle n'avoit-il pas là ! Cependant quelques années après, se défiant de la simple spéculation qu'il avoit sur ces matieres, il y voulut joindre la pratique, & même la plus périlleuse. Il alla au siége de Mons en 1691, & il y montoit tous les jours la tranchée ; il exposoit sa vie, seulement pour ne négliger aucune instruction ; & l'amour de la science étoit devenu en lui un courage guerrier. Le siége fini, il visita toutes les places de Flandre ; il apprit le détail des évolutions militaires, les campemens, les marches d'armée, enfin tout ce qui appartient à l'art de la guerre, où l'intelligence a pris un rang au-dessus de la valeur même. On ne connoissoit gueres que lui de Mathématicien à la Cour, & les Mathématiques n'y étoient gueres connues que par lui. Et comme en ce pays-là la vogue est plus universelle que partout ailleurs, & que heureusement pour ce siécle, il n'y a plus d'éducation bien entendue sans Mathématiques, il a eu l'honneur de les montrer à tous les jeunes Princes & aux Enfans de France. Ce seroit une affectation inutile que d'enfler cet éloge du dénombrement de tous ces grands noms : il seroit inutile aussi de rapporter en détail la plûpart de ses différens travaux, des Méthodes abrégées pour les grands calculs, des Tables pour la dépense des jets d'eau, les Cartes des côtes de France, qu'il réduisit par ordre de M. de Seignelai à la même échelle, & orienta de même façon, & qui composent le premier volume du *Neptune François* ; le rapport des poids & des mesures de différens pays, une maniere de jauger avec beaucoup de facilité & de précision toutes sortes de tonneaux, un Calendrier universel & perpétuel, qui découvrit la fausseté d'un titre qu'on donnoit pour ancien, & fit condamner les

ï

faussaires, &c. On ne pourroit faire sentir que par une trop grande discussion, la difficulté & le prix de ces sortes d'ouvrages, que n'estiment peut-être pas assez ceux qui ne se plaisent que sur la cime la plus élevée de la théorie. M. Sauveur ne faisoit gueres cas que des Mathématiques utiles, effet de sa solidité naturelle d'esprit, & peut-être aussi de l'habitude d'enseigner, car on ne mene pas des écoliers si loin, surtout ceux qu'il avoit. Il demandoit presque pardon de s'être amusé aux Quarrés magiques, qu'il avoit poussés au dernier degré de spéculation. Il faut même convenir qu'il n'étoit pas trop prévenu en faveur des nouveaux Géométres de l'infini, qu'il appelloit *Infinitaires*, comme font ceux qui ne veulent pas trop les exalter; ce n'est pas qu'il n'entendît bien leurs méthodes, & ne s'en servît même en cas de besoin, mais enfin il y a des goûts jusques dans la Géométrie, & les hommes forcés à être d'accord sur le fond, trouvent encore le secret de se partager ou sur le choix des vérités différentes, ou sur les moyens de parvenir aux mêmes vérités ; il en revient à la vérité en général l'avantage d'être recherchée, quelle qu'elle soit, & envisagée de tous les sens.

En 1686 M. Sauveur eut une Chaire de Mathématiques au Collége Royal; la Harangue n'y mit point d'obstacle, car comme il avoit alors un grand nom, il osa la lire. Il n'avoit écrit aucun des Traités qu'il dicta; ces matieres qui se lient par la raison, & n'ont point besoin de mémoire, étoient si présentes à son esprit & si bien arrangées dans sa tête, qu'il n'avoit qu'à les laisser sortir. Des copistes alloient écrire sous lui pour vendre ses Traités, lui-même en achetoit un exemplaire à la fin de chaque année. Quelquefois quand il trouvoit des auditeurs attentifs & intelligens, il se laissoit emporter au plaisir de les instruire; & leur auroit donné toute la journée sans s'en appercevoir, si un domestique accoutumé à corriger ses distractions, ne l'eût averti qu'il avoit affaire ailleurs.

Il entra dans l'Académie en 1696, déja rempli d'un grand dessein qu'il méditoit, d'une science presque toute nouvelle qu'il vouloit mettre au jour, de son Acoustique, qui doit être, pour ainsi dire, en regard avec l'Optique. C'est un bonheur préfentement affez rare que de découvrir des pays inconnus, mais c'eft un grand travail que de les défricher. Il n'avoit ni voix, ni oreille, & ne fongeoit plus qu'à la Mufique ; il étoit réduit à emprunter la voix ou l'oreille d'autrui, & il en rendoit en échange des démonftrations inconnues aux Muficiens. Il confulta fouvent & utilement fur toutes les parties de fon fyftême Monfeigneur le Duc d'Orléans, qui avoit appris les Mathématiques de lui, & qui fçavoit parfaitement la Mufique, parce que c'eft un des beaux Arts. Le difciple s'acquitta, du moins en partie, avec fon maître : une nouvelle langue de Mufique, plus commode & plus étendue, un nouveau fyftême des fons, un monocorde fingulier, un échométre, le fon fixe, les nœuds des ondulations, ont été les fruits des recherches de M. Sauveur ; il les avoit pouffées jufqu'à la Mufique des anciens Grecs & Romains, des Arabes, des Turcs & des Perfans, tant il étoit jaloux que rien ne lui échappât de cette fcience des fons, dont il s'étoit fait un empire particulier. Nous avons trop parlé de fes découvertes dans nos hiftoires, pour en rien répéter ici. Jamais la mort d'un Sçavant ne fait tant de tort aux fciences que quand elle interrompt des entreprifes de longue fuite ; un grand nombre de vûes & un certain fil d'idées, précieux, & quelquefois unique, périffent avec le premier inventeur.

M. de Vauban qui étoit chargé du foin d'examiner les Ingénieurs fur un art qu'on n'avoit appris que de lui, ayant été fait Maréchal de France en 1703, il propofa au Roi M. Sauveur pour cet examen, qui ne convenoit plus à fa dignité : on fçait de quel poids étoit fon témoignage, non feulement par fes lumieres, mais par fon zéle pour le bien du fervice. M. Sauveur fut agréé par le Roi, & honoré d'une penfion. Il retranchoit de fa fonction d'Examinateur tout le formidable inutile ou même nuifible que d'autres y auroient pû mettre, & n'y confervoit qu'une attention douce, mais fine & pénétrante ; quelquefois les Ingénieurs fortoient d'une fimple converfation examinés, fans avoir cru l'être.

Quoique M. Sauveur eût toujours joüi d'une bonne fanté, & parût être d'un tempéramment robufte, il fut emporté en deux jours par une fluxion de poitrine; il mourut le 9 Juillet 1716, en sa soixante-quatrième année.

Il a été marié deux fois. Il a eu du premier lit deux fils Ingénieurs ordinaires du Roi, & Officiers dans les troupes; & du second, un fils & une fille (a). M. Sauveur n'avoit point de présomption: je lui ai oüi dire que ce qu'un homme peut en Mathématiques, un autre le pouvoit aussi; la proposition n'est peut-être pas vraie, mais elle est modeste dans la bouche d'un grand Mathématicien, car un médiocre auroit voulu tout égaler. Il avoit beaucoup de peine à se contenter sur ses ouvrages, & il falloit qu'il les éloignât de ses yeux & se les arrachât lui-même pour cesser d'y retoucher. Il étoit officieux, doux, & sans humeur, même dans l'intérieur de son domestique. Quoiqu'il eût été fort répandu dans le monde, sa simplicité & son ingénuité naturelles n'en avoient point été altérées, & le caractere mathématique avoit toujours prévalu.

(a) [Il ne reste actuellement des enfans de M. Sauveur que ceux du second lit. Le fils (M. l'Abbé Sauveur) Conseiller au Parlement de Paris, a fait voir à l'Académie des Sciences une méthode de son invention, pour déterminer au jeu de quadrille quelle est la probabilité de gagner sans prendre plusieurs jeux différens: on a trouvé, dit l'Historien de l'Académie, que la matiere épineuse & délicate des combinaisons étoit très-bien entendue dans cet ouvrage. Il a aussi donné un Calendrier perpétuel, dont l'Académie a trouvé la forme nouvelle, simple, ingénieuse & commode. *Voyez l'Histoire de l'Académie des Sciences, année 1728 & 1732.*]

ELEMENS

ÉLEMENS
DE
GÉOMETRIE.

DEFINITIONS DE QUELQUES
Propositions dont on se sert dans la Géometrie.

1. EFINITION. On appelle ainsi l'expliquation d'un mot ou d'une chose, qui en donne une idée si claire, qu'on ne peut confondre sa signification avec d'autres mots ou d'autres choses.

2. AXIOME, est une proposition si claire, qu'elle n'a pas besoin de démonstration.

3. THEOREME, est une proposition dont il faut prouver la vérité.

4. PROBLEME, est une proposition par laquelle il s'agit de faire quelque chose, & d'en démontrer ensuite l'exécution.

5. COROLLAIRE, est une suite ou une conséquence d'une Proposition.

6. LEMME, est une Proposition qu'on démontre pour servir immédiatement à quelques propositions suivantes.

7. On appelle *grandeur* ou *quantité*, tout ce qui peut être

ELEMENS

augmenté ou diminué, ou en géneral toutes les choses susceptibles d'accroissement & de décroissement.

Principaux Axiomes dont on se sert dans la Géometrie.

I.

8. Le *tout* est plus grand que sa partie, & il est égal à toutes ses parties prises ensemble.

II.

9. Les choses égales à une même chose, sont égales entr'elles.

III.

10. Si de choses égales, on en retranche d'autres choses égales, ou si on leur en ajoûte d'égales, les *differences* ou les *sommes* seront égales.

IV.

11. Les produits composés de mêmes nombres de grandeurs ou de quantités égales, sont égaux ; de même que les *quotiens* des nombres égaux, divisés par d'autres nombres aussi égaux entr'eux, sont égaux.

Comme il est nécessaire de sçavoir l'extraction des Racines quarrée & cubique, pour entendre le Livre suivant, on ajoûte ici la maniere de faire ces opérations, afin que ceux qui sçavent les quatre premieres Régles generales de l'Arithmétique, puissent entendre l'Ouvrage de M. Sauveur, sans avoir besoin d'autre secours.

De l'extraction de la Racine quarrée.

12. Le *quarré* d'un nombre est le produit de ce nombre par lui-même.

Ainsi le quarré de 7 est 49, parce que 7 multiplié par 7, donne 49.

Le nombre que l'on multiplie par lui-même, se nomme la *racine quarrée* du produit ; de sorte que 7 est la racine quarrée de 49. 6 est la racine quarrée de 36, &c.

13. Il suit de la définition précedente, que la racine quarrée d'un nombre est un autre nombre, qui étant multiplié par lui-même, donne pour produit le nombre proposé. Ainsi chercher

DE GEOMETRIE.

ou *extraire* la racine quarrée d'un nombre, c'est chercher un autre nombre, qui étant multiplié par lui-même, donne le nombre proposé.

L'opération de quarrer un nombre est toujours aisée, puisqu'il ne s'agit que de le multiplier par lui-même; mais il y a un peu plus de difficulté pour en extraire ou découvrir la racine. On va d'abord en donner la pratique, & l'on expliquera ensuite les principes qui servent à la démontrer. Mais avant d'opérer, il faut sçavoir par cœur les quarrés des 9 chiffres. On les met ici sous leur racine.

Racines.	1	2	3	4	5	6	7	8	9
Quarrés.	1	4	9	16	25	36	49	64	81

14. Soit le nombre 1156, dont il faut extraire la racine quarrée.

On le partagera en tranches de deux en deux chiffres, en allant de droite à gauche, ce que l'on fait avec des virgules ou de petites lignes droites. Lorsque les chiffres qui composent le quarré, sont en *nombre impair*, ou qui ne peut être divisé par 2, la derniere tranche de la gauche n'a qu'un chiffre.

$$\begin{array}{r} \text{Rac.} \\ 11,56 \quad 34 \\ 9 \\ \hline 2,56 \\ 64 \\ \hline 00 \end{array}$$

On prend la racine du plus petit quarré contenu dans la derniere tranche à gauche, c'est-à-dire, dans cet Exemple, la racine du plus grand quarré contenu dans 11; ce quarré est 9 dont la racine est 3, qu'on pose au quotient, comme dans la Division ordinaire. On quarre 3, & l'on pose son quarré 9 sous le chiffre de la droite de la premiere tranche (lorsque ce quarré contient deux chiffres, on les pose sous les deux chiffres de cette tranche). On ôte ensuite le quarré de 3 de 11, & l'on pose le reste 2 sous le quarré 9.

On abbaisse la tranche suivante 56 à côté du reste 2, ce qui fait 2,56. On double le chiffre 3 du quotient, & on le pose ainsi doublé sous le chiffre de la droite de la tranche, qu'on vient d'abbaisser. On cherche ensuite, comme dans la Division, combien le reste de la premiere tranche joint à celui de la gauche de la derniere, contient de fois 6. On trouve 4, qu'on pose au

A ij

quotient à côté de 3, & encore sous le chiffre 6 de la tranche qu'on vient d'abbaisser, ce qui donne 64 pour diviseur de 256. On multiplie le diviseur 64 par 4, & l'on retranche son produit de 256, de la même maniere que dans la Division. Comme il n'y a plus de tranches à abbaisser, l'opération est achevée, & le quotient 34 est la racine quarrée du nombre proposé 1156.

Pour le prouver, il faut quarrer 34, c'est-à-dire, multiplier ce nombre par lui-même, & comme le produit 1156, est égal au nombre dont il falloit extraire la racine, il s'ensuit que le nombre trouvé 34, est la racine demandée.

R. quarrée 34
34
———
136
102.
———
Quarré .. 1156

Pour trouver la racine quarrée d'un nombre 56797.

On le partagera en trois tranches, dont la derniere à gauche n'aura qu'un chiffre, parce que les chiffres du quarré 56797 sont en nombre impair.

On prendra la racine 2 du plus grand quarré 4, contenu dans le chiffre 5 de la premiere tranche à gauche. On le posera au quotient, & l'on écrira son quarré 4 sous le chiffre 5. On ôtera 4 de 5, & le reste 1 sera posé sous 4.

On abbaissera la seconde tranche 67 à côté du premier reste 1, ce qui donnera 167. On doublera le premier chiffre 2 du quotient, ce qui donnera 4, qu'il faudra écrire sous le chiffre 6 de la gauche de la tranche, qu'on vient d'abbaisser. On cherchera ensuite en 16 combien il y a de fois 4 ; mais de maniere que le chiffre qu'on trouvera, étant mis à côté de 4, ou du double du premier chiffre du quotient, forme un diviseur, qui multiplié par le nombre dont 4 sera contenu dans 16, puisse être retranché de 167 avec un reste, s'il y en a un, moindre que le diviseur.

5|67|97 { 238
4|||
———
1,67
43|
———
38,97
4 68
———
ref. 153

En cherchant ainsi ce nombre, on trouvera 3, qu'on posera au quotient, & sous le chiffre 7 de la droite de la seconde tranche à côté de 4, ce qui donnera le diviseur 43, qui sera multiplié par 3, & retranché à l'ordinaire du dividende 167, le tout com-

DE GEOMETRIE.

me dans la Division, & l'on aura le reste 38, à côté duquel on abbaissera la derniere tranche 97, qui fera avec ce reste 3897.

On doublera les deux chiffres du quotient, en disant 2 fois 3 font 6, & l'on posera 6 sous le chiffre 9 de la gauche de la tranche qu'on vient d'abbaisser. Puis 2 fois 2 font 4, qu'on posera en allant vers la gauche, sous le chiffre 8, qui précede immédiatement 9 vers ce côté.

On cherchera ensuite en 38 combien il y a de fois 6, de la même maniere qu'on a cherché le second chiffre de la racine, c'est-à-dire, en sorte que le nombre qu'on trouvera, étant posé sous le dernier chiffre de la tranche 97, forme un diviseur avec le double des deux premiers chiffres du quotient, qui étant multiplié par ce même chiffre, puisse être retranché de 3897.

On trouvera que ce nombre est 8.

On le posera au quotient & sous le chiffre 7 de la droite de la derniere tranche; ce qui donnera le diviseur 468, qui étant multiplié par 8, & retranché du dividende 3897, donnera le reste 153.

Comme il n'y a plus de tranche à abbaisser, l'opération est achevée, & le quotient 238 est la racine du nombre proposé 56797, ou du plus grand quarré contenu dans ce nombre, parce que comme il y a un reste 153, le nombre 56797 n'est pas un quarré parfait, ainsi que celui du premier exemple dans lequel l'opération s'est faite sans reste.

Pour prouver que 238 est la racine de 56797, ou du plus grand quarré contenu dans ce nombre, on multipliera 238 par 238, & l'on ajoutera le reste 153 au produit; on fera ensuite l'addition des differens produits de cette multiplication, laquelle donnant le nombre proposé 56797, prouve que l'opération est bien faite.

$$\begin{array}{r} 238 \\ 238 \\ \hline 1904 \\ 714. \\ 476.. \\ \text{Reste} \ldots 153 \\ \hline \text{Preuve } 56797 \end{array}$$

Remarques servant de Regles générales pour l'extraction de la Racine quarrée.

I.

La racine quarrée de tout nombre a toujours autant de chiffres que le nombre proposé contient de tranches.

II.

Quelque soit le nombre de ces tranches, on prend toujours la racine du plus grand quarré contenu dans la premiere, & cette racine est le premier chiffre de celle qu'on se propose de trouver. Pour avoir les autres chiffres, il faut chaque fois qu'on abbaisse une tranche, multiplier par 2 les chiffres déja trouvés de la racine, & les poser de maniere que le premier chiffre de ce produit soit sous le chiffre de la gauche de la tranche qu'on vient d'abbaisser, & les autres sous les colonnes qui leur conviennent, en allant de droit à gauche.

III.

On considere le reste de chaque tranche (après chaque opération) joint à la tranche qui suit immédiatement vers la droite, comme un nombre à diviser, dont le diviseur est toujours le produit par 2 des chiffres déja trouvés, joint au chiffre que donne l'opération actuelle, & qui se met sous le chiffre de la droite de la tranche abbaissée.

IV.

Si le chiffre posé pour racine au quotient, étant multiplié par les chiffres qui servent de diviseur, donne un produit plus grand que le nombre à diviser, il faut diminuer ce chiffre d'une ou de plusieurs unités, jusqu'à ce que le produit dont il s'agit ne soit pas plus grand que le dividende, & qu'il puisse en être retranché. Il faut observer chaque fois que l'on diminue, ou qu'on change le chiffre posé pour racine au quotient, de le changer également dans le diviseur.

V.

Si le double des chiffres de la racine qu'on pose pour servir de diviseur, se trouve plus grand que les chiffres sous lesquels il est placé, on pose zero au quotient. On abbaisse après cela la tranche suivante, & l'on forme un nouveau diviseur avec le double

DE GEOMETRIE.

des chiffres du quotient, obfervant de placer le zero du quotient fous le chiffre de la gauche de la derniere tranche abaiffée.

V I.

S'il arrive que la premiere tranche du nombre dont on veut extraire la racine quarrée, foit un quarré parfait, & que les autres tranches ne contiennent que des zeros, il faut ajoûter à la racine de cette premiere tranche autant de zeros qu'il y a de tranches, & l'opération fera achevée.

Les deux exemples précedens, joints aux remarques qui les fuivent, peuvent donner beaucoup de facilité pour l'extraction de la racine quarrée. Mais pour l'apprendre très-promptement, il faut fe former des quarrés parfaits, en multipliant des nombres pris à volonté par eux-mêmes, & l'on en extrait enfuite la racine quarrée. Comme ces racines font les mêmes nombres dont on a formé les quarrés, la connoiffance des chiffres qu'elles doivent contenir, met les commençans en état d'opérer plus fûrement, & de fe familiarifer infenfiblement avec les régles qu'on vient d'établir.

Les exemples figurés de l'extraction de la racine quarrée qu'on ajoûte ici, pourront encore aider à faire retenir ces régles. Cette opération eft fi importante & d'un fi grand ufage dans la Géometrie, qu'on ne peut trop s'appliquer à s'en rendre la pratique aifée & facile.

Exemples de l'extraction de Racines quarrées.

Premier Exemple.

$$
\begin{array}{r|l}
91|79|77 & \text{Racin.} \\
 & 958 \\
81 & \\
\hline
1^{r}\ \text{refte}\ ..\ 10,79 & \\
185 & \\
\hline
2^{d}\ \text{refte}\ ..\ 154,77 & \\
1908 & \\
\hline
D^{r}\ \text{refte}\ ...\ 213 &
\end{array}
\qquad
\begin{array}{r}
958 \\
958 \\
\hline
7664 \\
4790\cdot \\
8622.. \\
\hline
\text{Refte}\ ...\ 213 \\
\hline
\text{Preuve}\ 917977
\end{array}
$$

ÉLEMENS
SECOND EXEMPLE.

```
    ·····  ⎧Racin:
   67|90|00 ⎩ 824           824
   64                       824
2ʳ reste.. 03,90           ────
           162             3296
           ────            1648.
2ᵈ reste.. 066,00          ─────
           1644            6592..
           ────     Dʳ reste.. 24
Dʳ reste.. 0024     Preuve 679000
```

TROISIÈME EXEMPLE.

```
    ·····  ⎧Racin:
   82|00|00 ⎩ 905           905
   81                       905
2ʳ reste.. 01,00           ────
           180             4525
           ────            8145..
           1,00,00         ─────
           1805     Reste... 975
           ────     Preuve 820000
Dʳ reste... 975
```

Le premier reste de ce 3ᵉ exemple est 1, qui joint avec les deux zeros de la tranche abbaissée, vaut 100. Le double du premier chiffre 9 de la racine est 18, qui ne peut pas être contenu dans 10. C'est pourquoi l'on met zero au quotient, & encore sous le zero de la droite de la tranche abbaissée, ce qui donne 180 pour le diviseur de 100. On efface ce diviseur, & l'on pose dessous, le nombre 100 à diviser. On abbaisse à côté de ce nombre la derniere tranche qui le fait valoir 10000, & l'on acheve ensuite l'opération comme les précedentes.

QUATRIÈME

DE GEOMETRIE.
QUATRIÈME EXEMPLE.

```
         ....  ⎧ Racine
    7|01|01|50 ⎩ 2647
    4
1ᵉʳ reste .. 3,01
            46
2ᵈ reste ..  25,01
            5 24
3ᵉ reste ... 405,50
            5 2 87
4ᵉ & dʳ reste  3541
```

```
              2647
              2647
             ─────
             18529
             10588.
             15882..
              5294...
        Reste ...  3541
        Preuve  7010150
```

CINQUIÈME EXEMPLE.

```
              ⎧ Racine
   1|00|00|00 ⎩ 1000
   1
```

```
              1000
              1000
             ─────
       Preuve  1000000
```

SIXIÈME EXEMPLE.

```
      ....
   1|20|00|00|00 ⟨ 10954
   1
   0,20
     2φ
   20,00
     209
   ─────
   119,00
    2185
   ─────
    97500
    21904
   ─────
Dʳ reste ... 9884
```

```
              10954
              10954
             ─────
              43816
              54770.
              98586..
              10954....
        Reste ....  9884
        Preuve  120000000
```

B

ÉLEMENS

Démonstration de l'extraction de la Racine quarrée.

Cette démonstration contiendra deux parties. Dans la premiere on verra que les tranches d'un nombre, dont on veut extraire la racine quarrée, donneront toujours le nombre des chiffres de sa racine ; & dans la seconde on fera voir par la composition du quarré, la maniere d'en déduire les régles pour sa décomposition, c'est-à-dire, pour en découvrir la racine.

PREMIERE PARTIE.

Il faut remarquer d'abord 1°. que le quarré d'un nombre exprimé par 1 chiffre, en aura au plus 2 & au moins 1. Car 9 multiplié par 9 donne 81, & 1 multiplié par 1 est 1. 2°. Que le quarré d'un nombre qui a deux chiffres, en aura au plus 4 & au moins 3 ; car 99 multiplié par 99, donne 9801, & 10 multiplié par 10, donne 100. 3°. Que si un nombre a trois chiffres, son quarré en aura au plus 6 & au moins 5. En effet le quarré de 999 qui est le plus grand nombre exprimé par 3 chiffres, est 998001, qui n'a que six chiffres ; & celui de 100, qui est le plus petit nombre exprimé par trois chiffres, est 10000, qui n'a que cinq chiffres.

On prouvera de la même maniere, que le quarré de tout nombre, lorsque les chiffres sont en nombre pair, a toujours le double des chiffres de sa racine, & que lorsque ses chiffres sont en nombre impair, la moitié du plus grand nombre pair qu'il contient, plus 1, sera le nombre des chiffres de sa racine. Ce qui fait voir que la racine quarrée d'un nombre qui a, par exemple, huit chiffres, & celle d'un autre quarré qui n'en a que sept, en auront également quatre.

Qu'ainsi, si on partage en tranches de deux en deux chiffres, un nombre quarré, ou dont on veut extraire la racine quarrée, en commençant par la droite & allant vers la gauche, le nombre de ces tranches exprimera toujours le nombre des chiffres de la racine de ce quarré, soit quel a derniere tranche ait deux chiffres, ou qu'elle n'en ait qu'un. Ce qui démontre la premiere partie de l'opération de l'extraction de la racine quarrée.

Pour la seconde, il faut établir ce Théorême.

DE GÉOMÉTRIE.

THÉORÈME.

Le quarré d'un nombre exprimé par deux chiffres ou par deux parties, contient le quarré du premier chiffre ou de la premiere partie ; deux produits de la premiere partie par la seconde, ou (ce qui est la même chose) un produit du double de la premiere partie par la seconde, enfin le quarré du second chiffre ou de la seconde partie.

Soit, par exemple, le nombre 34, qui est composé de 30 & de 4, son quarré 1156 contient le quarré de 30, qui est   900
Celui de 4, qui est   16
Et le produit de 60 ou du double de 30, par 4, qui est 240

Preuve .. 1156

Pour rendre cette proposition plus évidente, il faut multiplier 34 par 34, & distinguer chacun des produits ; comme on le voit ci-dessous.

$$
\begin{array}{rr}
 & 34 \\
 & 34 \\
\hline
\text{Quarré de 4 ....} & 16 \\
\text{Premier produit de 30 par 4 ...} & 12. \\
\text{Second produit de 30 par 4 ...} & 12. \\
\text{Quarré de 30 ......} & 9.. \\
\hline
\text{Quarré de 34 ....} & 1156 \\
\end{array}
$$

On multiplie d'abord 4 par 4, & l'on en pose le produit 16 ; c'est-à-dire qu'on met 6 aux unités, & 1 aux dixaines. On multiplie après cela le chiffre 4 par le 3, qui est aux dixaines ; ce qui donne douze dixaines, qui valent une centaine & deux dixaines. On pose donc 2 aux dixaines, & 1 aux centaines.

Le produit des trois dixaines du multiplicateur par les quatre unités du multiplicande, qui est le même que le précedent, se pose aussi également.

On multiplie ensuite les trois dixaines du multiplicateur, par les trois du multiplicande, ce qui donne neuf centaines. C'est pourquoi on pose 9 aux centaines.

Cette opération étant faite, il est évident que la somme de

tous ces differens produits donne le quarré de 34, c'eſt-à-dire le produit de ce nombre par lui-même. Or ce quarré contient d'abord 900, qui eſt le quarré de 30, premiere partie du nombre 34; plus deux produits de cette premiere partie 30, par la ſeconde 4, dont chacun vaut 120, & enfin le quarré de 4, qui eſt 16. Comme on pourra démontrer la même choſe, en multipliant tout autre nombre que 34, de la maniere qu'on vient de le faire, il s'enſuit que le *quarré de tout nombre conſideré comme compoſé de deux parties, contient le quarré de la premiere partie, deux produits de cette premiere partie par la ſeconde, & de plus le quarré de cette ſeconde partie.*

Préſentement, ſi l'on partage le quarré précedent 1156 en tranches de deux chiffres, en allant de droit à gauche, on verra que le quarré 900 de la premiere partie 30 eſt compris dans la premiere tranche 11, & les deux produits de cette premiere partie par la ſeconde 4, plus le quarré 16 de cette partie dans le reſte de la premiere tranche, & dans la ſeconde 56; or ſi l'on fait attention à la méthode dont on s'eſt ſervi pour l'extraction de la racine quarrée du nombre 1156, on verra qu'on a cherché à le décompoſer dans l'ordre de ſa formation.

En effet, après l'avoir partagé en deux tranches, on a pris la racine du plus grand quarré contenu dans la premiere 11. Ce quarré eſt 9 ou 900, dont la racine 3 ou 30 a donné la premiere partie de la racine. On a retranché ce quarré de 11, il eſt reſté 2, à côté duquel nombre on a poſé la ſeconde tranche 56, qui a formé avec ce reſte le nombre 256, qui contient deux produits de la premiere partie par la ſeconde, & de plus le quarré de cette ſeconde partie. Pour trouver cette derniere partie, on a doublé la premiere qui a donné ſix dixaines, & que par cette raiſon on a poſé aux dixaines. On a cherché enſuite, comme dans la Diviſion, le ſecond chiffre 4, ou la ſeconde partie de la racine; mais de maniere que le produit de cette ſeconde partie, par le double de la premiere, plus le quarré de la derniere, ſe trouvent contenus dans le reſte de la premiere tranche joint à la ſeconde.

Pour cela, ayant ſuppoſé que 4 eſt le ſecond chiffre de la racine cherchée, on l'a poſé à côté du double de la premiere partie, ſous le chiffre de la droite de la derniere tranche : on a multiplié enſuite ce 4 par celui du quotient, ce qui a donné 16,

DE GEOMETRIE.

ou le quarré de 4, qui étant retranché de 256, donne le reste 240. On a multiplié auſſi le double de la premiere partie de la racine par le même chiffre 4, ce qui eſt la même choſe que ſi on avoit formé deux produits de la premiere partie de la racine par la ſeconde 4; on a ſouſtrait ce produit du reſte 240, & comme il ne reſte rien, il s'enſuit que les deux parties 30 & 4 du quotient ſont contenus dans le produit 1156, de la même maniere que les deux parties de la racine de ce quarré doivent y être contenues, & qu'ainſi ces deux parties donnent la valeur de la racine quarrée de 1156.

Ce qui fait voir qu'en décompoſant tout quarré formé de deux tranches, de la maniere preſcrite pour l'extraction des racines quarrées, on découvrira toujours la racine de ce quarré. On la trouvera ſans reſte, lorſque ce quarré ſera parfait; & lorſqu'il y aura un reſte, la racine trouvée ſera celle du plus grand quarré parfait contenu dans le nombre donné.

Le raiſonnement qu'on vient de faire, peut s'appliquer à tout autre nombre compoſé d'un plus grand nombre de tranches que le précedent 1156 : car ſuppoſant qu'on ait un nombre qui contienne, par exemple, trois tranches, on extrait d'abord la racine du plus grand quarré contenu dans la premiere tranche à gauche ; on double le premier chiffre trouvé de la racine, & on cherche par ſon moyen le ſecond chiffre, ou la ſeconde partie de la racine. Par cette ſeconde partie on multiplie le double du premier chiffre, plus le ſecond chiffre, & ces produits étant retranchés de la ſeconde tranche & du reſte de la premiere, on a, ſuivant ce qu'on vient de prouver, la racine du plus grand quarré contenu dans les deux premieres tranches du nombre propoſé. Or ſi on conſidere enſuite cette racine compoſée de deux chiffres, comme la premiere partie de la racine du nombre donné, on trouvera, dans cette ſuppoſition, la ſeconde partie ou le troiſiéme chiffre de la racine, de la même maniere qu'on a trouvé le ſecond. On trouveroit de même le quatriéme & le cinquiéme, &c. s'il y avoit plus de trois tranches.

Il s'enſuit de là que l'opération preſcrite fait trouver la racine quarrée de tout nombre propoſé, lorſqu'il eſt quarré, ou celle du plus grand quarré contenu dans ce nombre, lorſqu'il n'eſt pas un quarré exact, c'eſt-à-dire, lorſqu'il y a un reſte dans l'opération.

ÉLEMENS

Maniere d'approcher des racines quarrées, des nombres qui ne font pas des quarrés parfaits, c'est-à-dire, d'avoir la racine quarrée de ces nombres, à une quantité près si petite que l'on voudra.

REGLE GENERALE.

15. Il faut ajoûter au nombre proposé autant de tranches de deux zeros qu'on le voudra, négliger ce qui restera après l'extraction de la racine, & diviser cette racine par l'unité suivie d'autant de zero, qu'on a ajoûté de tranches au dividende, ou au nombre proposé.

Par exemple, si on a ajoûté deux tranches, on divisera la racine par 100, c'est-à-dire par l'unité, suivie de deux zeros. Si on en a ajoûté 6, on divisera la racine par 1000, & ainsi de suite.

Application de cette Régle à un exemple

Soit le nombre 45, dont il faut extraire la racine quarrée. Cette racine est plus grande que 6, car six fois 6 font 36, nombre plus petit que 45; & elle est moindre que 7, parce que sept fois 7 font 49, qui est plus grand que 45. Ainsi la racine de 45 est nécessairement entre 6 & 7. Pour en approcher, j'ajoûte au nombre 45, deux tranches de deux zeros, ce qui donne le nombre 45|00|00, dont la racine quarrée est 670, qui étant divisée par 100, donne six entiers, plus la fraction $\frac{70}{100}$, & cette racine ne differe pas de la vraie, d'un centiéme. Car si au lieu du zero qui occupe la premiere colomne de la droite de la racine, on avoit posé 1, on auroit eu le diviseur 1341, plus grand que le dividende 1100, & par conséquent on n'auroit pû l'en retrancher.

Si au lieu de deux tranches, on en avoit ajoûté trois, on auroit eu un nombre qui n'auroit pas différé de la vraie racine de la milliéme partie de l'unité, & de la dix milliéme, si on lui en avoit ajoûté quatre, &c.

```
45|00|00  { 670.
36|||||   ──────
          100.
 9,00
 127
11,00
1340
Res.  1100
```

DE GEOMETRIE.

Démonstration de la méthode précedente.

Cette démonstration consiste à faire remarquer, *que si on multiplie le quarré d'un nombre par le quarré d'un autre, la racine du premier sera multipliée par celle du second.*

Soit, par exemple, le nombre quarré 36 ; je dis que si on le multiplie par un autre nombre quarré 100, sa racine qui est 6, sera multipliée par celle de 100, qui est 10.

Car le quarré 36 est le produit de 6 par 6 ; & le quarré 100, celui de 10 par 10 ; mais si on multiplie 36 par 100, il est évident que c'est la même chose que de multiplier ensemble 6, 6, 10 & 10, ou 6, plus 10 par 6, plus 10, c'est-à-dire 16 par 16. Donc dans le produit de 36 par 100, la racine 6 du premier quarré est multipliée par celle du second qui est 10.

Présentement, si l'on fait attention qu'en ajoûtant une tranche ou deux zeros à un nombre, on le multiplie par 100, & par 10000, si on lui en ajoûte 4, &c. On verra qu'ayant ajoûté deux tranches ou quatre zeros au nombre 45, on a multiplié sa racine par 100 : donc on l'a rendue cent fois plus grande : donc pour en avoir la juste valeur, il faut la diviser par 100.

DE L'EXTRACTION DE LA RACINE CUBE.

16. Le *cube* d'un nombre est le produit du quarré de ce nombre, par sa racine. Ainsi le cube de 8 est le produit du quarré de 8, qui est 64 par 8 racine quarrée de 64 ; ce qui donne 512 pour le cube de 8.

17. On appelle *racine cube* ou *cubique*, le nombre qui a servi à former le cube : ainsi dans l'exemple qu'on vient de donner, 8 est la *racine cube* de 512.

Il est évident que la formation du cube est aisée, puisqu'elle ne consiste que dans une multiplication réiterée. Mais lorsqu'un nombre est donné comme nombre cube, & qu'il faut en chercher la racine, ou un nombre dont le quarré multiplié par sa racine fasse ce nombre, il y a beaucoup plus de difficulté.

Avant de commencer l'extraction de la racine cube, il faut sçavoir par cœur le cube des neuf premiers chiffres 1, 2, 3, 4, 5, 6, 7, 8 & 9. On les met ici sous leur racine.

ÉLEMENS

Racines.	1	2	3	4	5	6	7	8	9
Cubes.	1	8	27	64	125	216	343	512	729

18. Suppofant à prefent qu'il faille extraire la racine cube d'un nombre quelconque, comme 277167808.

1°. On le partagera d'abord en tranches de 3 en 3 chiffres, en commençant par la droite & allant vers la gauche. La derniere à gauche contiendra 1 ou 2 ou 3 chiffres, fuivant le nombre de ceux qui compofent le nombre donné : dans cet exemple, cette derniere tranche a trois chiffres. On tirera enfuite un petit arc vers la droite de ce nombre, pour féparer les chiffres du quotient ou de la racine, des chiffres du nombre propofé.

2°. On obfervera que la racine a toujours autant de chiffres qu'il y a de tranches dans le nombre donné.

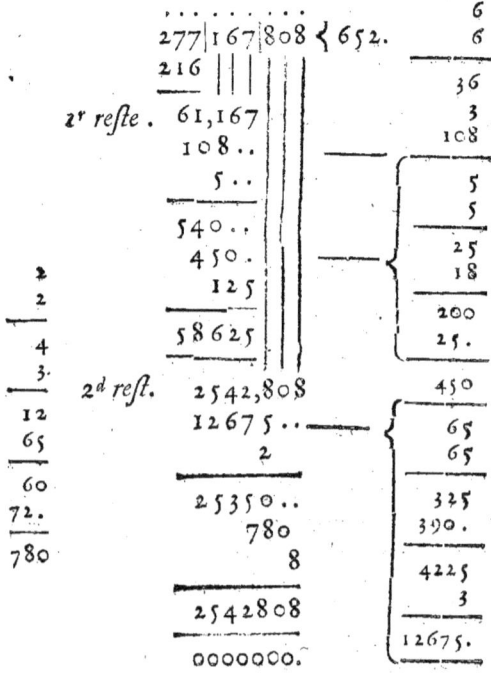

3°.

DE GEOMETRIE.

3°. Pour trouver le premier chiffre de la racine, on prend celle du plus grand cube contenu dans la premiere tranche à gauche, c'est-à-dire, dans cet exemple, du nombre 277. Le plus grand cube contenu dans ce nombre, est 216, dont la racine est 6, qu'on pose au quotient ; le cube 216 se pose sous les trois chiffres de cette premiere tranche ; on le souftrait ensuite des chiffres de cette tranche, & on écrit dessous le reste 61, comme on le voit dans l'exemple.

4°. On abbaisse la seconde tranche 167 à côté du reste 61, ce qui donne le nombre 61,167. Ensuite pour trouver le second chiffre de la racine, on quarre le premier 6, ce qui donne 36, qu'on multiplie par trois, & l'on a 108, qui servira de diviseur au nombre 61,167, c'est-à-dire au reste de la premiere tranche, joint avec la seconde.

On posera le diviseur 108 sous 61,167, de maniere que le chiffre 8 des unités soit placé sous le chiffre 1 des centaines de la seconde tranche, ou dans la troisiéme colonne du dividende 61,167, & les autres sous les chiffres du premier reste, suivant leur ordre numérique, en allant vers la gauche.

Cela fait, on cherchera combien le dividende de 61,167 contient le diviseur 108 : (il faut observer qu'*il doit contenir non seulement le produit du second chiffre de la racine par 108, mais encore le quarré de ce second chiffre multiplié par le triple du premier, & plus le cube du même second chiffre.*) Je dis donc comme dans la Division ordinaire, en 6 combien de fois 1. Je suppose qu'il y a cinq fois, & j'écris 5 au quotient.

Pour m'assurer que ce chiffre est celui que je cherche, ou qu'il est le second de la racine, je multiplie d'abord 108 par 5, ce qui donne 540 pour produit ; ensuite son quarré 25 par le triple du nombre 6, premier chiffre de la racine, c'est-à-dire par 18, ce qui me donne le produit 450, que je pose sous le premier produit 540, en l'avançant d'une colonne vers la gauche, de maniere que le premier chiffre 0 soit dans la colonne des dixaines du dividende 61,167. Je pose aussi le cube de 5, qui est 125, sous le second produit 450, mais de façon que le chiffre 5 des unités de ce cube soit dans la colonne des unités du dividende, & les autres dans les autres colonnes en allant vers la gauche, & suivant leur ordre numérique.

C

Il faut après cela additionner les trois produits 540, 450 & 125, & remarquer que le premier 540 vaut 54000, que le second 450 vaut 4500, & le dernier feulement 125, parce qu'il occupe les trois dernieres colonnes du dividende 61, 167. L'addition de ces produits donne 58625, moindre que le dividende 61, 167 ; faifant la fouftraction, c'eft-à-dire ôtant du dividende 61, 167, le nombre 58625, on a le refte 2542.

Cette opération fait voir que le fecond chiffre de la racine eft 5. Si on avoit fuppofé qu'il eût été 6, en formant avec 6 les differens produits qu'on vient de faire avec 5 & de la même maniere, la fomme de ces produits auroit été plus grande que le dividende 61, 167 ; ainfi ils n'auroient pû en être retranchés, ce qui auroit fait voir que 6 étoit trop grand.

Pour trouver le troifiéme chiffre de la racine ou celui des unités, on abbaiffera la troifiéme tranche 808, à côté du dernier refte 2542, & l'on aura 2542, 808, pour le nombre fur lequel il refte à opérer.

On quarre à part 65, valeur des deux premieres parties de la racine, on multiplie leur quarré 4225 par 3, & on pofe le produit 12675 fous le dividende, en l'avançant de deux colonnes vers la gauche, de maniere que le chiffre 5 des unités de ce produit, foit fous le chiffre 8 des centaines du dividende, & les autres en allant vers la gauche, fuivant leur ordre numérique.

On cherche enfuite combien le chiffre 2, le plus élevé du dividende, ou le premier de la gauche, contient le premier 1 de la gauche du divifeur. On fuppofe dans cet exemple, qu'il le contient deux fois, ou que 2 eft le troifiéme chiffre de la racine. On pofera donc 2 à la racine, & encore fous le chiffre 5, qui eft le premier de la droite du divifeur. On multipliera le divifeur par 2, & l'on aura le produit 25350. Il faut enfuite quarrer le chiffre 2, multiplier fon quarré 4 par 3, & le produit 12 par la valeur des deux premiers chiffres de la racine, c'eft-à-dire par 65, ce qui donnera le produit 780, qu'on pofera fous le précedent, en l'avançant feulement d'une colonne vers la gauche, c'eft-à-dire, en forte que le premier chiffre 0 de ce produit foit dans la colonne des dixaines du dividende, & les autres fuivant leur ordre numérique, en allant vers la gauche. On prendra

DE GEOMETRIE.

après cela le cube du dernier chiffre 2, qui est 8, & on le posera à la colonne des unités du dividende. Cela fait, on additionnera les trois produits 25350, 780 & 8 ; dont le premier vaut, à cause des colonnes qu'il occupe, 2535000, & le second 7800 : on aura pour la somme de ces trois produits 2542808 qui se trouve égale au dividende. Ainsi retranchant ces produits du dividende, il ne restera rien, & parce qu'il n'y a plus de tranches à abbaisser, l'opération est achevée ; comme elle se fait sans reste, il s'ensuit que le nombre proposé 277167808 est un cube parfait, dont la racine est 652.

On en fera la preuve en cubant la racine 652, c'est-à-dire, en l'élevant d'abord au quarré, & en multipliant son quarré par sa racine, comme on le voit ci-à-côté.

$$\begin{array}{r} 652 \\ 652 \\ \hline 1304 \\ 3260. \\ 3912.. \end{array}$$

Qu. de 652. 425104
          652
—————————
          850208
         2125520.
         2550624..
Preuve 277167808

REMARQUES.

I.

Si l'on a plus de trois tranches dans un nombre, dont il faut extraire la racine cube, on opérera sur la quatriéme & la cinquiéme, &c. tranche, de la même maniere qu'on l'a fait sur la seconde & sur la troisiéme dans l'exemple que l'on vient de donner.

II.

Il y une espéce de tâtonnement à faire pour trouver le second, le troisiéme & les autres chiffres de la racine cube, comme il y en a aussi dans l'extraction de la racine quarrée pour trouver les deuxiémes & troisiémes chiffres ; celui de la racine cube est plus difficile, à cause de la somme de trois produits qu'il faut retrancher du dividende ; mais l'usage de l'opération fait connoître assez facilement les chiffres que l'on cherche.

Pour se conduire avec méthode dans le tâtonnement dont il s'agit, on peut d'abord supposer que le premier chiffre du dividende contient le premier du premier diviseur (qui est le triple du quarré des chiffres trouvés) autant de fois qu'il est possible, & multiplier ensuite à part le premier diviseur par le chiffre, qu'on suppose être le chiffre de la racine qu'on cherche : poser le produit sous le dividende, en l'avançant de deux colonnes vers la gauche, quarrer ensuite ce chiffre, multiplier son quarré par trois, & ensuite par les premiers chiffres de la racine, & poser ce dernier produit sous le premier, en l'avançant d'une unité vers la gauche ; enfin ajoûtant à ces deux produits le cube du chiffre qu'on a supposé être le chiffre cherché de la racine, & additionnant les deux produits dont on vient de parler, avec ce cube ; si leur somme n'est pas plus grande que le dividende, ce chiffre est celui qu'on cherche ; si elle est plus grande, il faut le diminuer d'une unité, & réformer les produits qui doivent être retranchés du dividende de la même maniere, & continuer ainsi à diminuer le chiffre du quotient, jusqu'à ce que ces produits ne soient pas plus grands que le dividende.

III.

Il doit toujours y avoir autant de chiffres dans la racine, qu'il y a de tranches dans le nombre donné : c'est pourquoi, si après avoir mis 1 ou l'unité pour un chiffre de la racine, les differens produits de ce chiffre par ceux qui sont déja trouvés, lesquels doivent être retranchés du dividende, se trouvoient plus grands que le dividende, il faudroit alors mettre zero à la racine, à la place de l'unité, abbaisser la tranche suivante, & continuer l'opération à l'ordinaire, comme on vient de le prescrire.

IV.

Le reste de chaque opération joint à la tranche qu'on abbaisse à côté, se considere toujours comme un nombre séparé des autres tranches, de maniere que le premier chiffre de la droite de chaque tranche que l'on abbaisse, se regarde comme placé à la colonne des unités du dividende, &c.

V.

On avance toujours de deux colonnes vers la gauche, le produit du quarré des chiffres de la racine déja trouvés, multiplié par 3, que l'on pose pour diviseur sous le dividende de chaque opération, parce que ces chiffres devant être précedés à droite du chiffre que doit produire la derniere tranche abbaissée, ils valent dix fois plus que le nombre qu'ils expriment, le pre-

DE GEOMETRIE.

mier étant censé occuper la colonne des dixaines, & les autres, les autres colonnes supérieures. Ainsi en les quarrant, il faut avoir égard au zero que l'on néglige, qui produiroit deux colonnes de plus dans le quarré : par cette raison on laisse vuide la place de ces zeros, lorsque l'on pose sous le dividende le produit du quarré de ces chiffres, multiplié par 3, pour servir de diviseur, ou bien on remplit leur place de points, comme on l'a fait dans l'exemple précedent. C'est aussi par cette même raison que le triple du quarré du chiffre, que produit au quotient la derniere tranche abbaissée, multiplié par le premier ou par les autres chiffres de la racine déja trouvés ; que ce produit, dis-je, se pose sous le précedent, en sorte que son premier chiffre de la droite se trouve dans la colonne des dixaines du dividende ; car les chiffres déja trouvés devant être précedés à droite d'un autre chiffre ou du zéro, doivent augmenter d'une colonne le nombre qu'ils multiplient ; & cette colonne qui répond à celle des unités du dividende, est marquée par une virgule dans l'exemple précedent.

VI.

Lorsque le nombre proposé pour en extraire la racine cube, n'est pas un cube parfait, il y a un reste à la derniere opération, & alors ayant élevé la racine trouvée au cube, il faut avant de faire l'addition des differens produits qui forment ce cube, leur ajoûter ce reste pour trouver le nombre proposé, c'est-à-dire, pour avoir la preuve de l'opération.

Démonstration de l'extraction de la racine cube.

Pour démontrer cette opération, il faut examiner d'abord par quelle raison on partage le nombre dont on veut extraire la racine cube, en tranches de trois chiffres en trois chiffres.

Pour cet effet, remarquez 1°. que tout nombre exprimé par un chiffre, en aura au plus trois dans son cube ; que tout nombre exprimé par deux chiffres en aura au moins quatre, & au plus six ; que tout nombre exprimé par trois chiffres en aura au moins sept, & au plus neuf, &c. C'est ce qu'on peut démontrer en se servant de la même méthode qu'on a employée pour l'extraction de la racine quarrée : ce qui fait voir qu'en partageant un nombre quelconque en tranches de trois en trois chiffres, en allant de droit à gauche, le nombre de ces tranches donne celui des chiffres de la racine qu'on cherche, soit qu'il y ait un, ou deux, ou trois chiffres dans la premiere tranche de la gauche.

2°. Que le cube de tout nombre confideré comme compofé de deux parties, *eft égal au cube de fa premiere partie ; plus à trois quarrés de cette premiere partie multipliés par la feconde ; plus à trois quarrés de la feconde multipliés par la premiere ; & enfin, plus au cube de cette feconde partie.*

Ainfi pour avoir le cube de 10, que je puis confiderer comme compofé de 9 & de 1, il faut faire voir qu'il eft compofé du cube de 9, qui eft 729 ; plus de trois quarrés de 9, qui font trois fois 81, multipliés par la feconde partie 1 ; plus à trois produits du quarré de 1, qui eft 1, multipliés par la premiere partie 9, & plus enfin au cube de 1, qui eft 1. Et c'eft ce qui eft évident par l'addition de ces differens produits qu'on voit ci-après, lefquels valent 1000, c'eft-à-dire, le cube de 10. Car 10 multiplié par 10, donne 100, qui multiplié auffi par 10, donne le cube de 10 qui eft 1000.

Cube de 9	729
Trois quarrés de 9 qui font 243, multipliés par 1, font	243
Trois quarrés de 1 qui font 3 multipliés par 9, font	27
Le cube de 1 eft	1
Cube de 10	1000

Preuve	10
Multiplié par	10
Quarré de 10	100
Multiplié par	10
Cube de 10	1000.

DE GEOMETRIE.

Méthode pour approcher aussi près qu'on le voudra, de la racine cube des nombres, dont l'extraction de la racine aura un reste, ou qui ne seroient pas des cubes parfaits.

19. Il faut ajoûter au nombre donné, deux ou trois, &c. tranches de trois zéros chacune; faire ensuite l'opération à l'ordinaire; négliger le reste qu'on aura, après avoir opéré sur la derniere tranche, & diviser le quotient ou les chiffres trouvés à la racine, par l'unité précedée à droite d'autant de zéros qu'on a ajoûté de tranches au nombre proposé, c'est-à-dire par 10, si on a ajoûté seulement une tranche; par 100, si on en a ajoûté deux; par 1000, si on en a ajoûté trois, &c.

Application de cette méthode à un exemple.

Soit le nombre 235, dont on veut extraire la racine cube; il est clair qu'elle est entre 6 & 7: car le cube de 6 est 216, plus petit que 235; & le cube de 7 est 343, plus grand que 235; ainsi 6 est trop petit, & 7 est trop grand.

Pour approcher de la racine cube de 235, j'ajoûte deux tranches de trois zéros à ce nombre, & j'ai 235; 000, 000, dont j'extrais la racine cube, suivant la méthode prescrite au premier exemple. Cette racine est 617, laquelle étant divisée par 100, attendu qu'on a ajoûté deux tranches de trois zéro, sera $\frac{617}{100}$ ou 6 plus $\frac{17}{100}$ qui ne differe pas de la vraie racine d'un centiéme. Car si au lieu de 7, on avoit mis 8 pour le dernier chiffre de la racine, on auroit trouvé ce chiffre trop grand: ainsi 6 plus $\frac{18}{100}$ seroit donc plus grand que la racine cherchée; mais 6 plus $\frac{17}{100}$ est plus petit à cause du reste: donc ce nombre ne differe pas de la vraie racine d'un centiéme. Si on avoit ajoûté trois tranches, on auroit eu la vraie racine, à un milliéme près.

ÉLEMENS

```
            ........
          235|000|000  { 617/100 ou 6 plus 17/100.
          216|||
                                          6
                                          6
1ᵉʳ reſte .. 19,000                      ──
            108..                         36
              1                            3
                                         ───
                                         108
            108..                          3
             18.                           6
              1                          ───
                                          18
                                          61
           10981                          61
                                          61
                                         ───
2ᵈ reſte .. 8019,000                    366.
           11163,..                     372¼
               7                           3
                                        ─────
                                        11163
           78141..                          7
            8967.                           7
             343                          ───
                                           49
                                            3
                                         ───
                                          147
           7904113                          61
                                          147
                                          882.
Dʳ reſte .. 114887.                      ─────
                                         8967.
```

Démonſtration de cette approximation.

Cette démonſtration eſt à peu près la même que celle qui a ſervi à la racine quarrée. Elle eſt fondée ſur ce principe.

Que ſi on multiplie le cube d'un nombre quelconque, par un autre cube auſſi quelconque, la racine du premier ſe trouve multipliée dans le produit par celle du ſecond.

Or, ajoûtant trois zéros à un nombre, c'eſt le multiplier par 1000, qui eſt le cube de 10; & lui ajoûtant ſix zéros, ou deux tranches de trois chiffres, c'eſt le multiplier par 1000000, qui eſt le cube de 100, &c. Donc la racine du nombre donné qu'on trouve après l'addition de ces differentes tranches, eſt multiplié ou par 10 ou par 100, suivant les tranches ajoûtées : donc il faut la diviser ou par 10, ou par 100, &c. pour avoir la valeur de la racine cherchée.

Explication des Signes dont on se servira pour abréger les expressions dans la suite de cet Ouvrage.

20. Pour marquer l'addition de plusieurs nombres ou quantités, on les joindra ensemble par ce signe $+$ qu'on nomme *signe plus*. Ainsi pour ajoûter 8 avec 4, avec 7 & avec 5, on écrira 8 $+$ 4 $+$ 7 $+$ 5, qu'on énoncera par 8 *plus* 4 *plus* 7 *plus* 5.

21. Pour marquer l'égalité de plusieurs nombres ou produits, on se servira de ce signe $=$ qu'on nomme *signe d'égalité*. Ainsi pour exprimer que 6 plus 9 est égal à 10 plus 5, on écrira 6 $+$ 9 $=$ 10 $+$ 5, qu'on énoncera par 6 *plus* 9 *égal* 10 *plus* 5.

22. Pour marquer la soustraction ou le retranchement d'un nombre d'un autre nombre, on se servira de ce signe $-$ appellé *signe moins*. En sorte que 12 $-$ 3, qu'on énonce par 12 *moins* 3, exprime que le nombre 3 est retranché ou ôté de 12; ainsi l'on a 12 $-$ 3 $=$ 9.

23. On marquera, ou on indiquera la multiplication des grandeurs ou des nombres, par ce signe $\times$, qui veut dire *multiplié par*. Ainsi 4 $\times$ 3 veut dire 4 *multiplié par* 3 : ce qui donne 4 $\times$ 3 $=$ 12. De même 4 $\times$ 4 $\times$ 4 $=$ 64. Car 4 $\times$ 4 $=$ 16, & 16 $\times$ 4 $=$ 64.

24. Pour exprimer ou indiquer la division d'un nombre par un autre, on écrira le *diviseur* sous le *dividende* de cette maniere $\frac{12}{4}$, qui exprime que 12 est divisé par 4 : ce qui donne dans cet exemple $\frac{12}{4} =$ 3 qu'on exprime par 12 *divisé par* 4 *égal* 3.

Lorsque le diviseur ne contient pas exactement le diviseur, la division reste indiquée. Ainsi le quotient de 13 divisé par 7, se remarquera par $\frac{13}{7}$, & ainsi des autres.

25. Pour exprimer la racine quarrée d'un produit ou d'un nombre, on le fait préceder de ce signe $\sqrt{}$ qu'on nomme *signe radical*. Ainsi $\sqrt{64}$ indique la racine quarrée de 64, qui est 8. En sorte que $\sqrt{64} =$ 8 ; ce qui est évident, puisque 8 $\times$ 8 $=$ 64. On met quelque fois un 2 dans ce signe de cette maniere $\sqrt[2]{}$: mais quand il n'a point de chiffre, il exprime toujours la racine

quarrée. La racine cube s'xprime par le même figne, mais en mettant un 3 dedans ; en forte que $\sqrt[3]{125}$ exprime la racine cube de 125, & en général $\sqrt[3]{39}$, la racine cube de 39, &c.]

TRAITÉ
DES PROPORTIONS.

ON ne vient à la connoiſſance d'une quantité inconnue, qu'en conſidérant le *rapport* qu'elle a avec une quantité connue.

Ce rapport peut être de deux manieres, *Arithmetique* & *Géometrique*.

26. Il eſt *Arithmetique*, lorſque l'on conſidere la différence qu'il y a entre la quantité connue & l'inconnue ; & *Géometrique*, lorſque l'on conſidere quelle partie l'une eſt de l'autre, ou combien l'une contient l'autre, ou de parties de l'autre. C'eſt ce que l'on nomme proprement *Rapport* ou *Raiſon*.

27. Si deux quantités ont même rapport entr'elles que deux autres, cette égalité de rapport ſe nomme *Proportion*.

Nous examinerons dans ce Traité les proprietés des rapports & des proportions, que nous exprimerons par les nombres pour une plus grande facilité, quoiqu'elles doivent s'appliquer à toutes fortes de quantités.

CHAPITRE PREMIER.
Du Tout & de ſes parties.

28. I. UNe quantité eſt appellée *Tout* à l'égard d'une plus petite, & on la nomme *Partie* à l'égard d'une plus grande. Ainſi 8 eſt appellé *Tout* à l'égard de 2, & 2 eſt appellé *Partie* de 8.

DE GEOMETRIE.

29. II. Si une quantité en contient une autre plusieurs fois exactement, elle en est appellée *Multiple* : ainsi 12 est multiple de 4 ; & la quantité qui est contenue plusieurs fois exactement dans la premiere, en est appellée *Partie aliquote*, ou simplement *aliquote* : ainsi 4 est aliquote de 12.

L'on dit qu'*une aliquote mesure son tout*, que 4 mesure 12, mais 4 ne mesure pas 10.

30. III. Une *Aliquote commune* ou une *commune mesure* est une quantité qui est aliquote de deux autres. Ainsi 4 est aliquote commune de 12 & de 8, mais non pas de 12 & de 10.

31. Les quantités qui ont une aliquote commune ou une commune mesure, sont appellées *commensurables*, comme le sont tous les nombres entiers, ausquels l'unité est une commune mesure : les quantités qui n'ont point de commune mesure, sont appellées *incommensurables*.

32. IV. Deux aliquotes sont *semblables* ou *pareilles*, lorsqu'elles sont également contenues dans leurs multiples. Ainsi 2 & 3 sont aliquotes semblables de 8 & 12, parce que 2 est contenu quatre fois dans 8, comme 3 est contenu quatre fois dans 12. L'on voit par cette définition que les moitiés, les tiers, les quarts, les sixiémes, &c. de deux quantités, en sont les aliquotes semblables.

33. V. Les quantités qui contiennent également leurs aliquotes semblables, en sont appellées *équimultiples* : ainsi 8 & 12 sont équimultiples de 2 & 3, parce que 8 contient quatre fois 2, comme 12 contient quatre fois 3.

L'on voit par cette définition que les *doubles*, les *triples*, les *quatruples*, les *quintuples*, &c. de deux quantités, en sont les équimultiples.

CHAPITRE II.

Des rapports & de la proportion Géometrique.

DÉFINITIONS.

34. Les quantités de même nature ou de même espece, sont appellées *homogenes*, & celles de differentes especes, *héterogenes*.

35. I. Quand on compare une quantité avec une autre de même nature, la premiere s'appelle *antécedent* ou *premier terme*, & la seconde, *conséquent* ou *second terme*.

36. II. *Rapport* ou *Raison* est la maniere dont l'antécedent contient son conséquent, ou quelques-unes de ses aliquotes. Ainsi le rapport de 12 à 4 est la maniere dont 12 contient 4; & comme 12 contient trois fois 4, on exprime ce rapport, en disant que 12 *est triple de* 4. De même le rapport de 8 à 12 est la maniere dont 8 contient deux fois 4, qui est le tiers de 12. On exprime ce rapport, en disant que 8 *est les deux tiers de* 12.

III. Il y a de deux sortes de rapports, d'*exacts* & de *sourds*.

37. Le *rapport exact* est celui dont l'antécedent contient exactement son conséquent ou quelques-unes de ses aliquotes. Ainsi le rapport de 12 à 4 est exact, parce que 12 contient exactement trois fois 4. De même le rapport de 6 à 9 est aussi exact, parce 6 contient exactement deux fois 3, qui est le tiers de 9. Cette sorte de rapport se rencontre toujours entre les quantités commensurables.

38. Le *rapport sourd* est celui dont l'antécedent ne contient point exactement quelque aliquote que ce soit de son conséquent. Si l'on suppose, par exemple, qu'une grandeur quelconque representée par C, soit divisée en quelques aliquotes que ce soit, & qu'une autre grandeur A ne contienne pas exactement un nombre quelconque des aliquotes de C, le rapport de A à C est sourd, & les quantités A & C sont incommensurables.

Si l'on imagine que la grandeur C soit divisée en parties infiniment petites, & que A ne contienne pas exactement une de ces petites parties, il ne s'en faudra qu'un reste moindre que l'une de

DE GÉOMÉTRIE.

ces parties, lequel étant infiniment petit, pourra être négligé ; alors on pourra regarder le rapport de A à C, comme un rapport exact, c'est-à-dire, comme si A contenoit exactement les aliquotes de C. C'est pourquoi nous ne parlerons dans la suite que du rapport exact.

39. IV. *Deux rapports sont égaux, lorsque les antécedens contiennent également leurs conséquens ou les aliquotes semblables de leurs conséquens.*

Ainsi le rapport de 8 à 2 est égal au rapport de 12 à 3, parce que 8 contient quatre fois deux, comme 12 contient quatre fois 3. De même le rapport de 4 à 6, est égal à celui de 10 à 15, parce que 4 contient deux fois le tiers de 6, & que 10 contient aussi deux fois le tiers de 15.

40. V. L'égalité de deux rapports s'appelle *Proportion* ; & les quantités entre lesquelles il y a des rapports égaux, sont appellées *Proportionnelles*.

Ainsi l'on dit qu'il y a proportion entre ces quatre quantités 4, 6, 10, 15, qui sont appellées proportionnelles ; ce qui se marque ainsi 4, 6 :: 10, 15, qu'on exprime en disant que 4 *est à* 6, *comme* 10 *est à* 15.

Comme une proportion contient deux rapports, & que chaque rapport contient deux termes, sçavoir un antécédent & un conséquent, il s'ensuit qu'une proportion contient quatre termes, deux antécedens & deux conséquens.

41. Le premier & le dernier termes d'une proportion s'appellent *les extrêmes*, & ceux du milieu s'appellent *les moyens*.

42. Les termes extrêmes d'une proportion sont appellés *Réciproques* ou *réciproquement proportionnels des moyens*. Ainsi dans cette proportion 9, 12 :: 6, 8 ; 9 & 8, qui sont les extrêmes, sont dits réciproques de 12 & de 6, qui sont les moyens.

43. Si les termes moyens d'une proportion sont les mêmes, ou ce qui est la même chose, s'il y a proportion entre trois termes, la proportion est appellée *continuë*, comme 4, 6 :: 6, 9 ; ce qui se marque ainsi ÷ 4, 6, 9.

44. Dans la proportion continuë, le terme moyen se nomme *Moyen proportionnel*.

45. Si la proportion continuë s'étend à plus de trois termes, on l'appelle *Progression*, comme ÷ 1, 2, 4, 8, 16, 32, 64, &c.

46. VI. *Deux rapports sont inégaux, lorsque les antécedens ne contiennent pas également leurs conséquens, ou les aliquotes semblables de leurs conséquens,* & celui-là est le plus grand rapport, dont l'antécedent contient davantage son conséquent ou les aliquotes semblables de son conséquent.

Ainsi le rapport de 8 à 2 est plus grand que celui de 12 à 4, parce que 8 contient quatre fois 2, & que 12 ne contient que trois fois 4. De même le rapport de 6 à 4 est plus grand que celui de 10 à 8, parce que 6 contient six fois le quart de 4, & que 10 ne contient que cinq fois le quart de 8.

47. VII. Lorsque l'on compare ensemble deux quantités, seulement comme 4 & 6, le rapport qu'il y a entre ces quantités est appellé *Rapport simple* ou *Raison simple*.

48. Mais si l'on multiplie (*a*) les deux termes d'un rapport simple par ceux d'un autre rapport, le rapport qu'il y a entre leurs produits est appellé *Rapport composé* ou *Raison composée* des deux rapports simples.

Ainsi si l'on multiplie les termes 4 & 6 d'un rapport par les termes 9 & 12 d'un autre rapport, les produits 36 & 72 auront entr'eux un rapport composé de celui de 4 à 6, & de celui de 9 à 12.

$$\left.\begin{array}{ll} 4. & 6. \\ 9. & 12. \end{array}\right\} \textit{Rapports simples.}$$

$$36. \quad 72. \quad \textit{Rapport composé.}$$

Et généralement si on multiplie plusieurs rapports l'un par l'autre, c'est-à-dire, les antécedens les uns par les autres, & les conséquens aussi les uns par les autres, le rapport qu'il y aura entre leurs produits, sera *composé* de tous ceux de ces rapports.

Ces rapports composés reçoivent differens noms des differens rapports qui sont multipliés.

49. Ainsi si l'on multiplie deux rapports égaux l'un par l'autre, le rapport composé de leurs produits est appellé *rapport doublé* ou *Raison doublée*.

(*a*) On multiplie les rapports en multipliant ensemble les antécedens d'une part, & les conséquens de l'autre.

DE GEOMETRIE.

$\begin{bmatrix} 2. & 3. \\ 4. & 6. \end{bmatrix}$

8. 18. *raison doublée de 2 à 3, & de 4 à 6.*

50. Si l'on multiplie trois rapports égaux l'un par l'autre, le rapport composé de leurs produits est appellé *Rapport triplé* ou *Raison triplée*, &c.

$\begin{bmatrix} 2. & 3. \\ 4. & 6. \\ 8. & 12. \end{bmatrix}$

64. 216. *Raison triplée de 2 à 3, de 4 à 6, & de 6 à 12.*

51. Les rapports simples, dont un rapport composé est doublé, sont dits être en *raison sousdoublée* ou *rapport sousdoublé* de ces quantités ; ainsi le rapport de 2 à 3, ou de 4 à 6, est sousdoublé de celui de 8 à 18.

52. De même les rapports simples, dont un rapport composé est triplé, sont dits être en *raison soustriplée* ou *rapport soustriplé* de ces quantités. Ainsi 2 & 3 sont en raison soustriplée de 64 à 216, aussi-bien que 4 & 6, & que 8 & 12.

53. Il est évident que si au lieu d'avoir pris des quantités inégales pour exprimer les rapports simples égaux, dont d'autres sont doublés & triplés, l'on avoit pris les mêmes quantités, les termes des rapports doublés auroient été les quarrés de ces quantités, & les termes des rapports triplés en auroient été les cubes ; les termes des rapports simples, les racines quarrées des termes des rapports doublés, & les racines cubiques celles des raports triplés, comme l'on peut voir dans cet exemple.

$\begin{Bmatrix} 2. & 3. \\ 2. & 3. \end{Bmatrix}$ *Rapports simples égaux.*

$\begin{Bmatrix} 4. & 9. \\ 2. & 3. \end{Bmatrix}$ *Raison doublée ou quarrée.*

8. 27. *Rapport triplé ou cube.*

54. C'est pourquoi ces deux expressions, *deux quantités sont entre elles en raison doublée de deux autres*, ou *deux quantités sont entre elles comme les quarrés de deux autres*, signifient la même chose, aussi-bien que ces expressions ci.

55. *Deux quantités sont entre elles en raison triplée de deux autres*, ou *deux quantités sont entre elles comme les cubes de deux autres*.

56. *Deux quantités sont entre elles en raison sousdoublée de deux autres*, ou *deux quantités sont entre elles comme les racines quarrées de deux autres*.

57. *Deux quantités sont entr'elles en raison soustriplée de deux autres*, ou *deux quantités sont entr'elles comme les racines cubiques de deux autres*.

58. VIII. Des définitions précédentes il suit, *que pour connoître si quatre quantités sont proportionnelles, il faut examiner si les antécedens contiennent également leurs conséquens ou les aliquotes semblables de ces conséquens.*

Pour faire cet examen,

1°. Divisez chaque antécedent par son conséquent : si la division se fait sans reste, & que les quotiens soient égaux, il est évident que les antécedens contiendront également leurs conséquens, & qu'ainsi elles sont proportionnelles (N°. 39.); si les quotiens sont inégaux, les quantités ne sont pas proportionnelles.

2°. Si la division ne se fait pas sans reste, ou si les antécedens sont plus petits que leurs conséquens, partagez les conséquens en aliquotes semblables plus petites que leurs antécedens : considerez ensuite combien chaque antécedent contient d'aliquotes de son conséquent : si les antécedens contiennent également & sans reste les aliquotes de leurs conséquens, les quantités sont proportionnelles (N°. 39.); si elles ne les contiennent pas également, soit sans reste, soit avec reste, les quantités ne sont pas proportionnelles, & le plus grand rapport est celui dont l'antécedent contient le plus d'aliquotes semblables de son conséquent.

3°. Si les antécedens contiennent également les aliquotes semblables de leurs conséquens avec des restes, il faut partager les conséquens en aliquotes plus petites que les premieres, & recommencer le même examen.

EXEMPLES,

DE GEOMETRIE. 35

EXEMPLES.

Soient proposées les quantités 12 & 3, 20 & 5 : pour connoître si elles sont proportionnelles, divisez 12 par 3, & 20 par 5. Les quotiens 4 & 4

$$\left\{\dfrac{12}{3}\right\}4 \quad \dfrac{20}{5}\left\}4\right.$$

marqueront que chaque antécedent contient quatre fois son conséquent, & ainsi ces quantités sont proportionnelles, (N°. 39.) c'est-à-dire que 12. 3. :: 20. 5.

Soient proposées ces autres quantités 15 & 20, 18 & 24. Partagez les conséquens 20 & 24, en aliquotes semblables, par exemple en quarts, vous aurez 20 exprimé par 5+5+5+5, & 24, par 6+6+6+6. Considerez ensuite combien les antécedens contiennent d'aliquotes de leurs conséquens, vous aurez 15 égal à 5+5+5, & 18 égal à 6+6+6. Ainsi les quantités 15 & 20, 18 & 24 seront exprimées par celles-ci 5+5+5, 5+5+5+5, 6+6+6, & 6+6+6+6, qui marquent que ces quantités sont proportionnelles, chaque antécedent contenant trois fois sans reste le quart de son conséquent.

On pourroit exprimer ces mêmes parties des quantités 15. 20. 18. & 24. par celles-ci 3, 5. 4, 5 :: 3, 6. 4, 6. qui marquent

15	.	20	::	18	.	24
5+5+5 .		5+5+5+5	::	6+6+6 .		6+6+6+6
3, 5	.	4, 5	::	3, 6	.	4, 6

aussi que ces quantités sont proportionnelles, & qui veulent dire que trois fois 5 est à quatre fois 5, comme trois fois 6 est à quatre fois 6. Nous nous servirons de cette derniere expression dans les démonstrations suivantes, comme de la plus commode & de la plus abregée.

Soient encore proposées les quantités 20, 32 ; 15 & 24. pour

20	.	32	::	15	.	24
8+8+4 .		8+8+8+8	::	6+6+3		6+6+6+6
2, 8+4		4, 8	::	2, 6+3 .		6, 6
4+4+4+4 . 4+4+4+4			:: 3+3+3+3 . 3		3+3+3+3+3+3	
5, 4	.	8, 4	::	5, 3	.	8, 3

E

examiner si elles sont proportionnelles, partagez les conséquens 32 & 24 en quarts, vous trouverez que les antécedens 20 & 15 contiennent également ces quarts, mais avec des restes. C'est pourquoi il faut partager ces conséquens en aliquotes plus petites, par exemple, en huitièmes, vous aurez les quantités 20, 32, 15 & 24 exprimées de cette maniere, 4+4+4+4, 4+4+4+4+4+4+4+4 :: 3+3+3+3, 3+3+3+3+3+3+3+3; ou bien 5, 4. 8, 4 :: 5, 3. 8, 3, qui marquent l'une & l'autre que ces quantités sont proportionnelles, puisque les antécedens contiennent chacun cinq fois la huitième partie de leurs conséquens.

Ce changement de quantité dans leurs parties, pour en connoître la proportion, se nomme *Transformation*.

CHAPITRE III.

De la maniere de changer deux quantités, sans changer leur rapport.

59. Deux quantités peuvent être changées, sans changer leur rapport, de quatre manieres; sçavoir en leur ajoûtant, ou en retranchant deux quantités, qui ayent un même rapport (a), & en les multipliant ou divisant par une même quantité.

THEOREME I.

60. *Si à deux quantités on ajoûte deux autres quantités qui ayent le même rapport, les sommes de ces quantités auront le même rapport que les deux premieres.*

Soient proposées les deux quantités   8.   12.
auxquelles on ajoûte - - - - - - 2.   3.

Les sommes - - - - - - - 10.   15.
auront le même rapport que celui de
8 à 12, c'est-à-dire que - - - - 10. 15 :: 8. 12.

(a) Ajoûter à deux quantités deux autres quantités qui ayent le même rapport, c'est ajoûter à l'antécedent du rapport proposé l'antécedent ou le premier terme des deux dernieres quantités, & au conséquent du même rapport le conséquent ou le second terme des deux mêmes quantités.

DE GEOMETRIE. 35

Car si l'on transforme ces quantités, on aura 2, 5. 3, 5 :: 2, 4. 3, 4. c'est-à-dire, deux fois 5 est à trois fois 5, comme deux fois 4 est à trois fois 4 ; ce qui est évident. (*a*)

Il est clair que si à ces sommes - - - - - 10. 15.
on ajoûte encore d'autres quantités - - - - 6. 9.
qui ont un même rapport,
les sommes - - - - - - - - - - - 16. 24.
auront aussi le même rapport que celui de 10 à 15.

COROLLAIRE.

61. D'où il suit *que si plusieurs quantités ont un même rapport, & que l'on ajoûte ensemble tous les antécédens d'un côté & tous les conséquens d'un autre, la somme des antécédens sera à la somme des conséquens comme l'un des antécédens est à son conséquent.*

Soient les quantités ci-contre qui ont même rapport,
$$\left.\begin{array}{cc} 2. & 3. \\ 10. & 15. \\ :: \quad 4. & 6. \\ 14. & 21. \\ 6. & 9. \end{array}\right\}$$

leurs sommes - - - - - - 36. 54.
auront aussi le même rapport que celui de 2 à 3, ou de 10 à 15, &c.

C'est-à-dire que   36. 54 :: 2. 3.

THEOREME II.

62. *Si de deux quantités l'on ôte deux autres quantités qui ayent le même rapport, les restes auront aussi ce même rapport.*

(*a*) Car les deux antécédens 8 & 2 étant chacun dans ces exemples les deux tiers des conséquens 12 & 3, la somme de ces antécédens sera aussi les deux tiers de celle des conséquens.

E ij

Soient proposées les deux quantités   8.   12.
desquelles on ôte les quantités - -   2.   3.
qui ont le même rapport,
les restes - - - - - - -   6.   9.
auront aussi le même rapport, (*a*) c'est-
à-dire que - - - - -   6.   9 :: 8.   12.
car en transformant, l'on a - - - 2, 3. 3, 3 :: 2, 4. 3, 4.

Théorème III.

63. *Si deux quantités sont multipliées par une même quantité, les produits auront même rapport que ces deux quantités.*

Soient proposées les quantités - -   2.   3.
qui soient multipliées par - - -   4.   4.

les produits - - - - -   8.   12.
auront aussi le même rapport, c'est-
à-dire que - - - - -   8. 12 :: 2.   3.
car en transformant, l'on a - - 2, 4. 3, 4. :: 2, 1. 3, 1.

Pour le démontrer plus exactement, considerez qu'en multipliant deux quantités par une même quantité, les produits sont les équimultiples de ces quantités; qu'ainsi si on multiplie deux quantités par 2, les produits sont les doubles de ces quantités, les triples si on les multiplie par 3, les quatruples si on les multiplie par 4, &c. Mais il est évident que les doubles, les triples, les quatruples, & en général les équimultiples de deux quantités, sont entr'eux comme ces quantités. Or en multipliant deux quantités par une même quantité, les produits sont les équimultiples de ces quantités. Donc, &c.

Théorème IV.

64. *Si deux quantités sont divisées par une même quantité, les quotiens auront le même rapport que ces quantités.*

(*a*) Comme 8 est les deux tiers de 12, & que 2 est également les deux tiers de 3, il est évident qu'ayant retranché 2 de 8, & 3 de 12, ce qui restera de 8, sera encore les deux tiers de ce qui restera de 3.

DE GEOMETRIE.

Soient proposées les quantités - 8. 12,

qui soient divisées par - - - - 4. 4.

les quotiens - - - - - - - 2. 3.
auront aussi le même rapport, c'est-
à-dire que - - - - - - - 8. 12 :: 2. 3.
car en transformant, l'on a - - 2, 4. 3, 4 :: 2, 1. 3, 1.

Cette proposition peut se démontrer en considérant que lorsque deux grandeurs sont divisées par une même quantité, les quotiens sont les aliquotes semblables de ces grandeurs, parce qu'ils sont contenus le même nombre de fois dans leurs dividendes : mais comme il est évident que si le tiers ou le quart d'un tout est trois ou quatre fois plus grand que le tiers ou le quart d'un autre tout, le premier tout sera de même trois ou quatre fois plus grand que le second ; c'est-à-dire, que *les touts seront toujours entr'eux comme leurs aliquotes semblables*. Il suit de là que les grandeurs divisées par une même grandeur donnant des quotiens qui en sont les aliquotes semblables, ces quotiens seront entr'eux comme les grandeurs à diviser.

CHAPITRE IV.

Maniere de comparer ensemble les quatre termes d'une proportion, en conservant toujours une proportion entre ces termes.

65. IL y a cinq manieres en général de comparer ensemble les quatre termes d'une proportion, en conservant toujours une proportion entre ces termes.

66. I. En *renversant*, c'est-à-dire en mettant les conséquens à la place des antécédens.

Soit cette proportion - - - - 2. 6 :: 3. 9.
l'on aura en *renversant* - - - - 6. 2 :: 9. 3.

67. II. En *permutant*, c'est-à-dire en comparant ensemble deux antécédens d'une part & les conséquens de l'autre.

Soit la proportion précédente - - 2. 6 :: 3. 9.
l'on aura en *permutant* - - - - 2. 3 :: 6. 9.

68. III. En *ajoûtant*, ce qu'on appelle en *compofant*, c'eſt-à-dire, comparant la ſomme de l'antécédent & du conſéquent de chaque rapport avec l'antécédent ou le conſéquent du même rapport.

Soit encore la proportion - - 2. 6 :: 3. 9.
l'on aura en *ajoûtant* - - - 2 + 6. 6 :: 3 + 9. 9.
ou bien - - - - 2 + 6. 2 :: 3 + 9. 3.

69. IV. En *ôtant*, ce qu'on appelle en *diviſant*, c'eſt-à-dire comparant la différence de l'antécédent & du conſéquent de chaque rapport avec l'antécédent ou le conſéquent du même rapport.

Soit toujours la même proportion 2. 6 :: 3. 9.
l'on aura en *ôtant* ou en *diviſant* 2 — 6. 6 :: 3 — 9. 9.
ou bien - - - - 2 — 6. 2 :: 3 — 9. 3.

70. V. *En ajoûtant & ôtant en même temps*, ce qu'on appelle par *diviſion de raiſon*, c'eſt-à-dire, comparant la ſomme de l'antécédent & du conſéquent de chaque rapport avec leur différence.

Soit encore la proportion 2. 6 :: 3. 9.
l'on aura en *ajoûtant & ôtant*
en même tems - - - - 2 + 6. 2 — 6 :: 3 + 9. 3 — 9.

Toutes ces régles paroîtront évidentes par la transformation. Car ſoit cette autre proportion 6 . 8 :: 15 . 20.
transformez-la, vous aurez - 3, 2 . 4, 2 :: 3, 5 . 4, 5.

L'on a
- en renverſant - - - { 8 . 6 :: 20 . 15.
  4, 2 . 3, 2 :: 4, 5 . 3, 5.
- en permutant - - - { 6 . 15 :: 8 . 20.
  3, 2 . 3, 5 :: 4, 2 . 4, 5.
- en compoſant - - - { 14 . 6 :: 35 . 15.
  7, 2 . 3, 2 :: 7, 5 . 3, 5.
- ou bien - - - - - { 14 . 8 :: 35 . 20.
  7, 2 . 4, 2 :: 7, 5 . 4, 5.
- en ôtant ou diviſant { 2 . 6 :: 5 . 15.
  1, 2 . 3, 2 :: 1, 5 . 3, 5.
- ou bien - - - - - { 2 . 8 :: 5 . 20.
  1, 2 . 4, 2 :: 1, 5 . 4, 5.
- par diviſion de raiſon { 14 . 2 :: 35 . 5.
  7, 2 . 1, 2 :: 7, 5 . 1, 5.

DE GEOMETRIE.

Comme la transformation ne fait pas voir évidemment qu'en permutant, les quantités sont proportionnelles, ou que les antécédens contiennent également leurs conséquens ou leurs aliquotes semblables, on le prouvera en divisant le premier rapport ou celui de 3, 2 à 3, 5. par le produisant commun 3, ce qui ne changera point le rapport. (N°. 64.) On divisera de même le second 4, 2 . 4, 5. par le produisant commun 4, & l'on aura la proportion 3, 2 . 3, 5 :: 4, 2 . 4, 5. exprimé de cette maniere 2 . 5 :: 2 . 5. qui marque clairement l'égalité des deux rapports dont elle est composée.

[Pour démontrer en rigueur ces différens changemens, on nommera x & y les aliquotes semblables des conséquens de la proportion proposée ; il est clair par la définition des rapports égaux, que les antécédens en contiendront le même nombre. Nommant donc m le nombre d'aliquotes semblables que le premier antécédent contiendra de son conséquent, cette même lettre exprimera aussi le nombre d'y, que le second antécédent contient de son conséquent. Comme les aliquotes semblables sont également contenues dans leurs touts ou dans leurs équimultiples, si l'on représente par n le nombre de fois que le premier conséquent contient d'aliquotes semblables à celles du second, n sera également le nombre de fois dont le second conséquent contiendra y.

Cela posé, il est évident que toute proportion pourra être exprimée ainsi $m \times x$. $n \times x$ :: $m \times y$. $n \times y$, qui veut dire que m multiplié par x est à n multiplié aussi par x, comme m multiplié par y est à n aussi multiplié par y.

Or cette proportion donnera en renversant $n \times x$. $m \times x$ :: $n \times y$. $m \times y$. Ce qui est évident, puisque les antécédens $n \times x$, & $n \times y$ contiennent le même nombre d'aliquotes semblables des conséquens.

L'on aura en permutant $m \times x$. $m \times y$ :: $n \times x$. $n \times y$.

Pour le démontrer, observez que x & y dans le premier rapport, sont chacun multipliés par la même quantité m, ce qui ne change pas le rapport de x à y, (N°. 63.) & que dans le second, ces deux mêmes lettres sont également multipliées par n, ce qui n'en change pas non plus le rapport. Donc, &c.

La même proportion $m \times x$. $n \times x$ :: $m \times y$. $n \times y$, donne en ajoûtant $m \times x + n \times x$. $n \times x :: m \times y + n \times y$. $n \times y$.

Confiderez, pour le démontrer, que dans le premier rapport $m + n$ multiplié par x forme l'antécédent, & n multiplié par x le conféquent ; qu'ainfi on peut regarder les deux termes $m + n$ & n comme étant multipliés par la même quantité x, ce qui n'en change pas le rapport ; & que dans le fecond rapport ces deux mêmes quantités $m + n$ & n font auffi multipliées par la même quantité y. Donc, &c.

On démontrera ce changement de la même maniere, lorfque l'on comparera la fomme de l'antécédent & du conféquent de chaque rapport avec l'antécédent.

Pour démontrer le changement appellé *en divifant*, confiderez que la proportion $m \times x$. $n \times x :: m \times y$. $n \times y$, donnera $m \times x - n \times x$. $n \times x :: m \times y - n \times y$. $n \times y$. Or dans ces arrangemens les parties $m - n$ & n des deux termes de chacun des rapports font multipliés dans le premier par la même quantité x, & dans le fecond par y, ce qui n'en change pas le rapport. Donc, &c. Il en fera de même en comparant la différence de l'antécédent & du conféquent de chaque rapport avec l'antécédent.

Le changement appellé *par divifion de raifon*, fe démontrera de la même maniere.]

CHAPITRE V.

Propriétés des Quantités proportionnelles.

THEOREME I.

71. Quatre quantités étant proportionnelles : 1°. *Si les conféquens font égaux, les antécédens le feront auffi.* 2°. *Si les conféquens font inégaux, les antécédens feront auffi inégaux ; alors le plus grand conféquent aura le plus grand antécédent, & fi les deux premiers termes font égaux, les deux derniers le feront également.*

Cette propofition eft évidente par la définition des quantités proportionnelles, puifque les antécédens doivent contenir également

DE GEOMETRIE.

lement leurs conféquens ou les aliquotes femblables de leurs conféquens.

Premier Exemple	- - -	8 . 12 :: 8 . 12.
Second Exemple	- - -	8 . 12 :: 10 . 15.
Troifiéme Exemple	- -	8 . 12 :: 6 . 9.
Quatriéme Exemple	- -	8 . 8 :: 6 . 6.

COROLLAIRES.

72. D'où il fuit, 1°. que *deux quantités égales ont même rapport à une même quantité*, puifqu'elles la contiennent également ou fes aliquotes femblables ; par la même raifon, fi *deux quantités ont même rapport à une même quantité, elles font égales.*
2°. Si deux quantités font inégales, la plus grande a un plus grand rapport à une troifiéme, puifqu'elle la contiendra plus de fois ou fes aliquotes femblables : par la même raifon, *de deux quantités inégales celle qui a un plus grand rapport à une troifiéme quantité, eft la plus grande.*

THEOREME II.

73. *Si deux quantités ont même rapport entr'elles que deux autres, & que ces fecondes quantités ayent même rapport que deux troifiémes, les deux premieres auront auffi même rapport que les deux dernieres.*

Suppofons que 2 . 3 :: 4 . 6. & que 4 . 6 :: 8 . 12, je dis que 2 . 3 :: 8 . 12, ce qui eft évident.

Cette propofition fe peut encore exprimer de cette maniere.

74. *Si deux rapports font égaux à un même rapport, ils font égaux entr'eux.* Voyez l'axiome 2.

THEOREME III.

75. *Quatre quantités étant proportionnelles, le produit des extrêmes eft égal au produit des moyens.*

Soit la proportion - - - 2 . 6 :: 3 . 9.

Produit 18 *des moyens.*

Produit 18 *des extremes.*

Le produit des extrêmes 2 & 9 qui eft 18, eft égal au produit des moyens 3 & 6, qui eft auffi 18 ; ce que l'on peut démontrer par la transformation de cette maniere.

ÉLEMENS.

Soit la proportion suivante - 8 . 10 :: 12 . 15.
que l'on transformera dans ses
aliquotes - - - - - 4, 2 . 5, 2 :: 4, 3 . 5, 3.

L'on voit que pour avoir le produit des extrêmes, il faut multiplier ensemble les quatre produisans 4, 2, 5 & 3, & que pour avoir le produit des moyens, il faut aussi multiplier les quatre produisans 5, 2, 4 & 3, qui sont les mêmes que ceux du produit des extrêmes : donc le produit des extrêmes est égal au produit des moyens. (*a*)

COROLLAIRES.

76. D'où il suit, 1°. *que le produit de deux quantités réciproques est égal au produit des deux autres :* car nous avons appellé les termes extrêmes d'une proportion, *réciproques des termes moyens*.

77. 2°. Que *lorsque l'on connoît trois termes d'une proportion, on peut toujours trouver le quatriéme;* car si c'est un extrême qui manque, en multipliant les moyens ensemble, leur produit sera égal à celui des extrêmes; c'est pourquoi divisant leur produit par l'extrême connu, le quotient donnera l'extrême inconnu.

Si c'est un moyen qui manque, multipliant les extrêmes ensemble & divisant leur produit par le moyen connu, le quotient donnera le moyen inconnu, comme l'on verra dans les problêmes suivans.

78. Et 3°. *que dans une proportion continue le produit des extrêmes est égal au quarré du moyen,* (*b*) comme l'on peut voir dans cet exemple - - - - 4 . 6 :: 6 . 9.

Quarré 36 du moyen.
Produit 36 des extrêmes.

(*a*) Cette proposition est une des plus importantes de la Géometrie. Si l'on veut la démontrer d'une maniere plus exacte, il faut representer la proportion par le moyen de ses aliquotes, comme on l'a fait à la fin du Chapitre précedent; elle deviendra alors $m \times n . n \times x :: m \times y . n \times y$. Or le produit des extrêmes est $m \times x \times n \times y$, & celui des moyens, $n \times x \times m \times y$; mais par l'axiome 4. ces produits sont égaux : donc, &c.

(*b*) Cette proposition est évidente : car dans la proportion continue les deux moyens étant le même terme répeté, leur produit sera le quarré du moyen. Donc, &c.

DE GEOMETRIE.

C'est pourquoi pour trouver un moyen proportionnel entre deux quantités proposées, il faut les multiplier ensemble, & prendre la racine quarrée de leur produit, elle sera la moyenne proportionnelle cherchée.

THEOREME IV.

79. *Quatre quantités étant proportionnelles, si l'on divise chaque antécédent par son conséquent, les quotiens sont égaux.*

Supposons la proportion suivante 8 . 2 :: 12 . 3.

Divisant 8 par 2, & 12 par 3, les quotiens 4 & 4 sont égaux.

Supposons cette autre proportion - 4 . 6 :: 10 . 15.

L'on aura, en divisant de même chaque antécedent par son conséquent, $\frac{4}{6} = \frac{10}{15}$; ce qui donne les quotiens $\frac{2}{3}$ & $\frac{2}{3}$ encore égaux.

Pour démontrer cette proposition, il faut considerer que lorsque l'on divise chaque antécédent par son conséquent, le quotient marque combien chaque antécédent contient son conséquent, lorsque la division se fait sans reste, ou combien il contient d'aliquotes de son conséquent, lorsqu'elle ne se fait pas sans reste. Mais par la définition des quantités proportionnelles, les antécédens contiennent également leurs conséquens ou leurs aliquotes semblables. Donc les quotiens doivent être égaux.

THEOREME V.

80. *Si le rapport de deux quantités est composé de plusieurs rapports, & que celui de deux autres quantités soit composé de même nombre de rapports égaux aux premiers, ces quatre quantités seront proportionnelles.* (a)

Soient les deux premieres quantités 36 & 72, dont le rapport est composé de 4 à 6, & de 9 à 12.

Soient les deux secondes quantités 30 & 60, dont le rapport est composé des rapports 2 à 3 & de 15 à 20 égaux aux premiers, je dis que 36 . 72 :: 30 . 60.

Car si l'on dispose les rapports simples égaux en proportion,

---

(a) Cette proposition, ainsi que ses corollaires, peut se démontrer facilement en considérant les rapports comme des grandeurs; car comme les produits de même nombre de grandeurs égales sont égaux, les rapports composés de même nombre de rapports égaux, sont également égaux.

l'on aura $\begin{cases} 4 \,.\, 6 :: 2 \,.\, 3. \\ 9 \,.\, 12 :: 15 \,.\, 20. \end{cases}$

dont les produits — — 36 . 72 :: 30 . 60.

font les quantités qu'il faut prouver être proportionnelles.

Transformez ces deux proportions simples,

vous aurez — — — — $\begin{cases} 2,2 \,.\, 3,2 :: 2,1 \,.\, 3,1. \\ 3,3 \,.\, 4,3 :: 3,5 \,.\, 4,5. \end{cases}$

Et pour produifans de leurs produits 2233 . 2334 :: 2235 . 2345.

Effacez les produifans égaux des termes de chaque rapport, les rapports ne changeront point, & il reftera 2 . 4 :: 2 . 4. qui font en proportion : donc les produits 36. 72. 30. 60. de tous ces produifans feront auffi en proportion.

On démontreroit de la même maniere que fi le rapport de deux quantités étoit compofé de plus de deux rapports, & que celui de deux autres fût compofé de même nombre de rapports égaux aux premiers, ces quantités feroient proportionnelles.

COROLLAIRES.

81. D'où il fuit 1°. *que fi deux rapports font égaux, leurs rapports doublés & triplés le font auffi.*

2°. *Si les rapports doublés & triplés font égaux, leurs rapports fous-doublés & fous-triplés le font également.*

Rapports $\begin{cases} 3 \,.\, 4 :: 6 \,.\, 8. \\ 3 \,.\, 4 :: 6 \,.\, 8. \end{cases}$ égaux.

Rapports 9 . 16 :: 36 . 64. doublés.

    3 . 4 :: 6 . 8.

Rapports 27 . 64 :: 216 . 512. triplés.

82. C'eft pourquoi *fi quatre quantités font proportionnelles, leurs quarrés & leurs cubes font auffi proportionnels ; & de même fi quatre quarrés ou quatre cubes font proportionnels, leurs racines quarrées & cubiques le font auffi également.*

83. 3°. *Lorfque l'on multiplie les termes d'une proportion par ceux d'une autre proportion, chaque terme par celui qui lui répond, les produits font en proportion, & le rapport de leurs produits eft compofé des rapports des deux proportions fimples. On diroit la même chofe de plus de deux proportions.*

DE GEOMETRIE.

Soient les proportions - $\begin{cases} 2 \cdot 3 :: 4 \cdot 6. \\ 5 \cdot 10 :: 6 \cdot 12. \end{cases}$

Produits - - - - 10 . 30 :: 24 . 72.

THEOREME VI.

84. *Si l'on suppose qu'il y ait de suite plusieurs quantités qui ayent entr'elles tels rapports que l'on voudra, égaux ou inégaux, le rapport de la premiere à la derniere sera composé de tous les rapports qu'il y a entre ces quantités.*

Soient les quantités 6, 8, 10, 12, 15; je dis que le rapport de 6 à 15 est composé des rapports de 6 à 8, de 8 à 10, de 10 à 12, & de 12 à 15.

Disposez ces rapports l'un sous l'autre,

le rapport composé de tous ces rapports - - - - - $\begin{cases} 6 & 8. \\ 8 & 10. \\ 10 & 12. \\ 12 & 15. \end{cases}$

aura pour produisans - - - 6, 8, 10, 12 . 8, 10, 12, 15.

Effacez les produisans égaux de chaque terme de ce rapport, cela ne changera point leur rapport, (N°. 63.) il restera 6 & 15. Donc le rapport de ces deux quantités est composé de tous les rapports des quantités qui étoient entre deux.

COROLLAIRES.

85. D'où il suit, 1°. que *si trois quantités sont en proportion continue, le rapport de la premiere à la troisiéme sera doublé de celui de la premiere à la seconde*, ou, ce qui est la même chose, *la premiere sera à la troisiéme comme le quarré de la premiere sera au quarré de la seconde*, puisque le rapport de la premiere à la troisiéme sera composé de deux rapports égaux. (N°. 80.)

Soient les trois quantités ∺ 4 . 6 . 9; je dis que 4 est à 9 en raison doublée de 4 à 6, ou que 4 . 9 :: 16 . 36; ce qui est évident par les démonstrations précédentes.

86. 2°. *Si quatre quantités sont en proportion continue, le rapport de la premiere à la quatriéme sera triplé du rapport de la premiere à la seconde*, ou, ce qui est la même chose, *la premiere sera à la quatriéme comme le cube de la premiere sera au cube de la seconde*, puisque le rapport de la premiere à la quatriéme sera composé de trois rapports égaux. (N°. 80.)

ÉLEMENS

Soient les quatre quantités ∸ 2.6 :: 18.54, je dis que 2 est à 54 en raison triplée de 2 à 6, ou que 2.54 :: 8.216.

87. 3°. *Lorsque l'on multiplie les termes d'une proportion par ceux d'une autre proportion, les produits seront encore en proportion, & le rapport de leurs produits sera composé des rapports simples des deux proportions.* On diroit la même chose de plus de deux proportions.

Soient les proportions $\left\{\begin{array}{l} 2\ .\ 3\ ::\ 4\ .\ 6. \\ 5\ .\ 10\ ::\ 6\ .\ 12. \end{array}\right.$

Les produits - - - 10 . 30 :: 24 . 72.

THEOREME VII.

88. *Quatre quantités étant proportionnelles, le produit des antécédens est au produit des conséquens comme le quarré d'un antécédent est au quarré de son conséquent.*

Soient les quantités proportionnelles 6.8 :: 9.12, je dis que le produit des antécédens 6 & 9 qui est 54, est au produit des conséquens 8 & 12 qui est 96, comme le quarré de 6 qui est 36, est au quarré de 8 qui est 64, ou comme le quarré de 9 qui est 81, est au quarré de 12 qui est 144; c'est-à-dire, que 54.96 :: 36.64, ou 54.96 :: 81.144.

Pour le prouver, transformez les termes de la proportion,

vous aurez - $\left\{\begin{array}{l} 6\ .\ 8\ ::\ 9\ .\ 12. \\ 3,2\ .\ 4,2\ ::\ 3,3\ .\ 4,3. \end{array}\right.$

Rangez de suite les produisans du pro- | 2̶,3̶,3,3 . 2̶,3̶,4,4 :: 2̶,2̶,3,3 . 2̶,2̶,4,4. |
| 2̶,3̶,3,3 . 2̶,3̶,4,4 :: 3̶,3̶,3,3 . 3̶,3̶,4,4. |

duit des antécédens; faites la même chose des produisans du produit des conséquens, des produisans du quarré d'un antécédent & des produisans du quarré de son conséquent; effacez ensuite les produisans égaux des termes de chaque rapport, ce qui ne changera point leur rapport, il restera 3, 3 . 4, 4 :: 3, 3 . 4, 4. qui sont en proportion ; donc les produits de ces produisans sont aussi en proportion. Donc quatre quantités étant proportionnelles, le produit des antécédens est au produit des conséquens comme le quarré d'un antécédent est au quarré de son conséquent.

DE GEOMETRIE.

[On peut démontrer cette même propofition très-fimplement de cette maniere.

L'on a par la fuppofition - 6 . 8 :: 9 . 12.
L'on a auffi - - - - - 9 . 12 :: 9 . 12.
dont les produits - - - - 54 . 96 :: 81 . 144.
font en proportion par la propofition précédente. On démontrera de la même maniere que]
54 . 96 :: 36 . 64.

THEOREME VIII.

89. *Six quantités étant proportionnelles, le produit des trois antécédens eft au produit des trois conféquens comme le cube d'un antécédent eft au cube de fon conféquent.*

Soient les quantités proportionnelles 2 . 5 :: 4 . 10 :: 6 . 15. je dis que le produit des trois antécédens 2. 4. 6. qui eft 48, eft au produit des trois conféquens 5. 10. 15. qui eft 750, comme le cube de 2 qui eft 8, eft au cube de 5 qui eft 125, ou comme le cube de 4 au cube de 10, &c. c'eft-à-dire que 48 . 750 :: 8 . 125, &c.

Car transformez les termes de ces trois rapports égaux, vous aurez

2	.	5	::	4 . 10	::	6 . 15
2,1	.	5,1	::	2,2 . 5,2	::	2,3 . 5,3
2,2,2,2,2,2 . 2,2,2,5,5,5			::	2,2,2,2,2,2	::	2,2,2,5,5,5
2,2,2,2,2,2 . 2,2,2,5,5,5			::	2,2,2,2,2,2	::	2,2,2,5,5,5

Rangez de fuite les produifans des produits des antécédens, les produifans des produits des conféquens, les produifans du cube de tel antécédent qu'il vous plaira, & les produifans du cube de fon conféquent ; effacez enfuite des termes de chaque rapport les produifans égaux, ce qui ne changera point leur rapport, (N°. 63.) il reftera 2,2,2 . 5,5,5 :: 2,2,2 . 5,5,5. qui font évidemment en proportion ; donc les produits de ces produifans font auffi en proportion. Donc fix quantités étant proportionnelles, le produit des antécédens eft au produit des conféquens comme le cube d'un antécédent eft au cube de fon conféquent.

[On peut démontrer cette proposition de la même maniere que la précédente. Pour cela, considerez que par la supposition l'on a

$$\left. \begin{array}{l} 2 \;.\; 5 :: 2 \;.\; 5. \\ 4 \;.\; 10 :: 2 \;.\; 5. \\ 6 \;.\; 15 :: 2 \;.\; 5. \end{array} \right\} \text{ ce qui donne}$$

$2 \times 4 \times 6 \;.\; 5 \times 10 \times 15 :: 2 \times 2 \times 2 \;.\; 5 \times 5 \times 5$. Car comme ces deux rapports sont composés de même nombre de rapports égaux, ils sont égaux. Or le premier antécédent de ce rapport triplé est formé de la multiplication des trois antécédens des rapports proposés; le premier conséquent du même rapport, des trois conséquens des proposés; le second antécédent $2 \times 2 \times 2$, est le cube de 2, & le conséquent $5 \times 5 \times 5$, le cube de 5. Donc, &c. Il est évident que cette même démonstration peut s'appliquer à tout autre rapport triplé que l'on voudra, & que le produit des trois antécédens sera toujours au produit des trois conséquens comme le cube de celui des antécédens que l'on voudra, sera au cube de son conséquent.]

THEOREME IX.

90. *Dans toute progression géométrique qui diminue le premier terme moins le second est au premier terme, comme le premier terme moins le dernier est à la somme de tous les termes moins le dernier.*

Supposons la progression ÷÷ 81 . 27 . 9 . 3 . 1. je dis que 81 — 27, ou 54, est à 81 comme 81 — 1, ou 80, est à la somme de tous les termes moins 1, qui est 120.

Car disposant les termes des rapports égaux de ces quantités l'un sous l'autre de cette maniere,

$$\left. \begin{array}{l} 81 \;.\; 27. \\ :: 27 \;.\; 9. \\ :: 9 \;.\; 3. \\ :: 3 \;.\; 1. \end{array} \right.$$
$$\overline{120 \;.\; 40 :: 81 \;.\; 27.}$$

La somme des antécédens 120. sera à la somme des conséquens 40, comme l'un des antécédens 81 est à son conséquent 27 (*N°.* 61.) ou bien 81 . 27 :: 120 . 40.

DE GEOMETRIE.

En divifant l'on aura, - 81—27.81 :: 120—40.120.
qui fe réduit à - - - - - 54.81 :: 80.120.

Or 54 eft le premier terme de la progreffion moins le fecond; 81 eft le premier, 80 le premier moins le dernier, & 120 eft la fomme de tous les termes moins le dernier. Donc dans toute progreffion géométrique, qui diminue *le premier terme moins le fecond eft au premier terme, comme le premier moins le dernier, eft à la fomme de tous les termes moins le dernier.*

COROLLAIRE:

91. D'où il fuit que fi la progreffion diminue à l'infini, le dernier terme pourra être regardé comme 0 ; alors le premier terme moins le fecond fera au premier, comme le premier fera à la fomme de tous les termes.

[Si la progreffion va en augmentant, on pourra la renverfer, c'eft-à-dire, regarder le dernier terme comme le premier, & alors le Théorême précedent s'appliquera également aux progreffions qui vont en diminuant, & à celles qui vont en augmentant.

Autrement foit la progreffion ∴ 2.6.18.54.162, qui va en augmentant.

Si l'on met les rapports égaux les uns fous les autres, comme dans l'exemple précedent, la fomme des antécedens 80 fera de même à celle des conféquens 240, comme une feul antécedent 2 eft à fon conféquent 6, ou ce qui eft la même chofe 2.6 :: 80.240.

$$\begin{cases} 2.6 \\ 6.18 \\ 18.54 \\ 54.162 \end{cases}$$

80.240 :: 2.6

Et en renverfant   6.2 :: 240.80.
En divifant   6—2.2 :: 240—80.80.
qui fera réduit à   4.2 :: 160.80.

Or 4 eft la différence au fecond au premier, 2 eft le premier terme de la progreffion, 160 eft le dernier 162 moins le premier 2, 80 eft la fomme de tous les termes moins le dernier 162 ce qui donne ce Théorême.

Dans toute progreffion qui va en augmentant, le fecond terme moins le premier eft au premier, comme le dernier moins le premier eft à la fomme de tous les termes moins le dernier.]

G

ÉLEMENS
PROBLEMES.

I.

92. *Trois quantités 4. 6. 10. étant proposées, trouver une quatriéme proportionnelle.*

Multipliez ensemble les deux termes 6 & 10, qui sont les moyens de la proportion, leur produit 60 sera égal à celui du premier extrême 4, & de celui que l'on cherche (N°. 75.). C'est pourquoi divisant le produit 60 par le terme 4, le quotient 15 sera la quatriéme proportionnelle que l'on cherche, c'est-à-dire que 4. 6 : : 10. 15.

II.

93. *Deux quantités 4. & 6. étant données, trouver une troisiéme proportionnelle.*

Répetez la seconde quantité 6. & vous aurez 4. 6 : : 6. Cherchez comme ci-dessus une quatriéme proportionnelle, & vous trouverez 9. qui sera la quantité que l'on cherche, c'est-à-dire que 4. 6 : : 6. 9.

III.

94. *Deux quantités 4 & 9. étant proposées, trouver une moyenne proportionnelle.*

Multipliez ensemble les deux quantités proposées 4 & 9. Prenez la racine quarrée 6 de leur produit 36, elle sera la moyenne proportionnelle cherchée, c'est-à-dire que $\div$ 4. 6. 9. Car dans la proportion continue le produit des extrêmes est égal au quarré du moyen (N°. 78.) Donc la racine quarrée du produit est égale au terme moyen.

IV.

95. *Le premier, le second & le dernier terme d'une progression Géometrique, qui diminue étant donnés, trouver la somme de tous les termes.*

Soit la progression Géometrique proposée $\div$ 81. 27. 9. 3. 1. l'on aura par la proposition du N°. 90.) 81 — 27. 81 : : 80. est à la somme de tous les termes moins le dernier. C'est pourquoi si l'on multiplie le dernier terme 80 par le premier 81, & qu'on divise le produit par la différence du premier & du second terme, c'est-à-dire par 54, le quotient 120 sera la somme de tous les termes de la progression moins le dernier, qui est 1. Ainsi

DE GEOMETRIE.

ajoûtant 1 à 120, l'on aura 121, pour la somme de tous les termes de la progression.

V.

96. *Le premier & le second terme d'une progression Géometrique qui diminue à l'infini, étant donnés, trouver la somme de tous les termes.*

Soit la progression ÷ 64. 32. 16. 8. 4. 2. 1. $\frac{1}{2}$. $\frac{1}{4}$ &c. l'on aura (N°. 90.) 64—32. 64 :: 64. est à la somme de tous les termes. C'est pourquoi pour trouver la somme de tous les termes de cette progression, il faut quarrer 64, ou ce qui est la même chose, multiplier ce nombre par lui-même (N°. 11.) & diviser le produit ou le quarré 4096. par la différence du premier & du second terme, c'est-à-dire dans cet exemple, par 32.

CHAPITRE VI.

Du rapport & de la proportion Arithmetique.

DEFINITIONS.

I.

97. Nous avons appellé *rapport Arithmetique*, la différence de deux quantités. Ainsi le rapport Arithmetique de 11. à 15. est 4.

II.

98. Le rapport Arithmétique de deux quantités est égal au rapport Arithmétique de deux autres, lorsque la différence des deux premieres est égale à la différence des deux dernieres. Ainsi le rapport Arithmétique de 11. à 15. est égal à celui de 5. à 9., parce que leur différence est 4.

III.

99. L'égalité de deux rapports Arithmétiques se nomme *Proportion Arithmétique* ; ainsi il y a proportion Arithmetique entre les quatre quantités 5. 9. 11. 15., ce qui s'exprime ainsi 5. 9 : 11. 15. c'est à-dire qu'il y a même rapport Arithmétique entre 5 & 9. que entre 11 & 15. ou bien que la différence de 5 à 9. est égale à celle de 11 à 15.

G ij

ÉLEMENS

IV.

100. Si les deux termes moyens d'une proportion Arithmetique font les mêmes, elle s'appelle *Proportion continue*. Ainsi 5. 9 : 9. 13. font en proportion continue, ce qui s'exprime ainsi ÷ 5. 9. 13.

101. Le terme moyen d'une proportion Arithmetique continue se nomme *Moyen Arithmetique* ou simplement *Moyen*.

V.

102. Si la proportion Arithmetique continuë s'étend à plus de trois termes, elle s'appelle *Progreſſion Arithmetique*, comme ÷ 1. 3. 5. 7. 9. &c.

PROPRIETE'S.

103. L'on peut transformer les quatre termes d'une proportion Arithmetique 5. 9 : 11. 15. en d'autres termes, en marquant le second terme de chaque rapport par le premier plus ou moins la difference du second au premier, de cette maniere,

$$5 \,.\, 9 : 11 \,.\, 15.$$
ou bien $\quad\quad\quad 5 \,.\, 5+4 : 11 \,.\, 11+4.$

De même l'on transforme les quatre termes 9. 5 : 15. 11. en ceux-ci 9. 9 — 4 : 15. 15 — 4. Par ces transformations l'on peut démontrer aisément les proprietés des proportions Arithmétiques.

THEOREME I.

104. *Si l'on ajoute à deux quantités 5 & 9, la même quantité 3, ou si on l'en retranche, les sommes 8 & 12, ou les restes 2 & 6, auront encore le même rapport Arithmetique,*

c'est-à-dire que $\quad - - - - \quad 5 \,.\, 9 : 8 \,.\, 12.$
ou bien $\quad - - - - - - \quad 5 \,.\, 9 : 2 \,.\, 6.$

ce qui est évident ; car en ajoûtant à deux quantités quelconques une même quantité, on ne change rien à l'inégalité ou à la difference de ces quantités qui est toujours la même. Il en est de même, lorsqu'on diminue deux quantités également.

THEOREME II.

105. *Si quatre quantités sont en proportion Arithmetique, elles y seront encore en renversant & en permutant.*

DE GEOMETRIE.

Comme si - - - - - - 5 . 9 : 8 . 12.
En renversant - - - - - 9 . 5 : 12 . 8.
En permutant (a) - - - 5 . 8 : 9 . 12.

THEOREME III.

106. *Quatre quantités étant en proportion Arithmétique, si on leur ajoute, ou si l'on en ôte quatre autres quantités qui soient en proportion Arithmétique, les sommes ou les restes seront aussi en proportion Arithmétique.*

Soient les quatre termes - - 5 . 9 : 8 . 12.
auſquels on ajoûte ou deſquels on ôte 4 . 6 : 2 . 4.

Les sommes - - 9 . 15 : 10 : 16.
Les restes - - - 1 . 3 : 6 . 8. (b)

THEOREME IV.

107. *Quatre quantités 5 . 9 : 8 . 12. étant en proportion arithmétique, la somme des extrêmes 5 & 12, qui est 17, est égale à la somme des moyens 9 & 8, qui est aussi 17.*

(a) Le premier changement ou en renverſant n'a pas beſoin de démonſtration : mais pour prouver le ſecond, il faut transformer la proportion 5 . 9 : 8 . 12, de cette maniere, 5 . 5 + 4 : 8 . 8 + 4, qui donne en permutant, 5 . 8 : 5 + 4 . 8 + 4 ; ce qui eſt évident par la proposition précédente.

(b) Cette propoſition peut ſe démontrer
en transformant ainſi les proportions propoſées. { 5 . 5 + 4 : 8 . 8 + 4.
4 . 4 + 2 : 2 . 2 + 2.

Si l'on ajoûte enſemble les conſéquens de chacun de ces rapports, & de même les antécédens, il eſt évident 1°. qu'on augmentera d'abord les deux termes de chacun des rapports de la premiere proportion de la même quantité, ſçavoir, de 4 dans cet exemple pour le premier rapport, & de 2 pour le ſecond, ce qui ne changera pas ces rapports. De plus, que le conſéquent de chacun des rapports de la premiere proportion ſera augmenté de la même quantité 2, ou de la différence des deux termes de chacun des rapports de la ſeconde. Donc la différence des rapports propoſés ainſi additionnés, ſera la même. Donc lorſque quatre quantités ſont en proportion arithmétique, & qu'on leur ajoûte quatre autres quantités auſſi en proportion arithmétique, les ſommes ſeront auſſi en proportion.

On démontrera de la même maniere la ſeconde partie de la même propoſition.

[Pour démontrer cette proposition, il faut transformer les termes de la proportion proposée de cette manière : 5 . 5 + 4 : 8 . 8 + 4 ; expression qui fait voir que la somme des extrêmes 5 + 8 + 4 sera toujours composée des mêmes quantités que celle des moyens 5 + 4 + 8.

Si les antécédens de la proportion sont plus grands que les conséquens, comme dans cette proportion 9 . 7 : 5 . 3, on la transformera ainsi, (observant que le conséquent est égal à l'antécédent de chaque rapport, moins la différence qui est entre les deux termes des rapports) 9 . 9 — 2 : 5 . 5 — 2. Ce qui donne encore la somme des extrêmes 9 + 5 — 2 = 9 — 2 + 5, qui est celle des moyens.]

Corollaire.

108. *Si la proportion est continue, la somme des extrêmes sera double du terme moyen.*

Car exprimant cette proportion avec quatre termes, c'est-à-dire en répétant celui du milieu ou le moyen, l'on aura, par la proposition précédente, la somme des extrêmes égale à celle des moyens, qui sera ainsi double du moyen.

Soit la proportion continue ÷ 5 . 9 . 13 ; l'on aura, en exprimant cette proportion par quatre termes, 5 . 9 : 9 . 13. ce qui donne 5 + 13 = 9 + 9 = 18 = 2 × 9.

Théoreme V.

109. *Dans toute progression arithmétique la somme des extrêmes est égale à celle des termes pris à égale distance des extrêmes.*

Soit par exemple la progression ÷ 1 . 3 . 5 . 7 . 9 . 11 . 13 . 15. la somme des extrêmes 1 + 15 = 16 sera égale à celle de 3 & 13, ou de 5 & 11 pris à égale distance des extrêmes.

[Pour le prouver, on démontrera que ces termes ainsi pris font une proportion.

Tous les rapports qui composent une progression arithmétique étant égaux, les termes augmentent ou diminuent également, (N°. 98.) C'est pourquoi si la progression va en augmentant, comme dans l'exemple proposé, le troisième terme sera plus grand que le premier de deux fois la différence qui règne dans la progression, & il sera plus petit de deux fois cette même différence

DE GEOMETRIE.

si la progression va en diminuant. Mais le dernier extrême differera également du terme qui le précéde à la même distance, c'est-à-dire, du troisiéme en comptant par ce dernier terme. Donc le premier terme sera au troisiéme comme le sixiéme ou l'antepénultiéme est au dernier. Il est évident qu'il en sera de même pour tous les termes moyens pris à égale distance des extrêmes. Donc la somme des extrêmes, &c.

COROLLAIRE.

110. *Lorsque les termes de la progression sont en nombre impair, le terme du milieu est la moitié de la somme des extrêmes.*

Il y a autant de différence entre le premier terme & celui du milieu, qu'il y en a entre celui-ci & le dernier. Car soit supposé, par exemple, une progression de sept termes, celui du milieu, qui sera le quatriéme, differera du premier de trois fois la différence qui régne dans la progression ; mais le septiéme differera également du quatriéme. Donc le terme du milieu d'une progression arithmétique dont le nombre des termes est impair, sera moyen arithmétique entre les extrêmes. Donc il sera la moitié des extrêmes. (N°. 108.)]

THEOREME VI.

111. *La somme de tous les termes d'une progression arithmétique est égale à la moitié de la somme des extrêmes, multipliée par le nombre des termes.*

Soit la progression arithmétique ÷ 1. 3. 5. 7. 9. 11. la somme du premier terme 1. & du dernier 11. est 12. dont la moitié 6 multipliée par 6, nombre des termes, donnera 36 pour la somme des termes de la progression.

Car par la précédente proposition, la somme des termes pris à égale distance des extrêmes, est égale à celle des extrêmes ; ainsi la progression contiendra autant de fois la moitié de la somme des extrêmes qu'il y aura de termes. Donc cette moitié multipliée par le nombre des termes, donnera la somme de tous les termes de la progression.

ÉLEMENS
PROBLEMES,

I.

112. *Trois quantités 5. 9. 8. étant proposées, trouver une quatriéme proportionnelle arithmétique.*

Ajoûtez ensemble les deux termes 9 & 8, qui sont les moyens de la proportion, de leur somme 17 ôtez le premier terme 5, le reste 12 sera la quatriéme proportionnelle cherchée, c'est-à-dire que 5 . 9 : 8 . 12. *(a)*

II.

113. *Deux quantités 5. 13. étant proposées, trouver une moyenne proportionnelle arithmétique.*

Ajoûtez ensemble les deux quantités proposées 5 & 13, & de leur somme 18 prenez-en la moitié 9, ce sera la moyenne proportionnelle arithmétique que l'on cherche, c'est-à-dire que $\div$ 5. 9. 13.

III.

114. *Trouver la somme des termes d'une progression arithmétique* $\div$ 1. 3. 5. 7. 9. 11.

Ajoûtez ensemble le premier & le dernier terme, & multipliez 6, moitié de leur somme 12, par 6, nombre des termes, le produit 36 sera la somme des termes de la progression. (N°. 111.)

[115. Si le nombre des termes de la progression est impair, on multipliera le terme du milieu par le nombre des termes: car comme il est la moitié des extrêmes, (N°. 110.) son produit par le nombre des termes, donnera la somme des termes de la progression.]

(a) Pour le démontrer, soit appellé x le quatriéme terme cherché; l'on aura 5 . 9 : 8 . x. Or $5 + x = 9 + 8$ (N°. 107.); ôtant de ces deux sommes la même quantité 5, l'on aura par l'axiome trois, $x = 9 + 8 - 5 = 17 - 5 = 12$.

É LEMENS

ELEMENS DE GEOMETRIE.

116. LA GEOMETRIE est une Science qui a pour objet l'*étendue*.

117. L'étendue a trois dimensions, la *longueur*, la *largeur* & la *profondeur*. On peut la considerer avec ses trois dimensions, avec deux ou avec une seulement, & même sans aucune dimension.

118. Si on considere l'étendue avec ses trois dimensions, (*fig.* 1.) elle s'appelle *Corps* ou *Solide*, comme A.

119. Si on ne la considere qu'avec deux, (*fig.* 2.) comme avec la longueur & la largeur, elle s'appelle *Superficie* ou *Surface*, comme B.

120. Si on ne la considere qu'avec une seule dimension, (*fig.* 3.) comme avec la longueur seulement, elle s'appelle *Ligne*, comme C.

121. On appelle *Point mathématique*, une partie de l'étendue qu'on considere sans dimensions, ou comme indivisible.

122. La ligne peut être *droite* ou *courbe*, de même que la superficie peut être *plate* ou *courbe*; une figure plate s'appelle *Plan*.

123. Une ligne peut être considerée (*fig.* 4, 5.) comme tirée dans un plan, comme A B, ou hors un plan, comme C D.

124. Un plan terminé de tous côtés s'appelle *Figure plane*, & un solide terminé de tous côtés s'appelle *Figure solide*.

Ces Elémens de Geométrie sont divisés en six Livres.

Les trois premiers Livres traiteront *des lignes tirées dans un plan, & des figures planes.*

Les trois derniers, *des lignes tirées hors un plan, & des figures solides.*

Le premier Livre traitera en général *des propriétés des lignes tirées sur un plan.*

Le second, *des figures planes considérées par les lignes qui les environnent ou qui sont tirées dedans.*

Le troisième, *des figures planes considérées par leur superficie ou par l'espace qu'elles renferment.*

H

ÉLÉMENS DE GEOMETRIE.

Le quatriéme traitera en général *des lignes tirées hors un plan, & des plans comparés avec d'autres plans.*

Le cinquiéme, *des figures solides considérées par leur superficie ou par les lignes tirées dans ces figures.*

Le sixiéme, *des figures solides considérées par leur solidité ou par l'espace qu'elles renferment.*

AVERTISSEMENT.

[On se servira dans la suite de cet Ouvrage des mêmes expressions abrégées qu'on a employées dans le Livre précédent. (*Voyez le N°. 20 & suivans.*) Ainsi AB + CD exprimera l'addition d'une ligne marquée par les deux lettres A & B, avec une autre terminée par les lettres C & D.

AB — CD exprimera que de la premiere ligne représentée par AB, on en a retranché la seconde marquée par CD.

AB × CD exprimera le produit d'une ligne AB par une autre ligne CD.

On marquera de même l'égalité de deux lignes ou de deux produits par le signe d'égalité =. Ainsi AB = CD exprimera que la grandeur ou la ligne AB est égale à la ligne représentée par CD. Et AB × CD = EF × GH, que le produit des quantités AB & CD est égal à celui de EF par GH.

Le quarré d'une ligne CD s'exprimera de cette maniere, $\overline{CD}^2$; le cube par $\overline{CD}^3$: ensorte que $\overline{CD}^2 =$ CD × CD; & $\overline{CD}^3 =$ CD × CD × CD.

On exprimera aussi les racines quarrées & cubes par le signe radical $\sqrt{}$: c'est pourquoi $\sqrt{\overline{AB}^2 + \overline{CD}^2}$ exprimera la racine quarrée de la somme des quarrés $\overline{AB}^2$ & $\overline{CD}^2$.

Les quantités ou les lignes proportionnelles seront exprimées comme dans le Livre précédent : ainsi pour marquer que quatre produits, quatre grandeurs ou quatre lignes seront proportionnelles, on les disposera de cette maniere AB . CD :: EF . GH, qui veut dire qu'AB est à CD, comme EF est à GH, &c.]

ÉLÉMENS
DE
GEOMÉTRIE.

LIVRE PREMIER.
DES LIGNES TIRÉES SUR UN PLAN.

CHAPITRE I.
DES LIGNES EN GENERAL.

DEFINITIONS.

ES lignes font *droites* ou *courbes*.

125. La *ligne droite* (*fig.* 6.) eſt celle qui va directement d'un point à un autre, comme A B.

126. La *ligne courbe* (*fig.* 7.) va d'un point à un autre en faiſant quelque détour, comme C D.

127. Nous appellerons *ligne courbée* (*fig.* 8.) celle qui eſt formée de pluſieurs lignes droites qui ne ſe rencontrent pas directement, comme E F G.

PROPRIETE'S.
THEOREME I.

128. *Si d'un point* A *à un autre* B (fig. 9.) *on tire une ligne*

H ij

droite AB, & plusieurs autres qui soient courbes vers un même côté, la plus courte de toutes est la ligne droite AB, & la plus longue est la ligne ACB qui renferme les autres, ou qui s'éloigne davantage de la ligne droite.

COROLLAIRE.

129. D'où il suit que la ligne droite est la mesure de la distance de deux points, puisqu'elle est la plus courte qu'on puisse tirer de l'un à l'autre.

THEOREME II.

130. *Par deux points on peut tirer plusieurs lignes courbes, mais on n'en peut tirer qu'une droite.*

COROLLAIRES.

131. D'où il suit 1°. que *la situation d'une ligne droite dépend de la situation de deux de ses points.*

132. 2°. *Qu'une ligne droite* AB (fig. 10.) *ne peut couper une autre ligne droite* CD *que dans un point* E; car si elle la coupoit en deux points, elles auroient ces points communs: donc elles seroient couchées l'une sur l'autre, & ne formeroient qu'une seule ligne. (N°. 131.)

THEOREME III.

133. *Si deux points* C & D *d'une ligne droite* (fig. 11.) *sont chacun également distans de deux points* A & B *pris des deux côtés, chaque autre point de la même ligne, comme* E, *sera aussi également distant de ces deux points* A & B.

Car la situation d'une ligne droite CD dépend de la situation de deux de ses points C & D; (N°. 131.) mais par la supposition, ces deux points sont également distans de A & de B. Donc la ligne CD est déterminée à avoir tous ses points également distans de A & B; donc E en est également distant. Ce qu'il falloit démontrer. (a)

(a) On exprime ordinairement ces quatre mots par les lettres c. q. f. & d. de cette maniere, c. q. f. d.

DE GEOMETRIE. Liv. I.

COROLLAIRE.

D'où il fuit que fi l'on tire la ligne A B (*fig.* 12.), elle fera coupée en deux également.

THEOREME IV.

134. *Si un point* G *eft à côté de la ligne* CD, (fig. 13.) *il fera plus près du point* B *vers lequel il eft, que de l'autre point* A.

Pour le démontrer, tirez G A & G B ; la ligne A G coupera C D dans un point E, qui par la propofition précédente fera à égale diftance de A & de B. Ainfi tirant E B, l'on aura A E = E B, & A G = B E G. Or la ligne courbée B E G eft plus grande que la droite B G (*N*°. 128.); donc A G eft auffi plus grande que B G; donc le point G eft plus près de B que de A. C. q. f. d.

THEOREME V.

135. Et fi un point H du plan eft également diftant des deux points A & B, la ligne C D paffera par ce point, étant prolongée.

Car fi ce point fe trouvoit à côté de la ligne, comme vers B, il feroit plus près de ce point que de l'autre A, (*N*°. 134.) ce qui eft contre la fuppofition.

COROLLAIRE.

136. D'où il fuit que *lorfqu'une ligne a deux points, chacun également diftans de deux points pris des deux côtés, cette ligne continuée à l'infini, contiendra tous les points du plan également diftans de ces deux mêmes points.*

REMARQUE.

137. On peut confiderer les lignes courbes (*fig.* 14.) comme des affemblages de lignes droites infiniment petites, dont les directions fe détournent infenfiblement les unes des autres : (*fig.* 15. 16. 17.) par là on voit évidemment qu'une ligne courbe ne peut toucher une ligne droite ou une ligne courbe d'un

autre sens, ou même une courbe du même sens, mais avec une autre sorte de courbure, que dans une de ces petites parties, qu'on peut regarder comme des points mathématiques.

138. Deux lignes qui ont une de ces petites lignes droites commune, sont appellées *Tangentes* l'une à l'autre.

CHAPITRE II.

DE LA LIGNE CIRCULAIRE.

DEFINITIONS.

Entre les lignes courbes, la plus simple & la seule dont on se sert dans la Géométrie ordinaire, est la *circulaire*.

139. La *ligne circulaire (fig.* 18.) est une ligne courbe décrite sur un plan, laquelle a tous ses points également distans d'un point C.

140. Ce point C s'appelle le *Centre*.

141. L'espace renfermé dans la ligne circulaire s'appelle *Cercle*, & cette ligne se nomme ordinairement la *circonférence du cercle*.

142. Les lignes droites, comme C A (*fig.* 19.) tirées du centre à la circonférence, sont appellées *Rayons* ou *demi-diamétres*.

143. Les lignes droites, comme B D, qui vont d'un point de la circonférence à un autre, en passant par le centre, sont appellées *Diamétres*.

144. Une partie A B (*fig.* 20.) de la circonférence d'un cercle s'appelle *Arc*.

145. La ligne droite A B (*fig.* 21.) qui joint les extrémités d'un arc, s'appelle sa *corde*.

REMARQUE.

Il est visible qu'une corde qui ne passe pas par le centre d'un cercle (*fig.* 22.) est également la corde du grand arc A D B, & du petit A C B ; mais pour ôter l'équivoque, nous la regarderons toujours comme la corde du petit arc A C B.

146. Une ligne droite A B (*fig.* 23.) qui touche la cir-

conférence du cercle en un point C, fans la couper, quoique continuée, s'appelle *tangente*.

147. Les cercles qui ont un même centre (*fig.* 24.) font appellés *concentriques*.

148. La circonférence de tout cercle eſt conçue divifée en 360 parties égales, qu'on appelle *degrés*; chaque degré en 60 *minutes*, chaque minute en 60 *fecondes*, &c.

PROPRIETE'S.

THEOREME I.

149. *Dans un cercle ou dans des cercles égaux,* (fig. 25.) *les rayons font égaux auffi-bien que les diamétres, les degrés & les minutes font auffi égaux, & par conféquent les arcs de même nombre de degrés & minutes; les arcs foutenus par des cordes égales font égaux; & lorfque ces arcs font égaux, les cordes qui les foutiennent font égales.*

On peut regarder cette propofition, ainfi que les fuivantes, comme évidentes, à caufe de l'uniformité du cercle. Ainfi les deux cercles de la figure 25 étant égaux, les diamétres A B, *a b* le font également, de même que les rayons A C, *a c*, &c. & les cordes E F, *e f*, qui foutiennent des arcs égaux; & fi toutes ces lignes font égales entr'elles, les cercles font égaux.

THEOREME II.

150. *Les diamétres coupent le cercle & fa circonférence en deux parties égales.*

THEOREME III.

151. *Une ligne droite ne peut couper la circonférence d'un cercle que dans deux points.*

THEOREME IV.

152. *Dans un cercle les plus grands arcs (j'entends toujours ceux qui font moindres que la demi-circonférence) ont les plus grandes cordes, & réciproquement les plus grandes cordes foutiennent les plus grands arcs.*

THEOREME V.

153. *Si de plusieurs cercles concentriques* (fig. 26.) *l'un est divisé en parties égales par des rayons, les autres seront aussi divisés en même nombre de parties égales par ces mêmes rayons,* (fig. 27.) *continuez, s'il est nécessaire.* Ainsi si l'un étoit divisé en degrés, les autres le seroient aussi.

COROLLAIRE.

154. D'où il suit que *si deux rayons* C A, C B (*fig. 28.*) *coupent plusieurs circonférences concentriques, ils retrancheront autant de degrés dans l'une que dans l'autre.*

THEOREME VI.

155. *Deux diamétres* A B, C D (*fig. 29.*) *retranchent de part & d'autre dans un cercle des arcs* A C, B D *égaux.*

Car A D B est une demi-circonférence (N°. 150.) de même que C A D : donc elles sont égales. Or si l'on ôte l'arc A D qu'elles ont de commun, il restera d'une part l'arc A C, & de l'autre, l'arc B D qui sont égaux. (N°. 10.) C. q. f. d.

PROBLEMES.

I.

156. *D'un point donné* C *pour centre, & d'un intervalle aussi donné* a, *décrivez un cercle.*

Ouvrez le compas de la distance *a*, (*fig. 30.*) & mettez une de ses pointes au point donné C, & décrivez un cercle de cette ouverture, ce sera le cercle proposé.

157. Il est évident 1°. que du même centre & du même intervalle on ne peut décrire qu'un cercle ; 2°. que les cercles décrits du même intervalle sont égaux.

II.

158. *Trouver une ligne droite* (fig. 31.) *qui ait tous ses points également distans de deux points donnés* A *&* B.

Des deux points donnés A & B comme centre, & du même intervalle

intervalle pris à volonté, décrivez deux arcs qui se coupent en C, & deux autres qui se coupent en D; par les points C & D tirez la ligne CD, elle sera la ligne cherchée.

Car par la construction, les deux points C & D étant également distans des deux points A & B, tous les points de cette ligne seront aussi également distans de ces mêmes points. ($N^o.133$.)

Il est évident (*fig.* 32.) que si d'un point quelconque C de la ligne CD & de l'intervalle CA, on décrit un cercle, il passera aussi par B; & que la ligne CD contient les centres de tous les cercles qui passeront par A & B, puisqu'elle contient tous les points également distans de ces deux points, & que tous les centres des cercles qui passeroient par ces deux points, en doivent être également distans.

III.

160. *Couper une ligne droite* AB (fig. 33.) *en deux parties égales.*

Trouvez par le précédent problème la ligne CD, qui ait tous ses points également distans des extrémités A & B de la ligne donnée, le point M où elle la coupera, la partagera en deux parties égales.

161. Il faut faire la même chose pour couper un arc AB (*fig.* 34.) en deux parties égales.

IV.

162. *Faire passer un cercle par trois points donnés* A, B & C (fig. 35.) *qui ne sont pas rangés en ligne droite.*

Tirez la droite EF, dont tous les points soient également distans de A & de B, & la droite GH qui ait aussi ses points à égale distance de B & de C, le point K où ces deux lignes se couperont, sera le centre du cercle qui passera par les trois points donnés ABC.

Car tous les points de EF étant, par la construction, également distans de A & B, & de même les points de GH à égale distance de B & de C, le point K où les lignes EF & GH se coupent, appartient à ces deux lignes : donc il est à égale distance des trois points donnés AB & C. c. q. f. d.

I

ÉLEMENS

REMARQUE.

163. Si les trois points donnés étoient en ligne droite, le problême feroit impoffible, parce qu'une ligne droite ne peut pas couper une circonférence en trois points.

V.

164. *Trouver le centre d'une circonférence* (fig. 36.) *ou d'un arc donné*.

Prenez trois points A, B & C dans cette circonférence ou dans cet arc donné, & faites comme au problême précédent.

CHAPITRE III.

Des Angles.

DEFINITIONS.

165. ON appelle *Angle* (*fig.* 37.) l'ouverture que font deux lignes qui fe rencontrent en un point.

166. Le point de rencontre B (*fig.* 38. 39.) s'appelle le *Sommet* ou la *Pointe* de l'angle, & les deux lignes AB, BC fe nomment fes *Côtés*, qui peuvent être droits ou courbes.

Un angle s'exprime ordinairement par trois lettres, dont celle du milieu eft au fommet, comme l'angle ABC ou CBA.

167. L'angle formé de lignes droites, fe nomme *Rectiligne*; celui qui eft formé de lignes courbes, fe nomme *Curviligne*, & celui qui eft formé d'une droite & d'une courbe, fe nomme *Mixte* ou *Mixtiligne*.

Propriétés des Angles rectilignes.

168. La mefure d'un angle rectiligne (*fig.* 40.) eft l'arc compris entre fes côtés, dont le centre eft au fommet de l'angle : ainfi la mefure de l'angle ABC eft l'arc AC décrit entre fes côtés du fommet B, comme centre; de forte que fi cet

arc est de 60 degrés, l'on dira que l'angle A B C est de 60 degrés.

169. D'où il suit, 1°. que plus on ouvre l'angle, plus l'arc devient grand; (*fig.* 41.) & quand cet arc A C est égal à une demi-circonférence, les deux lignes A B, B C ne font plus un angle, mais une ligne droite.

2°. Si l'on fait l'arc A C plus grand que la demi-circonférence, (*fig.* 42.) l'angle devient *convexe* ou *saillant*, & fait vers la partie opposée un angle *concave* ou *rentrant*, qui est celui que l'on considere pour l'ordinaire.

3°. Il est indifférent de quelle ouverture on décrive l'arc A C (*fig.* 43.) qui est la mesure de l'angle, car ses côtés retrancheront autant de degrés d'un grand cercle A C que d'un petit *a c* (N°. 154.). C'est pourquoi *la grandeur d'un angle ne dépend point de la longueur de ses côtés, mais de l'ouverture qui est entr'eux*, de sorte que l'on peut prolonger ou racourcir les côtés sans changer l'angle.

THEOREME I.

170. *Deux angles* A B C, D E F (fig. 44.) *sont égaux, lorsqu'ils ont pour mesure des arcs égaux d'un même cercle ou de cercles égaux, ou enfin lorsqu'ils ont pour mesure des arcs de même nombre de degrés.*

Car supposant le côté B C posé exactement sur E F, les rayons B C & E F étant égaux, & les arcs A C & F D, il est évident que B A tombera sur E D. Donc, &c.

Il y a de trois sortes d'angles, le *droit*, l'*aigu* & l'*obtus*.

171. L'angle *droit* A est celui qui a pour mesure le quart de la circonférence, ou 90 degrés (*fig.* 45.) : ainsi deux angles droits ont pour mesure une demi-circonférence ou 180 degrés, & quatre angles droits ont pour mesure toute la circonférence ou 360 degrés.

172. Tout angle B plus petit qu'un droit (*fig.* 46.) s'appelle *aigu*.

173. Tout angle C plus grand qu'un droit (*fig.* 47.) s'appelle *obtus*.

174. Un angle B C D qui, joint avec un autre D C A, (*fig.*

48.) forme un angle droit, s'appelle son *Complement*.

175. Et l'angle E C D qui, joint avec l'angle D C A (*fig.* 49.) forme deux angles droits, s'appelle son *Supplément*.

Theoreme II.

175. *Si deux angles* A C D, F G H (fig. 50. 51.) *sont égaux, leurs complemens* D C B, H G K, *sont aussi égaux, aussi bien que leurs supplémens* D C E, H G L, *& réciproquement si deux angles ont même complement ou même supplément, ou bien s'ils ont des complemens & des supplémens égaux, ils seront aussi égaux.*

Cette proposition est évidente; car les angles égaux different également de 90 ou de 180 degrés, & ceux qui different également de ces deux nombres, ont la même quantité de degrés.

Theoreme III.

176. *Si d'un point* C *d'une ligne* A B, (fig. 52.) *on tire vers un même côté une ou plusieurs lignes* C D, C E, C F, *tous les angles qu'elles formeront, pris ensemble, seront égaux à deux angles droits;* car ils auront pour mesure une demi-circonférence.

Theoreme IV.

177. *Et si deux ou plusieurs lignes* A C, D C, E C, F C, &c. (fig. 53.) *se rencontrent dans un point* C, *tous les angles qui se formeront autour de ce point, seront égaux à quatre angles droits,* parce qu'ils auront pour mesure une circonférence.

Theoreme V.

178. *Si deux lignes* A B, D E, (fig. 54.) *se coupent au point* C, *elles formeront des angles* A C D, E C B, *opposés par le sommet, qui seront égaux.*

Pour le démontrer, décrivez une circonférence du sommet C pris pour centre, & d'un intervalle à volonté; considerez ensuite que les diamétres D E & A B la couperont chacun en deux également; qu'ainsi l'angle D C A est le supplément de A C E, de même que E C B. Donc ces deux angles sont le supplément du même angle A C E; donc ils sont égaux.

Autre Demonstration.

A cause du diametre D E, l'arc D A E vaut une demi-circonférence ou 180 degrés, ainsi que l'arc A E B à cause de A B. Or de ces deux demi-circonférences égales, si l'on retranche l'arc commun A E, il restera A D = E B. (*N°.* 10.) Donc les angles A C D, E C B, sont égaux. (*N°.* 170.)

Propriétés des Angles curvilignes & mixtes.

179. Si deux lignes droites C A, C B, se rencontrent dans un point C, (*fig.* 55.) & qu'ensuite elles se détournent vers D & vers E, l'angle D C E fait de l'assemblage de ces lignes, est le même que l'angle A C B, ou que l'angle G C H, formé par les lignes C A, C B, continuées.

Car, par la définition, l'angle n'est que l'ouverture que les lignes font en se rencontrant dans un point. (*N°.* 175.) Ainsi les changemens qui arrivent aux lignes hors ce point, ne changent point cette ouverture.

180. D'où il suit que les lignes courbes (*fig.* 56.) étant considerées comme un assemblage de lignes droites, (*N°.* 137.) pour avoir l'angle que forment des lignes courbes A C, C B, il ne faut que prolonger les petites lignes qui se rencontrent au sommet de l'angle, c'est-à-dire qu'il faut tirer du sommet C de l'angle, des tangentes C D, C E, aux lignes courbes, l'angle D C E formé par ces tangentes, sera le même que l'angle A C B que forment les courbes.

C'est pourquoi si les courbes sont tangentes l'une à l'autre, (*fig.* 57.) elles ne feront aucun angle, parce que leurs tangentes seront confondues.

Il arrivera la même chose aux angles formés d'une ligne droite & d'une courbe. (*fig.* 58.)

L'on peut appliquer aux angles formés de lignes courbes ou de lignes droites & courbes, ce que nous avons dit des angles formés de lignes droites, en prenant les tangentes au lieu des courbes.

ELEMENS

PROBLEMES.

181. *Sur une ligne donnée* A B, (fig. 59.) *faire un angle égal à un angle donné* E.

I.

Du sommet E de l'angle donné, décrivez un arc F G d'un intervalle pris à volonté; d'un point A de la ligne donnée, & de la même ouverture, décrivez un arc B D, sur lequel prenez B C égal à F G, & tirez la ligne A C, l'angle A sera égal à l'angle donné, parce qu'ils auront pour mesure des arcs égaux BC, F G, de cercles égaux. (N°. 170.)

II.

182. *Couper un angle donné* A (fig. 60.) *en deux également.*

Du centre A & de tel intervalle qu'il vous plaira, décrivez l'arc B C entre les côtés de l'angle, & des points B & C, comme centre, & d'une même ouverture prise à discrétion, décrivez deux arcs qui se coupent en D, tirez la ligne A D, elle partagera l'angle A en deux également.

Car le point A est à égale distance de B & de C, de même que le point D par la construction, la ligne A D a tous ses points également distans de B & de C. (N°. 133.) Donc elle coupe l'arc B C en deux également, & par conséquent l'angle B A C mesuré par cet arc.

CHAPITRE IV.

De la Perpendiculaire.

DEFINITIONS.

183. UNe ligne A C est *perpendiculaire* (fig. 61.) à une autre B D, lorsqu'elle la rencontre en faisant de part & d'autre des angles égaux ACD, ACB.

184. Et une ligne F K est *oblique* (fig. 62.) à une autre G H, lorsqu'elle fait sur cette ligne des angles F K H, F K G, inégaux.

PROPRIÉTÉS.

185. Une ligne A C E (*fig. 63.*) perpendiculaire à une autre B D, fait d'un même côté deux angles B C A, A C D droits, & en la traversant elle forme quatre angles droits.

186. Une ligne F K (*fig. 64.*) oblique, fait du même côté d'une ligne G H deux angles de suite H K F, F K G, l'un aigu, & l'autre obtus, qui tous deux ensemble sont égaux à deux droits, & qui sont par conséquent supplément l'un à l'autre; si elle la traverse, elle fait quatre angles, deux aigus & deux obtus, qui tous quatre ensemble sont égaux à quatre droits.

187. D'où il suit que si deux lignes font ensemble un angle droit, elles sont perpendiculaires l'une à l'autre, & si elles font ensemble un angle aigu ou un obtus, elles seront obliques.

THEOREME I.

188. *Si un point A d'une perpendiculaire est également distant des deux points B & D de la ligne B D* (fig. 65.) *à laquelle elle est perpendiculaire, tous les autres points de la perpendiculaire A C seront chacun également distans des deux mêmes points B & D.*

Car si l'on suppose le plan plié le long de la perpendiculaire A C, la partie C D tombera sur C B, & le point D sur le point B, & alors les distances de chaque point de la perpendiculaire aux points D & B sont les mêmes. Mais en redressant le plan, ces distances ne changent point. Donc tous les points de la perpendiculaire sont également distans de D & de B.

COROLLAIRE.

189. D'où il suit que *si une ligne a deux points également distans de deux points d'une autre ligne, elles sont perpendiculaires l'une à l'autre.*

Car C étant à égale distance de B & de D, ainsi que le point A, la ligne A C a tous ses points également distans de B & de D. (*N*°. 133.) Donc elle ne panche pas plus vers B que vers D; donc elle est perpendiculaire à B D, comme réciproquement cette seconde ligne l'est à la premiere A C.

Théorème II.

190. *Si d'un point C on tire sur la ligne* AB (fig. 66.) *la perpendiculaire* CD *& des obliques* CE, CF, CG, 1°. *la perpendiculaire* CD *est la plus courte*; 2°. *l'oblique* CG *la plus éloignée de la perpendiculaire, est la plus longue*; 3°. *& les obliques* CE, CF, *également distantes de la perpendiculaire, sont égales.*

Car si l'on prolonge la perpendiculaire CD en H, en faisant DH égale à CD, & que l'on tire les obliques HE, HF, HG, elles seront égales aux lignes CE, CF, CG, étant tirées de la même manière. 1°. La ligne droite CH sera plus courte que la courbée CEH; (*N*°. 128.) donc CD, moitié de CH, est aussi plus courte que CE, moitié de CEH. 2°. La courbée CFH est plus petite que la courbée CGH qui la renferme; donc sa moitié CF est plus petite que CG. 3°. Puisque le point D de la perpendiculaire est également distant de E & de F, le point C en est aussi également distant; (*N*°. 188.) par conséquent les obliques CE, CF, également éloignées de la perpendiculaire, sont égales.

Corollaires.

191. Il suit de cette proposition, 1°. que *d'un point C on ne peut tirer qu'une perpendiculaire* CD, (fig. 67. 68.) *& que la perpendiculaire est la mesure de la distance d'un point à une ligne.*

192. 2°. *Que d'un point donné* (fig. 69.) *on ne peut tirer que deux obliques égales*; car l'on ne peut prendre que deux points également distans du point D de la perpendiculaire, & par conséquent une ligne ne peut avoir que deux points également distans d'un point donné.

Théorème III.

193. *Si d'un point C hors une ligne* AB (fig. 70.) *on tire deux lignes* CF, CG, *l'angle extérieur* CFA *sera plus grand que l'intérieur opposé* CGA.

Car si l'on imagine que l'angle AGC se meuve le long de la

DE GEOMETRIE. Liv. I. 73

la ligne G A, enforte que le fommet G fe rencontre en F, alors le côté G C fe rencontrera en F L : mais l'angle C F A eft plus grand que l'angle L F A qui en fait partie ; donc il eft aufli plus grand que fon égal C G A.

COROLLAIRES.

194. D'où il fuit que 1°. *fi d'un point* C (fig. 71.) *on tire fur une ligne* A B *une perpendiculaire* C D *& des obliques* CE, CF, CG, *la perpendiculaire fera du côté de l'angle aigu*, parce que l'angle C D A étant droit, fon intérieur oppofé C F A (*N°.* 193.) doit être moindre qu'un droit.

195. 2°. *L'oblique* C G *la plus éloignée de la perpendiculaire, eft la plus inclinée, c'eft-à-dire, fait l'angle le plus aigu* C G A.

196. 3°. *Enfin les obliques* C E, C F, *également éloignées de la perpendiculaire, font également inclinées, c'eft-à-dire, font des angles égaux.*

197. C'eft pourquoi on ne peut tirer d'un point C, qu'une perpendiculaire à une ligne A B, & deux lignes également inclinées.

REMARQUE.

198. Ce que l'on a dit des lignes obliques tirées d'un point C d'une perpendiculaire C D, doit aufli s'entendre des obliques tirées d'un point C d'une autre perpendiculaire *c d* égale à C D, c'eft-à-dire que les obliques C E, *c e* également éloignées de chacune de ces perpendiculaires (*fig.* 72.), font égales & également inclinées, & que les plus éloignées font les plus longues & les plus inclinées, ce qui paroîtra évident en tranfportant la perpendiculaire C D fur fon égale *c d*.

199. Il fuit de ce que l'on vient de dire (*fig.* 71) que les marques pour connoître fi une ligne C D eft perpendiculaire à une autre A B, font,

1°. Si elles font enfemble des angles droits.

2°. Si deux points de l'une font chacun également diftans de deux points de l'autre.

Et 3°. fi la ligne C D eft la plus courte que l'on puifle tirer du point C fur la ligne A B.

PROBLEME.

200. *D'un point donné* D (fig. 73. 74.) *tirer une perpendiculaire à une ligne donnée* A B.

Du point donné D comme centre, décrivez un arc qui coupe la ligne en deux points, comme A & B ; de ces points pris pour centres & d'une même ouverture prise à discrétion, décrivez deux arcs qui se coupent en C ; du point D au point C tirez une ligne droite, ce sera la perpendiculaire cherchée.

Car la ligne CD a deux points C & D également distans de deux points A & B de la ligne AB (N°. 199.) : donc elle lui est perpendiculaire.

CHAPITRE V.

Des Paralleles.

201. UNe ligne CD est *parallele* à une autre AB, (*fig. 75.*) lorsque tous les points de l'une sont également distans de l'autre, c'est-à-dire, quand toutes les perpendiculaires CA, DB, tirées de l'une sur l'autre sont égales entr'elles.

202. L'espace compris entre deux lignes paralleles se nomme *espace parallele*.

PROPRIETE'S.

THEOREME I.

203. *Deux lignes paralleles* (fig. 76.) *continuées à l'infini, ne se rencontrent point ; mais si deux lignes ne sont pas paralleles, elles se rencontreront du côté qu'elles s'approchent.*

Ce Théorême est évident par la définition des paralleles.

THEOREME II.

204. *Si une ligne* EF (fig. 77.) *est perpendiculaire à une des paralleles* AB, *elle sera aussi perpendiculaire à l'autre* CD.

Car si l'on imagine le plan plié le long de la perpendiculaire

EF, les angles en F étant égaux, la partie FA sera appliquée sur la partie FB. De même la partie EC étant aussi éloignée de FA, que ED l'est de FB, cette partie EC sera aussi appliquée sur ED. Donc les angles en F seront égaux, & par conséquent EF sera aussi perpendiculaire sur CD.

THEOREME III.

205. *Si deux lignes* AB, CD *(fig. 78.) ne sont pas parallèles, la perpendiculaire* EF *sur l'une de ces lignes* AB, *sera oblique sur l'autre* CD.

Car CD n'étant pas parallele à AB, n'a pas tous les points à égale distance de cette ligne, ainsi elle s'en approche d'un côté, & elle s'en écarte de l'autre : ce qui donne les angles CEF, FED inégaux. Donc EF n'est pas perpendiculaire sur CD. (*N°*. 199.)

THEOREME IV.

206. *Si entre deux parallèles* AB, CD, *(fig. 79.) on tire une perpendiculaire* EF, *& plusieurs obliques* GH, IK *&* LM, 1°. *la perpendiculaire est la plus courte* ; 2°. *la plus inclinée* LM *est la plus longue* ; 3°. *les également inclinées* GH, IK *sont égales*.

1°. La perpendiculaire EF est plus courte que l'oblique GH ; car ayant tiré la perpendiculaire GP, elle sera égale à EF (*N°*. 201.) & plus courte que son oblique GH (*N°*. 190.) Donc la perpendiculaire EF est aussi plus courte que l'oblique GH.

2°. La plus inclinée LM est plus longue que la moins inclinée IK ; car ayant abbaissé les perpendiculaires IR, LS, elles feront égales, & par les proprietés des perpendiculaires, la ligne la plus inclinée LM sera plus longue que la moins inclinée IK. (*N°*. 190.)

3°. Par la même raison les également inclinées GH, IK sont égales.

207. En prenant la *converse* (a) de cette proposition, on prouvera de même qu'entre deux parallèles la ligne la plus courte EF que l'on puisse tirer, est la perpendiculaire ; la plus longue LM

(*a*) Une proposition est appellée *converse* d'une autre, en Geometrie, lorsqu'on prend la conséquence ou la conclusion pour supposition, & qu'on en tire la supposition de la premiere proposition.

la plus inclinée, & que les lignes égales IK, GH sont également inclinées.

COROLLAIRE.

208. D'où il suit que, 1°. *la perpendiculaire* EF (fig. 80.) *est la mesure de la distance de deux paralleles, ou la mesure de la largeur d'un espace parallele.*

209. 2°. Ce que l'on a dit des lignes tirées dans un même espace parallele, se doit entendre des lignes tirées dans les espaces paralleles égaux ou de même largeur ; c'est-à-dire, que *dans les espaces paralleles égaux, les perpendiculaires sont égales, & que les lignes également inclinées sont aussi égales entr'elles.*

210. 3°. *Deux espaces paralleles sont égaux*, (fig. 81. 82.) *lorsque les perpendiculaires ou les également inclinées sont égales.*

REMARQUE.

211. Si deux lignes AB, CD, (*fig.* 83.) ne sont pas paralleles, l'on peut tirer deux perpendiculaires EF, GH, égales, l'une sur AB, & l'autre sur CD ; mais ces perpendiculaires se couperont. Il en sera de même des obliques égales ou des lignes également inclinées qui se peuvent aussi couper entre des paralleles.

212. Si une ligne EF coupe deux paralleles AB, CD, (*fig.* 84.) en comparant les angles qu'elle forme sur l'une des paralleles avec ceux qu'elle forme sur l'autre, on leur donne différens noms.

213. Les quatre angles qui sont en dehors de l'espace parallele sont appellés *extérieurs*, & les quatre en dedans sont appellés *intérieurs* ; les angles intérieurs de différens côtés de la ligne coupante, sont appellés *alternes*.

THEOREME IV.

214. Cela supposé, 1°. *les angles alternes sont égaux ;* 2°. *l'angle extérieur est égal à son opposé intérieur du même côté ;* 3°. *les angles intérieurs du même côté sont égaux, pris ensemble, à deux angles droits, ou valent ensemble 180 degrés.*

1°. Les angles alternes CEF, EFB (*fig.* 85.) sont égaux; car si EF est perpendiculaire, les angles alternes sont droits,

(N°. 204.) & par conséquent égaux. 2°. Si EF (*fig.* 86.) est oblique, & si les angles alternes CEF, EFB, sont aigus, tirant les perpendiculaires EG, FH, elles seront égales, (N°. 201.) & l'oblique EF sera égale pour l'une & pour l'autre perpendiculaire : donc elle sera également inclinée à l'égard de ces deux perpendiculaires ; donc les angles alternes CEF, EFB, sont égaux. 3°. Si les angles DEF, EFA, sont obtus, ils sont les supplémens des angles aigus que nous venons de prouver être égaux, & par conséquent ils sont aussi égaux. (N°. 175.)

2°. L'angle extérieur GED (*fig.* 87.) est égal à son opposé intérieur EFB ; car l'angle GED est égal à l'angle CEF qui lui est opposé au sommet (N° 178.), & l'angle CEF est égal à son alterne EFB ; donc l'angle extérieur GED sera aussi égal à son opposé intérieur EFB.

3°. Les angles intérieurs (*fig.* 87.) du même côté DEF, EFB, sont égaux à deux droits ; car l'angle EFB est égal à son alterne CEF, qui, joint avec l'angle de suite DEF, sont ensemble égaux à deux droits. (N°. 176.) Donc les deux angles intérieurs DEF, EFB, joints ensemble, sont aussi égaux à deux droits.

COROLLAIRE.

215. D'où il suit que si une ligne coupe deux parallèles, elle incline autant sur l'une que sur l'autre, puisque les angles aigus qu'elle fait sur l'une des parallèles, sont égaux à ceux qu'elle fait sur l'autre ; par conséquent les angles obtus, qui sont leurs supplémens, sont aussi égaux ; (N°. 175.) par la même raison les deux parallèles sont également inclinées sur cette ligne vers le même côté.

REMARQUE.

216. Si une ligne EF (*fig.* 88.) coupe deux lignes AB, CD, qui ne sont pas parallèles, elle peut faire des angles sur l'une & sur l'autre qui soient égaux, mais non pas dans le même ordre ; c'est-à-dire, que les angles alternes ne sont pas égaux, &c.

THEOREME V.

217. *Si deux lignes parallèles* AB, CD (fig. 89.) *coupent deux autres parallèles* AC, BD, 1°. *les angles opposés* A & D

font égaux, parce qu'ils font les fupplémens de B. (*N°*. 214.)
2°. *Les lignes oppofées* CA, DB, *font égales*, parce qu'étant paralleles elles font également inclinées fur la ligne AB, (*N°*. 206.) & par conféquent dans l'efpace parallele CD, AB.

THEOREME VI.

218. *Si de deux lignes* CA, DB, (fig. 90.) *terminées par deux paralleles* AB, CD, *l'une* AC *eft divifée en parties égales par des lignes paralleles aux précédentes, l'autre ligne* DB *fera auffi divifée en même nombre de parties égales entr'elles par ces mêmes paralleles.*

Car les parties de AC étant égales & également inclinées dans les petits efpaces paralleles égaux entr'eux, chaque partie de DB fera également inclinée dans ces mêmes efpaces; donc ces parties feront égales entr'elles. (*N°*. 206.)

COROLLAIRES.

Il fuit de ce que l'on vient de dire, que les marques pour connoître fi une ligne eft parallele à une autre, font:

219. 1°. *Si deux lignes étant prolongées à l'infini, ne fe rencontrent point.*

220. 2°. *Si une ligne eft également inclinée fur l'une & fur l'autre en faifant les angles alternes égaux, ou bien en faifant l'angle extérieur égal à fon oppofé intérieur du même côté.* (N°. 214.)

221. 3°. *Si les deux angles intérieurs du même côté font égaux à deux droits.* (N°. 214.)

222. 4°. *Si deux perpendiculaires tirées de l'une de ces lignes fur l'autre, font égales.* (N°. 201.)

223. 5°. *Si deux lignes tirées de deux points de l'une de ces lignes font égales & également inclinées fur l'autre.* (N°. 217.)

224. 6°. *Si ces lignes terminent deux autres lignes paralleles & égales fans s'être coupées.* (N°. 217.)

PROBLEMES.
I.

225. *D'un point donné* C (fig. 91.) *tirer une parallele à une ligne donnée* AB.

DE GEOMETRIE. Liv. I.

Du point donné C comme centre, & de tel intervalle qu'il vous plaira, décrivez un arc qui coupe la ligne donnée en quelque point, comme B; de ce point B pris pour centre, & du même intervalle, décrivez l'arc CA; faites l'arc BD égal à CA, & tirez la ligne droite CD, ce sera la parallele cherchée.

Car tirant la ligne CB, les angles DCB, CBA sont égaux, puisqu'ils ont pour mesure des arcs DB, CA, égaux, (N°. 170.) ils sont aussi alternes. Donc les lignes AB, CD, sont parallèles. (N°. 220.)

II.

226. *Diviser une ligne* AB (fig. 92.) *dans un nombre proposé de parties égales, par exemple, en* 5.

De l'extrémité A tirez la ligne indéfinie AC, sur laquelle prenez à volonté la partie A 1, que vous porterez cinq fois sur la ligne AC; de la division 5 à l'extrémité B, tirez la ligne 5 B, & par chacune des autres divisions 4, 3, 2 & 1, tirez des lignes parallèles à 5 B, elles diviseront AB en cinq parties égales.

Car si l'on imagine que l'on ait mené par A une parallele à la ligne B 5, alors puisque par la construction, A 5 est divisée en cinq parties égales, AB le sera également. (N°. 218. Donc, &c.

CHAPITRE VI.

Des Lignes dans le Cercle & hors le Cercle.

I.

DES CORDES.

THEOREME I.

227. *SI un diamétre* EF (fig. 93.) *coupe une corde* AB *en deux également, il coupera aussi en deux également le grand arc en* E *& le petit en* F, *& sera perpendiculaire à la corde.*

Car ce diametre a le centre C & le point D, par la supposition, également distans de A & de B : donc tous ses points E & F en sont aussi également distans, (N°. 133.) & par conséquent le grand & le petit arc feront coupés en deux également, & ce diametre CD fera perpendiculaire à la corde AB.

228. On prouvera de même que *fi le diametre coupe le petit arc ou le grand arc en deux également, il coupera auſſi la corde en deux également, & lui ſera perpendiculaire.*

229. Et enfin que *fi la ligne EF coupe la corde AB en deux également, ou l'un des deux arcs, elle paſſera par le centre.*

Theoreme II.

230. *Si un diametre EF* (fig. 93.) *eſt perpendiculaire à une corde AB, il coupera la corde & les arcs en deux également.*

Car le centre C eſt également diſtant des points AB. Or un point C d'une perpendiculaire étant également diſtant de deux points, tous les autres points E, D, F, de cette perpendiculaire en ſont auſſi également diſtans. (N°. 188.) Donc la corde & les arcs ſont coupés en deux également.

Theoreme III.

231. *Dans un même cercle* (fig. 94.) *ou dans des cercles égaux, ſi deux cordes AB, EF, ſont égales, elles ſont également diſtantes du centre, c'eſt-à-dire que les perpendiculaires tirées du centre ſur les cordes, ſont égales.*

Car ayant tiré du centre les perpendiculaires CD, CH, elles couperont ces cordes en deux également ; (N°. 230.) ainſi leurs moitiés AD, EH, ſont égales & perpendiculaires ſur CD, HC ; les obliques AC, CE, rayons du cercle, ſont auſſi égales : or deux perpendiculaires AD, EH, étant égales, les obliques égales AC, EC, en ſont également éloignées. (N.189 & 198.) Donc CD eſt égale à CH, & les cordes égales, également diſtantes du centre.

232. On prouvera de même que *fi deux cordes ſont également diſtantes du centre, elles ſont égales.*

Theoreme IV.

233. *Dans un cercle* (fig. 95.) *ſi l'on prend deux arcs inégaux AE, AB, & tous deux moindres que la demi-circonférence,* 1°. *le plus petit arc AE aura la plus petite corde ;* 2°. *la plus petite corde ſera la plus éloignée du centre,*

Car

DE GEOMETRIE. Liv. I.

Car si l'on tire la perpendiculaire CD sur la corde AB, & la perpendiculaire CH sur la corde AE, qui coupera AB en G, 1°. les perpendiculaires CD, CH, couperont leurs cordes en deux également. (N°. 230.) De plus, AH étant perpendiculaire sur HC, elle est plus courte que l'oblique AG (N°. 190.), & AG est plus courte que AD, & par conséquent toute la corde AE sera plus courte que toute la corde AB.

2°. La distance CH de la petite corde au centre, est plus grande que la distance CD de la grande corde, car CH est plus grande que CG; mais CG étant oblique, est plus longue que la perpendiculaire CD (N°. 190.) : donc la distance CH de la plus petite corde au centre, est plus grande que la distance CD de la grande corde. c. q. f. d.

II.
DES TANGENTES.

THEOREME V.

234. *Si à l'extrémité d'un rayon* CA (fig. 96.) *on tire une perpendiculaire* AB, *elle sera tangente*, c'est-à-dire qu'elle ne touchera le cercle qu'au point A, & que tout autre point de cette ligne, comme B, sera hors le cercle.

Car tirant telle autre ligne CD qu'on voudra, elle sera oblique (N°. 191.); donc elle sera plus longue que le rayon CA (N°. 190.) qui est perpendiculaire : donc le point D est hors le cercle. On démontrera la même chose de tous les autres points de la ligne AB; donc elle est tangente.

THEOREME VI.

235. *Si une ligne* AB *touche le cercle dans un point* A, *elle sera perpendiculaire au rayon* CA *tiré au point d'attouchement.*

Car si du centre C on tire d'autres lignes sur la tangente, comme CD, elles sortiront hors le cercle (N°. 146.) : donc le rayon CA est la ligne la plus courte qu'on puisse tirer du centre C sur la tangente; donc il est perpendiculaire sur cette ligne. (N°. 190.)

ÉLEMENS

THEOREME VII.

236. *Si une ligne* A B *touche le cercle, & que du point d'attouchement* A *on éleve une perpendiculaire, elle paſſera par le centre.*

Car ſi du point A on tire le rayon A C, il ſera perpendiculaire ſur A B (N°. 235.) ; mais d'un même point A on ne peut élever deux perpendiculaires. (N°. 191.) Donc, &c.

III.

Des Paralleles dans le Cercle.

THEOREME VIII.

237. *Si deux lignes paralleles* A B, C D, (fig. 97.) *coupent la circonférence d'un cercle, elles retrancheront entr'elles des arcs égaux* A C, B D.

Car ſi l'on tire un diametre E F perpendiculaire aux paralleles, il coupera les arcs A E B, C E D, en deux parties égales ; (N°. 230.) c'eſt pourquoi ſi des arcs égaux E C, E D, on ôte les parties égales E A, E B, les reſtes A C, B D, ſont auſſi égaux. (N°. 10.) Donc, &c.

THEOREME IX.

238. *De même, ſi l'on a deux paralleles* A B, C D, (fig. 98.) *dont l'une* A B *touche le cercle en* E, *& l'autre le coupe, elles retrancheront encore les arcs égaux* C E, E D.

Car ſi l'on tire un diametre E F au point d'attouchement, il ſera perpendiculaire à C D, (N°. 235.) & par conſéquent coupera l'arc C E D en deux également. (N°. 230.)

COROLLAIRE.

239. Il ſuit de là que *ſi les deux paralleles* A B, C D, (fig. 99.) *touchent le cercle en* E *&* F, *elles retrancheront encore des arcs égaux, qui ſeront alors les demi-circonférences.*

Des Angles dont le ſommet eſt à la circonférence du cercle.

On a dit dans le chapitre des angles (N°. 168.) qu'un angle A (*fig.* 100.) qui a son sommet au centre d'un cercle, a pour mesure l'arc BC sur lequel il s'appuye; il s'agit ici de déterminer la mesure d'un angle dont le sommet est à la circonférence du cercle.

Théorème X.

240. *Si un angle* BAD (fig. 101.) *a son sommet à la circonférence d'un cercle, il aura pour mesure la moitié de l'arc sur lequel il s'appuye.*

Pour le démontrer, il faut observer qu'un des côtés AB de l'angle passe par le centre, ou que le centre est entre les côtés, ou bien qu'il est hors des côtés de l'angle.

1°. Si un côté AB passe par le centre C du cercle, (*fig.* 102.) tirez par le centre la ligne EF parallele à l'autre côté AD : à cause des parallèles, l'angle A est égal à son extérieur BCF, (N°. 214.) & par conséquent il a la même mesure BF ; mais l'arc BF est la moitié de BD, car il est égal à son opposé EA (N°. 178.) qui est égal à FD, étant compris entre les mêmes parallèles (N°. 237.). Donc l'angle A a pour mesure la moitié de l'arc BD sur lequel il s'appuye.

2°. Si le centre C est entre les côtés de l'angle A, (*fig.* 103.) tirez par le centre la ligne AF, alors l'angle A sera partagé en deux angles BAF, FAD, qui ayant un côté AF qui passe par le centre, auront chacun pour mesure la moitié de leurs arcs BF, FD, comme on vient de le démontrer ; par conséquent tout l'angle A aura pour mesure la moitié de tout l'arc BD sur lequel il s'appuye.

3°. Si le centre C est hors de l'angle, (*fig.* 104.) tirez la ligne AF par le centre, l'angle total FAD a pour mesure la moitié de tout l'arc FD ; mais la partie BAF de l'angle a pour mesure la moitié de BF. Donc l'autre partie BAD aura aussi pour mesure la moitié de l'arc BD sur lequel il s'appuye. Donc, &c.

Théorème XI.

241. *L'angle* A *formé par une corde* AD (fig. 105.) *& une tangente* AB, *a pour mesure la moitié de l'arc* AD *que soutient cette corde.*

84 ÉLEMENS

Car tirant DE, parallele à la tangente AB, l'angle A est égal à son alterne D, (Nº. 214.) qui a pour mesure la moitié de l'arc AE ou de son égal AD. (Nº. 240.) Donc l'angle A a aussi pour mesure la moitié de l'arc qui soutient la corde AD.

Corollaires des Propositions précédentes.

242. Il suit, 1°. que si plusieurs angles A & C (*fig.* 106.) s'appuyent sur un même arc BD, ils seront égaux.

243. 2°. Que si un angle A (*fig.* 107.) qui a son sommet à la circonférence, s'appuye sur la demi-circonférence ou sur les extrémités d'un diametre, il est droit.

244. 3°. Que si l'arc sur lequel il s'appuye est plus grand que la demi-circonférence, (*fig.* 108.) il est obtus.

245. Et 4°. qu'il est aigu, (*fig.* 109.) lorsque cet arc est plus petit que la demi-circonférence.

PROBLEMES.

I.

246. *D'un point donné* A (fig. 110.) *dans la circonférence du cercle, tirer une tangente à ce cercle.*

Du point A tirez le rayon AC, auquel menez AB perpendiculaire, cette ligne sera la tangente que l'on cherche. (Nº. 234.)

II.

247. *D'un point donné* A (fig. 111.) *hors un cercle, tirer une tangente à ce cercle.*

Du point A tirez la ligne AC au centre, que vous diviserez en deux également en O; du point O & de l'intervalle OA décrivez un cercle qui coupera le cercle donné en B & D; du point A à l'un des deux points B, tirez la ligne AB, elle sera la tangente que l'on cherche.

Car tirant le rayon BC, l'angle ABC est droit, parce qu'il a son sommet dans la circonférence du cercle ABC, & qu'il s'appuye sur une demi-circonférence. (Nº. 243.) Donc AB est perpendiculaire au rayon BC; donc elle est tangente. (Nº. 234.)

CHAPITRE VII.

DES LIGNES PROPORTIONNELLES.

DEFINITIONS.

248. CE que l'on a dit des quantités proportionnelles en général dans le Livre des proportions, peut s'appliquer aux lignes en particulier : ainsi l'on dira que quatre lignes A, B, C & D (*fig.* 112.) sont *proportionnelles*, lorsque le rapport d'A à C est le même que celui de B à D, c'est-à-dire lorsque les antécédens A & C contiennent également leurs conséquens B & D ou les aliquotes semblables de leurs conséquens.

249. Nous dirons que deux lignes A & D (*fig.* 113.) sont *réciproques* ou *réciproquement proportionnelles* à deux lignes C & B, lorsque les premieres A & D sont les termes extrêmes d'une proportion dont C & B sont les moyens.

250. Une ligne AB (*fig.* 114.) est dite *coupée en moyenne & extrême raison*, lorsque la toute AB est à une de ses parties AC, comme cette même partie AC est à l'autre partie CB.

251. Le produit de deux lignes A & B (*fig.* 115.) est la multiplication du nombre des parties de A par celui des parties de B. On suppose ces lignes divisées en parties égales, qu'on prend pour des unités : ainsi A étant, par exemple, divisée en quatre parties égales, & B en trois, égales chacune à celles de A, le produit de A par B est 12.

252. Lorsque l'on compare le produit de deux lignes avec celui de deux autres lignes proportionnelles aux premieres, il faut supposer ou que ces quatre lignes ont été divisées en parties égales, ou bien que les deux antécédens sont divisés en parties égales entr'elles, & les conséquens de la même maniere. Si l'on suppose, par exemple, que le premier antécédent contienne un nombre quelconque de pouces, & que le second antécédent soit partagé en toises ou en lieues, il doit contenir le même nombre de toises ou de lieues. Il en est de même pour le second conséquent qui doit aussi contenir autant de toises ou de lieues que le premier contient de pouces. Ainsi si le premier

86 ÉLEMENS

antécédent contient cinq pouces, le second contiendra cinq toises ou cinq lieues ; & si le premier conséquent contient neuf pouces, le second contiendra neuf toises ou neuf lieues, &c.

PROPRIETE'S.

Theoreme I.

253. *Si deux lignes* AB, CD (fig. 116.) *sont autant inclinées dans un espace parallele que deux autres* EF, GH, *le sont dans un autre, les deux premieres sont proportionnelles aux deux secondes, c'est-à-dire que* AB . EF :: CD . GH.

Il faut pour le prouver, diviser le conséquent EF en autant de parties égales que l'on voudra, comme en quatre, que j'appelle P, & par chacune des divisions tirer de nouvelles paralleles, la ligne GH, qui est le second conséquent, sera aussi divisée en même nombre de parties égales entr'elles, (N°. 218.) que j'appelle S, de sorte que EF sera égale à 4 P, & GH à 4 S. Portez ensuite une des parties P du conséquent EF sur son antécédent AB, elle y sera comprise sans reste, ou avec un reste.

Je suppose 1°. qu'elle y soit comprise sans reste, par exemple, trois fois ; par chaque division tirant des paralleles, la ligne CD, second antécédent, sera aussi divisée en parties égales à celles de son conséquent GH, puisqu'elles sont également inclinées dans les petits espaces paralleles égaux : ainsi l'on aura AB égale à 3 P, & CD égale à 3 S ; mais 3 P . 4 P :: 3 S . 4 S. (N°. 39.) Donc les deux lignes AB, CD, sont proportionnelles aux deux autres EF, GH. c. q. f. d.

Je suppose, 2°. que la ligne AB ne contienne pas sans reste une partie P de son conséquent EF, il faut supposer EF divisée en parties infiniment petites, & alors si AB ne contenoit pas l'une de ces petites parties sans reste, il faudroit négliger ce reste, qui sera moindre qu'une de ces parties infiniment petites, comme nous avons dit dans les rapports sourds, (N°. 38.) & l'on conclura comme ci-dessus que les lignes AB, CD sont proportionnelles aux lignes EF, GH, c'est-à-dire que AB . EF :: CD . GH.

DE GEOMETRIE. Liv. I.

Corollaires.

254. D'où il suit, 1°. qu'en permutant, les deux lignes AB, EF, également inclinées dans les deux espaces, sont proportionnelles aux deux autres CD, GH, aussi également inclinées dans ces mêmes espaces, ou que AB.CD::EF.GH. (*N*°. 67.)

255. 2°. Le produit des lignes AB, GH, qui sont les termes extrêmes de la proportion, est égal au produit des lignes CD, EF, qui en sont les moyens. (*N*°. 75.)

Theoreme II.

256. *Si deux lignes* AB, CD (fig. 117.) *terminées par deux paralleles, sont coupées par une troisiéme parallele* EF, *elles seront coupées proportionnellement, c'est-à-dire que* AE.EB::CF.FD.

Car les angles AEF, ABD, sont égaux, de même que CFE, CDB (*N*°. 214.). Donc les lignes AE, CF, sont autant inclinées dans leur espace parallele que les lignes EB, FD, le sont dans le leur. L'on prouvera, comme ci-dessus, que AE.EB :: CF.FD. Donc, &c.

Corollaire.

257. D'où il suit qu'en composant, toute la ligne AB est à une de ces parties AE, comme toute la ligne CD est à sa partie CF, c'est-à-dire que AB.AE::CD.CF, ou bien AB.EB :: CD.FD. (*N*°. 68.)

Theoreme III.

258. *Si deux lignes* AB, AD, (fig. 118. 119.) *ont un point* A *de commun, & sont coupées par deux paralleles* BD, EF, *elles seront coupées proportionnellement, c'est-à-dire que* AE.EB :: AF.FD.

Tirez par le point A une ligne parallele aux deux autres BD & EF, les lignes AE, AF, seront autant inclinées dans leurs espaces paralleles, que les lignes EB, FB le sont dans le leur. Donc par la proposition précédente ces lignes sont proportionnelles: ainsi AE.EB :: AF.FD; & en composant, AE +EB.EB :: AF+FD.FD. (*N*°. 68.) &c.

ÉLEMENS

Théoreme IV.

259. *Si deux lignes* A B, A C, (fig. 120.) *qui ont un point de commun, sont autant inclinées sur leur baze* BC, *que deux autres lignes* DE, DF, *qui ont le point* D *de commun, sont inclinées sur leur base* EF, *les deux premieres* AB, AC, *sont proportionnelles aux deux autres* DE, DF, *c'est-à-dire que* AB . DE :: AC . DF.

Menez par les points A & D des paralleles aux bases BC & EF, les lignes AB, AC, feront autant inclinées dans leur espace parallele, que les lignes DE, DF, le feront dans le leur. Donc AB . DE :: AC . DF (N°. 253.); & en permutant, AB . AC :: DE . DF. (N°. 67.)

Théoreme V.

260. *Si deux paralleles* (fig. 121. 122.) *sont coupées par deux lignes* AB, AC, *qui ont le point* A *commun, les parties de ces paralleles* BC, EF, *qu'elles retranchent, sont entr'elles comme les lignes* AB, AE, *comprises entre chaque parallele & le point commun* A; *c'est-à-dire que* BC . EF :: BA . EA.

Prenant AC pour base, les deux lignes BA, BC, qui ont le point B commun, sont autant inclinées sur leurs bases AC, que les deux lignes EA, EF, qui ont le point E de commun, le sont sur AF (*a*). Donc les parties des paralleles BC, EF, sont entr'elles comme BA est à EA, c'est-à-dire que BC . EF :: BA . EA; ou prenant AB pour base, les lignes CA, CB sont autant inclinées sur leur base AB, que les lignes FA, FE le sont sur la leur. Donc BC . EF :: CA . FA : donc les parties des paralleles comprises entre deux lignes, qui ont un point commun, sont entr'elles comme les parties de ces lignes comprises entre chaque parallele & le point commun.

(*a*) Car dans la figure 121 l'inclinaison en A est la même pour BA & EA; elle l'est de même dans la figure 122, à cause que les angles BAC, FAE sont opposés au sommet. Dans la figure 121, à cause des paralleles EF, BC, l'angle extérieur BFA est égal à son opposé intérieur BCA; & figure 122, EFA est égal à ACB, parce qu'ils sont alternes.

Théoreme

Elem. de Geom.   LIVRE I. Planche I.

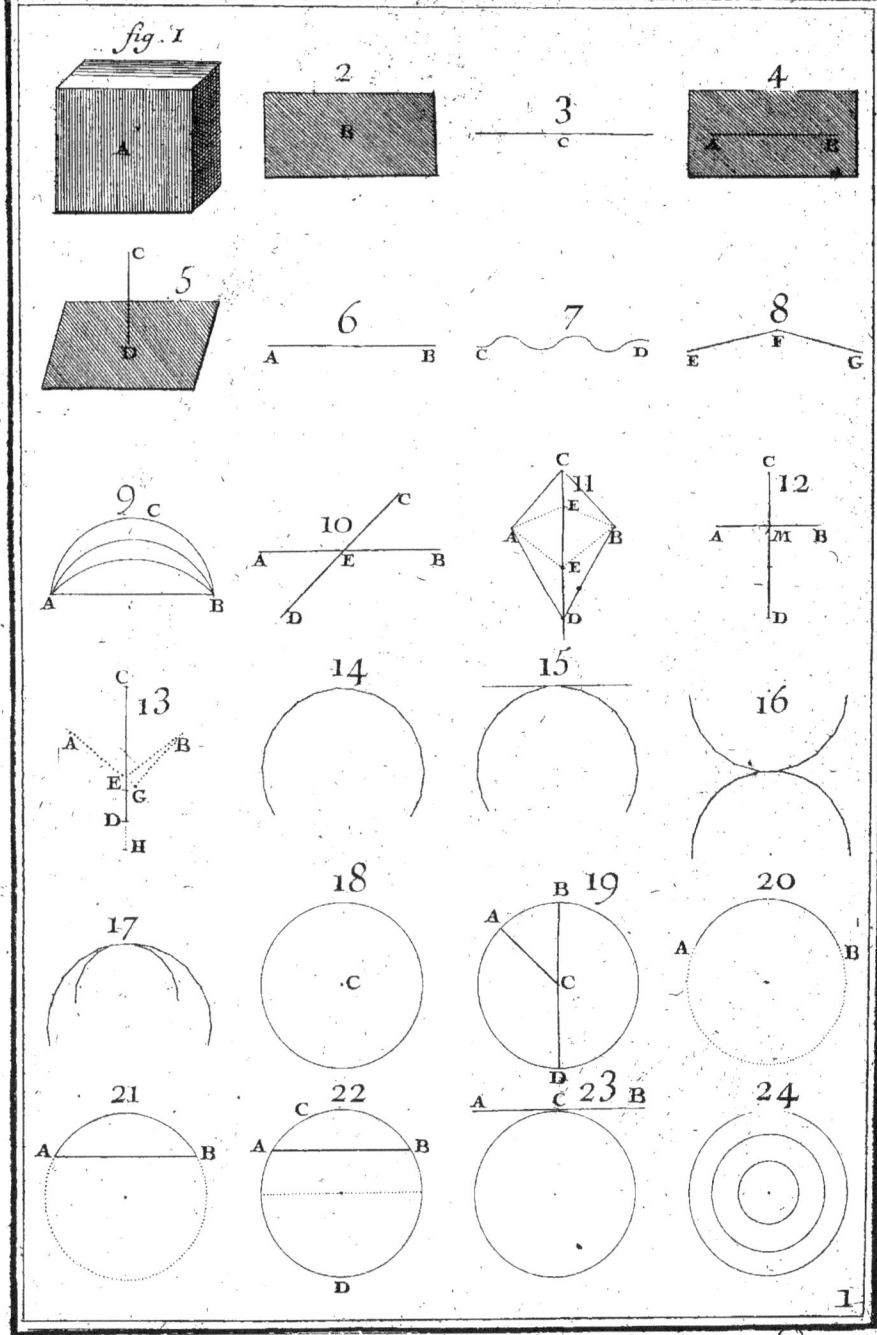

Elem de Geom. LIVRE I. Planche II.

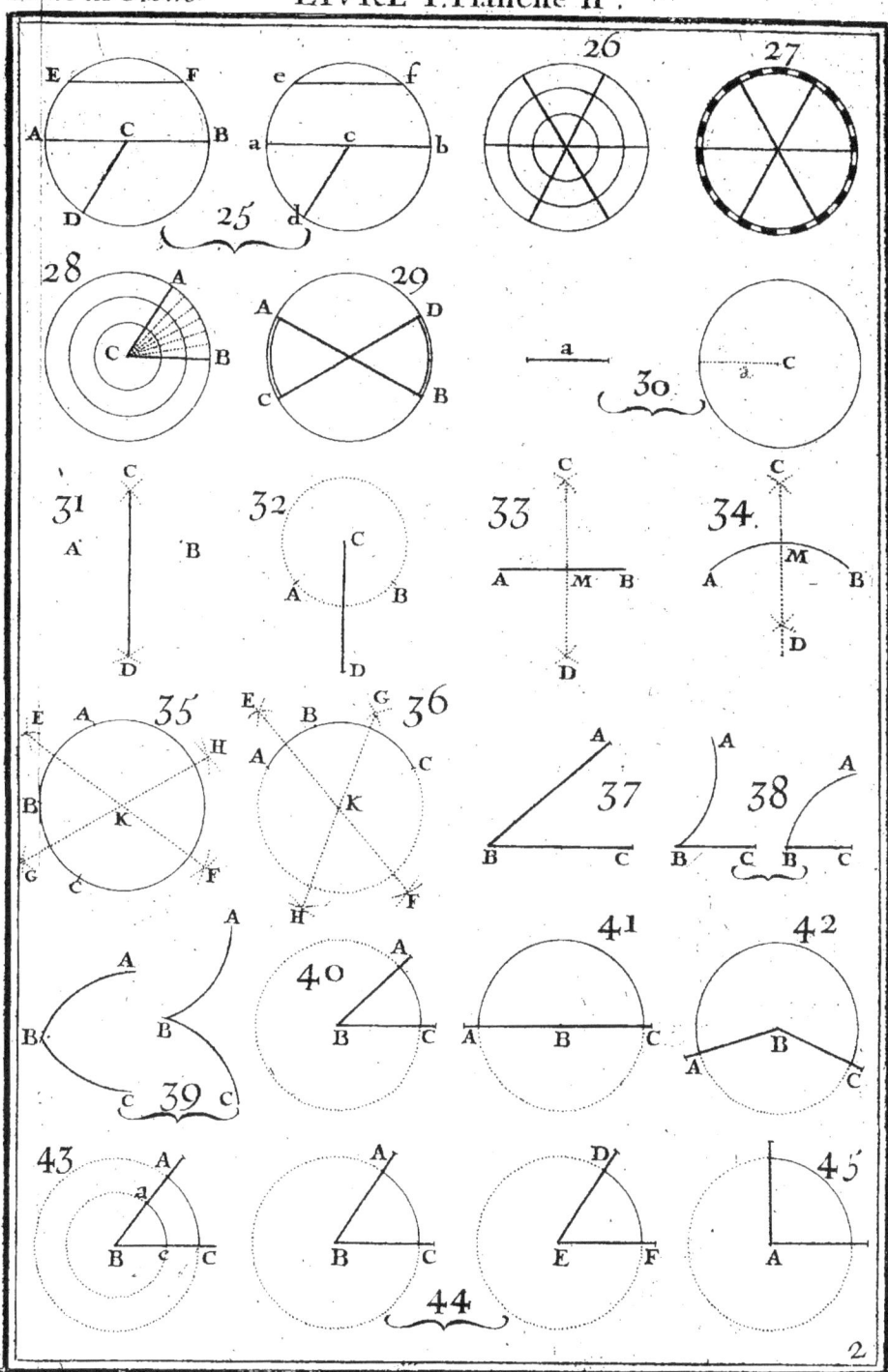

Elem. de Geom. LIVRE I. Planche III.

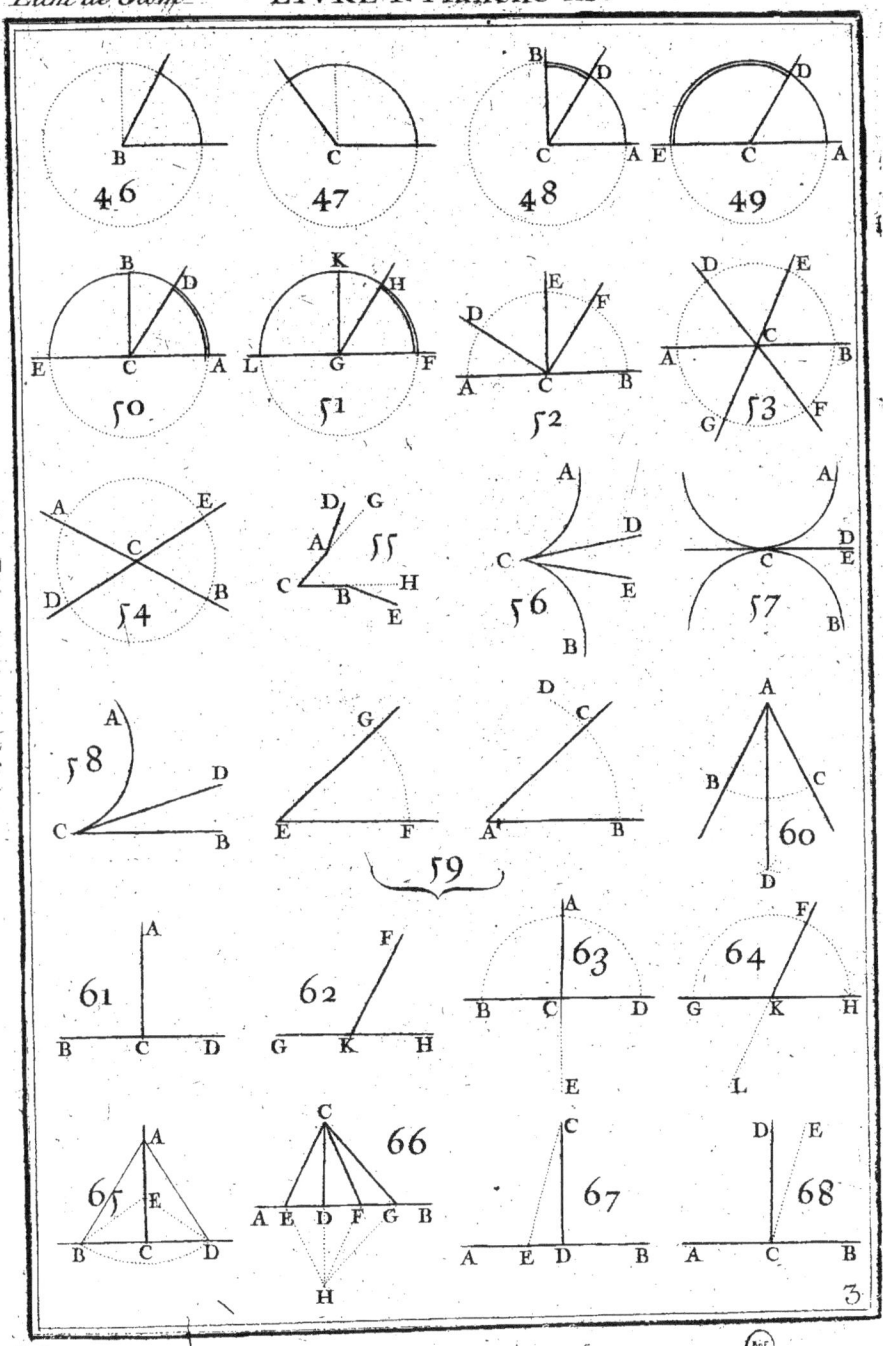

Elem. de Geom. LIVRE I. Planche IV.

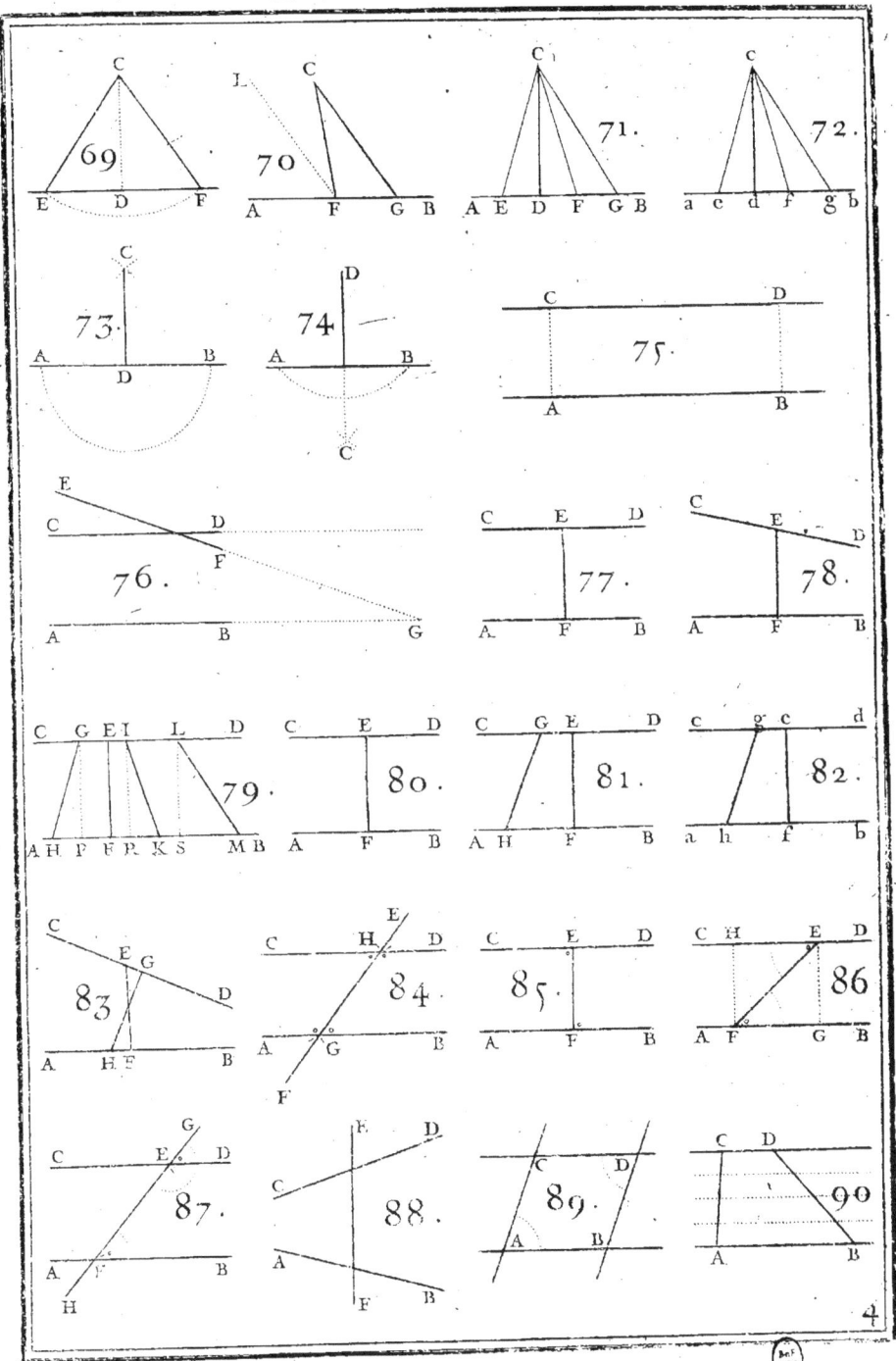

4

LIVRE I. Planche V.

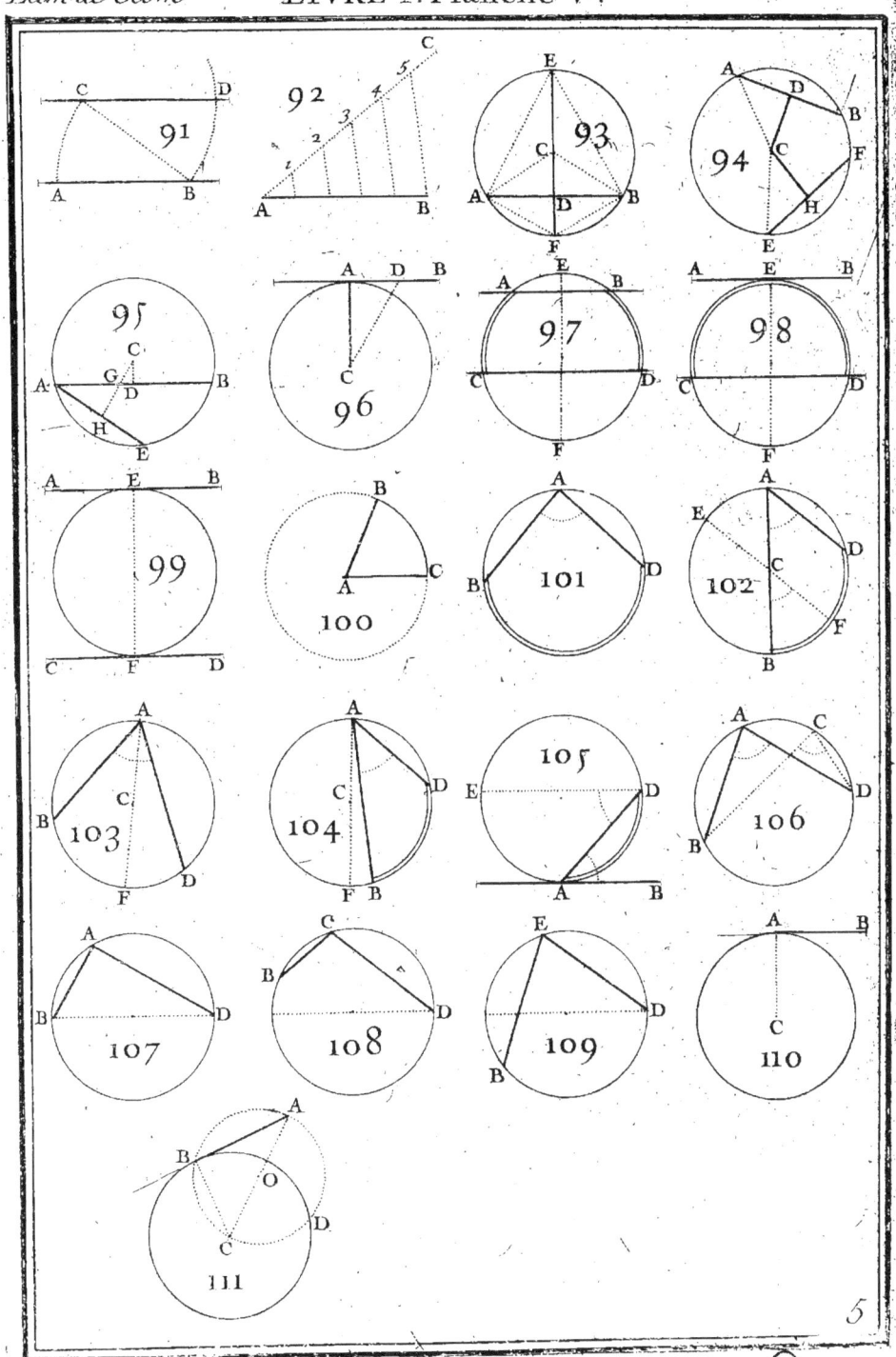

Elem. de Geom. LIVRE I. Planche VI.

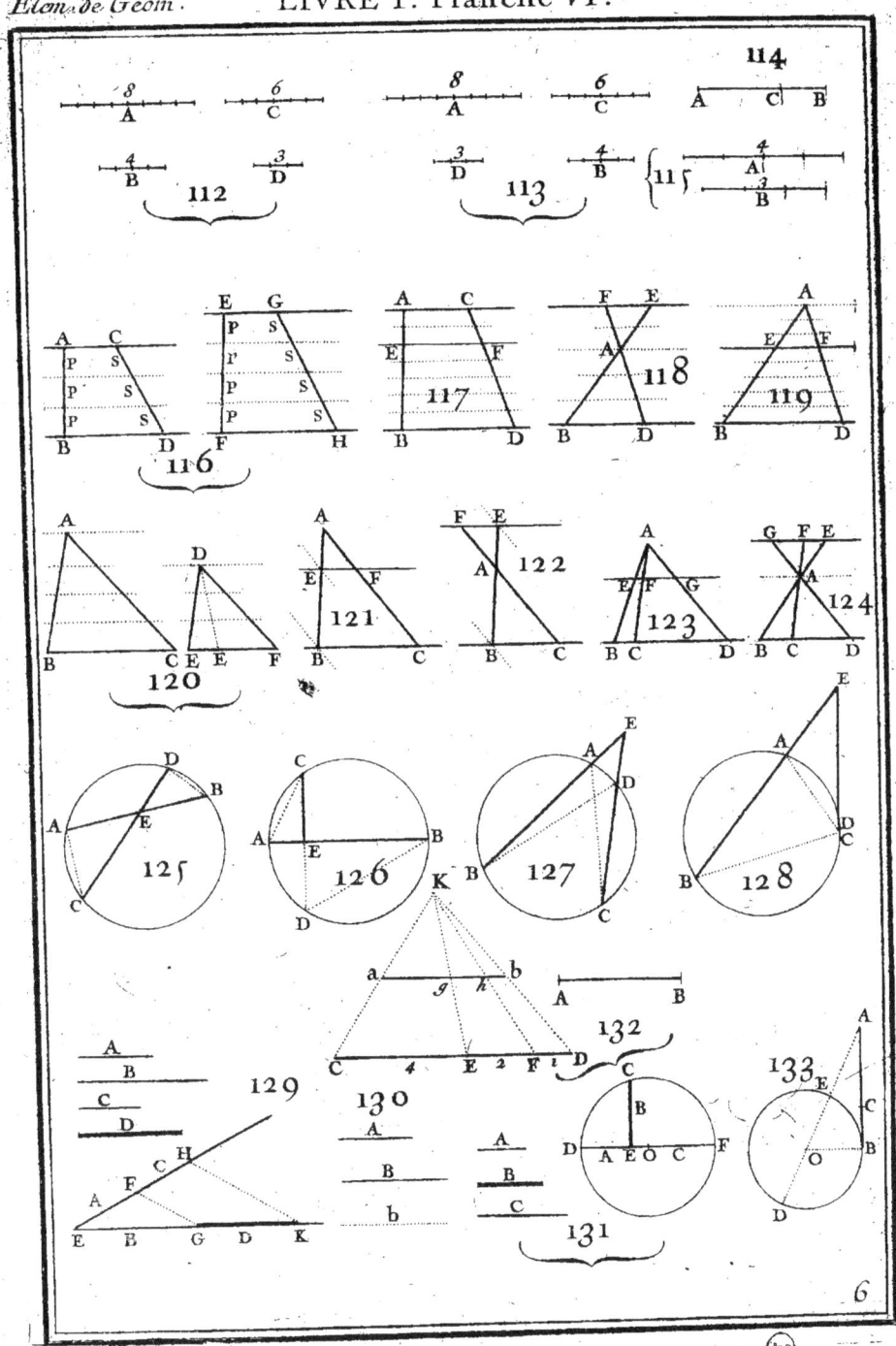

DE GEOMETRIE. Liv. I.

THEOREME VI.

261. *Si deux paralleles* BD, EG (fig. 123. 124.) *sont coupées par plusieurs lignes* AB, AC & AD, *qui ont le point* A *de commun, les parties de l'une seront proportionnelles aux parties de l'autre ; c'est-à-dire, que* BC.CD :: EF.FG.

Car par la proposition précédente, BC.EF :: CA.FA ; de même, CD.FG :: CA.FA. Mais deux rapports égaux à un même rapport, sont égaux entr'eux (N°. 74.) Donc BC.EF :: CD.FG ; & en permutant, BC.CD :: EF.FG. c. q. f. d.

COROLLAIRE.

262. Il suit de cette proposition que si une parallele est coupée en parties égales, l'autre le sera aussi.

THEOREME VII.

263. *Dans un cercle si deux cordes* AB, CD (fig. 125.) *se coupent en* E, *les parties* AE, EB *de l'une sont réciproques aux parties* CE, ED, *de l'autre ; c'est-à-dire, que les parties de l'une seront les termes extrêmes d'une proportion dont les parties de l'autre sont les moyens, ou que* AE.ED :: EC.EB. (N°. 249.)

Tirez les lignes AC, BD, les angles A & D sont égaux, parce qu'ils ont leur sommet à la circonférence, & qu'ils s'appuyent sur le même arc BC (N°. 242.). Par la même raison les angles B & C sont aussi égaux. Donc les lignes AE, CE sont autant inclinées sur leur base AC, que les lignes ED, EB le sont sur BD. Donc AE, ED :: EC, EB (N°. 353.) Donc lorsque deux cordes se coupent, les parties AE & EB de la premiere AB sont réciproques aux parties CE, ED de l'autre CD.

COROLLAIRES.

264. Il suit de cette proposition, 1°. que *le produit des parties* AE, EB *d'une corde est égal au produit des parties* CE, ED *de l'autre corde.* (N°. 76.)

265. 2°. *Si une corde* CD (fig. 126.) *est coupée en deux également, sa moitié* CE *est moyenne proportionnelle entre les parties* AE, EB *de l'autre.*

90   ÉLEMENS

Car supposant C E égale à E D, l'on vient de prouver que A E. ED :: CE. EB; & mettant EC pour son égale ED, l'on aura $\div$ AE. EC. EB. C'est pourquoi le produit des parties A E, E B d'une corde est égale au quarré de CE, moitié de l'autre corde (N°. 78.)

266. 3°. *Si d'un point C de la circonférence du cercle, on abaisse une perpendiculaire CE sur un diametre AB, elle sera moyenne proportionnelle entre les parties AE, EB du diametre* (a).

Car continuant cette perpendiculaire en D, CE sera la moitié de la corde C D. Donc $\div$ AE. CE. EB. (N°. 265.)

Théoreme VIII.

267. *Si d'un point E hors un cercle* (fig. 127.) *on tire deux lignes EB, EC, qui se terminent à la circonférence intérieure du cercle, & qui la coupent aux points A & D, l'une des lignes entieres EB, & sa partie extérieure EA sont réciproques à l'autre ligne entiere EC, & à sa partie extérieure ED, c'est-à-dire que* EB. EC :: ED. EA.

Tirez les lignes AC, BD, les angles B & C sont égaux, de même que les angles BAC, BDC (N°. 242.); donc les supplémens EAC, EDB de ces deux derniers angles sont aussi égaux (N°. 175.); donc les deux lignes EB, ED sont autant inclinées sur leur base BD, que les lignes EC, EA le sont sur AC; donc EB. EC :: ED. EA (N°. 253.); donc la ligne entiere EB & sa partie EA sont réciproques à la ligne EC & à sa partie ED (N°. 249.). c. q. f. d.

Corollaires.

268. Il suit de cette proposition, 1°. *que le produit de l'une des lignes entieres EB par sa partie extérieure EA, est égal au produit de la seconde EC, par sa partie extérieure ED* (N°. 76.)

269. 2°. *Que si la ligne EC est tangente,* (fig. 128.) *elle sera moyenne proportionnelle entre la ligne entiere EB & sa partie extérieure EA.*

Car les angles EBC, ECA sont égaux, ayant tous deux

(*a*) Cette proprieté de la perpendiculaire abbaissée d'un point quelconque de la circonférence du cercle sur le diametre, se nomme *la proprieté du cercle*.

pour mesure la moitié de l'arc A C (N°. 240 & 241.): les angles E C B, E A C sont aussi égaux; car l'angle E C B a pour mesure la moitié de l'arc B A C (N°. 241.), & les deux angles de suite E A C, C A B, ont pour mesure la moitié de toute la circonférence (N°. 176.) Ainsi l'angle B A C ayant pour mesure la moitié de B C, il restera pour E A C la moitié de l'arc B A C, & il sera égal à l'angle E C B (N°. 170.). Ainsi les deux lignes E C, E B, sont autant inclinées sur leur base B C, que les lignes E C, E A le sont sur A C. Donc E B . E C :: E C . E A (N°. 253.). Donc la tangente est moyenne proportionnelle entre la ligne entiere & sa partie extérieure. c. q. f. d.

270. D'où il suit, 1°. *que le quarré de la tangente* E C *est égal au produit de la ligne entiere* E B *par sa partie extérieure* E A (N°. 78.)

271. 2°. *Si la partie* A B *comprise dans le cercle est égale à la tangente* E C, *la ligne* E B *sera coupée en moyenne & extrême raison au point* A.

Car l'on aura E B . E C :: E C . E A. Mais en prenant A B au lieu de son égale E C, alors E B . A B :: A B . E A; donc E B sera coupée en moyenne & extrême raison. (N°. 250.)

PROBLEMES.

I.

272. *Trois lignes* A, B *&* C, (fig. 129.) *étant données, trouver une quatriéme proportionnelle.*

Tirez deux lignes qui fassent tel angle E qu'il vous plaira; prenez sur l'une de ces lignes la partie E F égale à la ligne donnée A, & sur l'autre E G égale à B, tirez la ligne G F; prenez ensuite sur E F la ligne F H égale à C, & tirez H K parallele à F G; faites la ligne D égale à G K, ce sera la quatriéme proportionnelle que l'on cherche.

Car à cause des paralleles F G & H K, l'on a E F . E G :: F H . G K (N°. 258.), & par conséquent A . B :: C . D, ces quatre lignes étant égales aux précédentes. Donc D est la quatriéme proportionnelle cherchée.

M ij

II.

273. *Deux lignes* A *&* B *(* fig. 130. *) étant données, leur trouver une troisiéme proportionnelle.*

Faites la ligne *b* égale à B, & résolvez le problème comme le précédent, en cherchant une quatriéme proportionnelle aux trois lignes données A, B & *b*.

III.

274. *Trouver une moyenne proportionnelle à deux lignes données* A *&* C.

Tirez une ligne indéterminée, sur laquelle prenez DE égale à la ligne donnée A, & EF égale à C; divisez la ligne DF en deux également en O (*N*°. 160.); puis du point O pris pour centre, & de l'intervalle OD, décrivez un cercle; du point E élevez la perpendiculaire EG jusqu'à la circonférence, & faites B égal à EG, ce sera la moyenne proportionnelle que l'on cherche. Car DE . EG :: EG . EF (*N*°. 266.); & par conséquent A . B :: B . C, ces lignes étant égales aux précédentes.

IV.

275. *Couper une ligne donnée* AB (fig. 132.) *en parties proportionnelles à celle d'une autre* CD.

Tirez à la ligne donnée CD une parallele, sur laquelle vous prendrez *ab* égale à la ligne donnée AB; par les extrémités de ces parallèles, tirez des lignes C*a*, D*b*, qui étant prolongées, se couperont dans un point K, si CD & *ab* sont inégales, ainsi qu'on le suppose; tirez du point K aux divisions de la ligne CD, les lignes KE, KF, &c. elles partageront la ligne *ab* en parties proportionnelles à celles de CD. (*N*°. 261.).

V.

276. *Couper une ligne* AB *(* fig. 133. *) en moyenne & extrême raison.*

A l'une des extrémités B de la ligne donnée AB, tirez BO

DE GEOMETRIE. Liv. I.

perpendiculaire & égale à la moitié de AB; du point O comme centre, & de l'intervalle OB, décrivez un cercle; de l'autre extrémité A de la ligne donnée, & par le centre, tirez la ligne AD qui coupera la circonférence en E; faites AC égale à AE, & la ligne AB sera coupée en moyenne & extrême raison, c'est-à-dire que AB . AC . CB.

Pour le démontrer, considerez que par la construction ED est égale à AB, parce qu'elle est diametre du cercle dont le rayon OB est égal à la moitié de AB; la ligne AB étant tangente, l'on a AD . AB :: AB . AE (N°. 269.) ou AC (qu'on a fait égale à EC). Donc *en divisant* ou en ôtant (N°. 69.) AD — AB . AB :: AB — AC . AC. Mais comme AD — AB = AE ou AC, & que AB — AC = CB, la proportion précédente se réduit à celle-ci, AC . AB :: CB . AC; ce qui donne en renversant (N°. 66.) AB . AC :: AC . CB. Donc AB est coupée en moyenne & extrême raison. (N°. 250.)

ÉLEMENS

LIVRE SECOND.
DES FIGURES PLANES CONSIDERE'ES
par les lignes qui les bornent ou qui sont tirées dans ces Figures.

CHAPITRE I.
DES FIGURES PLANES EN GENERAL.

277. I. ON appelle *Figure plane* un plan terminé de tous côtés.

Nous ne considerons dans ce second Livre que les lignes qui bornent les figures planes; dans le troisiéme nous examinerons leurs superficies ou l'espace qu'elles renferment.

278. II. Il y a en général de trois sortes de figures planes ; de *rectilignes*, (*fig.* 1.) bornées de lignes droites, comme A ; de *curvilignes* (*fig.* 2.), bornées de lignes courbes, comme B ; de *mixtilignes* (*fig.* 3.), bornées de lignes droites & courbes, comme C.

Les figures rectilignes prennent leurs noms du nombre de leurs côtés ou de celui de leurs angles.

Une figure de trois côtés, se nomme *Triangle* (fig. 4.).

De
{
quatre, *Quadrilatere* (fig. 5.).
cinq, *Pentagone* (fig. 6.)
six, *Exagone*.
sept, *Eptagone*.
huit, *Octogone*.
neuf, *Enneagone*.
dix, *Decagone*.
onze, *Endecagone*.
douze, *Dodecagone*.
}

Les figures de plus de douze côtés n'ont pas pour l'ordinaire de noms particuliers, mais on les appelle du nombre de leurs côtés, comme une figure de treize, quatorze, quinze, vingt côtés, &c.

Quand on n'exprime point le nombre des côtés d'une figure, on l'appelle *Polygone*, ou simplement *Figure rectiligne*.

279. III. On dit qu'une figure est *réguliere*, (*fig*. 6.) lorsque tous ses côtés & ses angles sont égaux entr'eux ; & lorsqu'il y a quelque inégalité, on l'appelle *irréguliere*.

280. Une figure rectiligne est *inscrite* dans un cercle (*fig*. 7.) lorsque tous ses angles touchent la circonférence du cercle, & l'on dit alors que le cercle est *circonscrit* à la figure.

281. Une figure rectiligne est *circonscrite* à un cercle (*fig*. 8.), lorsque tous ses côtés touchent la circonférence du cercle, & l'on dit alors que le cercle est *inscrit* dans cette figure.

282. IV. De toutes les figures curvilignes (*fig*. 9.) on ne considere que le cercle dans la Geometrie ordinaire.

Et de toutes les figures mixtes ou mixtilignes, on n'y considere que le *secteur* & le *segment*.

283. Le *Secteur* est une portion de cercle (*fig*. 10.) comprise entre deux rayons & un arc, comme A.

284. Le *Segment* est une portion de cercle (*fig*. 11.) comprise entre un arc & sa corde, comme B.

285. Lorsque l'on trace une figure comme le triangle ABC (*fig*. 12.) on le fait avec certaines circonstances ou conditions déterminées ; ces conditions sont la situation des points, la longueur des lignes, l'ouverture des angles & la quantité de superficie.

286. Une figure est déterminée par des conditions données, (*fig*. 13.) lorsqu'elle ne peut être que d'une seule façon, étant faite avec ces conditions. Ainsi un cercle A est déterminé, lorsque la longueur du rayon est déterminée, ou bien lorsqu'il y a trois points de sa circonférence donnés.

287. D'où il suit que si deux figures sont déterminées par les mêmes conditions, elles ont les mêmes propriétés, & ainsi l'on peut les considerer comme les mêmes, ou bien comme si l'une étoit appliquée sur l'autre, & tracées en même-tems : cette sorte d'application se nomme *Superposition*.

288. Une figure a deux déterminations, lorsqu'étant faite avec des conditions données, elle peut être de deux façons ; &

elle est *indéterminée*, lorsqu'elle peut être faite d'une infinité de façons.

289. V. En comparant ensemble deux figures, nous dirons qu'elles sont *égales*, lorsque la surface de l'une est égale à la surface de l'autre: ainsi nous dirons qu'un triangle est égal à un quarré ou à un cercle, lorsque la surface du triangle est égale à celle du quarré ou du cercle.

290. Deux figures M & N sont *semblables* (*fig.* 14.), lorsque chaque angle de l'une est égal à chaque angle de l'autre, & que les côtés qui se répondent sont proportionnels.

291. Deux figures P & Q (*fig.* 15.) sont *semblables* & *égales*, lorsque les côtés & les angles de l'une sont égaux aux côtés & aux angles de l'autre dans le même ordre.

292. Deux figures sont dites *Isoperimetres*, lorsque la circonférence de l'une est égale à la circonférence de l'autre.

CHAPITRE II.
DES TRIANGLES.

NOus avons appellé *Triangle* (*fig.* 16.) une figure bornée de trois lignes droites, comme A B C.

293. Dans un triangle on appelle *Base* (*fig.* 17.) telle ligne A B que l'on veut, & alors les deux lignes C A, C B, s'appellent les *côtés* du triangle, & l'angle C opposé à la base, s'appelle le *sommet* ; la perpendiculaire C D tirée du sommet sur la base A B, continuée, s'il est besoin, s'appelle la *hauteur* du triangle.

PROPRIETE'S.

I.

294. On peut toujours faire passer un cercle par les trois angles A, B & C (*fig.* 18.) d'un triangle, parce que l'on peut faire passer un cercle par trois points qui ne sont pas rangés en ligne droite.

II.

295. On peut considérer les deux côtés C A, CB (*fig.* 19.) d'un triangle, comme s'ils étoient compris dans un espace parallele.

Par

DE GEOMETRIE. Liv. II.

Par l'une ou l'autre de ces propriétés l'on peut démontrer toutes les autres.

THEOREME I.

296. *Les trois angles* A, B *&* C *de tout triangle sont égaux à deux angles droits,* c'est-à-dire qu'ils ont pour mesure la demi-circonférence ou 180 degrés.

Par la premiere propriété on peut circonscrire un cercle à ce triangle (*fig.* 18.), & alors l'angle A a pour mesure la moitié de l'arc BC (*N°.* 240.); l'angle B a pour mesure la moitié de AC, & l'angle C, la moitié de AB. Donc les trois angles ont pour mesure la moitié de toute la circonférence, ou 180 degrés, qui est aussi la mesure de deux angles droits.

Par la seconde propriété, tirez par le sommet C (*fig.* 19.) une parallele à la base AB, & prolongez AC, l'angle *a* est égal à son opposé intérieur A (*N°.* 214.), l'angle *b* est égal à son alterne B, mais les trois angles *a*, *b* & *c* sont égaux à deux droits (*N°.* 176.). Donc les trois angles A, B & C du triangle ABC le sont également: c. q. f. d.

COROLLAIRES.

297. 1°. *Si l'on prolonge un côté d'un triangle, l'angle extérieur formé de* a *& de* b, *est égal aux deux opposés intérieurs* A *&* B.

Car cet angle differe de deux droits, de l'angle C, de même que A & B en different également.

298. 2°. *Si l'on connoît deux angles d'un triangle, on connoît aussi le troisiéme,* parce qu'il acheve les deux droits, ou 180 degrés: mais si un triangle a deux angles égaux, il suffit d'en connoître un pour les connoître tous.

299. 3°. *Un triangle ne peut avoir qu'un angle droit ou un obtus, mais il les peut avoir tous trois aigus.*

300. Un triangle ABC qui a un angle A droit, (*fig.* 20.) s'appelle *Rectangle*, & le côté BC qui est opposé à l'angle droit, s'appelle *Hypotenuse*.

301. 4°. Les deux angles aigus B & C du triangle rectangle valent un droit ou 90 degrés, & sont complément l'un à l'autre.

302. Un triangle EFG qui a un angle obtus, (*fig.* 21.) se nomme *Obtusangle* ou *Ambligone*.

303. Un triangle H I K (*fig. 22.*) qui a les trois angles aigus, se nomme *Acutangle* ou *Oxigone*.

THEOREME II.

304. *Les côtés d'un triangle suivent les conditions des angles opposés, c'est-à-dire que les côtés sont égaux, lorsque les angles qui leur sont opposés sont égaux, & ils sont inégaux, lorsque les angles opposés sont inégaux, & alors le plus grand côté est opposé au plus grand angle.*

Si l'on tire par le sommet une parallele à la base, (*fig. 23.*) les côtés seront compris dans un espace parallele, & alors 1°. si les angles A & B sont égaux, les côtés CA, CB, seront également inclinés dans un espace parallele ; donc ils seront égaux. (*N°. 206.*)

2°. Si les angles E & F sont inégaux, (*fig. 24.*) les côtés DE, DF, seront inégalement inclinés dans un espace parallele. Donc ils seront inégaux, & alors le plus incliné DF qui est opposé au plus grand angle E, sera le plus grand. (*N°. 206.*)

On démontrera de la même façon que les angles d'un triangle suivent les conditions des côtés.

305. Un triangle A B C (*fig. 25.*) qui a les trois côtés égaux, & par conséquent les trois angles, qui sont chacun de 60 degrés, se nomme *Equilatéral*.

306. Un triangle qui a deux côtés égaux, (*fig. 26.*) & par conséquent deux angles égaux (*N°. 304.*) qui sont toujours aigus, se nomme *Isocele*.

307. Un triangle qui a les trois côtés inégaux (*fig. 27.*), se nomme *Scalene*.

308. Il y a cinq choses à considérer dans un triangle, sçavoir, trois côtés & deux angles ; car pour le troisième angle il est inutile de le considérer, parce qu'il est déterminé lorsque les deux autres le sont. (*N°. 298.*)

309. Si un triangle *a b d* (*fig. 28.*) a trois de ces cinq choses égales aux semblables d'un autre A B D, & dans le même ordre, les deux triangles sont entierement égaux ; c'est ce qu'on va démontrer dans les théorêmes suivans.

DE GEOMETRIE. Liv. II.

Theoreme III.

310. *Si les trois côtés d'un triangle* a b d *sont égaux chacun à chacun aux trois côtés d'un autre triangle* ABD, *ces deux triangles sont entierement égaux*, c'est-à-dire que leurs superficies sont égales, & que les angles de l'un sont égaux aux angles de l'autre, chacun à celui qui lui répond.

Si l'on applique la base *ab* de l'un sur la base AB de l'autre, leurs extrémités se répondront, puisque ces bases sont supposées égales, & le sommet *d* de l'un tombera sur le sommet D de l'autre, car l'extrémité du côté *ad* tombera dans la circonférence du cercle, qui aura A pour centre & AD pour rayon; de même l'extrémité *d* du côté *bd* tombera dans la circonférence du cercle qui aura B pour centre & BD pour rayon : mais ces deux cercles ne se coupent du même côté de la base qu'en D. Donc le sommet *d* ne peut tomber qu'en l'intersection D de ces deux cercles; c'est pourquoi les côtés *ad*, *bd*, du premier triangle répondront sur les côtés AD, BD du second, & tout le triangle *abd* sera appliqué sur tout le triangle ABD. Donc leurs superficies seront égales, & chaque angle de l'un répondant à chaque angle de l'autre, ils seront aussi égaux comparés chacun à chacun.

Theoreme IV.

311. *Si les deux côtés* da, db (fig. 29.) *d'un triangle sont égaux aux deux côtés* DA *&* DB *d'un autre triangle, & l'angle* d *compris entre les deux premiers, égal à l'angle* D *aussi compris entre les deux du second, les deux triangles sont entierement égaux*, c'est-à-dire que la base, les angles sur la base & la superficie de l'un sont égaux aux semblables choses de l'autre.

Si l'on met le côté *da* de l'un sur le côté DA de l'autre, le côté *db* s'appliquera sur BD, puisque les angles *d* & D sont égaux, & l'extrémité *b* tombera sur B. Donc la base *ab* de l'un couvrira la base AB de l'autre, & lui sera égale. Par la même raison les angles *a* & *b* seront égaux aux angles A & B, & la superficie du triangle *abd* égale à la superficie du triangle ABD. Donc ces deux triangles sont entierement égaux : c. q. f. d.

Theoreme V.

312. *Si les deux côtés* d a, d b *(fig. 30.) d'un triangle sont égaux aux deux côtés* D A, D B *d'un autre, & un angle* a *de la base du premier égal à l'angle* A *qui lui répond dans le second; si de plus les autres angles* b *&* B *de la base sont de même nature, c'est-à-dire tous deux aigus ou tous deux obtus, ces deux triangles seront entierement égaux,* c'est-à-dire que la base, les deux autres angles & la superficie de l'un seront égaux aux semblables choses de l'autre.

Si l'on applique le côté *a d* de l'un des triangles sur le côté A D de l'autre, la base *a b* sera appliquée sur A B, puisque les angles *a* & A sont égaux; l'extrémité *b* du côté *d b* tombera dans la circonférence d'un cercle qui aura D pour centre, & pour rayon D B, laquelle coupe la base en B & en E. Mais si l'on suppose l'angle *b* aigu, le côté *d b* ne peut tomber qu'en B; car s'il tomboit en E, l'angle D E A qui est obtus, ne seroit pas de même nature que l'angle *b*. Donc la base *a b* répondra sur A B, & lui sera égale; par la même raison les angles *b* & *d* seront aussi égaux aux angles B & D, & la superficie du triangle *a b d* égale à celle du triangle A B D. Donc ces deux triangles sont entierement égaux : c. q. f. d.

Theoreme VI.

313. *Si un triangle* a b d *(fig. 31.) a la base* a b *égale à la base* A B *d'un autre triangle* A B D, *& deux angles* a *&* d *égaux aux deux angles* A *&* D *qui leur répondent, ces deux triangles seront entierement égaux;* c'est-à-dire, que le troisiéme angle *b* de l'un des triangles sera égal au troisiéme B de l'autre, les côtés *d a*, *d b*, égaux aux côtés D A, D B, & la superficie de l'un égale à la superficie de l'autre.

Le troisiéme angle *b* de l'un des triangles est égal au troisiéme B de l'autre, puisqu'ils sont le supplément à deux droits d'angles égaux (N°. 175.); & si on applique la base *a b* sur A B, les côtés *a d*, *b d*, tomberont sur A D, B D, puisque les angles *a* & *b* sont égaux aux angles A & B. Donc les côtés *a d*, *b d*, seront égaux aux côtés A D, B D, & tout le triangle *a b d* égal à tout le triangle A B D : c. q. f. d.

Theoreme VII.

314. *Si les trois angles* a, b *&* d *(fig. 32.) d'un triangle sont égaux aux trois angles* A, B *&* D *d'un autre triangle, il ne s'ensuit pas que ces deux triangles soient égaux.*

Car prenant sur la base A B la partie A E plus petite que A B, & menant E F parallele à D B, les deux triangles A E F, A D B, auront les angles égaux (N°. 214.), quoiqu'ils ne soient pas égaux, puisque l'un fait partie de l'autre; & afin qu'ils fussent égaux, il faudroit que A E fût égal à A B, & ce seroit le cas du sixiéme Théorême.

Corollaire.

315. Il suit des propositions précédentes que pour avoir un triangle déterminé, il faut que des cinq choses que nous avons considerées dans un triangle (N°. 308.), il y en ait trois de déterminées, puisqu'avec ces trois choses on ne peut faire qu'un même triangle ou des triangles égaux, prenant garde néanmoins que dans le Théorême cinq (N°. 312.) le triangle peut avoir deux déterminations, lorsque le côté opposé à l'angle donné est le plus petit des deux côtés, & que la nature du second angle de la base n'est pas déterminée.

Theoreme VIII.

316. *Si un triangle* a b d *(fig. 33.) a deux côtés* a d, d b, *égaux aux deux côtés* A D, D B *d'un autre triangle, & l'angle compris* d *plus grand que* D, *la base* a b *de l'un sera aussi plus grande que la base* A B *de l'autre.*

Si l'on applique le côté *a d* de l'un des triangles sur le côté A D de l'autre qui lui répond, l'autre côté *d b* tombera en dehors du triangle A D B, puisque l'angle *d* est plus grand que D, & les extrémités *b* & B des bases ne se répondront point. Si l'on tire une ligne D E qui ait tous ses points également distans de *b* & B, le point A sera à côté de cette ligne vers B : donc A sera plus près de B que de *b* (N°. 134.); par conséquent la base *a b* opposée au plus grand angle *d*, sera plus grande que la base A B opposée au plus petit D.

317. D'où il suit que dans les mêmes circonstances, si la base

a b est plus grande que l'autre base A B, l'angle D opposé à la premiere, est aussi plus grand que l'angle D opposé à la seconde.

PROBLEMES.

I.

318. *Faire un triangle qui ait ses trois côtés égaux à trois lignes données* L, M & N.

Tirez une ligne A B égale à l'une des lignes proposées L (*fig.* 34.), ensuite de l'une de ses extrémités A comme centre, & de l'intervalle de la ligne donnée M, décrivez un arc; de l'autre extrémité B & de l'intervalle donnée N, décrivez un autre arc, qui coupera le précédent en D; tirez les lignes A D, B D, vous aurez le triangle A B D proposé.

319. Il faut remarquer que deux des lignes données jointes ensemble, doivent être plus grandes que la troisiéme, parce que dans tout triangle deux côtés pris ensemble, comme A D & D B (*fig.* 34.), font une ligne courbée A D B plus grande que la droite A B.

II.

320. *Faire un triangle qui ait deux côtés égaux aux lignes données* M, N, & *l'angle compris entre ces côtés égal à l'angle donné* O.

Tirez une ligne A B (*fig.* 35.) égale à l'une des proposées M; à l'une de ses extrémités A, menez la ligne A D égale à l'autre ligne N, & qui fasse l'angle D A B égal à l'angle donné (*N°.* 181.) O; ensuite tirez D B, vous aurez le triangle A B D fait dans les circonstances proposées.

III.

321. *Faire un triangle qui ait deux côtés égaux à deux lignes données* M & N, & *l'angle opposé à l'une de ces lignes* N, *égal à l'angle donné* O.

Tirez une ligne indéterminée A Z (*fig.* 36.) à une de ses extrémités A; menez la ligne A D égale à l'une des lignes données M, & qui fasse l'angle D A Z égal à l'angle donné O (*N°.* 181.); ensuite du point D & de l'intervalle de l'autre ligne donnée N, décrivez un arc qui coupe la ligne A Z dans un seul point B vers

DE GEOMETRIE. Liv. II. 103

Z, si la ligne N opposée à l'angle donné est plus grande que l'autre ligne M; tirant ensuite la ligne D B, le triangle A D B sera construit dans les circonstances proposées.

Mais si la ligne N (*fig.* 37.) opposée à l'angle donné, est moindre que l'autre ligne M, alors l'arc décrit du point D coupera la ligne A Z en deux points B & E : c'est pourquoi pour déterminer le triangle, il faut sçavoir si l'angle qu'elle forme sur A Z est obtus ou aigu ; s'il est obtus, tirez D E ; s'il est aigu, tirez D B, & le triangle A D B sera fait dans les circonstances données.

Que si l'arc décrit du point D & de l'intervalle de N (*fig.* 38.) ne rencontroit point la ligne A Z, ce problême feroit impossible.

IV.

322. *Faire un triangle qui ait sa base égale à une ligne donnée* M, & *les deux angles de la base égaux aux angles donnés* O & R.

Tirez A B égale à la ligne donnée M (*fig.* 39.) & à ses extrémités A & B, faites des angles égaux aux proposés O & R (*N°.* 181.) ; les lignes qui les formeront, se couperont en D, & elles feront le triangle A D B dans les circonstances proposées.

CHAPITRE III.
DES QUADRILATERES.
DEFINITIONS.

323. Nous avons appellé *Quadrilatere* (*N°.* 279.) une figure A B C D (*fig.* 40.) terminée par quatre lignes droites.

324. Dans un Quadrilatere la ligne A D tirée d'un angle à son opposé, s'appelle *Diagonale*.

325. Un Quadrilatere A (*fig.* 41.) qui a tous ses côtés opposés parallèles, s'appelle *Parallelogramme*.

326. Un Quadrilatere B (*fig.* 42.) qui n'a que deux de ses côtés opposés parallèles, s'appelle *Trapeze*.

PROPRIETE'S.
THEOREME I.

327. *Les angles de tout Quadrilatere* A B C D (fig. 43.) *sont égaux à quatre angles droits.*

Car tirant la diagonale AD, elle divise le quadrilatere en deux triangles, dans lesquels les angles sont les mêmes que ceux du quadrilatere : mais les angles de chaque triangle sont égaux à deux droits (N°. 296.). Donc les angles du quadrilatere sont égaux à quatre angles droits.

THEOREME II.

328. *Dans un parallelogramme* EFGH (fig. 44.) *les angles opposés* E & H *ou* F & G *sont égaux, aussi bien que les côtés opposés* EF, GH & EG, FH.

Les côtés EF & GH étant parallèles par la définition du parallelogramme, les angles F & H valent deux droits (N°. 214.). Par la même raison, E & F valent également deux angles droits. Donc E & H ont le même supplément F : donc ils sont égaux (N°. 175.). On démontrera de même que G & F sont aussi égaux. A l'égard de la seconde partie de la proposition, il suffit pour la démontrer, de considerer que les côtés opposés du parallelogramme étant parallèles, sont également inclinés dans le même espace parallele, & qu'ainsi ils sont égaux. (N°. 206.)

COROLLAIRES.

329. 3°. *Si un angle* E (fig. 45.) *est droit dans un parallelogramme, ils sont tous quatre droits.*

330. 2°. *Si deux côtés* EF, EG (fig. 46.) *autour d'un angle, sont égaux, ils sont tous quatre égaux.*

331. Il suit de là que les propriétés des parallelogrammes sont 1°. *d'avoir les côtés opposés parallèles*, 2°. *d'avoir ces mêmes côtés opposés égaux*, 3°. *d'avoir les angles opposés égaux* ; qu'ainsi pour sçavoir si une figure de quatre côtés est un parallelogramme, il faut examiner si les conditions qui la déterminent, ont quelques-unes de ces trois propriétés.

332. Un parallelogramme qui a ses angles droits (*fig.* 45.) s'appelle *Rectangle*.

333. Un parallelogramme qui a ses angles droits & ses côtés égaux (*fig.* 46.), s'appelle *Quarré*.

334. Si un parallelogramme a ses côtés égaux & ses angles inégaux (*fig.* 47.), on l'appelle *Lozange*.

THEOREME

DE GEOMETRIE. Liv. II.

Theoreme III.

335. *La diagonale* A D (fig. 48.) *divise tout parallelogramme* A B C D *en deux triangles égaux.*

Car ces deux triangles ont les trois côtés égaux (N°. 328.) : donc ils sont entierement égaux (N°. 310.).

PROBLEME.

336. *Faire un parallelogramme* (fig. 49.) *qui ait ses côtés égaux aux lignes données* M *&* N, *& un angle égal à l'angle donné* O.

Faites l'angle A égal à l'angle donné O (N°. 181.), & les côtés A B & A C égaux aux lignes données M & N; ensuite du point B & de l'intervalle A C décrivez un arc C ; ensuite du point C & de l'intervalle A B décrivez un autre arc qui coupera le précédent en D, tirez les lignes B D, C D, & l'on aura le parallelogramme proposé.

CHAPITRE IV.

Des Polygones.

Nous avons appellé *Polygone* (N°. 279.) toute figure de plus de trois ou quatre côtés; néanmoins ce que nous dirons des polygones se peut aussi appliquer aux triangles & aux quadrilateres.

PROPRIETÉS.

Theoreme I.

337. *Les angles* A, B, C, D *&* E (fig. 50.) *de tout polygone sont égaux à deux fois autant d'angles droits, que le polygone a de côtés moins deux côtés.*

D'un angle A du polygone tirez des lignes aux autres angles, elles le diviseront en autant de triangles qu'il aura de côtés moins deux : or les angles de ces triangles feront les mêmes que ceux du polygone ; mais chaque triangle a ses angles égaux à deux droits (N°. 296.). Donc tous les angles de ces triangles ou du polygone feront égaux à deux fois autant d'angles droits qu'il y a de triangles, c'eft-à-dire que le polygone a de côtés moins deux.

Ainfi tous les angles d'un pentagone font égaux à fix droits; d'un exagone, à huit; d'un eptagone, à dix, &c.

Théorème II.

338. *Pour déterminer un polygone, il faut autant de conditions qu'il a de côtés & d'angles, moins trois de ces chofes, qui doivent toujours comprendre un angle.* Ainfi pour déterminer un quadrilatere, il faut cinq chofes; pour déterminer un pentagone, il en faut fept; pour un exagone, neuf, &c.

Si l'on conçoit dans le quadrilatere ABCD (*fig.* 43.) une diagonale AD, elle partagera le quadrilatere en deux triangles. Pour déterminer l'un de ces triangles, comme ACD, il faut trois chofes, comme on l'a démontré dans les triangles (*N°.* 308 & 309.). Pour déterminer le fecond triangle ABD, il faut auffi trois chofes; mais le côté AD fe trouve déterminé par le premier triangle. Donc il ne faut plus que deux chofes pour le déterminer; donc il ne faut que cinq conditions pour déterminer le quadrilatere.

Si l'on conçoit de même dans le pentagone (*fig.* 50.) des lignes tirées d'un angle aux autres, il fe formera trois triangles. Pour déterminer l'un de ces triangles, comme ABC, il faut trois chofes (*N°.* 309.); mais il n'en faut que deux pour chacun des autres, parce qu'ils ont un côté commun. Donc pour déterminer le pentagone, il faut fept chofes. On démontrera de la même maniere que pour déterminer tel polygone que ce foit, il faut autant de conditions qu'il a de côtés & d'angles, moins trois de ces chofes qui doivent toujours comprendre un angle. Il faut prendre garde qu'il peut y avoir des cas qui auroient deux déterminations, comme nous l'avons démontré du triangle.

Corollaire.

339. Il fuit de cette propofition que *deux polygones* (fig. 51.) *font égaux lorfque les conditions qui déterminent l'un font égales à celles qui déterminent l'autre.*

DE GEOMETRIE. LIV. II.

THEOREME III.

340. *Dans les polygones semblables & égaux* A *&* B, *les lignes* FG, fg *tirées avec les mêmes conditions sur l'un & sur l'autre, sont égales, retranchent des lignes égales, & forment des angles égaux.*

Cela paroîtra évident si l'on transporte le polygone A sur le polygone B, car alors FG tombera sur fg. Donc, &c.

341. On peut considérer une figure curviligne (*fig.* 52.) comme une rectiligne, d'une infinité de côtés (*No*. 137.), & alors deux figures curvilignes A & a (*fig.* 53.) ou deux figures mixtes B & b sont *semblables & égales*, lorsque les conditions qui déterminent l'une sont les mêmes que celles qui déterminent l'autre, c'est-à-dire lorsque les lignes qui servent à déterminer l'une, sont les mêmes que celles qui servent à déterminer l'autre, & que les angles de l'une sont égaux aux angles de l'autre dans le même ordre : de sorte qu'on peut appliquer aux figures curvilignes ou mixtes tout ce que nous avons dit des rectilignes.

CHAPITRE V.

DES POLYGONES REGULIERS.

342. Nous avons appellé *Polygones réguliers* ceux dont tous les côtés & les angles sont égaux.

343. *Le centre* d'un polygone régulier (*fig.* 54.) est un point F également distant du sommet de tous les angles.

PROPRIETE'S.

THEOREME I.

344. *Si l'on partage deux angles* A *&* B *d'un polygone régulier en deux également par deux lignes* AF, BF, *je dis que le point* F *où ces lignes se couperont, sera le centre du polygone, c'est-à-dire que le point* F *sera également distant du sommet de tous les angles de ce polygone.*

Les angles du polygone AB étant égaux (*No*. 342.), leurs

moitiés F A B, F B A seront aussi égales : donc les côtés opposés F A, F B sont égaux (*N°*. 304.). Tirez la ligne F F, elle sera aussi égale à F B ; car les triangles F A E, F A B ont le côté A F commun, les côtés A E, A B égaux (*N°*. 342.), & les angles compris F A E, F A B étant moitiés du même angle, sont aussi égaux : donc ces triangles sont entierement égaux (*N°*. 311.); donc F E sera égale à F B (*N°*. 9.). On démontrera de même que les lignes F D, F C sont égales à F A : donc le point F est également distant du sommet de tous les angles du polygone ; donc il en est le centre. c. q. f. d.

345. Les lignes F A, F B, &c. tirées du centre aux angles, s'appellent les *Rayons obliques*, ou simplement les *Rayons* du polygone.

346. Les perpendiculaires, comme F G, tirées du centre sur les côtés du polygone, s'appellent *Rayons droits*.

347. L'angle A F B s'appelle *l'Angle du centre*.

348. L'angle A B C s'appelle *l'Angle de la circonférence*.

De la proposition précédente il suit :

349. 1°. Que les triangles A F B, A F E, &c. étant entierement égaux, *les angles du centre sont égaux*, & que *les rayons partagent tous les angles de la circonférence en deux également :* c'est pourquoi pour trouver en degrés la valeur de l'angle du centre d'un polygone régulier, il faut diviser 360 degrés par le nombre des côtés du polygone.

350. 2°. *Les rayons droits, comme* F G, F H *sont égaux* ; car les triangles F G C, F H C, ont chacun un angle droit, & les angles en C égaux (*N°*. 349.); de plus, l'hypotenuse F C est commune aux deux triangles : donc ces triangles ayant deux angles égaux & un côté égal, sont entierement égaux (*N°*. 313.). Ainsi F G est égal à F H.

351. 3°. Comme tous les rayons obliques du polygone sont égaux (*N°*. 344.), si du centre F & de l'intervalle du rayon oblique F A, (*fig.* 55.) on décrit un cercle, il sera circonscrit au polygone. (*N°*. 280.)

352. 4°. Tous les rayons droits étant aussi égaux (*N°*. 350.), si du centre F (*fig.* 56.) & de l'intervalle du rayon droit F G, on décrit un cercle, il sera inscrit au polygone (*N°*. 281.).

DE GEOMETRIE. Liv. II.

Theoreme II.

353. *Dans un polygone régulier* (fig. 57.) *l'angle de la circonférence* ABC, *& l'angle du centre* AFB *joints ensemble, sont égaux à deux droits.*

L'angle de la circonférence ABC est égal aux deux angles ABF, BAF, qui en sont les moitiés (N°. 349.); mais ces angles avec l'angle AFB sont égaux à deux droits (N°. 296.). Donc l'angle de la circonférence ABC joint avec l'angle du centre AFB, vaut aussi deux droits.

Corollaire.

354. Il suit de cette proposition que pour trouver en degrés l'angle de la circonférence d'un polygone régulier, il faut ôter de 180 degrés l'angle du centre, & que le reste donnera l'angle de la circonférence; que d'ailleurs comme tous les angles du centre des polygones de même nombre de côtés sont égaux, les angles de la circonférence le sont également.

Theoreme III.

355. *Plus un polygone régulier inscrit* A, *ou circonscrit* B (fig. 58. 59.) *au cercle, a de côtés, plus ses côtés sont petits, & plus ils s'approchent de la circonférence du cercle.*

Considerez que les côtés du polygone inscrit sont les cordes des arcs dans lesquels ce polygone partage la circonférence du cercle; mais plus ces cordes sont petites, plus elles s'éloignent du centre (N°. 233.). Donc, &c. Quant au polygone circonscrit, ses côtés étant perpendiculaires aux rayons droits (N°. 352.), sont autant de tangentes du cercle (N°. 234.). Or plus ces tangentes sont grandes, plus elles s'éloignent de part & d'autre de la circonférence. Donc, &c.

356. Il suit de cette proposition, qu'on peut considerer le cercle comme un polygone régulier, d'une infinité de côtés infiniment petits.

Theoreme IV.

357. *Le côté* AB *de l'exagone régulier* (fig. 60.) *est égal au rayon* FA *du cercle dans lequel il est inscrit.*

ÉLEMENS

Les trois angles du triangle A F B ont pour mesure une demi-circonférence (N°. 296) ; mais l'angle du centre F de l'exagone a pour mesure la sixiéme partie de la circonférence (N°. 349.) : donc les deux autres angles A & B du triangle auront pour mesure les deux autres tiers de la demi-circonférence, & par conséquent étant égaux, ils en auront chacun un tiers ; donc les trois angles du triangle A F B sont égaux. Donc le triangle est équilatéral (N°. 304.) ; donc le côté A B de l'exagone est égal au rayon A F. c. q. f. d.

COROLLAIRE.

358. Il suit de cette proposition *que le rayon est la corde de 60 degrés ou de la sixiéme partie de la circonférence.*

PROBLEMES.

I.

359. *Dans un cercle donné inscrire un exagone.*

Portez successivement le rayon F A (*fig.* 61.) du cercle proposé sur la circonférence, elle sera divisée en six parties égales (N°. 358.) ; tirez des lignes droites d'une division à la suivante, vous aurez l'exagone régulier inscrit.

360. Pour inscrire dans un cercle un triangle équilatéral (*fig.* 62.), il faut de même porter le rayon sur sa circonférence, & tirer des lignes en sautant une division.

II.

361. *Dans un cercle donné inscrire un quarré.*

Tirez un diamétre A D (*fig.* 63.) auquel vous tirerez un autre diamétre perpendiculaire C B. Ces diamétres diviseront la circonférence en quatre parties égales, & tirant des lignes droites qui joignent les extrémités de ces diamétres, l'on aura le quarré inscrit A B C D ; car les quatre côtés sont égaux, & les angles sont droits. (N°. 243.)

III.

362. *Un polygone régulier étant inscrit dans un cercle, en inscrire un autre dont le nombre des côtés soit double du premier.*

DE GEOMETRIE. Liv. II.

Partagez chaque arc que foutient le côté du polygone donné, (*fig.* 64.) en deux également.

IV.

363. *Un polygone régulier étant inscrit dans un cercle, lui en circonscrire un autre semblable.*

Par les divisions de la circonférence (*fig.* 65.) tirez des tangentes, elles formeront le polygone régulier circonscrit. (N°. 281.)

V.

364. *Un polygone régulier étant inscrit dans un cercle, en faire un autre d'un même nombre de côtés, qui ait pour côté une ligne donnée* M.

Dans le polygone inscrit (*fig.* 66. 67.) tirez les rayons IA, IB; sur le côté AB, prolongé, s'il est nécessaire, prenez AK égale à M; tirez KL parallele au rayon IA, qui coupera le rayon IB, prolongé, s'il est nécessaire, au point L; du centre I & de l'intervalle IL, décrivez un cercle qui sera coupé par les rayons du premier en autant de parties égales qu'il a de côtés. Tirant ensuite des lignes d'un point à l'autre, on aura le polygone régulier demandé semblable au proposé, & dont les côtés seront égaux à la ligne donnée M.

[Comme par la construction KL est parallele à IA, La sera égale à AK (N°. 217.), & par conséquent à la ligne M; à cause de aL parallele à AB, les angles IaL, IAB sont égaux (N°. 214.) ainsi que tous leurs semblables; ce qui donne les angles du premier polygone égaux à ceux du second. Les deux paralleles aL & AB donnent encore IL . IB :: La . AB (N°. 260.). Mais comme le rapport de IL à IB est le même pour tous les rayons des deux polygones, il s'ensuit que celui de La à AB le sera également (N°. 74.). Donc le second polygone a ses angles égaux à ceux du premier, & ses côtés proportionnels aux côtés du même polygone; donc ces polygones sont semblables. (N°. 290.)]

CHAPITRE VI.

Des Figures semblables.

365. Nous avons dit que deux figures ABCDE, abcde, (*fig.* 68.) sont semblables, lorsque chaque angle de l'une est égal à chaque angle de l'autre dans le même ordre, & que les côtés qui se répondent sont proportionnels.

366. Les côtés AB, ab qui se répondent, sont appellés *homologues*.

367. Les conditions avec lesquelles on peut tirer des lignes FG, fg dans deux figures semblables, sont *semblables*, 1°. lorsque ces lignes font des angles égaux G & g, avec des côtés homologues vers les côtés homologues. 2°. Lorsqu'elles sont proportionnelles avec les côtés ou les lignes CG, cg homologues. 3°. Lorsqu'elles coupent proportionnellement des côtés homologues CD, cd, & de la même maniere.

368. Deux lignes FG, fg, sont *semblablement tirées* dans des figures semblables, lorsque leurs situations sont déterminées par des conditions semblables.

369. Deux figures curvilignes ou mixtes (*fig.* 69.) sont semblables, lorsque les lignes qui déterminent leur courbure sont semblablement tirées.

PROPRIETE'S.

THEOREME I.

370. *Si un triangle* abd (fig. 70.) *a deux angles* a, b, *égaux aux deux angles* A, B, *d'un autre triangle* ABD, *ces deux triangles sont semblables, c'est-à-dire que le troisième angle de l'un sera égal au troisième angle de l'autre, & que les côtés de l'un seront proportionnels aux côtés de l'autre, qui leur répondent ou qui sont opposés aux angles égaux.*

Car 1°. le troisième angle d d'un triangle est égal au troisième angle D de l'autre triangle, puisqu'ils sont supplémens d'angles égaux (N°. 175.). 2°. Prenant AB & ab pour bases, les deux

côtés

DE GEOMETRIE. Liv. II.

côtés da, db, font autant inclinés fur ab que DA, DB le font fur AB. Donc da . DA :: db . DB (N°. 259.). 3°. Prenant DA & da pour bafes, alors ba & bd font autant inclinées fur da, que BA & BD le font fur DA; donc ba . BA :: db . DB :: da . DA : donc les côtés de l'un de ces triangles font proportionnels aux côtés de l'autre qui leur répondent. c. q. f. d.

Theoreme II.

371. *Si trois côtés d'un triangle* abd (fig. 71.) *font proportionnels aux trois côtés d'un autre* ABD, *ces triangles font femblables, c'eſt-à-dire que chaque angle de l'un fera égal à chacun de l'autre qui lui répond.*

Dans le triangle ABD prenez De égale à da, & tirez ef parallele à AB: le triangle Def aura les angles égaux à ceux du triangle DAB (N°. 214.); donc il a auſſi les côtés proportionnels à ceux de ce triangle (N°. 370.). Ainſi De . DA :: Df . DB :: ef, AB. Mais par la fuppoſition da . DA :: db . DB :: ab . AB. Donc auſſi da . De :: db . Df :: ab . ef (N°. 74.); mais le côté da eſt égal au côté De; donc db eſt auſſi égal au côté Df, & ab à ef. Donc ces triangles dab, Def ayant les côtés égaux chacun à chacun, ont auſſi leurs angles égaux (N°. 310.), & par conféquent les angles du triangle dab font égaux à ceux de DAB qui leur répondent, puiſqu'ils le font à ceux de Def: donc ces triangles font femblables. c. q. f. d.

Theoreme III.

372. *Si deux côtés* da, db *d'un triangle* (fig. 72.) *font proportionnels aux deux côtés* DA, DB *d'un autre triangle, & que les angles* d *&* D *compris entre ces côtés foient égaux, les triangles font femblables, c'eſt-à-dire que les deux autres angles* a *&* b *de l'un font égaux aux deux angles* A *&* B *de l'autre qui leur répondent, & que la bafe* ab . AB :: ad . AD.

Si l'on prend De égale à da, & que l'on tire ef parallele à AB, les angles du triangle Def feront égaux à ceux du triangle DAB; car l'angle extérieur Def fera égal à fon oppofé intérieur DAB (N°. 214.); il en fera de même des angles Dfe, DBA. Donc les triangles Def, DAB feront femblables; donc ils auront leurs

P

côtés homologues proportionnels (*N*°. 370.). Mais par la suppofition, D A. *d a* :: D B. *db*: donc *d a*. D*e* :: *db*. D*f* (*N*°. 274.) *da* eſt égal à D*e* par la conſtruction ; donc *db* ſera égal à D*f* (*N*°. 71.). Les deux triangles *d a b*, D*ef* ayant deux côtés égaux & l'angle compris égal, ſeront entierement égaux (*N*°. 311.); mais l'angle *a* étant égal à l'angle *e* ou à ſon égal A, & l'angle *b* à l'angle *f* ou à ſon égal B, les triangles *d a b*, D A B auront les angles égaux chacun à chacun ; donc ils ſeront ſemblables ; donc *d a* . D A :: *a b* . A B. (*N*°. 370.)

Théoreme IV.

373. *Si deux côtés* a d, d b (fig. 73.) *d'un triangle ſont proportionnels aux côtés* A D, D B *d'un autre, & que les angles* a & A *oppoſés aux côtés homologues, ſoient égaux ; ſi de plus les angles* b & B *ſont de même nature, les deux triangles ſeront ſemblables.*

Cette propoſition ſe démontrera comme les deux dernieres.

Remarque.

374. Il eſt clair par les propoſitions précédentes, que les conditions qui déterminent les triangles à être ſemblables, ſont les mêmes que celles qui les déterminent à être égaux, avec cette différence que les angles & les côtés doivent être égaux pour rendre les triangles égaux, & qu'il faut que les angles ſoient égaux & les côtés proportionnels pour les rendre ſemblables.

Théoreme V.

375. *Si les conditions qui déterminent une figure* a b c d e (fig. 74.) *ſont ſemblables à celles qui déterminent une autre figure* A B C D E, *ces deux figures ſont ſemblables, c'eſt-à-dire que le reſte des angles ſont égaux, & le reſte des côtés proportionnels.*

Suppoſons que les ſept conditions (*N*°. 338.) qui déterminent un pentagone, ſoient ſemblables aux ſept qui en déterminent un autre ; par exemple, que les quatre côtés *a b*, *b c*, *c d*, *d e* de l'un ſoient proportionnels aux quatre côtés A B, B C, C D, D E, & que les angles *b*, *c* & *d* de l'un ſoient égaux aux angles B, C & D de l'autre ; je dis que les autres angles *e* & E, *a* & A ſont auſſi égaux, & que *e a* . E A :: *a b* . A B.

DE GEOMETRIE. Liv. II.   115

Car dans la premiere figure, tirez d'angle en angle les lignes ac, ad, & dans la seconde tirez par les angles qui répondent aux précédens, les lignes AC, AD ; 1°. les triangles abc, ABC sont semblables, puisque les côtés ab, bc, sont proportionnels aux côtés AB, BC, & l'angle b égal à l'angle B ($N°$. 372.) : donc ac. AC :: bc. BC ($N°$. 370.). 2°. Les triangles acd, ACD sont aussi semblables. Car puisque les triangles abc & ABC sont semblables, les angles du premier sont égaux à ceux du second ; ainsi l'angle $bca =$ BCA : & comme l'angle total c est égal par la supposition à l'angle entier C, l'angle acd qui reste dans le premier, est égal à ACD du second. Mais ab. AB :: ac. AC ; & comme par l'hypothese l'on a aussi ab. AB :: cd. CD, il s'ensuit que ac. AC :: cd. CD ($N°$. 74.) Donc les deux triangles acd, ACD ayant deux côtés proportionnels & l'angle compris égal, sont semblables ($N°$. 372.) ; ainsi ad. AD :: dc. DC. 3°. Les triangles ADE, ade, ont aussi deux côtés proportionnels ad, de & AD, DE, & de plus l'angle compris égal ; ce qu'on prouvera de la même maniere qu'on vient de le faire pour les deux triangles acd, ACD. Donc le troisiéme côté du premier, c'est-à-dire ae, sera proportionnel au troisiéme de l'autre, qui est AE. Ainsi la proportionalité des quatre cotés donnés de chaque figure, & les trois angles aussi donnés, déterminent la proportionnalité du cinquiéme ou dernier côté de chacune de ces figures. Il reste à faire voir que l'angle total a est égal au total A ; & c'est ce qui est évident, parce qu'ils sont composés chacun de trois angles égaux chacun à chacun. Donc les deux figures proposées ont les angles égaux & les côtés homologues proportionnels ; donc elles sont semblables ($N°$. 290.). c. q. f. d.

Theoreme VI.

376. *Dans les figures semblables* $abcde$, ABCDE, (fig. 75.) *les lignes* fg, FG, *tirées avec les mêmes circonstances, sont proportionnelles, forment des angles égaux, & coupent proportionnellement les côtés homologues.*

Supposons que les lignes fg, FG, coupent proportionnellement les côtés ab, AB, & fassent les angles afg, AFG égaux, je dis que les angles fgd, FGD seront aussi égaux, & que les lignes fg, FG, cg, CG, gd & GD sont proportionnelles.

Car l'on peut confidérer les figures $gdeaf$, GDEAF comme déterminées avec des conditions femblables : donc elles ont tous les angles égaux & les côtés proportionnels (N°. 375.). Il en eſt de même des deux autre figures $fbcg$, FBCG.

Theoreme VII.

377. *Dans les figures femblables les circonférences* abcdea, ABCDEA *font en même raiſon que les côtés* ab, AB *homologues, ou que les lignes* fg, FG *femblablement tirées dans ces figures.*

Les figures étant femblables, ont les côtés homologues proportionnels (N°. 365.) : donc diſpoſant les rapports égaux qu'il y a entre ces côtés, les uns ſous les autres,

on aura $\begin{cases} ab & . & AB. \\ bc & . & BC. \\ cd & . & CD. \\ de & . & DE. \\ ea & . & EA. \end{cases}$

Et $ab+bc+cd+de+ea$. $AB+BC+CD+DE+EA :: ab . AB :: bc . BC$, &c.

Car lorſqu'on a pluſieurs rapports égaux, la fomme des antécédens eſt à celle des conſéquens, comme un ſeul antécédent ou un antécédent quelconque eſt à fon conſéquent (N°. 61.).

Mais la fomme des antécédens eſt la circonférence de la première figure, & celle des conſéquens la circonférence de l'autre. Donc ces deux circonférences ſont entr'elles comme un côté quelconque ab de la première eſt au côté homologue correſpondant AB de la ſeconde. Mais les lignes fg, FG ſemblablement tirées dans ces figures, font proportionnelles aux côtés homologues par la propoſition précédente : donc les circonférences qui font entr'elles comme les côtés homologues, le ſont auſſi comme les lignes ſemblablement tirées dans ces figures. c. q. f. d.

Theoreme VIII.

378. *Les figures régulieres* abcde, ABCDE (fig. 76.) *de même nombre de côtés, font des figures femblables.*

Confidérez que chaque angle de la première eſt égal à chaque angle de la ſeconde (N°. 354.), & que les côtés de la première étant tous égaux entr'eux, auront un même rapport à ceux de la seconde qui le sont également : donc les figures régulieres $abcde$, $ABCDE$, de même nombre de côtés, sont semblables (N°. 365.).

COROLLAIRES.

379. 1°. *Dans les figures régulieres de même nombre de côtés, les rayons droits sont proportionnels aux cotés.* Les triangles fcg, FCG ont les angles égaux ; car l'angle fcg est égal à FCG, étant chacun la moitié des angles de la circonférence, qui sont égaux : cgf est droit, de même que CGF ; donc les deux triangles fcg, FCG sont semblables : donc $fc . FC :: cg . CG$, ou comme leurs doubles cd, CD ; de même $fc . FC :: fg . FG$.

380. 2°. *Les polygones réguliers de même nombre de cotés étant des figures semblables, leurs circonférences sont en même raison que leurs cotés, leurs rayons droits ou obliques.* Car toutes ces lignes sont semblablement tirées dans ces polygones. (N°. 376.)

381. 3°. *Les cercles pouvant être considérés comme des polygones réguliers, d'une infinité de cotés, sont aussi des figures semblables* (N°. 356.)

Ainsi leurs circonférences sont entr'elles comme leurs rayons, leurs diamétres, les cordes des arcs égaux, les arcs de même nombre de degrés, & généralement comme toutes leurs lignes semblablement tirées.

382. Remarquez que le raport du diamétre d'un cercle à sa circonférence, n'est pas exactement connu, mais qu'il est à peu prés comme 7 à 22, ou plus exactement comme 113 à 355.

THEOREME IX.

383. *Les figures curvilignes ou mixtes* (fig. 77. 78.) *sont semblables, lorsque les conditions qui déterminent l'une, sont semblables à celles qui déterminent l'autre, c'est-à-dire lorsque les lignes qui déterminent leurs courbures, sont proportionnelles & forment des angles égaux.*

Car l'on peut considérer ces figures comme des figures rectilignes, dont les côtés sont infiniment petits. Donc on peut appliquer à ces figures ce que l'on a dit des rectilignes.

COROLLAIRE.

384. D'où il suit que *les cercles* (fig. 79. 80.) *sont des figures semblables aussi bien que les segmens & les secteurs, dont les arcs contiennent le même nombre de degrés.* Donc ces arcs sont entr'eux comme les rayons des cercles, ou comme les cordes qui les soutiennent. (*N°. 377.*)

THEOREME X.

385. *De tous les polygones réguliers inscrits dans un cercle ou dans des cercles égaux, celui qui a le plus de cotés a la plus grande circonférence.*

Cette proposition paroîtra évidente si l'on inscrit dans un même cercle (*fig. 81.*) des polygones dont le nombre des côtés de l'un soit double du nombre des côtés de l'autre : par exemple, un quarré & un octogone ; les deux côtés AE, EB de l'octogone sont plus grands que le côté AB du quarré (*N°. 128.*), de même les deux côtés BF, FC de l'octogone sont plus grands que le côté BC du quarré, & ainsi tout autour. Donc la somme des côtés de l'octogone qui est sa circonférence, est plus grande que la somme des côtés du quarré ; donc plus le polygone, &c.

Pour démontrer généralement cette proposition, soient le quarré ABCD & le pentagone EFGH (*fig. 82.*) inscrits dans des cercles égaux. Tirez dans le quarré les rayons obliques, & dans le pentagone les rayons droits ; faites dans le pentagone les angles EFM, FEM égaux aux demi-angles de la circonférence ADO, DAO du quarré ; faites la même chose sur tous les autres côtés du pentagone. Des points M, comme centre, décrivez les arcs ELF, FLG, &c. qui seront semblables aux arcs que soutiennent les côtés du quarré, puisqu'ils sont les mesures des angles égaux (*N°. 384.*) EMF, AOD. Donc chaque côté EF du pentagone, sera à chacun de ces arcs ELF comme chaque côté AD du quarré est à son arc ; donc la somme des côtés du pentagone sera à la somme de ces arcs, comme un côté AD du quarré est à son arc, ou comme la somme des côtés du quarré est à la somme de tous leurs arcs, c'est-à-dire à la circonférence du cercle dans lequel il est inscrit, qui est égal à

DE GEOMETRIE. Liv. II. 119

celle dans laquelle le pentagone est aussi inscrit (*N°*. 377.). Mais la somme des arcs E L F, F L G, &c. est plus grande que la circonférence du cercle dans lequel le pentagone & le quarré sont inscrits. Donc la circonférence du pentagone est aussi plus grande que celle du quarré (*N°*. 71.), & par conséquent plus le polygone inscrit dans un cercle a de côtés, plus sa circonférence est grande. c. q. f. d.

COROLLAIRE.

386. Il suit de là *que la circonférence du cercle est la plus grande de celles de tous les polygones que l'on y peut inscrire.*

THEOREME XI.

387. *De tous les polygones réguliers circonscrits à un cercle ou à des cercles égaux, celui qui a le plus de côtés a la moindre circonférence.*

Cette proposition paroîtra évidente, si l'on circonscrit à un même cercle des polygones dont le nombre des côtés de l'un soit double du nombre des côtés de l'autre ; par exemple, un quarré & un octogone, car le côté M E de l'octogone est plus petit que les deux parties M A, A E des côtés du quarré (*N°*. 128) ; E F côté de l'octogone, est partie du quarré, & ainsi tout autour : donc la somme des côtés de l'octogone est plus petite que la somme des côtés du quarré.

Pour le démontrer généralement,
Soient le quarré A B C D & le pentagone E F G H K (*fig.* 84) circonscrits à des cercles égaux ; tirez dans le pentagone les rayons obliques E O, F O, G O, &c. & dans le quarré les rayons droits L O, L O, &c. Tirez des angles D & A les lignes D M, A M, qui fassent les angles M D C, M A D, égaux aux demi-angles O E F de la circonférence du pentagone ; du point M, où les lignes A M, D M se rencontrent, & de l'intervalle M L, décrivez un arc N L N entre les lignes D M & A M : le triangle D M A fait dans le quarré, est semblable par la construction au triangle E O F du pentagone, puisqu'ils ont deux angles égaux chacun à chacun, & les arcs N L N, P R P étant les mesures d'angles égaux D M A, E O F, sont semblablement tirés dans ces deux triangles. Donc le côté A D du quarré est à l'arc N L N

comme le côté EF du pentagone est à l'arc PRP. Faisant les mêmes choses sur tous les côtés du quarré, la somme de tous les côtés du quarré sera à la somme de tous les arcs NLN comme un côté EF du pentagone est à l'arc PRP (*N°. 61.*), ou comme la somme des côtés du pentagone est à la somme des arcs PRP, c'est-à-dire à la circonférence du cercle dans lequel le pentagone est inscrit, & qui est égale à celle où le quarré est aussi inscrit. Mais la somme des arcs NLN est plus grande que la circonférence du cercle dans laquelle le quarré est inscrit, puisqu'ils la renferment : donc la somme des côtés du quarré ou sa circonférence, est plus grande que la somme des côtés ou que la circonférence du pentagone (*N°. 71.*), & par conséquent de tous les polygones réguliers circonscrits à un cercle, celui qui a le plus de côtés a la moindre circonférence. c. q. f. d.

COROLLAIRE.

388. D'où il suit *que la circonférence du cercle est la plus petite de celles de tous les polygones que l'on lui peut circonscrire.*

THEOREME XII.

389. *Le coté AB du decagone régulier* (fig. 85.) *est égal à la plus grande partie CD de son rayon oblique CA, coupé en moyenne & extrême raison.*

Car l'angle du centre ACB a pour mesure la dixiéme partie de la circonférence du cercle, ou la cinquième de la demi-circonférence (*N°. 349.*) ; mais les trois angles du triangle ACB ont pour mesure toute la demi-circonférence (*N°. 296.*) : donc les deux angles A & B joints ensemble, en valent quatre cinquièmes, & étant égaux ils en vaudront chacun deux cinquièmes. C'est pourquoi si l'on coupe l'angle B en deux également par la ligne BD qui coupera le rayon en D, les deux angles CBD, DBA, seront chacun d'un cinquième de la demi-circonférence aussi bien que l'angle BCD, & par conséquent le triangle DCB sera isocèle (*N°. 304.*). Donc le côté BD sera égal au côté DC : de même le triangle BDA est aussi isocèle ; donc BA est égal à BD, & par conséquent à DC.

Maintenant les deux triangles ACB, ABD, sont semblables, puisqu'ils

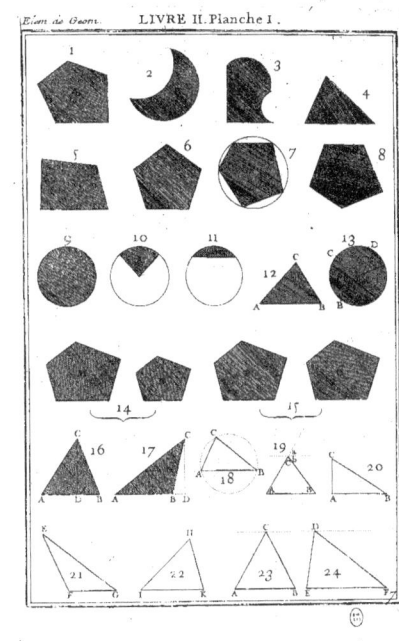

Elem. de Geom. LIVRE II. Planche I.

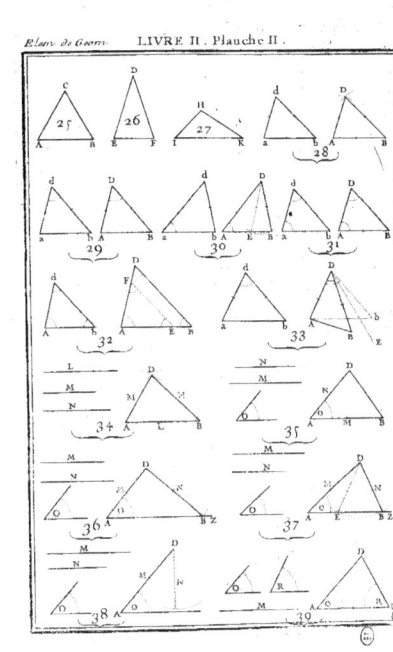

Elem. de Geom.   LIVRE II. Planche II.

Elem. de Geom.   LIVRE II. Planche III.

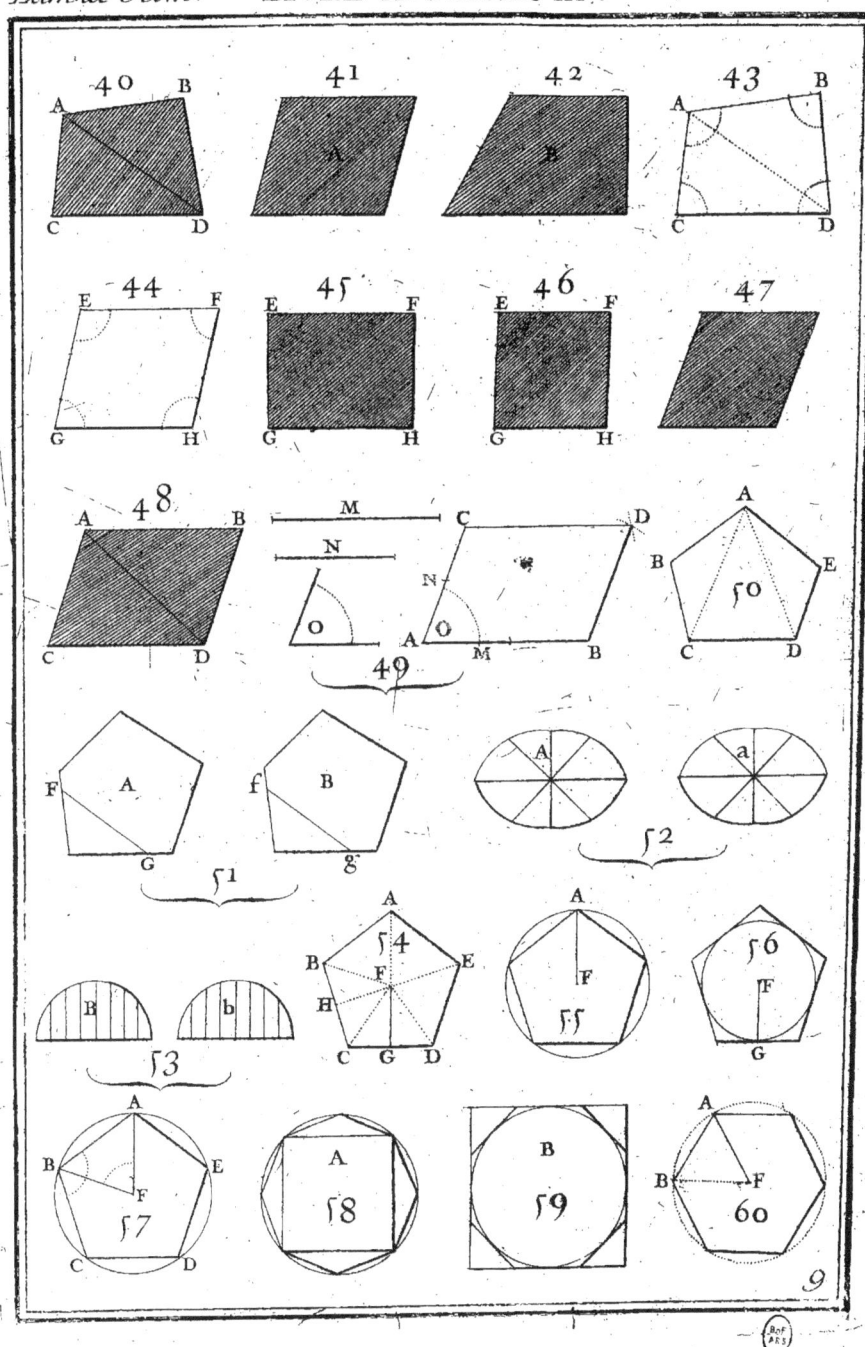

Elem. de Geom.   LIVRE II. Planche IV.

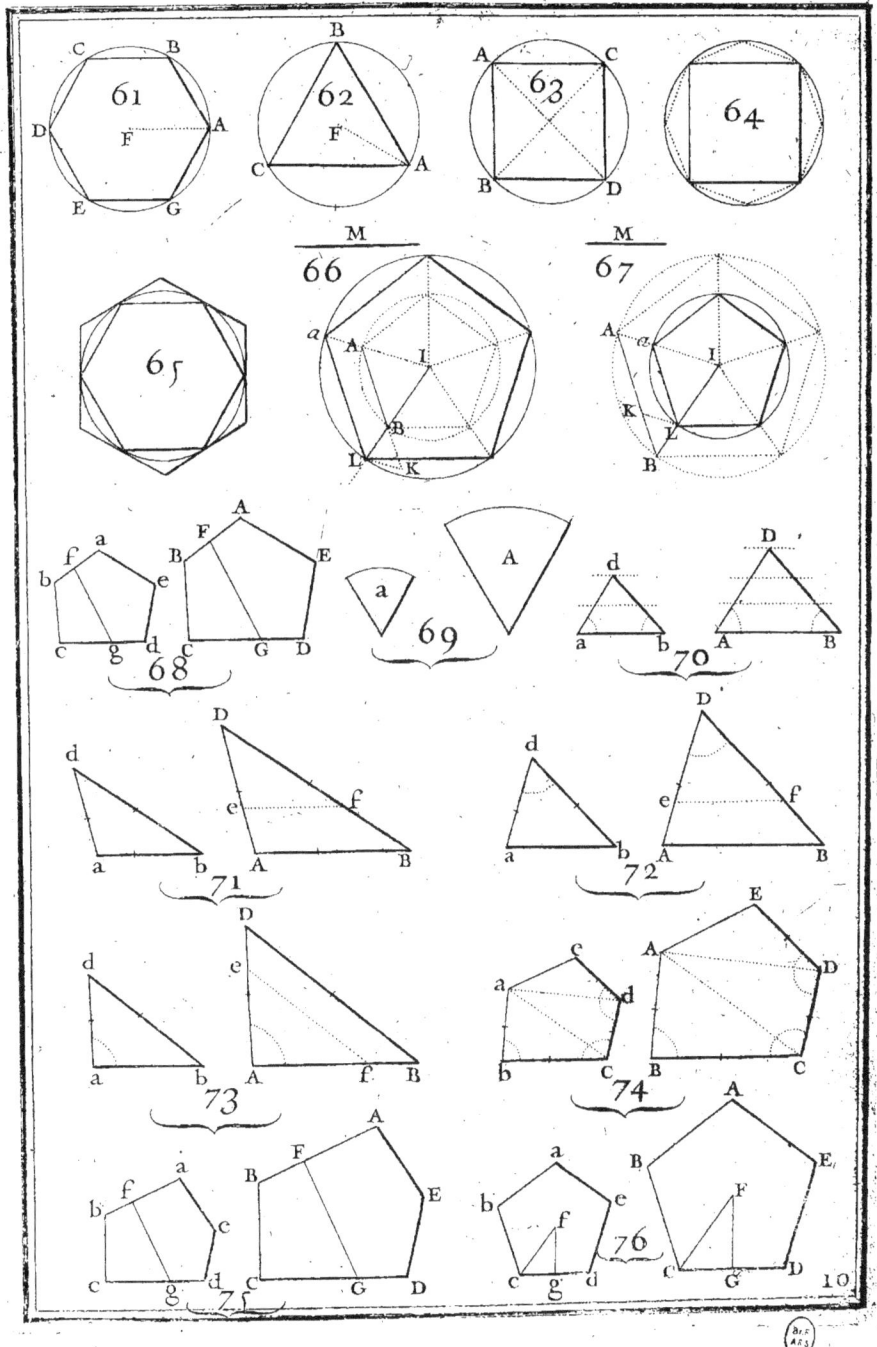

Elem. de Geom.   LIVRE II. Planche V.

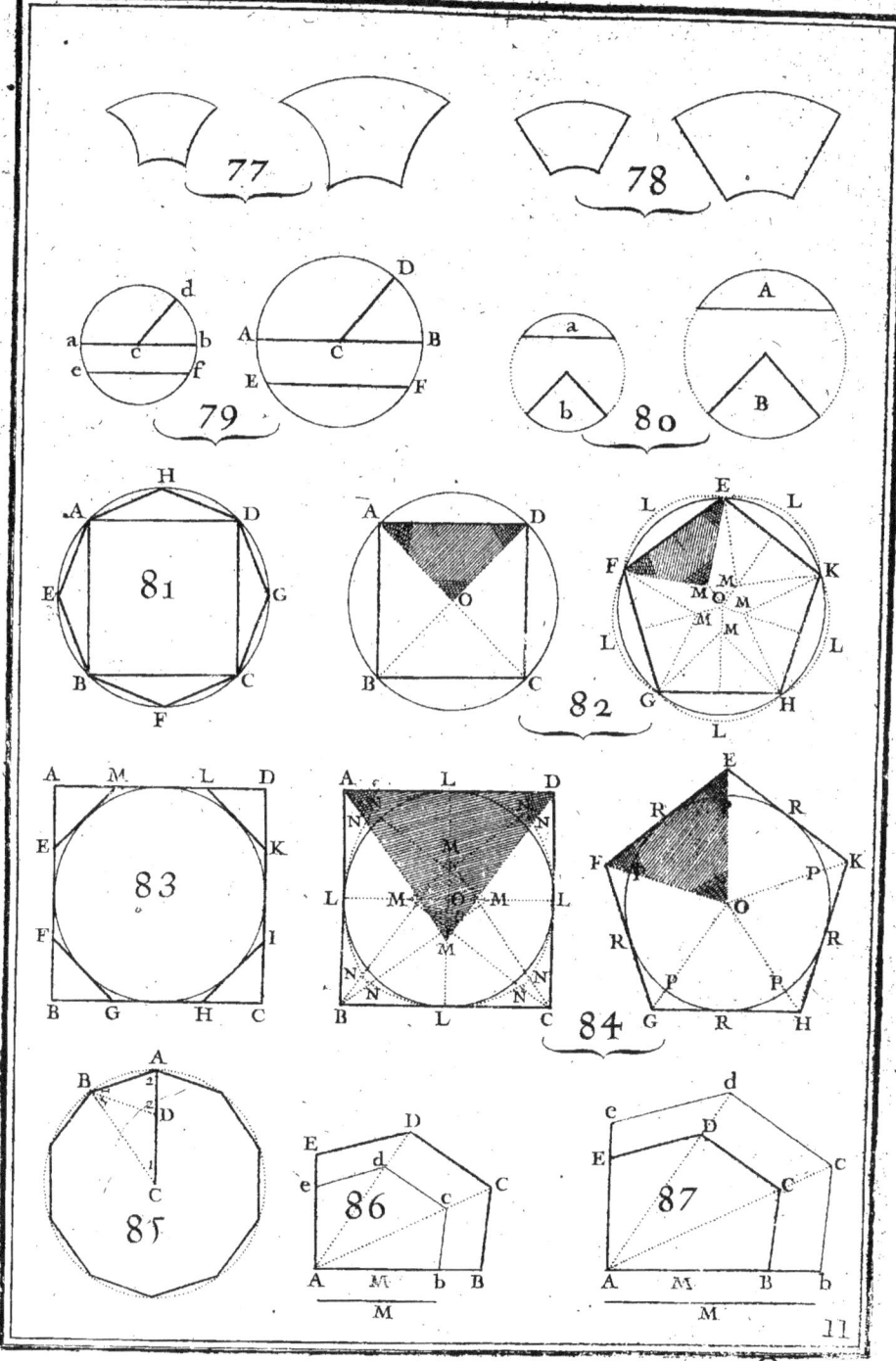

puifqu'ils ont les angles égaux (*N°*. 370.), leurs côtés homologues feront proportionnels, c'eft-à-dire que l'on aura CA.AB ∷ AB.AD. Mettant à la place de AB la ligne CD, qui lui eft égale, la proportion précédente donnera CA.CD ∷ CD.AD. Donc CA eft coupée en moyenne & extrême raifon au point D (*N°*. 250.): mais comme DC, plus grande partie de CA, eft égale à AB côté du decagone, il s'enfuit que le côté du decagone eft égal à la plus grande partie du rayon oblique de ce polygone coupé en moyenne & extrême raifon. c. q. f. d.

PROBLEMES.

I.

390. *Une figure rectiligne* ABCDE (fig. 86. 87.) *étant donnée, en faire une femblable fur une ligne égale à une ligne donnée* M.

Je fuppofe que le côté AB foit le côté homologue à la ligne donnée M. Du point A tirez les lignes AC, AD, qui divifent la figure donnée en triangles; prenez fur AB prolongée, s'il eft befoin, A*b* égale à la ligne donnée M, & tirez *bc, cd, de,* paralleles aux côtés BC, CD, DE de la figure donnée, vous aurez la figure *abcde* femblable à la propofée ABCDE.

Pour le démontrer, confiderez qu'à caufe des paralleles aux côtés du polygone donné, les angles A*bc*, A*cd*, A*de* & A*eb* font égaux à leurs oppofés intérieurs ABC, ACD, ADE & AEB (*N°*. 214.). Donc ces deux polygones ont les angles égaux: ils ont auffi les côtés proportionnels, à caufe des triangles femblables A*bc*, ABC, &c. Donc, &c.

II.

391. *Dans un cercle donné infcrire un decagone régulier.*

Coupez le rayon du cercle AC (*fig.* 85.) en moyenne & extrême raifon (*N°*. 276.), appliquez fa plus grande partie CD autour de la circonférence, elle la divifera en dix, & tirant des lignes d'une divifion à la fuivante, vous aurez le decagone (*N°*. 389.).

Q

ÉLEMENS

LIVRE TROISIÉME.

DES FIGURES PLANES CONSIDERÉES
par leurs superficies ou par l'espace qu'elles renferment.

Pour donner une connoissance exacte des figures planes considerées par leurs superficies ou par l'espace qu'elles renferment, il faut :

392. 1°. Etablir les principes qui servent à connoître le rapport de leurs superficies ; ce que nous ferons par leurs *indivisibles*. (a)

393. 2°. Donner des marques pour connoître l'égalité de deux figures.

394. 3°. Mesurer leurs superficies.

395. 4°. Marquer le rapport qu'il y a entre plusieurs figures.

(a) La méthode de considerer les figures par leurs *indivisibles* ou par leurs élemens, a pour Auteur *Cavalerius*, Religieux Italien, qui la publia dans un Livre imprimé à Boulogne en 1635. M. *de Roberval* a donné aussi un Traité *des indivisibles* imprimé en 1693, avec les Ouvrages de différens Membres de l'Académie Royale des Sciences. Ces deux Auteurs ne different gueres entr'eux que dans l'expression. Le premier (*Cavalerius*) considere les surfaces comme composées d'une infinité de lignes, & les solides comme composés d'une infinité de surfaces. Et le second regarde les surfaces comme l'assemblage d'une infinité d'autres petites surfaces d'une hauteur infiniment petite, & les solides comme composés de même d'une infinité de petits solides d'une hauteur infiniment petite. Ces surfaces & ces solides sont évidemment la même chose que les lignes & les surfaces de *Cavalerius*. Mais les expressions de M. *de Roberval* sont plus exactes que celles du Religieux Italien, & ce sont celles que M. Sauveur a adoptées dans cet Ouvrage.

CHAPITRE I.

Des Indivisibles pour les superficies.

396. COncevez dans une figure A ou B (*fig.* 1.) des lignes droites ou courbes, paralleles entr'elles comme *a, b, c, d,* éloignées l'une de l'autre d'une quantité égale & infiniment petite, & déterminées aux extrémités de la figure par des lignes droites perpendiculaires aux premieres ; ces lignes formeront des *parallelogrammes rectangles,* dont les longueurs occupent une des dimensions de la figure, & dont les largeurs infiniment petites sont égales entr'elles : ces sortes de parallelogrammes sont appellés *Indivisibles.*

397. Une figure A B C (*fig.* 2.) peut aussi être divisée en *Triangles indivisibles,* si ayant divisé sa base en parties infiniment petites & égales entr'elles, on tire d'un point A des lignes à toutes ces divisions.

398. Si l'on divise des figures C, D, E (*fig.* 3, 4 & 5.) en d'autres petites figures égales qui en remplissent toute la superficie, ces petites figures seront appellées *Unités,* qui peuvent être des quarrés, des lozanges, des triangles, &c. & l'on dira que les figures C, D, E, seront divisées en unités.

PROPRIETE'S.

THEOREME I.

399. *Toute figure peut être considerée comme remplie de ses indivisibles.*

Car 1°. si la figure est parallelogramme rectangle, comme A B C D (*fig.* 6.), divisant le côté A C en parties égales entr'elles & infiniment petites, & par les divisions tirant des lignes paralleles à la base C D, il est évident que le parallelogramme sera partagé en ses indivisibles, qui sont de petits rectangles qui le remplissent entierement.

2°. Si la figure n'est pas un parallelogramme rectangle, mais telle autre figure rectiligne, comme E F G H, ou curviligne, comme K L M N (*fig.* 7. 8.) que ce soit, ses indivisibles laisse-

ÉLEMENS

ront aux extrémités, des triangles qui feront d'autant plus petits, que la longueur des indivifibles fera plus petite; c'eft pourquoi fi on la fupofe infiniment petite, ces petits triangles deviendront infenfibles & pourront être négligés; & par conféquent on peut toujours confiderer les figures comme fi elles étoient exactement remplies de leurs indivifibles. c. q. f. d.

COROLLAIRE.

400. Il fuit de ce que l'on vient de dire que la longueur d'un indivifible eft égale à la ligne qui le fépare de l'indivifible fuivant, parce que la différence en étant infiniment petite, peut être négligée.

THEOREME II.

401. *Deux indivifibles font égaux* (fig. 8.) *lorfqu'ils ont même longueur & même largeur.*

Cette propofition eft évidente par la fuppofition, lorfque les indivifibles font rectilignes : fi l'un eft rectiligne, comme $abcd$, & l'autre curviligne, comme $efgh$, tirant par le milieu les lignes mn, op, & les divifant en parties égales infiniment petites, fi par les divifions on tire des perpendiculaires, elles formeront dans ces indivifibles de petits parallelogrammes rectangles, leurs dimenfions étant infiniment petites, qui feront égaux, ayant des largeurs prifes fur les lignes mn, op, égales, & les hauteurs auffi égales : donc leurs fommes qui font ces indivifibles $abcd$, $efgh$, font auffi égales.

THEOREME III.

402. *Si fur les indivifibles de deux figures* (fig. 9.) *on tire des perpendiculaires* AB, CD, *elles marqueront le rapport du nombre de ces indivifibles, en fuppofant qu'ils font de même largeur.*

C'eft pourquoi fi les perpendiculaires font égales, le nombre des indivifibles des deux figures eft égal; & fi la perpendiculaire AB eft double de la perpendiculaire CD, le nombre des indivifibles de la premiere figure eft double du nombre de ceux de la feconde.

CHAPITRE II.

De l'égalité des Figures planes considerées selon leurs superficies.

PROPRIETÉS.

THÉORÈME I.

403. Les parallelogrammes de même hauteur & qui ont des bases égales, sont égaux.

Supposons les deux parallelogrammes A B C D, E F G H (*fig.* 10.) qui ont la même hauteur, c'est-à-dire dont les perpendiculaires K L, M N, tirées du côté opposé sur la base, soient égales, ou bien que ces deux parallelogrammes soient compris entre les mêmes paralleles : supposons de plus que leurs bases C D, G H, soient égales, je dis que ces deux parallelogrammes sont égaux.

Car divisant l'un & l'autre en ses élémens par des lignes paralleles à sa base, 1°. chaque élément de l'un sera égal à chaque élément de l'autre, parce que dans chaque parallelogramme les élémens ont leur longueur égale à la base, mais les bases sont supposées égales : donc les longueurs des élémens des deux parallelogrammes sont aussi égales, & ainsi ils sont égaux (N°.401.). De plus, il y a un même nombre d'élémens égaux dans ces deux figures, puisque ce nombre est mesuré par des perpendiculaires égales (N°. 402.) : donc le parallelogramme A B C D contenant même nombre d'élémens égaux que le parallelogramme E F G H, ces deux parallelogrammes sont égaux. c. q. f. d.

L'on peut encore démontrer que les parallelogrammes de même base & de même hauteur (*fig.* 10.), ou qui ont des bases & des hauteurs égales, sont égaux de cette maniere.

Abaissez les perpendiculaires E O, F P entre les côtés du parallelogramme oblique E F G H, & prolongez la base G H en P, il se formera un parallelogramme rectangle E O F P, qui sera égal au parallelogramme oblique E G F H, & qui aura sa base & sa hauteur égale à celle de ce parallelogramme.

Car les triangles E G O, F H P, ont les côtés E G, F H égaux, étant les côtés opposés du parallelogramme (*N°*. 328.); les perpendiculaires E O, F P, sont aussi égales, étant tirées entre les mêmes paralleles (*N°*. 201.), les angles O & P sont droits; donc ces triangles sont égaux (*N°*. 312. & 313.) ; mais le quadrilatere E O H F est commun aux deux parallelogrammes : donc ils sont composés de choses égales. Donc, &c.

THEOREME II.

404. *Deux triangles* A B D, E G H (fig. 11.) *qui ont des hauteurs & des bases égales, sont égaux.*

Si l'on tire A C parallele à B D, & C D parallele à A B, & que l'on tire de même E F, H F paralleles à G H & à E G, il se formera deux parallelogrammes A B C D, E F G H, qui seront égaux, ayant des bases & des hauteurs égales (*N°*. 403.) : or les triangles A B D, E G H, sont les moitiés de ces parallelogrammes (*N°*. 335.) ; donc ils sont égaux entr'eux. c. q. f. d.

THEOREME III.

405. *Un parallelogramme* A B C D (fig. 12.) *est égal à un triangle* E C D, *lorsqu'ayant même base* C D, *il n'a que la moitié* F G *de sa hauteur* E G, *ou bien* (fig. 13.) *lorsqu'ayant même hauteur, il n'a que la moitié de sa base.*

Supposons 1°. que le parallelogramme A B C D soit rectangle, il aura le quadrilatere C H K D commun avec le triangle E C D. 2°. Le triangle A C H est égal au triangle H E F, parce que les angles en H qui sont opposés par le sommet, sont égaux (*N°*. 178.), les angles en F & en A sont droits, & les côtés E F, A C sont égaux : donc ces deux triangles ayant deux angles & un côté égaux, sont entierement égaux (*N°*. 313.). Par la même raison les triangles B D K, E F K, sont aussi égaux : donc les deux triangles A C H, B D K joints ensemble, qui forment le parallelogramme A B C D avec le quadrilatere C H K D, sont égaux aux deux triangles E H F, E F K aussi joints ensemble, c'est-à-dire au triangle H E K qui, joint avec le même quadrilatere C H K D, forme le triangle E C D : donc le parallelogramme A B C D sera égal au triangle E C D. 3°. Si le parallelogramme A B C D est

DE GEOMETRIE. Liv. III.

oblique, il fera égal à un rectangle de même bafe & de même hauteur (N°. 403.), & par conféquent le triangle égal à ce rectangle fera auffi égal à l'oblique (N°. 9.) qui ayant même bafe que le triangle, n'a que la moitié de fa hauteur.

On démontrera de la même maniere (*fig.* 13.) que le parallelogramme ABCD eft égal au triangle ACE, qui a même hauteur AG, & la bafe CE double de CD.

THEOREME IV.

406. *Tout trapeze* ABCD (fig. 14.) *eft égal à un parallelogramme de même hauteur* AG, *& dont la longueur* CF *eft moyenne arithmétique entre fes deux côtés paralleles* AB *&* CD.

Prenez fur le plus grand côté CD, la ligne CK égale à AB, divifez le refte en deux également en F; tirez FE parallele à AC, & prolongez AB jufqu'à ce qu'elle rencontre FE en E; il eft évident,

1°. Que CE eft parallelogramme (N°. 325.); 2°. que fa bafe CF eft moyenne arithmétique entre les côtés paralleles AB, CD du trapeze (*a*); 3°. que le trapeze ABCD eft égal à ce parallelogramme, parce que les triangles HFD, HEB font égaux, & qu'ils ont le refte commun (*b*).

407. Remarquez que la ligne CF, moyenne arithmétique en-

(*a*) On a vû (N°. 108.) que la moyenne arithmétique entre deux grandeurs eft la moitié de la fomme de ces grandeurs. Il s'agit donc de démontrer que CF eft la moitié de AB + CD. Pour cela confiderez que par la conftruction CK = AB, & KF = FD. Or fi l'on imagine AB ajoutée à CD, c'eft-à-dire que CD foit prolongée vers D de la quantité AB, alors le point F fera évidemment au milieu de la fomme de AB & de CD : donc AF eft la moitié de la fomme de ces deux lignes; donc elle eft moyenne arithmétique entre ces mêmes lignes (N°. 108.).

(*b*) Pour démontrer l'égalité des deux triangles HFD, HEB, confiderez qu'à caufe des paralleles AC & EF, AE = CF (N°. 217.), & que comme AB = CK, KF = BE = FD, qui par la conftruction eft égal à KF. Prenant FD & BE pour bafes de ces triangles, ils auront des bafes égales : mais ils ont les angles fur ces bafes égaux; car à caufe des paralleles CD & AE, l'angle FDH égal à fon alterne HBE (N°. 214.), par la même raifon DFH eft égal à HEB. Donc les deux triangles FDH, HEB ont des bafes égales, & les angles fur la bafe égaux chacun à chacun; donc ils font égaux (N°. 313.).

tre les côtés opposés parallèles A B, C D, est égale à la parallèle L H, qui coupe en deux également les côtés A C, B D, qui ne sont pas parallèles (*N°. 217.*); c'est pourquoi nous prendrons dans la suite cette ligne L H pour la moyenne arithmétique entre les côtés parallèles (*a*).

Théorème V.

408. *Un cercle est égal à un triangle* (fig. 15.) *dont la hauteur C A est égale au rayon, & la base A B égale à la circonférence A D A.*

Si l'on conçoit que le rayon C A soit divisé en parties égales infiniment petites, & que par ses divisions on ait décrit des cercles concentriques, & tiré des lignes parallèles à la base A B du triangle, le cercle & le triangle seront partagés dans leurs élémens, & il y en aura même nombre dans l'un & dans l'autre, puisqu'ils sont mesurés par la perpendiculaire C A (*N°. 402.*). De plus, chaque élément du cercle sera égal à chaque élément du triangle qui lui répond, ainsi qu'on va le démontrer : donc le cercle & le triangle ayant même nombre d'élémens égaux, sont égaux.

Pour démontrer que chaque élément du cercle, comme *a d a*, est égal à chaque élément *a b* du triangle qui lui répond, je considère qu'à cause de la parallèle *a b*, les triangles *c a b*, C A B, sont semblables ; donc *c a* . C A : : *a b* . A B (*N°. 370.*). Mais

---

(*a*) Il est aisé de démontrer *que si l'on coupe un des côtés* A C *d'un trapèze* C A B D *en deux également en* L, *& que par ce point on tire une ligne* L H *parallèle à ses côtés parallèles, cette ligne* L H *sera moyenne arithmétique entre* A B *&* C D. Car menant par H, F E parallèle à A C, & prolongeant ensuite A B jusqu'en E, l'on aura B H = H D (*N°. 218.*); l'angle E B H est égal à H D F (*N°. 214.*), & les angles opposés au sommet D H F, E H B, sont égaux (*N°. 178.*). Donc les deux triangles D F H, B E H, sont égaux (*N°. 313.*); donc les côtés F D & B E le sont également. Or A B est plus petite que L H de la quantité B E, & cette même ligne L H est plus petite que C D de F D, qui est égale à B E ; donc l'on a A B . L H : : L H . C D ; donc L H est moyenne arithmétique entre A B & C D (*N°. 100.*). Donc *si l'on a deux lignes quelconques* A C, B D, *terminées par deux parallèles* A B, C D, *& qu'on coupe l'une de ces lignes en deux également par une parallèle aux lignes qui les terminent, cette parallèle sera moyenne arithmétique entre les deux premières parallèles.*

les rayons font aussi entr'eux comme les circonférences ($N^o.381.$): ainsi $ca.CA::ada.ADA$. Donc $ab.AB::ada.ADA$ ($N^o.74.$); les conséquens AB & ADA, c'est-à-dire la base du triangle & la circonférence du cercle, sont supposés égaux; donc la parallele ab & la circonférence ada qui lui répond, qui sont les antécédens, seront aussi égaux ($N^o.71.$). On démontrera la même chose de tous les autres élémens; donc le cercle est égal à un triangle qui a pour hauteur son rayon, & dont la base est égale à la circonférence du cercle.

Theoreme VI.

409. *Un secteur* CAD *est égal à un triangle* CAB (fig. 16.) *qui a pour hauteur son rayon* CA, *& dont la base* AB *est égale à l'arc* AD *du secteur.*

La démonstration est la même que celle du cercle.

PROBLEME.

410. *Une figure rectiligne* ABCDE (fig. 17.) *étant donnée, en faire une autre* ABCF *qui lui soit égale, & qui ait un côté de moins.*

D'un point A de la figure tirez une ligne AD, qui retranche un triangle AED; du point E tirez EF parallele à AD ($N^o.$ 255.), & continuez le côté CD jusqu'à ce qu'il coupe la ligne dans un point F; tirez AF, le quadrilatere ABCF sera égal au pentagone ABCDE.

Car ils ont le quadrilatere ABCD commun, & les triangles ADE, ADF, qui ont même base AD, & sont entre les mêmes paralleles, sont égaux ($N^o.404.$). Donc joignant le quadrilatere commun ABCD avec l'un de ces triangles égaux, l'on aura le quadrilatere ABCF égal au pentagone ABCDE.

On peut de la même façon réduire ce quadrilatere en triangle.

CHAPITRE III.

De la mesure des superficies des Figures planes.

411. Les mesures des superficies des figures planes (*fig.* 18. 19.) sont les unités qui les remplissent; ces unités peuvent être des quarrés, des lozanges & des triangles, &c.

Ces mesures sont déterminées ou indéterminées.

412. On appelle *mesures déterminées*, les unités quarrées dont les côtés sont d'une quantité déterminée, comme *une toise quarrée*, *un pied quarré*, *un pouce quarré*, &c. Ces sortes d'unités servent à connoître la quantité d'une superficie. Les autres sont des mesures indéterminées, qui servent à connoître le rapport qu'il y a entre les figures.

413. On dit qu'une figure plane ABCD ou *abcd* (fig. 18. 19.) est égale au produit de deux lignes AC, CD, ou *ac*, *bd*, lorsqu'ayant divisé ces lignes en parties égales, le produit du nombre des parties de l'une, multiplié par le nombre des parties de l'autre, donne un nombre d'unités quarrées ou lozanges qui remplissent la figure.

PROPRIETE'S.

THEOREME I.

414. *Tout parallelogramme* (fig. 18.) *est égal au produit des deux côtés* AC, CD, *qui forment un angle* C.

Supposons que AC & CD soient divisées en parties égales; en tirant par les divisions de AC des lignes paralleles à CD, & par les divisions de CD d'autres lignes paralleles à AC, le parallelogramme sera divisé en autant de rangées d'unités que AC contiendra de parties, & il y aura autant d'unités dans chaque rangée, que CD contient aussi de parties. Donc pour avoir la somme de ces unités, il faut multiplier le nombre des parties AC par celui des parties de CD; donc le parallelogramme est égal au produit de ses deux côtés, qui forment un angle. c. q. f. d.

415. Remarquez que ces unités ont pour côtés les parties des lignes AC, CD, & qu'elles font les mêmes angles; c'est

DE GEOMETRIE. Liv. III.

pourquoi si ces lignes sont perpendiculaires, ces unités sont des quarrés, & si elles sont obliques, ces unités sont des lozanges, comme dans la figure 19.

Theoreme II.

416. *Tout parallelogramme* ABCD *(fig. 20.) est égal en unités déterminées au produit de sa base* CD *par sa hauteur perpendiculaire* AG.

Car ce parallelogramme est égal à un rectangle $abcd$, qui a même base cd & même hauteur perpendiculaire ac (N°. 413.). Mais ce rectangle est égal au produit de sa base cd par sa hauteur ac (N°. 414.), c'est-à-dire au produit de la base CD du parallelogramme par sa hauteur perpendiculaire AG: donc tout parallelogramme est égal au produit de sa base par sa hauteur perpendiculaire. c. q. f. d.

Theoreme III.

417. *Tout triangle* ACD *(fig. 21.) est égal à la moitié du produit de l'un de ces côtés* AC *par l'autre* CD.

Car le triangle ACD est la moitié du parallelogramme ABCD, qui auroit ces mêmes côtés AC, CD. (N°. 335.) Donc, &c.

Theoreme IV.

418. *Le triangle est égal en unités déterminées* (fig. 22.) *à la moitié du produit de sa base* CD *par sa perpendiculaire* AE.

Le triangle étant la moitié d'un parallelogramme rectangle qui auroit même base & même hauteur perpendiculaire, il s'ensuit que le parallelogramme étant égal au produit de sa base par sa hauteur, le triangle sera égal à la moitié de ce produit.

Theoreme V.

419. *Tout trapeze* ABCD (fig. 23.) *est égal au produit de sa hauteur* AC *par une longueur* LH *moyenne entre ses deux côtés paralleles.*

Car le trapeze est égal à un parallelogramme de même hauteur, & dont la base est moyenne arithmétique entre deux côtés paralleles. (N°. 406.)

R ij

ÉLEMENS

Theoreme VI.

420. *Toute figure circonscrite à un cercle* (fig. 24.) *est égale à la moitié du produit de sa circonférence* A B C D E A *par le rayon* F G *du cercle.*

Du centre F tirez des lignes à tous les angles de la figure, elle sera divisée en autant de triangles qu'elle aura de côtés, & ces triangles auront le rayon F G du cercle pour hauteur (N°. 293.). Mais chaque triangle, comme B F C, sera égal à la moitié du produit de sa base B C par sa hauteur F G (N°. 418.). Donc la somme de tous ces triangles sera égale à la moitié du produit de toutes les bases des triangles, qui est la circonférence de la figure, par leur hauteur F G, qui est le rayon du cercle. Ainsi une figure circonscrite à un cercle, est égale à la moitié du produit de sa circonférence par le rayon du cercle.

Il suit de cette proposition,

421. 1°. *Que tout polygone régulier est égal à la moitié du produit de sa circonférence par son rayon droit.*

Car tout polygone régulier se peut circonscrire à un cercle qui aura pour rayon le rayon droit du polygone. (N°. 281.)

422. 2°. *Le cercle pouvant être considéré comme un polygone régulier d'une infinité de côtés, est aussi égal à la moitié du produit de sa circonférence par son rayon*, ce qui sera encore prouvé ci-après.

423. Pour connoître la superficie de quelque figure A ou B que ce soit (*fig*. 25. 26.), il la faut diviser en triangles, & chercher la superficie de chaque triangle comme ci-devant, la somme des superficies de tous les triangles donnera celle de la figure. On peut aussi diviser une figure rectiligne en parallelogrammes & en trapèze, pour en trouver la superficie.

Theoreme VII.

424. *Un cercle* (fig. 27.) *est égal à la moitié du produit de sa circonférence par son rayon.*

Car le cercle est égal à un triangle qui a pour base sa circonférence & pour hauteur son rayon (N°. 408.); mais ce triangle est égal à la moitié du produit de sa base par sa hauteur (N°. 418.)

DE GEOMETRIE. Liv. III.

Donc le cercle eſt auſſi égal à la moitié du produit de ſa circonférence par ſon rayon.

425. On a déja obſervé (*N°*. 382.) que le diamétre d'un cercle eſt à ſa circonférence à peu près comme 7 à 22, ou plus exactement comme 113 à 355. (*a*)

426. *Un ſecteur eſt égal à la moitié du produit de ſon rayon* CA (fig. 28.) *par ſon arc* AD. Car il eſt égal au triangle CAB, qui a pour baſe ſon rayon & pour hauteur ſon arc. (*N°*. 409.)

CHAPITRE IV.

Du rapport qui eſt entre les Figures planes, conſiderées par leurs ſuperficies.

427. N Ous avons vû dans le chapitre précédent les lignes qu'il faut multiplier enſemble pour avoir la ſuperficie d'une figure; on appellera ces lignes les *Produiſans* de la figure.

428. Lorſque l'on compare une figure avec une autre, il faut 1°. que les produiſans de l'une faſſent enſemble un angle égal à celui que font les produiſans de l'autre. Ainſi ſi les produiſans de l'une ſont perpendiculaires, il faut que les produiſans de l'autre le ſoient auſſi; ſi les produiſans de l'une font enſemble un angle de 60 degrés, il faut que les produiſans de l'autre faſſent auſſi un angle de 60 degrés. Et 2°. que les parties des produiſans de l'une ſoient égales aux parties des produiſans de l'autre. C'eſt pourquoi ſi les parties des produiſans de l'une ſont des toiſes ou des pieds, il faut que les parties des produiſans de l'autre ſoient auſſi des toiſes ou des pieds, afin que les unités de l'une ſoient des figures égales & ſemblables aux unités de l'autre.

(*a*) Ce qui veut dire que ſi le diamétre eſt diviſé en 7 ou 113 parties égales, la circonférence du cercle contiendra à peu près 22 ou 355 des mêmes parties. *Archimede* eſt l'auteur de la premiere approximation, & Adrien *Metius* de la ſeconde, qui eſt plus exacte. A l'égard de la détermination linéaire de la circonférence, M. Huygens a trouvé qu'une ligne égale à trois fois le diamétre plus un cinquiéme du côté du quarré inſcrit, ne differoit pas de la neuf milliéme partie du diamétre, de la grandeur exacte de la circonférence.

ÉLEMENS
PROPRIETES.
THEOREME I.

429. *Deux figures sont entr'elles, comme le produit des produi-sans de l'une est au produit des produisans de l'autre.*

Je suppose que les produisans d'une figure soient A & B (*fig.* 29.), & ceux d'une seconde *a* & *b*, de plus que ces produisans fassent ensemble des angles égaux & soient divisés en parties égales ; je dis que la premiere figure est à la seconde, comme le produit de A par B est au produit de *a* par *b*.

1°. Si ces figures sont des parallelogrammes, elles sont égales aux produits de leurs produisans (N°. 414.); donc elles sont entr'elles comme ces produits.

2°. Si ces figures sont des triangles, des cercles ou des secteurs, elles sont les moitiés des produits de leurs produisans (N°. 417, 424 & 426.), & par conséquent elles seront entr'elles comme ces produits.

3°. Enfin si ce sont quelques autres sortes de figures, elles se pourront réduire en triangles ou en parallelogrammes (N°. 423.), qui étant entr'eux comme les produits de leurs produisans, ces figures seront aussi entr'elles comme les produits de leurs produisans.

D'où il suit que l'on peut ici appliquer tout ce que nous avons dit dans les propriétés des proportions & des lignes proportionnelles, sçavoir,

430. 1°. *Que les figures qui ont des produisans égaux* (fig. 30.) *sont égales.*

2°. *Que les figures qui ont des produisans égaux & d'autres inégaux* (fig. 31.) *sont entr'elles comme les inégaux.*

Car lorsque l'on multiplie deux quantités par un même nombre, leur rapport ne change point (N°. 63.); c'est pourquoi si les hauteurs A & *a* de deux figures (*fig.* 32.) sont égales, elles sont entr'elles comme leurs bases B & *b*, & si les bases B & *b* sont égales, elles seront entr'elles comme leurs hauteurs A & *a*.

431. 3°. Si les produisans A & B d'une figure (*fig.* 33.) sont réciproques aux produisans *a* & *b* d'une autre, c'est-à-dire si les produisans A & B sont les extrêmes d'une proportion dont les

produisans *a* & *b* sont les moyens, ces figures sont égales, car ces figures sont entr'elles comme les produits de leurs produisans : or le produit des extrêmes qui sont les produisans de l'une, est égal au produit des moyens qui sont les produisans de l'autre (*N*°. 75, 76 & 249.) : donc ces figures sont égales.

432. 4°. *Si trois lignes* A, B *&* C (fig. 34.) *sont en proportion continue, le parallelogramme qui aura les deux extrêmes* A *&* C *pour produisans, sera égal au quarré de la moyenne, si le parallelogramme est rectangle; ou bien à la lozange faite de cette moyenne qui aura un angle égal à celui du parallelogramme, s'il n'est pas rectangle.*

Car dans la proportion continue, le produit des extrêmes est égal au quarré du moyen. (*N*°. 78.)

433. 5°. *Si les produisans* A *&* B *d'une figure* (fig. 35.) *sont proportionnels aux produisans a & b d'une autre, la premiere figure est à la seconde comme le quarré d'un produisant* A *est au quarré du produisant homologue* a.

Si A . *a* :: B . *b*, la premiere figure est à la seconde comme le produit des antécédens A & B est au produit des conséquens *a* & *b* (*N*°. 429.). Mais le produit des antécédens A & B est au produit des conséquens *a* & *b*, comme le quarré d'un antécédent A est au quarré de son conséquent *a* (*N*°. 88.). Donc la premiere figure est à la seconde comme le quarré du côté A est au quarré du côté homologue *a*.

Théorème II.

434. *Les figures semblables sont entr'elles en même raison que les quarrés des côtés homologues, ou que les quarrés des lignes semblablement tirées.*

Car 1°. si les figures sont des parallelogrammes ou des triangles semblables ou des cercles, les produisans A & B de l'un seront les antécédens d'une proposition, & les produisans *a* & *b* de l'autre en seront les conséquens. Donc ces figures seront entr'elles comme le quarré d'un côté A de l'un est au quarré du côté homologue *a* de l'autre (*N*°. 433.), ou bien comme les quarrés des lignes semblablement tirées, ces lignes étant proportionnelles aux côtés homologues (*N*°. 82.).

435. 2°. Si les figures semblables sont des polygones, on les peut partager en triangles semblables (*a*), qui seront entr'eux comme les quarrés des côtés homologues, ou comme les quarrés des lignes semblablement tirées (*N°*. 82.). Donc ces figures seront aussi entr'elles comme les quarrés des côtés homologues, ou des lignes semblablement tirées.

436. 3°. Si ces figures sont curvilignes ou mixtes, elles sont entr'elles comme les quarrés des lignes semblablement tirées dans l'une & dans l'autre ; car on peut considerer ces figures comme des polygones (*fig.* 36.) d'une infinité de côtés. (*N°*. 341.) C'est pourquoi *les cercles sont entr'eux comme les quarrés de leurs diametres*.

Theoreme III.

437. *Si l'on construit d'une part sur plusieurs lignes* A, B, C, (fig. 37.) *des figures semblables, & d'une autre part d'autres figures aussi semblables, les premieres seront entr'elles en même raison que les dernieres.*

Car les premieres seront entr'elles en même raison que les quarrés des lignes A, B & C (*N°*. 434.), les secondes seront aussi en même raison que les quarrés de ces mêmes lignes. Donc les

---

(*a*) *Les polygones semblables peuvent se partager en triangles semblables.* Car ils peuvent être divisés en même nombre de triangles par des lignes semblablement tirées : or ces lignes sont proportionnelles aux côtés homologues (*N°*. 376.), & par la définition des polygones semblables, leurs côtés homologues sont aussi proportionnels. Donc ces triangles ont leurs trois côtés proportionnels ; donc ils sont semblables. (*N°*. 371.)

Cela posé, soit imaginé deux polygones semblables représentés par X & par Y, partagés en même nombre de triangles semblables ; chaque triangle de X sera au correspondant de Y, comme le quarré des produisans des côtés homologues ou des lignes semblablement tirées de ce premier triangle, sera au quarré des mêmes lignes du second. Les côtés homologues des figures semblables étant proportionnels, leurs quarrés le sont aussi (*N°*. 82.) : c'est pourquoi chacun des triangles de X comparé au correspondant de Y, sera un rapport égal à celui des quarrés des côtés homologues des polygones X & Y. Donc la somme de tous les triangles de X, c'est-à-dire la surface de ce polygone, sera à celle de Y, c'est-à-dire à sa surface, comme le quarré d'un côté quelconque du premier polygone sera au quarré du côté correspondant du second (*N°*. 61.). Donc, &c.

DE GEOMETRIE. Liv. III.   137
premieres figures feront entr'elles en même raifon que les fecondes. ($N^o.$ 74.)

Theoreme IV.

438. *Dans un triangle rectangle* A B C (fig. 38.), *le quarré de l'hypotenufe* A C *eft égal aux quarrés de deux autres côtés* A B & B C.

Tirez de l'angle droit B fur l'hypotenufe A C la perpendiculaire B D, le triangle A B C fera divifé en deux autres triangles A B D, B D C, femblables entr'eux (*a*) & femblables au grand triangle: les côtés A B & B C font les hypotenufes de ces triangles. Donc le grand triangle eft aux deux petits comme le quarré de l'hypotenufe A C eft aux quarrés de A B & de B C ($N^o.$ 434.); mais le grand triangle eft égal aux deux autres: donc le quarré de l'hypotenufe eft égal au quarré des deux autres côtés.

Cette propofition peut encore fe prouver, mais d'une maniere méchanique, en fe fervant de trois cartes coupées diagonalement en fix triangles rangés comme dans la figure 39.

(*a*) Le triangle B A D eft femblable à A B C, parce qu'ils ont chacun un angle droit & l'angle A de commun: donc le troifiéme angle A B D du premier eft égal à l'angle C du fecond; donc ces triangles font femblables ($N^o.$ 370.). On démontrera de même que le triangle B D C eft femblable au triangle A B C. Mais les deux triangles A B D, D B C étant chacun femblables à A B C, il eft évident qu'ils font femblables entr'eux.

De la fimilitude des triangles A D B, D B C, au total A B C, on démontre aifément, en comparant les côtés homologues, que le quarré de A C eft égal à celui de A B plus celui de B C.

Car l'on a, en comparant les côtés homologues de A B C avec A B D, A C . A B : : A B . A D ($N.$ 75.); ce qui donne $AC \times DA = AB \times AB = \overline{AB}^2$ ou le quarré de A B.

L'on a aufli en comparant les côtés du grand triangle A B C avec les côtés de D B C, cette autre proportion, A C . B C : : B C . D C; ce qui donne $AC \times DC = BC \times BC = \overline{BC}^2$ ou le quarré de B C.

Préfentement fi l'on ajoûte enfemble le produit des extrêmes de la premiere & de la feconde proportion & ceux des moyens des mêmes proportions, l'on aura deux fommes égales ($N.$ 11.), c'eft-à-dire qu'on aura $AC \times AD + AC \times DC = AB \times AB + BC \times BC$. Or comme $AD + DC = AC$, il eft clair que la fomme des deux produits $AC \times AD + AC \times DC = AC \times AC$, qui eft le quarré de A C. Donc le quarré de A C eft égal aux quarrés de A B & de B C. Donc, &c.

1°. Le quarré de l'hypotenuse A C est composé du petit quarré B H K L & de quatre triangles A B C, E L C, K E D & D H A, égaux entr'eux; car ils sont tous rectangles, leurs hypotenuses sont égales, & leurs angles sont complémens les uns des autres (N°. 301.); l'angle LCE, par exemple, est complément de l'angle BCA, & par conséquent est égal à l'angle B A C (N°.175.). On démontrera la même chose des autres triangles. Ainsi ils ont un côté d'égal & les angles égaux; donc ils sont égaux. (N°. 313.)

2°. Le quarré du côté B C, qui est égal à L E, est L F, & celui de B A est B G : or ces deux quarrés sont aussi composés du petit quarré B H K L & des quatre triangles D E K, D E F, D H A & D G A, égaux aux précédens; donc le quarré de l'hypotenuse est égal aux quarrés des deux autres côtés.

COROLLAIRE.

439. D'où il suit *que dans un triangle rectangle la figure A (fig. 40.) faite sur l'hypotenuse, est égale aux deux figures semblables B & C faites sur les deux autres côtés.*

Car cette figure A a même rapport aux deux autres B & C que le quarré de l'hypotenuse aux quarrés des autres côtés (N°. 434.); mais le quarré de l'hypotenuse est égal aux quarrés de ces côtés. Donc la figure A est égale aux figures B & C.

THEOREME V.

440. *De deux figures régulieres isoperimetres, c'est-à-dire qui ont des circonférences égales, celle qui a le plus de côtés a la plus grande superficie.*

Soit un quarré A & un pentagone B isoperimetres (*fig.* 41.); inscrivez des cercles dans chacun, & tirez les rayons droits A C, B D : le cercle inscrit dans le pentagone est plus grand que celui qui est inscrit dans le quarré; car s'il étoit égal, la circonférence du pentagone seroit plus petite que celle du quarré (N°. 385.). Donc le rayon droit B D du pentagone est plus grand que le rayon droit A C du quarré; mais le quarré & le pentagone sont égaux à la moitié du produit de leurs circonférences par leur rayon droit (N°. 421.); les circonférences sont égales, & le rayon droit B D du pentagone est plus grand que celui du quarré :

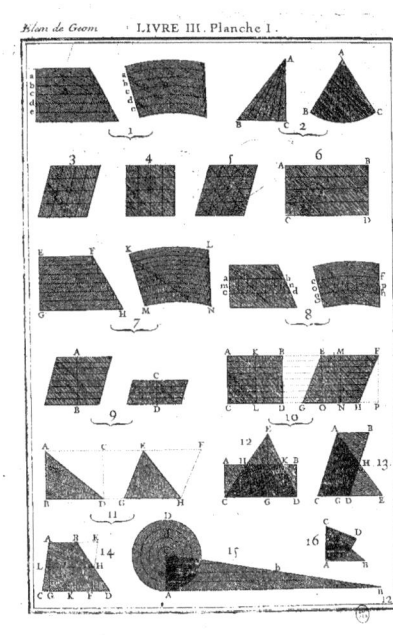

Elem de Geom. LIVRE III. Planche 1.

Elem. de Geom. LIVRE III. Planche II.

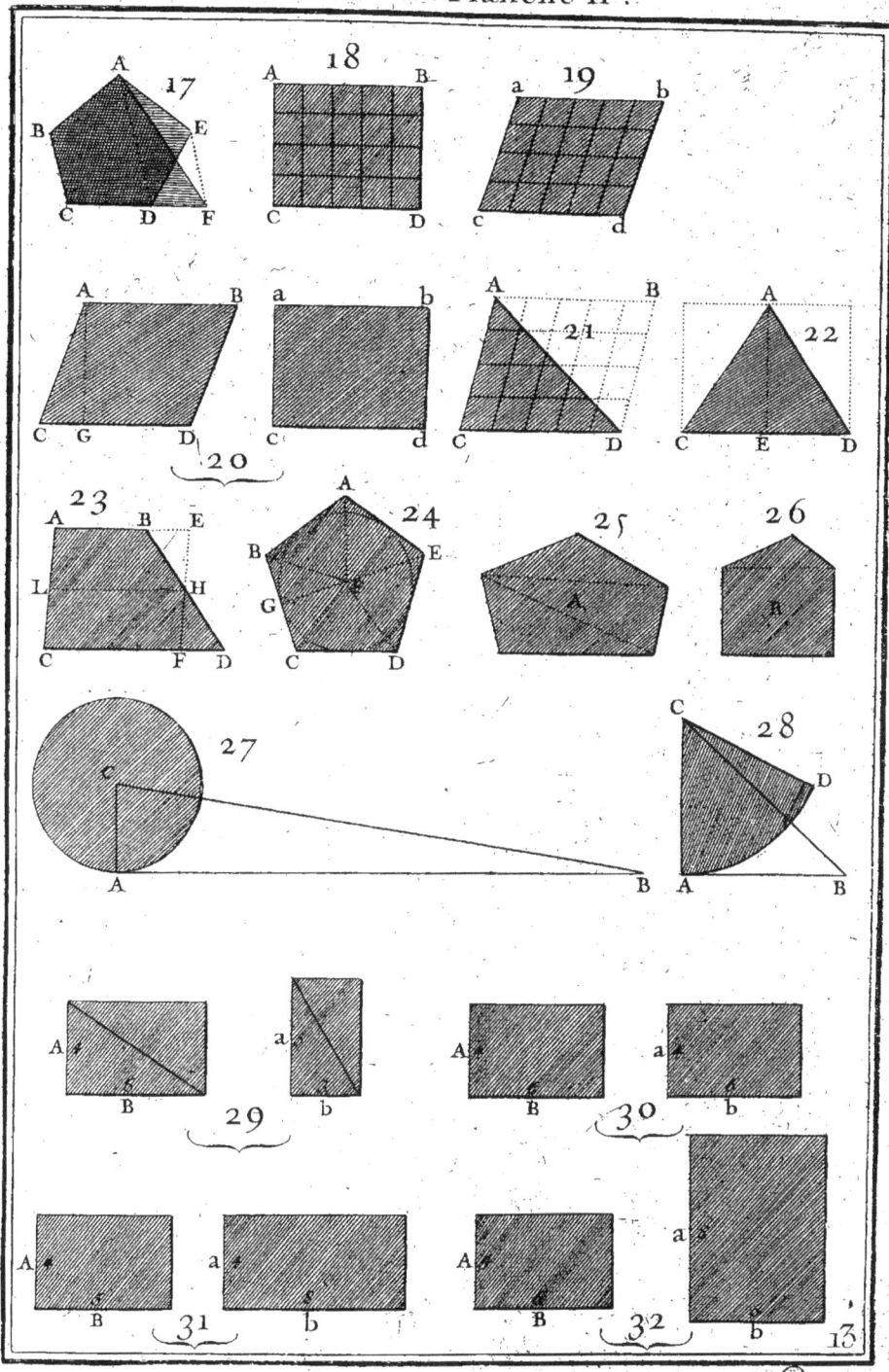

Elem. de Geom.   LIVRE III. Planche III.

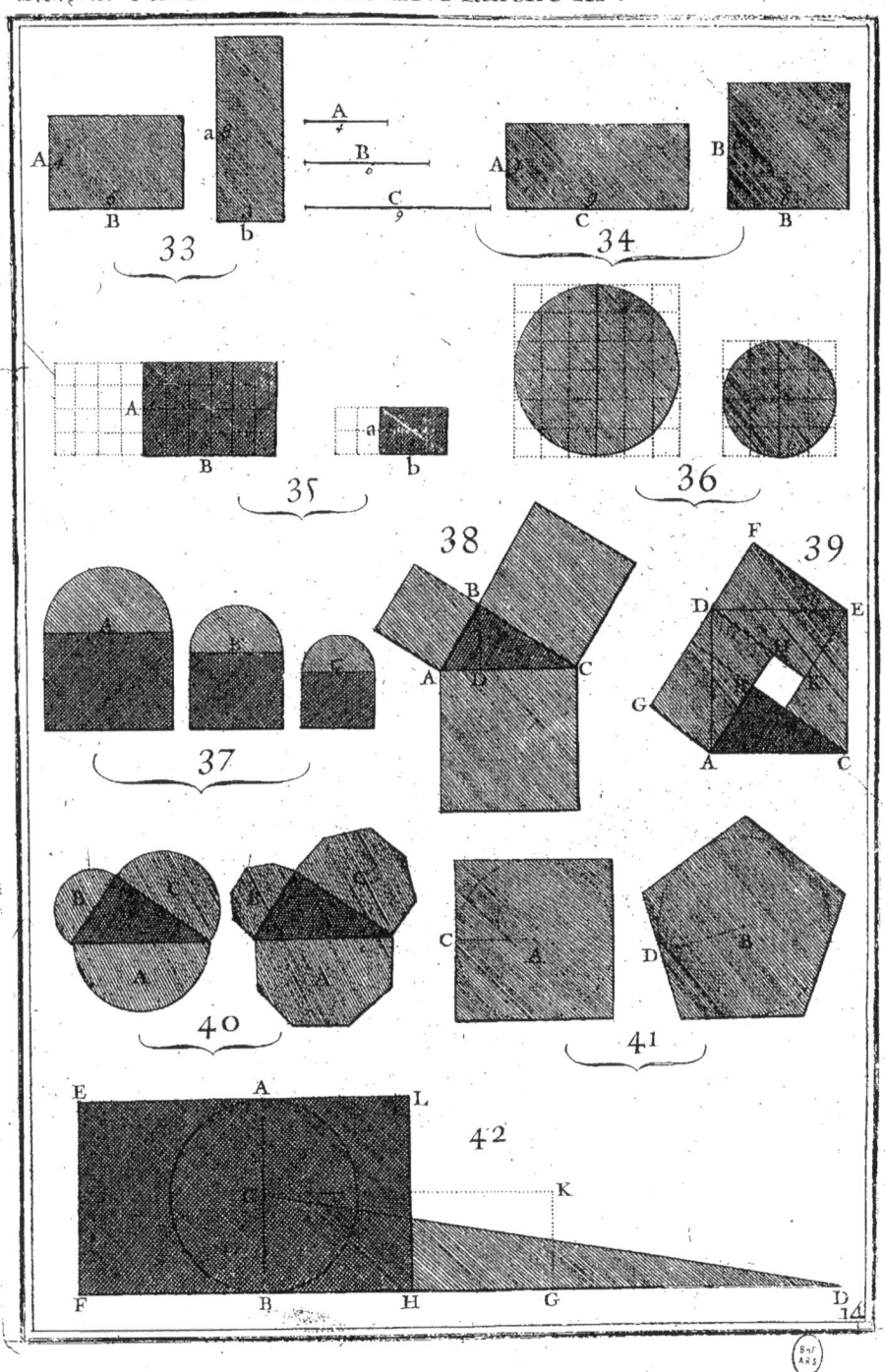

LIVRE III Planche IV

DE GEOMETRIE. Liv. III.

donc la superficie du pentagone est plus grande que celle du quarré; & par conséquent de toutes les figures isoperimetres, celle qui a le plus de côtés a la plus grande superficie.

COROLLAIRE.

441. D'où il suit que *de toutes les figures régulieres isoperimetres, le cercle est la plus grande.*

THEOREME VI.

442. *Le quarré du diametre d'un cercle* (fig. 42.) *est à la superficie de ce cercle comme le diametre est au quart de la circonférence.*

Soit A B le diametre d'un cercle dont le quarré soit AF; soit le triangle CBD, dont la hauteur CB soit égale au rayon, & la base BD égale à la circonférence du cercle; divisez la base BD en deux également en G, & faites le rectangle BK; divisez encore BG en deux également en H, & faites le rectangle BL, dont la hauteur soit égale au diametre du cercle. Le cercle est égal au triangle CBD (N°. 408.), qui est égal au rectangle BK, qui a même hauteur CB & la moitié de sa base BG (N°. 405.): mais ce rectangle BK est égal au rectangle BL, qui a sa hauteur AB double de CD, & la base BH moitié de BG, & par conséquent le cercle est aussi égal au rectangle BL. Mais le quarré FA du diametre du cercle & le rectangle BL ayant même hauteur AB, sont entr'eux comme FB à BH (N°. 430.), c'est-à-dire comme le diametre du cercle est au quart de sa circonférence. (*a*)

(*a*) Le diamétre étant à peu près à sa circonférence, selon Archimede (*N.* 425.), comme 7 est à 22, le quarré du diamétre, suivant ce rapport, sera à la superficie du cercle comme 7 est au quart de 22; ou en doublant les deux termes de ce rapport, ce qui n'en change pas la valeur (*N.* 63.), comme 14 est à 11. Si l'on veut se servir du rapport d'*Adrien Metius*, c'est-à-dire de celui de 113 à 355, il faut multiplier chacun de ces termes par 4, & alors le quarré du diamétre sera à sa superficie comme 452 est à 355.

S ij

ÉLEMENS

LIVRE QUATRIÉME.
DE LA RENCONTRE DES LIGNES
& des Plans.

DANS les trois précédens Livres nous avons examiné les propriétés des lignes tirées dans un plan, qui forment des figures planes; dans les trois suivans nous considererons les lignes & les plans élevés sur d'autres plans, lesquels forment des figures solides.

CHAPITRE I.
Du Plan & de la Ligne droite en général.

443. NOus avons appellé *Plan* une superficie droite de tout sens, qu'on doit supposer d'une étendue indéfinie de tous côtés; & nous avons appellé *Figure plane* un plan qui est terminé de tous côtés.

PROPRIETÉS.

La simplicité de la ligne droite & du plan nous fait concevoir sans autre preuve les propriétés suivantes.

444. I. *Sur un plan* (fig. 1.) *on peut tirer des lignes droites de tous sens, & même des courbes, pourvû que leur courbure ne tienne rien de la forme du tireboure.*

445. II. *Si une ligne droite* A B (fig. 2.) *a deux points dans un plan, elle sera toute entiere dans ce plan.*

446. III. *On peut faire passer une infinité de plans par une ligne droite* A B (fig. 3.) *ou bien par deux points* A B; *mais on n'en peut faire passer qu'un par une ligne droite* A B *& par un point* C *pris hors cette ligne; ou ce qui est la même chose, on*

DE GEOMETRIE. Liv. IV.

ne peut faire paſſer qu'un plan par trois points A, B & C, qui ne ſont pas rangés en ligne droite.

447. D'où il ſuit 1°. que *la ſituation d'un plan dépend de la ſituation d'une ligne droite & d'un point, ou bien de la ſituation de trois points qui ne ſont pas rangés en ligne droite.*

448. 2°. *Que la commune ſection* A B *de deux plans eſt une ligne droite.*

449. IV. *Si on tire des lignes droites d'un point* C (fig. 4.) *à la ligne droite* A B, *toutes ces lignes ſeront dans un même plan, qui eſt celui qui paſſe par la ligne* A B *& par le point* C.

450. D'où il ſuit que *deux lignes droites qui ſe coupent, ſont dans un même plan, & que les trois angles d'un triangle ſont auſſi dans un même plan.*

THEOREME I.

451. *Deux lignes droites paralleles* A B, C D (fig 5.) *ſont dans un même plan.*

Si on imagine un plan qui paſſe par A B & par le point C, il eſt évident qu'il paſſera par toute la ligne C D ; autrement ſi la ligne C D avoit un point C dans ce plan, & le reſte hors ce plan, elle s'éloigneroit de plus en plus à l'infini de ce plan, & par conſéquent de la ligne A B qui eſt dans ce plan : donc elle ne lui feroit pas parallele, ce qui eſt contre la ſuppoſition. Donc deux lignes droites paralleles ſont dans un même plan.

THEOREME II.

452. *Si deux points* A & B *d'une ligne droite* (fig. 6.) *ſont chacun également diſtans de deux points* E & F *qui ne ſont pas dans le même plan, tous les autres points de la ligne* A B, *comme* G, *ſont chacun également diſtans des deux mêmes points* E & F.

Car la ſituation d'une ligne droite dépend de la ſituation de deux points. Or par la ſuppoſition, cette ligne a deux points A, B, également diſtans des deux points E, F, du plan ; donc tous ſes points, comme G, en ſont auſſi également diſtans.

Cette propoſition peut encore ſe démontrer de cette maniere. Ayant tiré d'une part les lignes A F, B F, G F, & de l'autre les lignes A E, B E, G E. 1°. Le triangle A F B eſt égal & ſemblable au triangle AEB, car le côté AB est commun, les côtés AE, AF, sont égaux, aussi bien que les côtés BE, BF; donc l'angle BAE est égal à l'angle BAF (N°. 310.). 2°. Les triangles GAE, GAF, ont le côté AG commun, & les côtés AE, AF égaux, aussi bien que les angles compris GAE, GAF: donc GE est égal à GF (N°. 311.). On démontrera la même chose de tout autre point de la ligne AB. Donc lorsqu'une ligne a deux points également distans de deux points d'un plan, tous ses autres points en sont aussi également distans.

THEOREME III.

453. *Si une ligne droite* AB (fig. 7.) *a deux points* A & B *également distans de trois points* D, E & F *d'un plan, cette ligne aura tous ses points également distans des trois mêmes points.*

C'est une suite de la démonstration précédente.

COROLLAIRES.

454. D'où il suit 1°. *que cette ligne droite* AB (fig. 8.) *passera par le centre* C *d'une circonférence qui passe par ces trois points.*

Et 2°. *que cette ligne* AB *contiendra tous les points également distans des trois points* D, E & F.

THEOREME IV.

455. *Si trois points* A, B & C *d'un plan* (fig. 9.) *qui ne sont pas rangés en ligne droite, sont chacun en particulier également distans de deux points* E & F *pris hors de ce plan, chaque point du plan, comme* G, *sera aussi également distant des deux mêmes points.*

Car la situation d'un plan dépend de la situation de trois points (N°. 447.). Or par la supposition, le plan a les trois points A, B & C (N°. 447.) également distans des deux points E & F: donc tous les points du plan en sont aussi également distans.

On peut encore démontrer cette proposition de cette manière: tirez les lignes AB & AC.

1°. La ligne AB ayant deux points A & B également distans de E & de F, tous ses autres points en seront aussi également distans. Il en sera de même de tous les points de la ligne AC.

2°. Tirez par le point G une ligne qui coupe les précédentes AB & AC en H & en K, cette ligne aura les points H & K également diſtans de E & de F: donc tous les autres points en ſeront auſſi également diſtans, & par conſéquent le point G. On prouvera la même choſe de tout autre point de plan. Donc lorſqu'un plan a trois points également diſtans de deux points pris hors ce plan, tous les points du plan ſont également diſtans de ces deux points.

CHAPITRE II.

Des Lignes perpendiculaires ou obliques à un Plan.

456. UNe ligne AB *eſt perpendiculaire à un plan* (fig. 10.) lorſqu'elle rencontre ce plan ſans incliner plus d'un côté que de l'autre, ou lorſqu'elle eſt perpendiculaire à toutes les lignes du plan qui paſſent par le point C où elle le rencontre.

457. Une ligne EF *eſt oblique à un plan* (fig. 11.) lorſqu'elle incline vers un côté de ce plan.

458. Si d'un point E de l'oblique EF pris hors ce plan, on abaiſſe une perpendiculaire ED ſur le plan, & qu'on tire la ligne FD qui joint l'oblique avec la perpendiculaire, cette ligne FD s'appellera la *Projection de l'oblique* EF.

PROPRIETE'S.

Les propriétés des lignes perpendiculaires & des obliques ſur un plan, ſont à peu près les mêmes que celles des perpendiculaires & des obliques ſur une ligne droite.

THEOREME I.

459. *Si un point* A *de la perpendiculaire* AB (fig. 12.) *eſt également diſtant de deux points* E & F *du plan, tous ſes points ſeront également diſtans des deux mêmes points.*

Car ſi l'on tire ſur le plan les lignes CE, CF, la ligne AB ſera perpendiculaire ſur ces deux lignes (N°. 456.); & comme les obliques AE, AF ſont égales, les éloignemens CE, CF de la perpendiculaire font auſſi égaux (*N°. 190*.). Donc les deux points A & C de la perpendiculaire ſont chacun également diſtans des deux points E & F, & par conſéquent tous les points de la perpendiculaire AB en ſeront auſſi également diſtans. (*N°. 452.*)

460. D'où il ſuit que *ſi un point de la perpendiculaire* A B (fig. 13.) *eſt également diſtant de trois points* D, E *&* F *du plan, tous ſes points ſeront également diſtans*, 1°. *de ces trois points*, 2°. *de tous les points de la circonférence du cercle qui paſſera par ces trois points*, 3°. *& de la circonférence de tous les cercles concentriques à ce cercle*; 4°. *enfin la perpendiculaire paſſera par le centre* C *de ces cercles*.

THEOREME II.

461. *Si d'un point* A *hors un plan* (fig. 14.) *on abaiſſe une perpendiculaire* AB *& des obliques* AD, AE, AF, *la perpendiculaire* AB *ſera la plus courte; la plus éloignée* AD *de la perpendiculaire ſera la plus longue, & les également diſtantes* AE, AF *ſeront égales*.

Ce qui a été démontré dans le premier Livre, *N°. 190*.

462. D'où il ſuit que *d'un point on ne peut tirer qu'une perpendiculaire à un plan, & que toutes les obliques égales tombent ſur la circonférence d'un cercle qui a ſon centre dans la perpendiculaire*.

THEOREME III.

463. *Si une ligne* AC *eſt oblique à un plan* (fig. 15.), *elle fera des angles inégaux avec les lignes du plan qu'elle rencontrera*.

Il y a trois remarques à faire ſur ces angles; ſçavoir:

1°. Que *l'oblique* AC *fait avec chaque ligne du plan des angles* ACB *&* ACH, ACG *&* ACK, *&c. qui ſont ſupplémens l'un à l'autre*; ce qui eſt évident, puiſqu'ils ſont angles de ſuite (*N°. 176*.). 2°. Que *l'angle aigu* ACB *qu'elle forme avec ſa projection, eſt le plus petit de tous*; & 3°. *qu'elle fait des angles droits avec la ligne* EF *perpendiculaire à ſa projection*.

Pour démontrer la ſeconde remarque, du point C pris pour centre, & de l'intervalle de la projection CB, décrivez un cercle qui coupe les lignes tirées du point C, dans les points G, E, F, &c.

DE GEOMETRIE. Liv. IV. 145

& tirez les obliques AG, AE & AF; les triangles ACB, ACG ont deux côtés égaux chacun à chacun : mais la perpendiculaire AB est plus courte que l'oblique AG (*N°.* 461.). Donc l'angle ACB fait par l'oblique & sa projection, est plus petit que tout autre angle ACG. (*N°.* 317.)

Pour la troisiéme, il faut considerer que EF étant perpendiculaire à la projection CB, & les points E & F étant également distans de C, ils le seront aussi du point B de la perpendiculaire CB, & par conséquent ils le seront aussi du point A, parce que BA est perpendiculaire au plan. Donc les deux points A & C étant également distans de E & F, la ligne AC est perpendiculaire à EF, & fait des angles droits avec cette ligne (*N°.* 189.). Donc, &c.

COROLLAIRE.

464. D'où il suit *que l'angle* ACB *que forme une oblique* AC *avec sa projection* CB, *est la mesure de son inclinaison sur le plan.*

THEOREME IV.

465. *Si d'un point* A *hors un plan* (fig. 16.), *on abaisse une perpendiculaire* AB, *& plusieurs obliques* AC, AE, AF, *la plus proche* AC *de la perpendiculaire sera la moins inclinée, & les également distantes* AE, AF, *de la perpendiculaire, sont également inclinées.*

Cette proposition peut être regardée comme un corollaire ou une suite de la précédente.

Ce que nous avons dit des lignes tirées de l'extrémité A d'une même perpendiculaire AB, se doit aussi entendre des lignes tirées des extrémités A & *a* (*fig.* 16, 17.) de deux perpendiculaires égales.

466. Il suit des propriétés précédentes, que pour connoître si une ligne est perpendiculaire à un plan, il faut sçavoir :

467. 1°. *Si elle est la plus courte ou la moins inclinée que l'on puisse tirer de l'un de ses points sur ce plan.*

468. 2°. *Si elle a deux points chacun également distans de trois points du plan, ou bien si trois points du plan qui ne sont pas dans une ligne droite, sont chacun également distans de deux points de la ligne.*

T

469. Et 3°. *Si elle est perpendiculaire à deux lignes qui se coupent dans le plan.*

CHAPITRE III.

DES PLANS QUI SE COUPENT.

PROPRIETÉS.

470. SI d'un point C de la commune section A B (*fig.* 18.) de deux plans X, Y; on éleve deux perpendiculaires CD, CE à cette section, l'une dans le plan X, & l'autre dans le plan Y, ces deux perpendiculaires feront ensemble un angle ECD plus grand ou plus petit, selon que les deux plans seront plus ou moins inclinés l'un sur l'autre.

C'est cet angle qui mesure l'inclinaison des deux plans ; de sorte que s'il est de 60 degrés, l'on dit que ces deux plans sont inclinés l'un sur l'autre de 60 dégrés, & si les deux lignes sont perpendiculaires l'une à l'autre, les deux plans le sont aussi également.

THEOREME I.

471. *Si une ligne* EC *est perpendiculaire à un plan* X (fig. 19.) *le plan* Y *qui passera par cette ligne sera perpendiculaire au plan* X.

Car cette ligne EC sera perpendiculaire à leur commune section AB, & à toutes les lignes comme CD du premier plan X (*N°.* 456.). Donc, &c.

THEOREME II.

472. *Si deux plans* Y *&* Z (fig. 20.) *perpendiculaires au troisiéme* X, *se coupent, leur commune section* EC *sera perpendiculaire à ce troisiéme plan.*

Car si du point E pris dans la commune section des deux plans Y & Z, on abaisse EC perpendiculaire au plan X, elle sera dans le plan Y, parce qu'il est perpendiculaire au premier X ; elle sera aussi dans le plan Z par la même raison : donc elle sera leur commune section. (*N°.* 469.)

473. D'où il suit que ces deux plans Y & Z feront sur X des angles DCA, qui feront la mesure de leur inclinaison, puisque leurs sections AC & DC avec le troisième plan, sont perpendiculaires à leur commune section EC. (N°. 470.)

CHAPITRE IV.
Des Lignes & des Plans paralleles à un Plan.

474. UNe ligne AB ou un plan Y (*fig. 21, 22.*) sont *paralleles à un plan* X, lorsque tous leurs points sont également distans de ce plan, c'est-à-dire lorsque toutes les perpendiculaires tirées de la ligne AB ou du plan Y sur le plan X sont égales.

475. Remarquez qu'il ne faut que deux perpendiculaires égales pour déterminer une ligne à être parallele à un plan, & qu'il en faut trois qui ne soient pas rangées sur la même ligne droite, pour déterminer un plan à être parallele à un autre, parce que la situation d'un plan dépend de la situation de trois points qui ne soient pas rangés en ligne droite. (N°. 447.)

PROPRIETE'S.

476. Il suit de la définition des lignes & des plans paralleles, 1°. *qu'une ligne ou un plan parallele à un autre plan continué à l'infini, ne se rencontrent point.*

477. 2°. *Que si un plan* Z (fig. 23.) *coupé deux plans paralleles* Y & Z, *leur commune section* AB & CD *seront paralleles.*

478. 3°. *Que si une ligne* AB (fig. 24.) *est parallele à une ligne* CD *qui est dans un plan* X, *elle sera aussi parallele à ce plan.*

Car si elle le rencontroit d'un côté, elle s'en éloigneroit de l'autre à l'infini, & par conséquent de la ligne CD à laquelle elle est supposée parallele.

THEOREME I.

479. *Si deux plans* X & Y (fig. 25.) *sont paralleles, la ligne* AB *perpendiculaire au plan* X, *sera aussi perpendiculaire au plan* Y.

Car si l'on imagine un troisième plan Z qui passe par AB, ses communes sections AC & BD, avec les deux plans X & Y, seront parallèles (*N*°. 477.); mais AB étant perpendiculaire sur BD, le sera aussi sur AC (*N*°. 204.). Si l'on fait passer un troisième plan par AB, elle sera aussi perpendiculaire à ses communes sections AE, BF, & par conséquent elle sera perpendiculaire à deux lignes des plans X & Y. Donc elle sera perpendiculaire à chacun de ces plans (*N*°. 466 & 469.). Donc, &c.

COROLLAIRE.

480. Il suit de cette proposition, que si un plan Z (*fig.* 26.) est perpendiculaire à l'un de ces deux plans parallèles X, il le sera aussi à l'autre Y.

THEOREME II.

481. *Si l'on tire une ligne AB* (fig. 27.) *qui coupe obliquement deux plans parallèles X & Y, elle sera autant inclinée sur l'un que sur l'autre.*

Car si l'on fait passer un plan Z par la ligne AB, qui coupe les plans X & Y, les communes sections AC & BD seront parallèles (*N*°. 477.). Donc les angles alternes A & B, qui sont la mesure de l'inclinaison de la ligne AB sur les deux plans X & Y, sont égaux (*N*°. 214.). Donc la ligne AB sera également inclinée sur ces deux plans.

THEOREME III.

482. *Si deux parallèles AB & CD* (fig. 28.) *rencontrent un plan X, elles sont également inclinées sur ce plan, c'est-à-dire que les angles qu'elles forment avec leurs projections sont égaux.*

Prenez les lignes AB, CD, égales, & tirez par leurs extrémités les lignes AC, BD; tirez encore les lignes AF, CG perpendiculaires au plan X, & les projections BF, BG; puisque AB & CD sont parallèles & égales, la ligne AC qui est hors le plan X, est parallèle à BD qui est dans ce plan : donc elle est aussi parallèle à ce plan (*N*°. 478.), & par conséquent les perpendiculaires AF, CG, sont égales (*N*°. 474.). Donc les triangles ABF, CDG, ayant deux côtés égaux & les angles F & G droits,

DE GEOMETRIE. Liv. IV. 149

font égaux (*N°. 312.*) : donc les angles A B F, C D G, font auſſi égaux ; donc les paralleles A B, C D, font également inclinées ſur le plan X.

COROLLAIRE.

483. D'où il ſuit que *ſi de deux lignes paralleles, l'une eſt perpendiculaire à un plan, l'autre le ſera auſſi également.*

THEOREME IV.

484. *Si un plan* Z (fig. 29.) *coupe deux plans paralleles* X *&* Y*, il inclinera autant ſur l'un que ſur l'autre.*

Car ſi on imagine un plan V perpendiculaire à la commune ſection A B, il coupera les plans X, Y & Z dans les lignes A E, C F & A C. Mais puiſque les plans X & Y ſont paralleles, les ſections A B & C D du plan Z le ſeront auſſi, de même que les ſections A E & C F du plan V. C'eſt pourquoi A B étant perpendiculaire ſur le plan V, C D le ſera auſſi, & par conſéquent les angles E A C, F C A feront la meſure de l'inclinaiſon du plan Z ſur les plans X & Y (*N°. 470.*). Mais ces angles qui ſont alternes, ſont égaux ; donc le plan Z incline également ſur les plans X & Y. (*N°. 214.*)

THEOREME V.

485. *Si deux lignes* C D, E F (fig. 30.) *ſont paralleles à une troiſiéme* A B*, elles ſeront paralleles entr'elles.*

Car ſi l'on mene un plan X perpendiculaire à l'une de ces lignes, il ſera perpendiculaire aux deux autres (*N°. 483.*), & par conſéquent ces lignes ſeront paralleles.

THEOREME VI.

486. *Si les deux côtés* A B, B C, (fig. 31.) *d'un angle qui eſt ſur un plan* Y*, ſont paralleles aux côtés* E D, E F*, d'un angle qui eſt ſur un autre plan* X*, ces angles ſont égaux.*

Tirez B H perpendiculaire ſur le plan X de l'angle D E F, & faites paſſer un plan Z par C B & B H, & un autre V par A B & B H ; ces deux plans couperont le plan X en H I & H G. Puiſque B H eſt perpendiculaire au plan X, il le ſera auſſi au plan Y qui lui est parallele (*N°.* 479.), & les angles A B C, G H I, qui marquent les inclinaisons des plans Z, V, seront égaux. Mais les lignes H G, H I étant paralleles aux lignes B A, B C, elles le seront aussi aux lignes E D, E F (*N°.* 485.). Donc l'angle G H I est égal à l'angle D E F, & par conséquent l'angle D E F est aussi égal à l'angle A B C. c. q. f. d.

Theoreme VII.

487. *Si entre deux plans paralleles* (fig. 32.) *on tire plusieurs lignes, la perpendiculaire* A B *sera la plus courte, la plus inclinée* G H *sera la plus longue, & les lignes* C D, E F, *également inclinées, sont égales.*

Cette proposition peut être regardée comme celle du N°. 465.

Theoreme VIII.

488. *Si trois plans paralleles* X, Y & Z (fig. 33.) *coupent deux lignes* A B, C D, *ils les couperont proportionnellement.*

Car si du point A on tire une ligne A E parallele à C D, elle lui sera égale (*N°.* 465 & 487.); c'est pourquoi des points où ces lignes A B, A E, rencontrent les plans X & Y, tirant les lignes B E, G H, elles seront paralleles. Donc A G . G B :: A H . H E (*N°.* 258.); mais A H & H E sont égales à C L & L D; donc aussi A G . G B :: C L . L D. Donc lorsque deux lignes sont coupées par deux plans paralleles, elles sont coupées proportionnellement.

Corollaire.

489. D'où il suit que *si plusieurs lignes* A B, A E (fig. 34, 35.) *qui ont un point* A *de commun, sont coupées par deux plans paralleles* X & Y, *elles le sont proportionnellement.*

490. Il suit des propositions précédentes, qu'un plan est parallele à un autre plan.

1°. Lorsqu'il a trois points qui ne sont pas rangés en ligne droite également distans de ce plan.

2°. Lorsqu'une ligne ou un plan est perpendiculaire aux deux plans.

3°. Lorsqu'un plan qui les coupe, fait les inclinaisons alternes égales.

DE GEOMETRIE. Liv. IV.

Et 4°. Lorsque trois lignes qui ont un point commun, sont coupées proportionnellement par ces deux plans.

CHAPITRE V.
DES ANGLES SOLIDES.

491. ON appelle *Angle plan* (fig. 36.) celui qui est formé de deux lignes sur un plan, comme A B C.

492. On appelle *Inclinaison de plan* (fig. 37.) l'angle D E F que font ensemble deux plans X & Y qui se coupent.

493. Enfin on appelle *Angle solide* (fig. 38.) l'ouverture A que font ensemble plus de deux plans qui forment une pointe ; de sorte qu'un angle solide (*fig.* 39.) est composé d'angles plans & d'inclinaisons de plans, lesquelles inclinaisons peuvent être saillantes ou rentrantes.

PROPRIETE'S.

494. Si on ne fait attention qu'aux angles plans qui forment un angle solide A (*fig.* 38.), on le peut considerer comme formé de plus de deux lignes droites qui se rencontrent dans un point A, & qui ne sont pas dans un même plan.

Si de la pointe A d'un angle solide on décrit des arcs BC, CD, DB, sur chacun des plans qui le forment, ces arcs seront les mesures de chaque angle plan (*N°.* 168.), & à l'occasion de ces angles plans ou de ces arcs, on établira les deux Theorêmes suivans.

Theoreme I.

495. *Dans un angle solide* A (fig. 40.) *composé de trois angles plans, deux angles* B A D, D A C, *tels qu'on voudra, sont plus grands que le troisiéme* B A C.

Pour le démontrer, tirez à volonté la ligne B C, & faites l'angle B A E égal à B A D, & la ligne A D égale à A E; tirez B D qui sera égale à B E, à cause des triangles égaux B A D, B A E (*N°.* 311.); menez aussi D C, & considerez que les triangles D A C, C A E ont les côtés D A & A E égaux entr'eux, & le côté A C de commun; que la base D C du premier est plus grande que C E base du second, parce que la ligne courbée BDC étant plus grande que la droite BC, si on diminue ces deux lignes des parties égales BD, BE, il restera DC plus grande que CE; ce qui donne l'angle CAE plus petit que DAC (*N*°. 317.), & le total BAC plus petit que la somme des deux angles BAD & DAC. c. q. f. d.

THEOREME II.

496. *Tous les angles plans qui composent un angle solide* A (fig. 39.) *pris ensemble, sont moindres que quatre droits, si les inclinaisons sont toutes saillantes.*

Car coupez l'angle solide par un plan, il se formera une base rectiligne BCDEF, qui aura autant de côtés qu'il y a de plans ou de triangles, qui forment l'angle solide A; prenez un point G dans cette base, & tirez de ce point des lignes à tous les angles, la base sera divisée en autant de triangles qu'il y en a en A qui forme l'angle solide A; tous les angles qui sont au point G sont égaux à quatre droits (*N*°. 177.) : il s'agit donc de prouver que les angles en A sont plus petits qu'en G.

Tous les angles des triangles qui forment l'angle solide A sont égaux à ceux des triangles de la base; mais les deux angles inférieurs ABF, ABC des triangles de l'angle solide, sont plus grands que l'angle FBC de la circonférence de la base, qui a même sommet B (*N*°. 495.). De même les autres angles inférieurs des triangles de l'angle solide sont plus grands que ceux de la circonférence de la base, qui ont même sommet. Donc tous les angles inférieurs des triangles qui forment l'angle solide A, sont plus grands que tous ceux de la circonférence de la base. Mais les angles inférieurs des triangles qui forment l'angle solide, joints avec ceux de l'angle solide A, sont égaux à deux fois autant d'angles droits qu'il y a de triangles : de même tous les angles de la circonférence de la base, joints avec ceux qui sont en G, sont aussi égaux à deux fois autant d'angles droits qu'il y a de triangles dans cette base. Donc puisque les angles inférieurs des triangles de l'angle solide sont plus grands que les angles de la circonférence de la base, les angles du sommet A seront moindres que les angles de la base autour du point G, qui valent quatre angles droits (*N*°. 177.). Donc, &c.

LIVRE

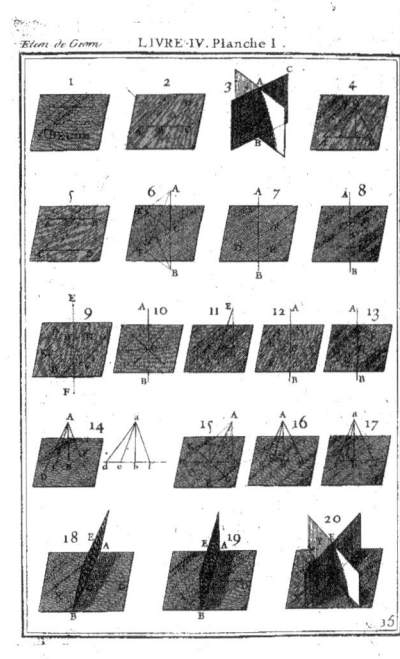

Elem. de Geom. LIVRE IV. Planche II.

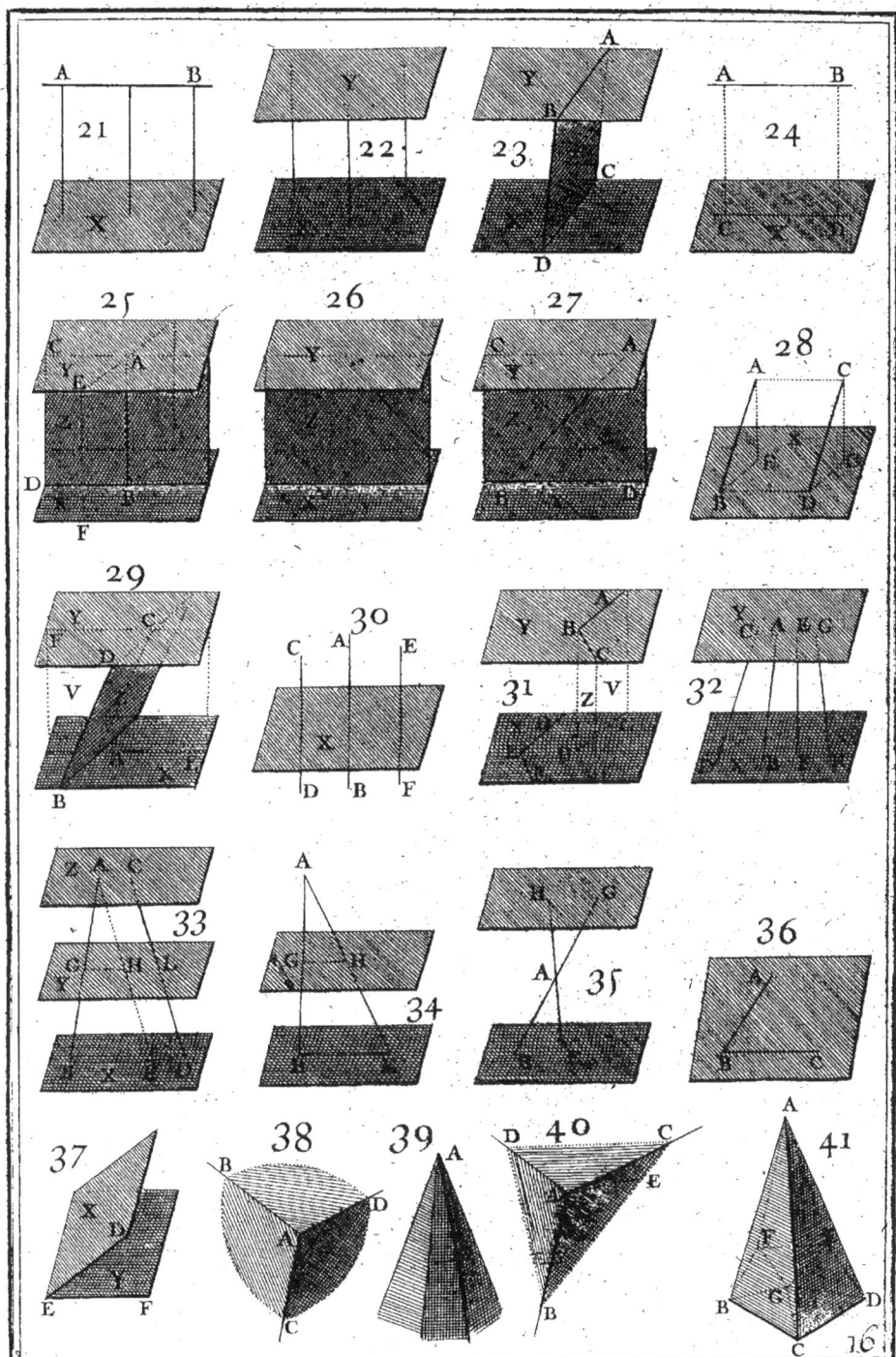

LIVRE CINQUIÉME.

CHAPITRE I.
DES CORPS EN GENERAL.
DEFINITIONS.

497. ON appelle *Figure solide* un corps terminé par une ou plusieurs surfaces.

498. Les surfaces qui terminent un corps (*fig. 1.*) peuvent être *planes* ou *courbes*, ou les unes & les autres en même tems.

499. Les surfaces planes qui terminent un corps, forment par leurs intersections des figures rectilignes, des inclinaisons de plans, & des angles solides.

500. Si un corps est terminé par des figures planes & semblables entr'elles, ce corps est appellé *Corps régulier*.

501. Pour sçavoir combien il y a de corps réguliers, il faut voir en combien de manieres on peut joindre ensemble les angles des triangles équilatéraux, des quarrés, des pentagones & des autres polygones réguliers, pour en faire des angles solides, observant qu'il faut au moins trois angles plans pour former un angle solide, & que la somme des angles plans qui composent un angle solide, doit être moindre que quatre droits ou que 360 degrés (*N°*. 496.); alors on trouvera qu'il ne peut y avoir que cinq corps réguliers; sçavoir, le *Tetraedre* (fig. 2.) ou la *Pyramide réguliere*, terminée par quatre triangles équilateraux; l'*Octaedre* (fig. 3.), par huit triangles; l'*Icosaedre* (fig. 4.), par vingt triangles; l'*Exaedre* (fig. 5.) ou le *Cube*, par six quarrés, & le *Dodecaedre* (fig. 6.), par douze pentagones réguliers.

502. Entre les autres corps terminés par des figures planes (*fig. 7, 8.*), on considere 1°. les *Pyramides*, lesquelles sont environnées de triangles qui aboutissent à un seul point O, & dont les bases A B C D E forment une figure plane.

V

503. 2°. Les *Prismes* (fig. 9, 10.), qui sont environnés par des parallelogrammes, & dont les bases opposées ABCDE, abcde, forment des figures planes.

3°. On rapporte à ceux-ci toutes les autres figures solides, même les irrégulieres.

504. Entre les corps terminés par une surface courbe, il n'y a que la *Sphere* (fig. 11.) de réguliere ; tous les points de sa surface sont également distans du point du milieu, qui se nomme *Centre*.

505. De tous les autres corps terminés par des surfaces planes & courbes, on ne considere ici que ceux qui sont formés de la ligne droite & de la circulaire ; sçavoir, 1°. le *Cône* (fig. 12.), qui a pour base un cercle AB, & dont les côtés se terminent à une pointe O, comme dans la pyramide.

506. 2°. Le *Cylindre* (fig. 13.) qui a deux cercles AB, ab, égaux & parallèles pour base, & des lignes droites qui vont de l'une à l'autre, comme dans le prisme.

507. 3°. On rapporte à ceux-ci les autres corps terminés par des figures planes & courbes.

508. *La solidité d'un corps* est l'espace renfermé dans ce corps.

509. En comparant deux corps A, B, (*fig.* 14, 15.) ensemble, l'on dit que *l'un est égal à l'autre*, lorsque la solidité de l'un est égale à la solidité de l'autre.

510. Deux corps A & B (*fig.* 16, 17.) sont *semblables*, lorsqu'ils sont entourés de même nombre de figures planes semblables, ou que les conditions qui déterminent l'un sont semblables à celles qui déterminent l'autre, c'est-à-dire lorsque les lignes qui déterminent l'un font les mêmes angles que celles qui déterminent l'autre, & qu'elles leur sont proportionnelles.

CHAPITRE II.

DE LA SUPERFICIE DE LA SPHERE.

DÉFINITIONS.

511. Concevez une demi-circonférence ADB (*fig.* 18.) qui tourne autour de son diamétre AB comme autour d'un axe ou essieu, cette demi-circonférence formera par son mouve-

DE GEOMETRIE. Liv. V.   155

ment une superficie spherique; l'espace renfermé dans cette superficie, se nomme *Sphere*.

512. Le point C est le *Centre* de la sphere.

513. Les lignes droites CD, CE, CA, sont les *Rayons* ou *demi-diametres*.

514. Les lignes droites AB, DE, qui passent par le centre, sont les *Diametres*.

515. Le diametre AB autour duquel on a fait tourner la sphere, s'appelle *Axe* ou *Essieu*.

516. Les deux extrémités A & B de l'axe sont les *Poles* de la sphere.

PROPRIETE'S.

L'uniformité de la sphere, qui est semblable à celle du cercle, nous fait concevoir les propriétés suivantes.

517. I. *Les rayons de la sphere sont égaux entr'eux, aussi bien que les diametres ou les axes.*

518. II. Quand on a formé la sphere par le mouvement du demi-cercle ADB, en prenant pour ses poles les extrémités du diametre AB, on pouvoit la décrire en se servant de tout autre diametre *ab*, parce que la sphere est uniforme dans toutes ses parties; c'est pourquoi *on peut prendre tout diametre* a b *pour l'axe de la sphere.*

519. III. *Si un plan coupe une sphere* (fig. 19.), *leur commune section est un cercle.*

Car 1°. si le plan passe par le centre de la sphere, il est évident que c'est un cercle qui a même diametre que la sphere.

2°. Si le plan ne passe pas par le centre de la sphere (*fig.* 20.), du centre C tirez une perpendiculaire CB sur le plan, & des obliques CD, CE, CF, à commune section, ces obliques seront égales, parce que ce sont des rayons de la sphere, & par conséquent les distances BD, BE, BF de la perpendiculaire, sont égales (*a*) : donc les points D, E & F sont dans la circonférence d'un cercle.

(*a*) Par ce que l'on a vû (*N.* 190.) que les obliques également distantes de la perpendiculaire, sont égales; d'où l'Auteur conclut que lorsqu'elles sont égales, elles sont également distantes de la perpendiculaire, car autrement elles se trouveroient inégales; ce qui est contre la supposition qu'on fait qu'elles sont égales.

520. Remarquez que quand on parle d'un cercle de la sphere, on entend celui dont la circonférence est sur la superficie de la sphere.

521. IV. *Si les plans de deux cercles passent par le centre* C (*fig. 21.*) *de la sphere, leur commune section* A B *sera diametre de l'un & de l'autre, & ils se couperont en deux parties égales.*

V. La maniere dont on a formé la sphere par le mouvement d'un demi-cercle, fait concevoir les propriétés suivantes.

522. 1°. Tous les points D, *d*, *d*, de la circonférence (*fig. 22.*) décrivent autour de l'axe A B des circonférences de cercles paralleles entr'eux.

523. 2°. Tous les points de la circonférence de chacun de ces cercles paralleles, sont également distans de l'un de ses poles A, aussi bien que l'autre B.

524. C'est pourquoi on appellera dans la suite les *Poles d'un cercle, e, d*; les deux points, A & B, de la superficie de la sphere, dont chacun est également distant de tous les points de la circonférence du cercle; & le diametre A B tiré d'un pole à l'autre, ou toute perpendiculaire élevée sur le plan du cercle & qui passera par son centre, sera nommée l'*Axe* du cercle.

525. 3°. Il est évident que tous les cercles paralleles n'ont que deux mêmes poles & qu'un même axe.

526. 4°. Que leur axe est perpendiculaire à leur plan, qu'il passe par tous les centres de ces cercles, & qu'il mesure la distance d'un cercle parallele à l'autre, ou la distance du centre de la sphere ou du pole à chaque cercle.

527. 5°. Que le plus grand de ces cercles D E est celui qui est également distant des deux poles, & dont le plan passe par le centre de la sphere.

528. Que le plus petit est celui qui approche le plus des poles, ou qui s'éloigne davantage du centre de la sphere.

529. Enfin les cercles qui sont également distans du centre de la sphere ou des deux poles, sont égaux.

530. L'on appelle *grand cercle* de la sphere, celui dont le plan passe par le centre de la sphere; & *petit cercle*, celui dont le plan ne passe pas par le centre de la sphere.

531. VI. Lorsqu'en décrivant la sphere, le demi-cercle A D B (*fig. 23.*) est venu en A F B, les points D, *d*, *d*, ont décrit les

arcs Df, d f, d f, qui font de même nombre de degrés.

D'où il suit que les cercles qui passent par les poles des cercles paralleles, retranchent dans tous ces cercles des arcs Df, df, de même nombre de degrés.

CHAPITRE III.

De la superficie du Prisme & du Cylindre.

DEFINITIONS.

532. I. COncevez une ligne droite Aa (*fig.* 24.) d'une longueur déterminée, élevée sur le plan de la figure ABCD, autour de laquelle cette ligne se meuve parallelement; pendant que son extrémité A parcourera la circonférence de la figure ABCD, son extrémité a décrira la figure $abcd$ semblable à l'autre, & alors l'espace compris entre ces deux figures terminées par le mouvement de cette ligne, s'appelle *Prisme*.

Les deux figures ABCD, $abcd$, sont les bases du prisme.

Si la ligne Aa (*fig.* 25.) qui a décrit le prisme par son mouvement, est perpendiculaire au plan de la base, le prisme est appellé *droit*, & si elle est oblique, le prisme est *oblique*.

Si la base est un triangle (*fig.* 26.), on l'appelle *Prisme triangulaire*.

Si la base est une figure de plusieurs côtés (*fig.* 27.), on l'appelle *Prisme multilatere* ou *Prisme polygone*, qui recevra les différens noms de sa base, comme prisme pentagone, exagone, &c.

II. Mais si la base est un parallelogramme (*fig.* 28.), le prisme est alors appellé *Parallelipipede*; il prend le nom de *Cube* ou d'*Exaedre*, si les figures qui le terminent sont des quarrés.

533. III. Si la base est un cercle comme AB (*fig.* 29.), on ne l'appelle plus prisme, mais *Cylindre*; on nomme *axe du cylindre*, la ligne CD qui passe par les centres des deux bases; si l'axe du cylindre est perpendiculaire au plan de sa base, on le nomme *Cylindre droit*; s'il est oblique, on le nomme *Cylindre oblique*. (fig. 30.)

534. La hauteur d'un prisme ou d'un cylindre est la perpendiculaire bE tirée entre les plans de leurs bases.

535. Remarquez que dans la pyramide triangulaire ABCO (*fig.* 34.) on peut prendre tel triangle que l'on voudra pour base, alors l'angle opposé à la base sera son sommet ; ainsi si l'on prend ACB pour base, O sera le sommet ; & ce sera le point B, si l'on prend AOC.

PROPRIETE'S.

En considerant la maniere dont on a décrit le prisme, on conçoit facilement les propriétés suivantes.

536. I. Le point *a* décrit des lignes *ab, bc, cd, da*, (*fig.* 31.) paralleles & égales aux semblables de la base, lesquelles par conséquent forment des angles égaux, & une figure entierement égale & semblable à celle de la base, & dont le plan est aussi parallele au plan de la base.

537. II. Si au lieu du point *a* on avoit pris le point *e*, on auroit eu la figure *efgh* égale & parallele aux bases du prisme.

538. D'où il suit que *si on coupe un prisme par un plan parallele à la base, la section est une figure égale & parallele à la base.*

539. III. *Le prisme est environné de parallelogrammes, lesquels sont rectangles si le prisme est droit.*

540. IV. On peut considerer le cylindre (*fig.* 32.) comme un prisme, d'une infinité de côtés ; c'est pourquoi ce qu'on a dit du prisme se doit aussi entendre du cylindre.

541. V. *Si l'on coupe un cylindre droit par un plan parallele à sa base, la section sera un cercle* ab ; s'il le coupe obliquement, ce sera une espéce de cercle allongé *cd*, qu'on appelle *Ellipse* ou *ovale*.

C'est dans la considération de ces sections que consistent les *Cylindriques*.

CHAPITRE IV.

De la superficie de la Pyramide & du Cône.

542. I. Concevez une figure plane ABCD (*fig.* 33.) & un point O hors de son plan, auquel soit attachée la ligne droite AO, que je suppose se mouvoir autour de la figure

A B C D., cette ligne décrira des superficies, & l'espace contenu dans ces superficies s'appellera *Pyramide*.

Le point O est le *sommet* de la pyramide.

La figure A B C D (*fig.* 34.) en est la *base*.

Si la base est un triangle, la pyramide s'appellera *triangulaire*; & si la base a plus de trois côtés, on la nomme pyramide *quadrilatere*, *pentagone*, *exagone*, du nombre des côtés de sa base, & généralement *Pyramide polygone*.

543. Si une pyramide triangulaire (*fig.* 34.) est terminée par des triangles équilateraux, on l'appelle *Pyramide réguliere* ou *Tetraedre*.

544. II. Si la base est un cercle (*fig.* 35.), on ne l'appelle plus pyramide, mais *cône* : la ligne O C tirée du sommet au centre de la base, est appellée l'*axe du cône*.

Si l'axe du cône est perpendiculaire ou oblique sur la base, (*fig.* 36.), on l'appelle *Cône droit* ou *oblique*.

545. La *hauteur* d'une pyramide ou d'un cône (*fig.* 37.) est la perpendiculaire O E tirée du sommet sur le plan de la base.

Si l'on continue la ligne A O (*fig.* 38.) par-delà le sommet du cône, le mouvement de la ligne A O formera un autre cône opposé par la pointe au premier.

PROPRIETE'S.

546. *Une pyramide est environnée de triangles qui ont leur sommet en O, & leurs bases autour de la base de la pyramide.*

THEOREME I.

547. Si l'on coupe une pyramide (fig. 39.) *par un plan parallele à sa base* A B C D, *l'on retranchera vers le sommet une pyramide semblable à la premiere* O *a b c d.*

Car les lignes O A, O B, O C & O D, tirées du sommet de la pyramide à la premiere base, sont coupées proportionnellement en *a*, *b*, *c* & *d* par le plan parallele (*N°.* 488.) ; & comme ces lignes sont les mêmes pour les deux pyramides, elles font au sommet des angles égaux pour l'une & pour l'autre. De plus, les angles O *ab*, O A B, & O *ba*, O B A, &c. font intérieurs & extérieurs du même côté, par conséquent égaux (*N°.* 214.) : les angles *d a b*, D A B, &c. des bases sont formés par des lignes paralleles, & par conséquent sont aussi égaux (*N*°. 486.). Donc les bases ont les angles égaux & les côtés proportionnels ; donc elles sont semblables (*N*°. 365.) ; donc les conditions qui déterminent la premiere pyramide, sont semblables à celles qui déterminent la seconde ; donc ces pyramides sont semblables.

COROLLAIRE.

548. D'où il suit que *si l'on coupe une pyramide par un plan parallele à la base, la commune section est une figure semblable à la base.*

THEOREME II.

549. Si l'on coupe une pyramide (fig. 40.) *par un plan qui passe par le sommet, la section est un triangle* o e f.

Cette proposition est évidente.

550. L'on peut considerer le cône comme une pyramide, *d'une infinité de côtés*, parce que le cercle qui sert de base au cône peut être regardé comme un polygone régulier, d'une infinité de côtés. C'est pourquoi ce que nous avons dit de la pyramide se doit aussi entendre du cône.

551. Si un plan coupe un cône ou des cônes opposés (*fig.* 41.), la section sera un triangle O A B, si le plan passe par l'axe du cône ; autrement elle formera un cercle *a b*, si le plan est parallele à la base ; une figure curviligne appellée *Ellipse*, si le plan est oblique à l'axe, & s'il coupe le cône de part & d'autre ; *Parabole* (fig. 42.) si le plan est parallele au côté du cône ; & enfin *Hyperbole* (fig. 43.) s'il est parallele à l'axe, ou s'il passe par la base du cône & par le cône opposé.

C'est dans l'examen de ces trois dernieres sections que consistent les *Traités des Sections coniques,* (a) qui sont d'un usage infini dans la *Geométrie composée,* c'est-à-dire dans celle où l'on considere les propriétés des lignes courbes.

(*a*) Un des meilleurs Ouvrages que l'on ait sur cette matiere, est celui de M. le *Marquis de l'Hopital* ; il y en a aussi un très-bon de M. *l'Abbé de la Chapelle.*

CHAPITRE V.

De l'égalité & de la mesure des surfaces des Corps.

PROPRIETE'S.

552. I. SI on développe un prisme droit (*fig.* 44, 45, 46.) ou un cylindre droit, on aura un parallelogramme rectangle dont la base A B C D A est égale à la circonférence du prisme ou du cylindre, & la hauteur A *a* égale à leur hauteur.

C'est pourquoi *pour avoir la superficie d'un prisme ou d'un cylindre droit, sans comprendre celle des bases, il faut multiplier la circonférence de la base par la hauteur du cylindre.*

553. II. Mais si l'on développe un prisme (*fig.* 47. 48.) ou un cylindre oblique, (*a*) on aura une figure irrégulière, qui sera une manière de parallelogramme mixte, égal à un rectangle qui auroit même largeur & même hauteur A *a*; & cette largeur se prend par une ligne *e f g h e* perpendiculaire à la hauteur du parallelogramme mixte, formée par la section d'un plan perpendiculaire à la longueur du prisme ou du cylindre.

C'est pourquoi pour avoir la surface d'un prisme ou d'un cylindre oblique, il faut multiplier son côté par le contour pris sur une ligne perpendiculaire à sa longueur.

554. III. Si une pyramide est environnée de triangles de même hauteur ou qui sont circonscrits à un cône droit, le développement de cette pyramide sera une figure composée de triangles, qui seront ensemble égaux à un triangle qui auroit même hauteur, & la base égale aux bases de ces triangles.

555. C'est pourquoi *pour avoir la superficie d'une pyramide circonscrite à un cône droit* (fig. 49.), *il faut multiplier la moitié de la hauteur* O E *de l'un des triangles qui l'entourent par la circonférence de sa base* A B C D A. (*N°.* 418.)

(*a*) Ce que l'Auteur dit ici de la surface du prisme & du cylindre oblique n'est exact que pour le prisme. On peut encore en avoir la superficie en prenant en particulier celle de tous les parallelogrammes dont il est environné ; mais pour celle du cylindre oblique, on ne peut la trouver que par approximation & par des méthodes qui ne sont pas du ressort des Elémens de Geométrie.

X

162 ÉLEMENS

556. Pour avoir la superficie d'une pyramide oblique (*fig.* 50.), *il faut chercher celle de tous les triangles qui l'entourent, leur somme donnera la superficie de la pyramide.*

557. IV. Si on développe un cône droit (*fig.* 51.), on aura un secteur de cercle, dont le rayon sera la hauteur O A du cône, & l'arc sera la circonférence de la base. Comme ce secteur est égal à un triangle qui a pour hauteur son rayon & pour base son arc (*N°.* 409.), il s'ensuit que *pour avoir la surface d'un cône droit, il faut multiplier la moitié de son côté O A par la circonférence de sa base.*

558. V. Si le cône droit est *tronqué* (*fig.* 52.), c'est-à-dire s'il est coupé par un plan parallèle à sa base, & si l'on en a ôté la partie de la pointe, la surface du reste étant développée, forme une bordure circulaire, qui a pour largeur la hauteur A *a* du cône tronqué, & pour arcs les circonférences de la grande & de la petite base.

Cette bordure est égale à un trapeze dont la largeur est égale à celle de la bordure, & les deux côtés parallèles égaux aux deux arcs de cette bordure. (*a*)

(*a*) Pour démontrer que le trapeze est égal à la partie du secteur A O A comprise entre les deux arcs A B A, *a b a*, il faut considérer que la base A B A du triangle A O A est égale, par la supposition, à la circonférence de la base du cône, & par conséquent à l'arc A B A du secteur, & que le côté O A ou la hauteur du trapeze, est égal au rayon O A du secteur ou au côté O A du cône entier; qu'ainsi le triangle O A B est égal à la surface du cône entier ou à celle du secteur (*N°.* 409.). Si par le point *a* dans le triangle O A A, on mene *a b a* parallèle à A B A, il est évident que si cette ligne droite est égale à la circonférence de la base supérieure du cône tronqué, ou au petit arc *a b a* du secteur, le petit triangle O *a b a* sera égal à la partie coupée *a* O *b* du cône; c'est pourquoi ôtant ce triangle du total O A B, le trapeze *a* A A *a* sera évidemment égal à la surface du cône tronqué; or c'est ce qui peut aisément se démontrer. Car les triangles O *a a*, O A A étant semblables, l'on a O A . O *a* :: A B . *a b*. Les secteurs semblables O *a a*, O A B donnent aussi O A . O *a* :: A B A . *a b a*; mais deux rapports égaux à un même rapport, sont égaux entr'eux. Donc la base du triangle O A A est à celle du petit triangle O *a a*, comme la base du secteur total est à celle du petit. En permutant, l'on aura, la base du triangle total est à celle du secteur entier, comme la base du petit triangle est à l'arc qui sert de base au petit secteur. Mais par la supposition, les deux premiers termes de cette proportion sont égaux; donc les deux derniers le sont également (*N°.* 71.). Donc la ligne

DE GEOMETRIE. Liv. V.   163

Mais pour avoir la valeur de ce quadrilatere, il faut multiplier la largeur A *a* par la ligne moyenne *m n m*, qui coupe son côté A *a* en deux également (*N*°. 419.). Donc pour avoir la surface du cône tronqué droit, il faut multiplier son côté A *a* par la circonférence *m n m* moyenne arithmétique, entre celles de la grande & de la petite base, c'est-à-dire qui passe par le milieu *m* de son côté A *a*.

Theoreme I.

559. *Si l'on conçoit une ligne droite* S R (fig. 53, 54.) *qui touche un demi-cercle par son milieu* D, *& une tangente* Q *d parallele au diametre* A B, *& que par les extrémités de* R S, *l'on tire* Q L, P N, *perpendiculaires à ce diametre* A B; *si l'on fait tourner toutes ces lignes autour du diametre* A B *comme autour d'un axe, la circonférence décrira la surface d'une sphere, la tangente* S R *décrira la surface d'un cône tronqué autour de la sphere, & la ligne* P Q *décrira la surface d'un cylindre qui sera compris avec le cône tronqué, entre les deux plans paralleles décrits par les lignes* Q L, P N. Toute cette formation étant bien conçue, je dis que *la surface du cône tronqué est égale à la surface du cylindre.*

Pour avoir la surface du cône tronqué décrit par S R, il faut multiplier sa largeur S R par la circonférence moyenne qui passe par D, ou qui a pour rayon M D (*N*°. 558.). Pour avoir celle du cylindre, il faut multiplier sa hauteur P Q par la circonférence de sa base, c'est-à-dire par la circonférence qui passe par P ou qui a pour rayon N P (*N*°. 453.). Il faut donc démontrer que *le produit de* S R, *par la circonférence qui a pour rayon* M D, *est égal au produit de* Q P *par la circonférence qui a pour rayon* N P.

Pour cela menez S T perpendiculaire à P N, & tirez le rayon C D, le triangle S R T sera semblable au triangle C M D, car ils ont chacun un angle droit; & de plus, si l'on continue la ligne M D jusqu'à la circonférence du cercle, l'angle S D E étant formé d'une tangente & d'une corde, a pour mesure la moitié de l'arc D A E sur lequel il s'appuye (*N*°. 241.), c'est-à-dire

droite *a b a*, base du petit triangle O *a b*, est égale à l'arc *a b a* du petit secteur O *a a*. Donc, &c.

qu'il a pour mesure l'arc AD : l'angle MCD a pour mesure le même arc AD (N°. 240.) ; donc l'angle MCD est égal à l'angle SDM ou à SRT, qui lui est égal à cause des paralleles MD, NR (N°. 214.). Les triangles SRT, MCD, ayant deux angles égaux, sont semblables (N°. 370.) ; donc ils ont les côtés opposés aux angles égaux, proportionnels ; donc CD . SR :: DM . ST. En permutant l'on a CD . DM :: SR . ST (N°. 67.). Si au lieu de CD l'on prend son égale Cd ou NP, & au lieu de ST, QP, on aura alors NP . MD :: SR . QP. Mais si à la place des rayons NP, MD, l'on met leurs circonférences qui sont en même raison (N°. 381.), alors la circonférence de NP sera à la circonférence de MD comme SR est à PQ. Mais comme dans toute proportion le produit des extrêmes est égal à celui des moyens (N°. 75.), le produit de QP par la circonférence de NP qui forme la superficie du cylindre, est égal au produit de SR par la circonférence de MD qui forme le cône tronqué. c. q. f. d.

Corollaires.

560. Si l'on environne le demi-cercle de tangentes s, s, s, &c. (*fig*. 55.) qui touchent aussi le cercle par leur milieu, & si on tire les lignes ED, ed, ed, &c. par les points où ces tangentes se rencontrent, qui soient perpendiculaires au diametre ; enfin si l'on tire une tangente MN parallele à ce diametre AB, le demi-cercle formera la surface d'une sphere, les petites tangentes s, s, s, formeront des cônes tronqués autour de la sphere, & les parties Dd, dd, dd, de la tangente MN décriront des cylindres droits de même hauteur que les cônes tronqués, puisqu'ils sont entre les mêmes plans paralleles.

561. 1°. *Chaque superficie du cône tronqué S est égale à chaque superficie* Dd *du cylindre qui lui répond ou qui est compris entre les mêmes plans paralleles.*

562. 2°. *La superficie de tous les cônes tronqués qui environnent la sphere, est égale à la superficie de tous les petits cylindres formés par les parties de la ligne* MN, *& compris entre les mêmes plans paralleles ou à la superficie du cylindre entier décrit par la ligne* MN.

563. 3°. Si les tangentes s, s, s, sont supposées infiniment petites, elles ne differeront pas de la demi-circonférence ; par

conséquent les surfaces des cônes tronqués qu'elles forment, ne différeront pas de la surface de la sphere : mais les surfaces de ces cônes tronqués sont égales à la surface du cylindre formé par toute la ligne MN. Donc *la surface de la sphere est aussi égale à la surface du cylindre, qui a pour base un grand cercle de la sphere, & pour hauteur son diametre* MN *ou* AB.

D'où il suit que pour avoir la surface d'une sphere, il faut multiplier la circonférence de son grand cercle par son diametre.

Théoreme II.

564. *La surface de la sphere est quadruple à celle de son grand cercle.*

Pour avoir la surface de la sphere, (*fig.* 57.) il faut multiplier la circonférence de son grand cercle DED par le diametre AB; & pour avoir celle du grand cercle, il faut multiplier sa circonférence par la moitié du rayon ou par le quart du diametre AB (*N°.* 417 & 424.). Or les superficies qui ont des produisans égaux, sont entr'elles comme les inégaux (*N°.* 430.). Donc la surface de la sphere est à celle de son grand cercle, comme le diametre est au quart du diametre; donc elle est quadruple de celle de son grand cercle. c. q. f. d.

Théoreme III.

565. *Le quarré du diametre de la sphere est à la superficie de la sphere comme le diametre est à la circonférence de son grand cercle.*

Pour avoir le quarré du diametre, il faut multiplier le diametre par lui-même (*N°.* 333 & 414.), & pour avoir la surface de la sphere, il faut multiplier le diametre par la circonférence de son grand cercle (*N°.* 564.). Donc le quarré du diametre & la superficie de la sphere ayant le diametre pour produisant commun, sont entr'eux comme le diametre est à la circonférence. (*N°.* 430.)

C'est pourquoi le quarré du diametre de la sphere est à sa surface comme 7 à 22, ou comme 113 à 355. (*N°.* 382 & 425.)

Théoreme IV.

566. *La surface d'une calotte spherique est égale au produit de la circonférence d'un grand cercle de la sphere par la hauteur* AE *de la calotte.* (fig. 56.)

Car elle eſt égale à la ſurface d'un cylindre qui a pour baſe un grand cercle de la ſphere, & pour hauteur celle de la calotte. (N°. 561 & 562.)

COROLLAIRE.

567. D'où il ſuit que *la ſurface d'une zone terminée par deux cercles paralleles* GH, KL, *eſt égale au produit de la circonférence d'un grand cercle de la ſphere par la hauteur perpendiculaire* EF *de la zone.*

CHAPITRE VI.

Du rapport des Surfaces des Corps.

568. ON peut rapporter ici tout ce que nous avons dit du rapport des figures planes, ajoûtant ſeulement que ſi deux corps ſont ſemblables, c'eſt-à-dire s'ils ſont terminés par des figures ſemblables, leurs ſurfaces ſont entr'elles comme les figures formées par des ſections faites avec des circonſtances ſemblables, ou comme les quarrés des lignes ſemblablement tirées dans les figures qui les terminent.

C'eſt pourquoi les ſurfaces des ſpheres A & *a* ſont entr'elles comme les quarrés B & *b* de leurs diamétres. (*fig.* 58, 59.)

Elem de Geom. LIVRE V. Planche I.

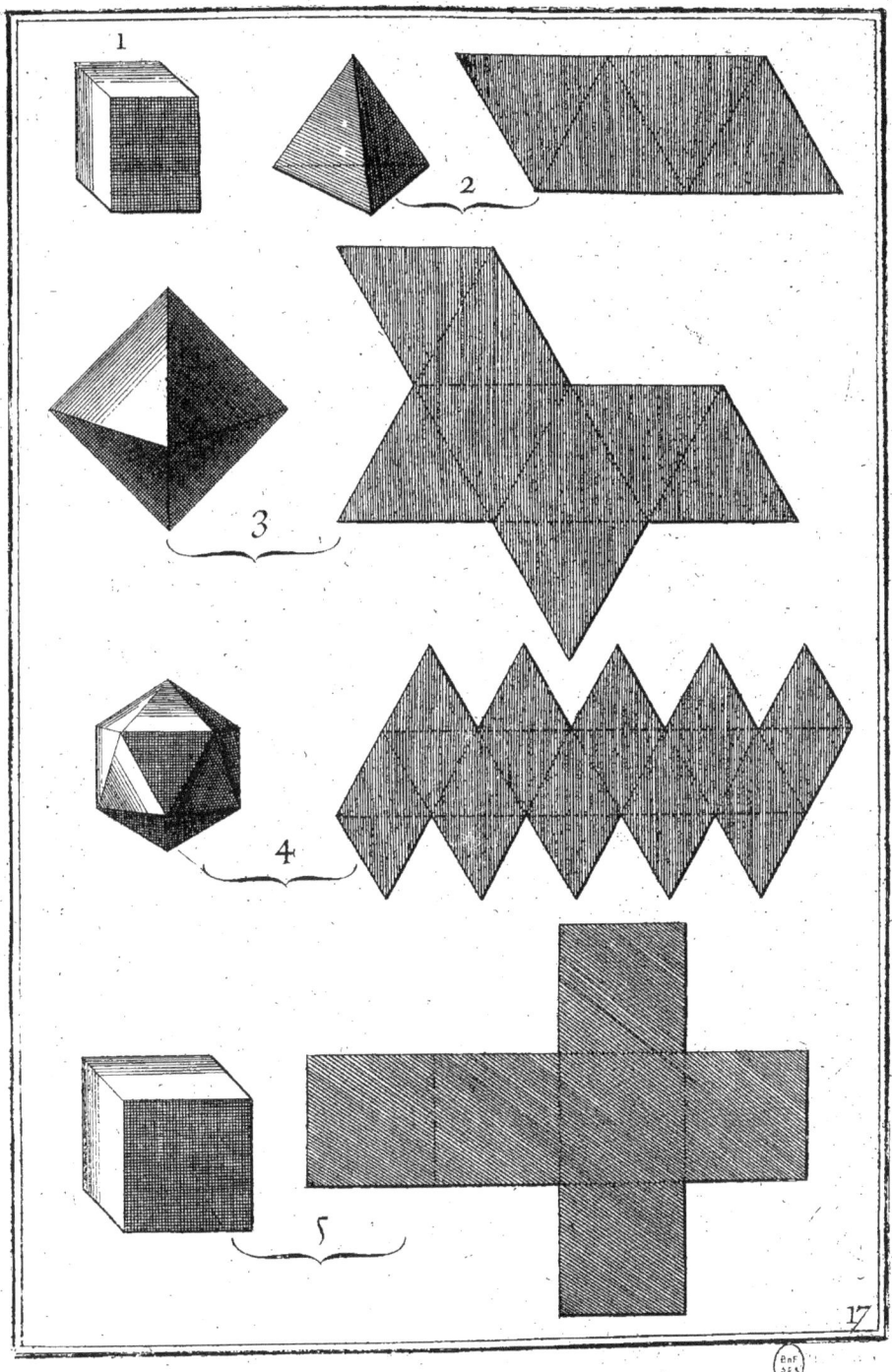

Elem de Geom. LIVRE V. Planche II.

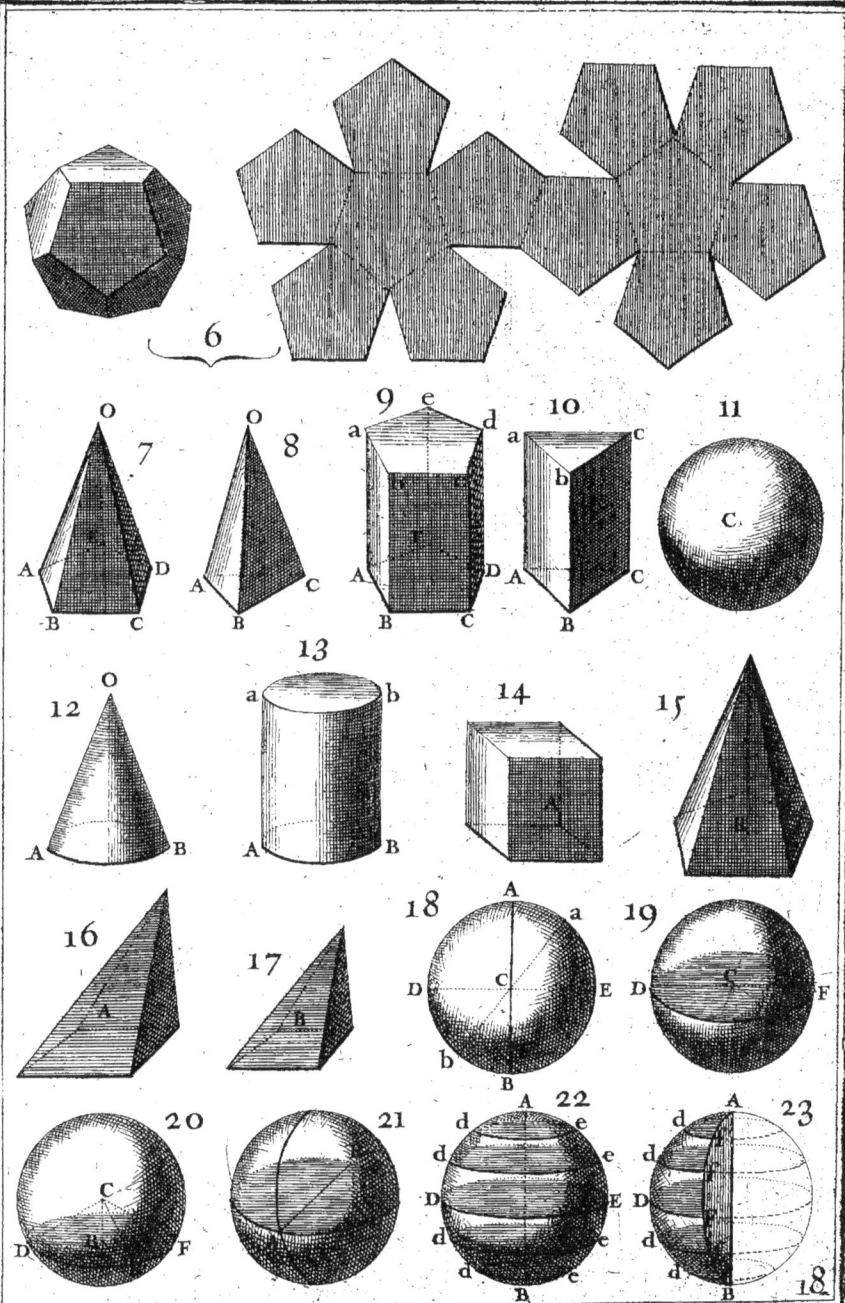

Elem de Geom. LIVRE V. Planche III.

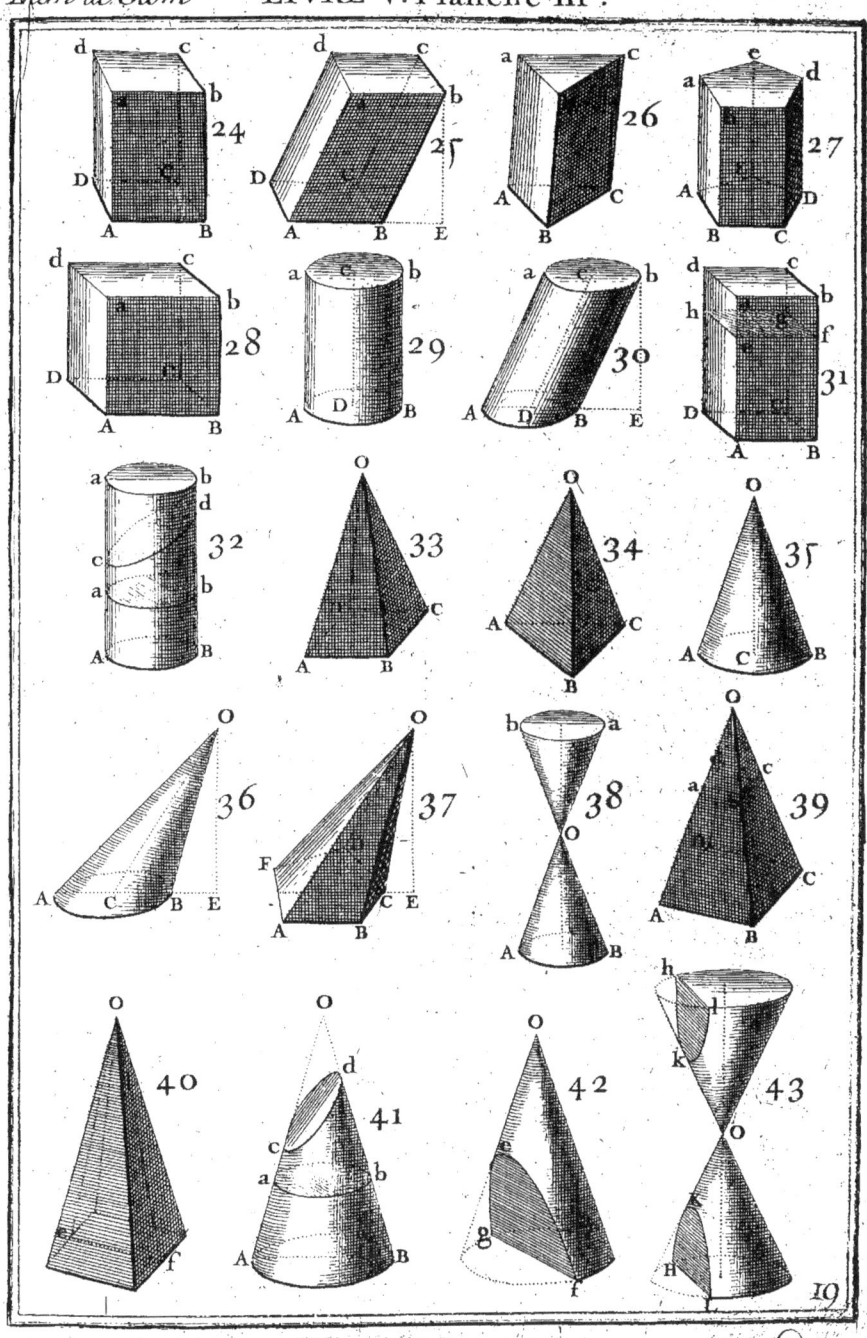

19

Elem. de Geom.   LIVRE V. Planche IV.

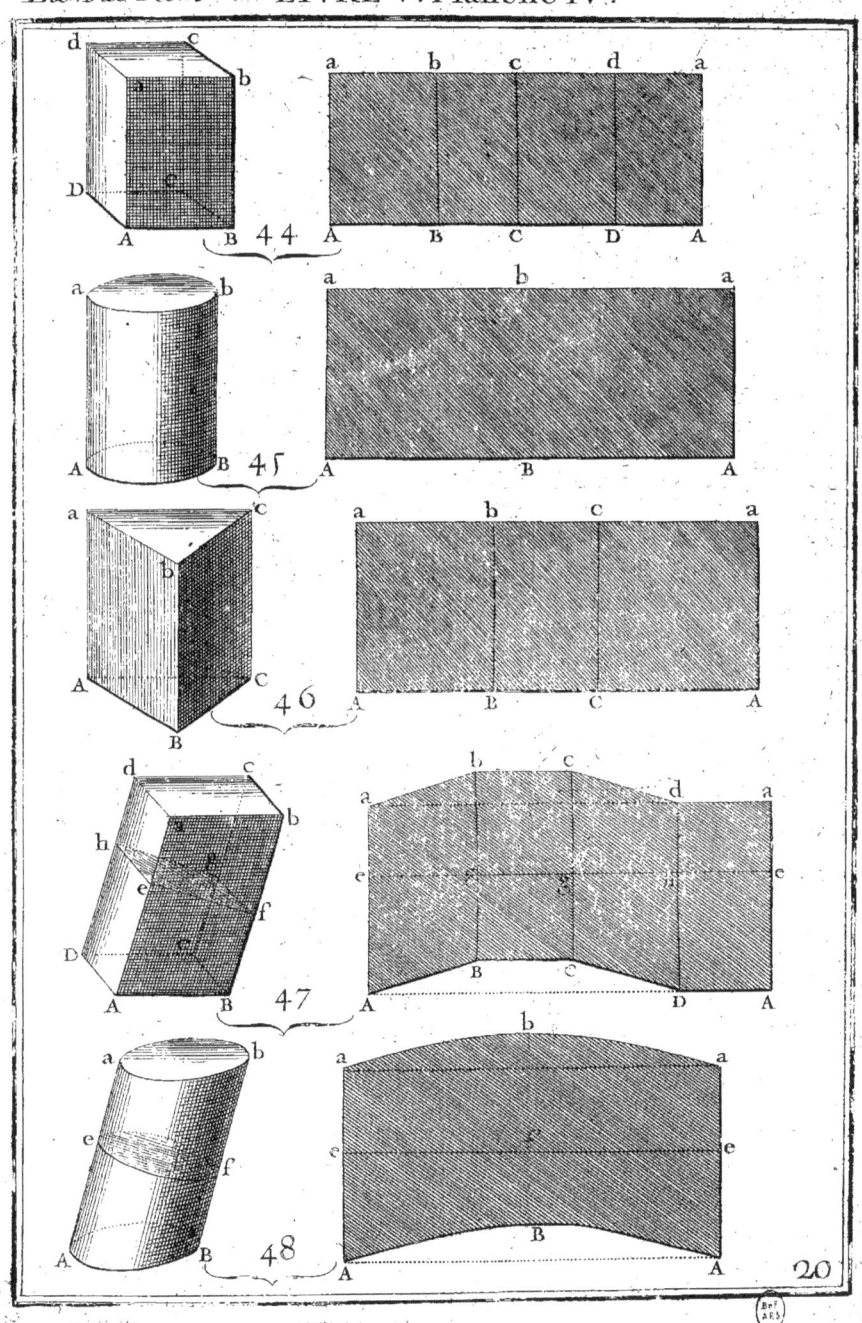

20

Elem. de Geom. LIVRE V. Planche V.

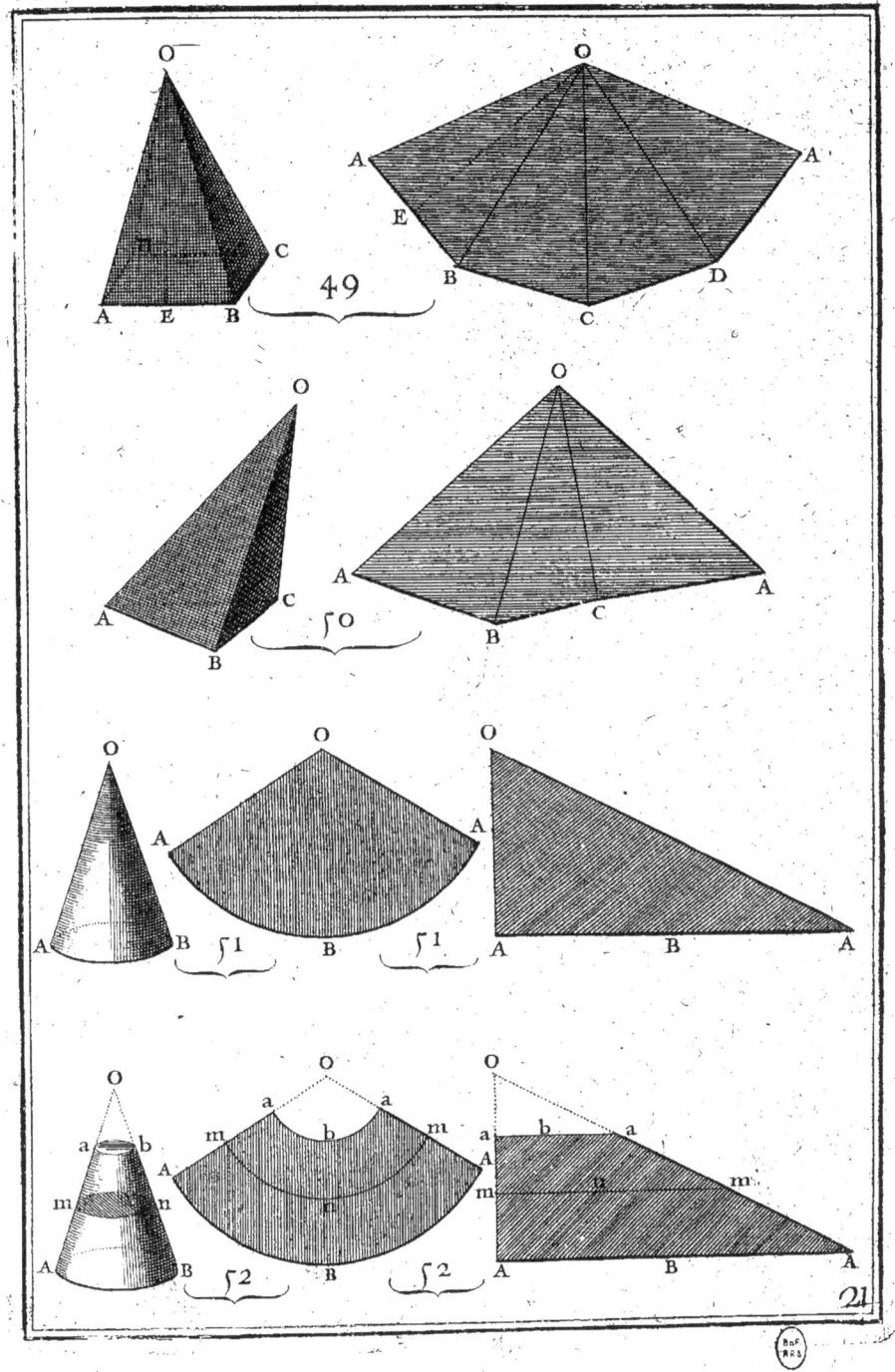

Elem. de Geom.   LIVRE V. Planche VI.

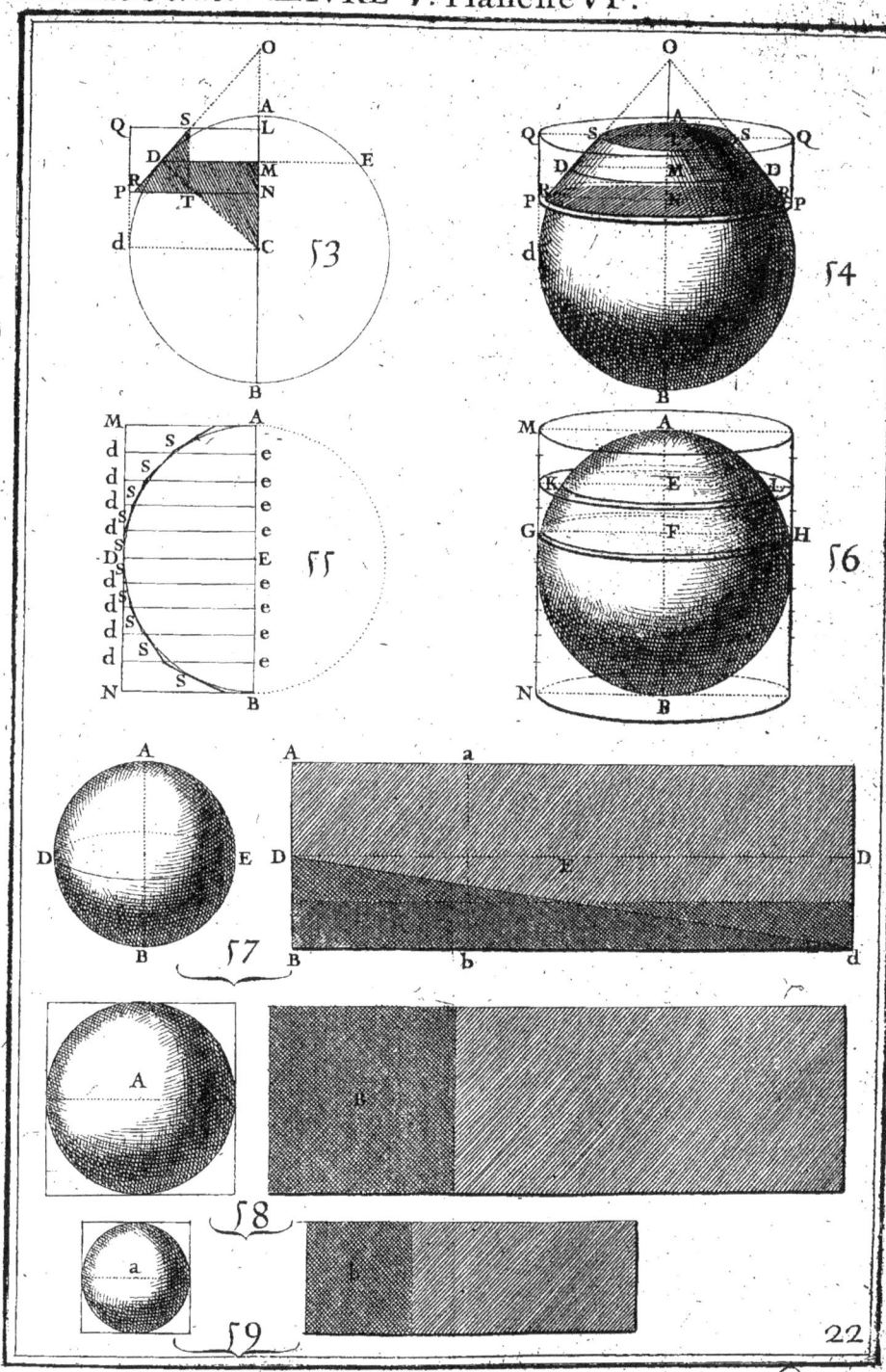

DE GEOMETRIE. Liv. VI.

LIVRE SIXIÉME.
DES CORPS OU DES FIGURES SOLIDES
considérées par leur solidité.

569. POur connoître la solidité d'un corps, il faut faire les mêmes réflexions que pour connoître l'aire d'une figure superficielle, avec cette différence que dans une surface on ne considere que deux dimensions, & que dans le corps il faut avoir égard à trois.

CHAPITRE I.
Des Indivisibles pour les Solides.

570. SI on divise un corps par des surfaces paralleles (*fig.* 1, 2, 3.) qui soient éloignées les unes des autres d'une distance infiniment petite, mais égale, ces superficies couperont ce corps en tranches, qui formeront des prismes, dont la base sera égale à la section que la superficie a formée en divisant le corps, & la hauteur sera infiniment petite : ces tranches sont appellées *Elémens* de ce corps, & ces élémens sont appellés *indivisibles*, parce que l'on ne considere plus leur épaisseur comme divisible. On peut considerer un livre avec ses feuilles, ou un jeu de cartes, comme un parallelipipede divisé grossierement en ses élémens.

571. Pour comparer deux corps par le moyen de leurs élémens, il faut (*fig.* 4.) faire les mêmes réflexions qu'aux élémens des figures planes (*a*) ; c'est-à-dire, prendre garde non seulement à la grandeur de chaque élément, mais encore à leur nombre

---
(*a*) Voyez les N°. 392, 399, 400, 401 & 402.

qui est aussi déterminé par une ligne perpendiculaire EF, ou également inclinée sur tous les élémens.

572. Si on divise un corps en cubes droits A (*fig.* 5.) ou en cubes obliques ou allongés, en lozanges B (*fig.* 6.), ce corps sera appellé, divisé en *unités*. On pourroit encore diviser un corps C ou D (*fig.* 7 & 8.), en pyramides, prismes, &c.

On peut appliquer ici tout ce que nous avons dit des unités des surfaces, *N°.* 411 & 412.

CHAPITRE II.

De l'égalité des Figures solides.

PROPRIETE'S.

THEOREME I.

573. *Les prismes & les cylindres qui ont les bases & les hauteurs égales, sont égaux.*

Car si on les suppose compris entre les mêmes plans paralleles X & Y, (*fig.* 9.) & que l'on divise l'un & l'autre dans ses élémens, il y en aura le même nombre dans l'un que dans l'autre, puisqu'ils sont supposés de même hauteur. Mais chaque élément de A est égal à sa base, comme chaque élément de B est aussi égal à sa base, & ces bases sont supposées égales. Donc les élémens de A & de B sont égaux; donc y ayant même nombre d'élémens égaux dans les prismes & dans les cylindres de même base & de même hauteur, ils sont égaux. c. q. f. d.

THEOREME II.

574. *Les pyramides & les cônes qui ont les bases & les hauteurs égales, sont égaux.*

Pour le démontrer, il faut supposer qu'ils sont compris entre les mêmes plans paralleles X & Y (*fig.* 10.), & divisés dans leurs élémens par des plans paralleles à leurs bases; alors chaque élément de l'un sera égal à chaque élément de l'autre; par exemple, l'élément *a* à l'élément *b*; car l'élément *a* est une figure semblable à la base A; & l'élément *b* est aussi une figure semblable

à sa

DE GEOMETRIE. Liv. VI. 169

à sa base B (*a*). Mais *a* est à A, comme les quarrés de leurs côtés homologues *dg* & DG (N°. 434.), & les triangles *odg*, ODG, étant semblables, *dg* . DG :: *od* . OD. Donc aussi l'élément *a* est à sa base A, comme le quarré de *od* est au quarré de OD (N°. 82.); par la même raison l'élément *b* est à sa base B comme le quarré de *oe* est au quarré de OE. Mais le quarré *od* est au quarré de OD, comme le quarré *oe* est au quarré OE, ces lignes étant coupées par trois plans paralleles (N°. 489.). Donc *a* . A :: *b* . B; les bases A & B qui font les conséquens, étant supposés égaux, les élémens *a* & *b* qui en sont les antécédens, le sont aussi (N°. 71.). Il est évident qu'on démontrera la même chose de tous les autres élémens. Donc puisque chaque élément de OA est égal à chaque élément de OB, & qu'il y en a le même nombre dans l'un & dans l'autre, puisque ces solides ont la même hauteur, il s'ensuit qu'ils sont égaux. Donc les pyramides & les cônes qui ont des bases & des hauteurs égales, sont égaux. c. q. f. d.

THEOREME III.

575. *Tout parallelipipede* X *(fig.* 11.*) se peut diviser en deux prismes triangulaires égaux, par un plan* BDdb *qui le coupe diagonalement.*

Cette proposition est évidente, les deux prismes dans lesquels le parallelipipede est partagé, ayant des bases & des hauteurs égales (N°. 573.)

THEOREME IV.

576. *Tout prisme triangulaire* (fig. 12.) *se peut partager en trois pyramides triangulaires égales entr'elles.*

Soit le prisme triangulaire *abc* ABC: du point *a* par la ligne BC, faites passer un plan qui retranchera la pyramide *a* ABC; par le point C & la ligne *ab*, faites passer un second plan qui partagera le reste du prisme dans les deux pyramides *ab*BC, *abc*C; il s'agit de prouver que ces trois pyramides triangulaires sont égales entr'elles.

(a) Voyez (Theorême N°. 547.) la maniere de démontrer que la section d'une pyramide par un plan parallele à la base, est une figure semblable à cette base.

Y

1°. Si l'on compare les deux pyramides aABC, abBC, leurs bases aAB, abB sont égales, étant moitiés du parallelogramme aABb (N°. 335.), & elles ont leur sommet au même point C. Donc ces pyramides ayant des bases & des hauteurs, égales, elles sont égales. (N°. 574.)

2°. Si l'on compare la pyramide abBC à la troisième pyramide abcC, l'on trouvera que les bases bBC, bcC sont égales, étant moitiés d'un même parallelogramme, & qu'elles ont le même sommet a, par conséquent elles sont égales : or les deux pyramides aABC, abcC étant égales à la troisième abBC, sont aussi égales (N°. 9.). Donc le prisme triangulaire se peut diviser en trois pyramides triangulaires égales entr'elles. c. q. f. d.

COROLLAIRE.

577. D'où il suit *qu'une pyramide triangulaire* aABC *est le tiers d'un prisme triangulaire qui a même base & même hauteur.*

THEOREME V.

578. *Toute pyramide est le tiers d'un prisme* (fig. 13, 14.) *qui auroit même base & même hauteur.*

Car 1°. les bases ABCDE du prisme & de la pyramide étant supposées égales & semblables, si d'un point E l'on tire des lignes aux autres angles, elles seront divisées en même nombre de triangles égaux. 2°. Par les lignes eb & EB, ec & EC paralleles dans le prisme, faites passer des plans, ils diviseront le prisme en trois prismes triangulaires (N°. 576.). Par le sommet O de la pyramide & par les lignes EB, EC de la base, faisant aussi passer des plans, la pyramide sera partagée en trois pyramides triangulaires : or chaque pyramide triangulaire, comme OABE, est le tiers de chaque prisme triangulaire eabEAB, qui lui répond, puisqu'ils ont même base & même hauteur (N°. 577.). Donc toute la pyramide est aussi le tiers de tout le prisme. c. q. f. d.

COROLLAIRES.

579. I. On peut considérer le cône (*fig.* 15, 16.) comme une pyramide, d'une infinité de côtés ; ainsi que le cylindre comme un prisme, d'une infinité de côtés. (N°. 540 & 550.)

DE GEOMETRIE. Liv. VI.

C'est pourquoi *le cône est le tiers d'un cylindre de même base & de même hauteur.*

580. II. On peut confiderer la fphere (*fig.* 17.) comme un affemblage de petites pyramides dont les fommets font au centre, & leurs bafes infiniment petites à la furface de la fphere, & qui ont leur hauteur égale au rayon de la fphere.

Ces pyramides font toutes enfemble égales à une feule pyramide ou à un cône de même hauteur, qui auroit la bafe égale à toutes les bafes de ces pyramides qui forment la fuperficie de la fphere.

C'est pourquoi *la fphere est égale à une pyramide ou à un cône qui a pour bafe fa fuperficie, & pour hauteur fon rayon.*

581. Toute figure folide fe peut partager ou divifer en prifmes ou en pyramides.

CHAPITRE III.

De la mefure des Figures folides.

582. ON dit que la folidité d'un corps est connue, lorfqu'on fçait combien elle contient de mefures connues.

Ces mefures font déterminées ou indéterminées.

583. La mefure déterminée des corps est le *Cube* (*fig.* 18.) dont les dimenfions font d'une quantité connue, comme d'un pied, d'une toife, &c. elle fert à connoître la folidité du corps.

584. Les mefures indéterminées font le *Cube oblique,* (fig. 19.) les prifmes, les pyramides, &c. elles fervent à connoître le rapport que les corps ont entr'eux.

Theoreme I.

585. *Les prifmes & les cylindres* (fig. 20, 21, 22.) *font égaux aux produits de leur bafe par leur longueur.*

Divifez la bafe en unités quarrées ou lozanges, divifez auffi la longueur en parties égales aux côtés de ces unités; par les divifions de la longueur, faites paffer des plans paralleles à la bafe; tout le prifme ou le cylindre fera divifé en autant de tranches qu'il y aura de parties dans la longueur, & chaque tranche contiendra autant de petits cubes droits ou obliques, qui font les unités de ces corps, que la base contient de quarrés ou lozanges. Donc multipliant le nombre des unités de la base par la longueur, l'on aura la solidité du prisme & du cylindre. c. q. f. d.

Remarques.

I.

586. On a donné dans *le troisiéme Livre* la maniere de trouver les surfaces des bases ou le nombre des unités qu'elles contiennent.

II.

587. Les unités qui forment la solidité du prisme & du cylindre, sont des cubes droits, lorsque les lignes que l'on multiplie ensemble sont perpendiculaires les unes aux autres, & ce sont des cubes obliques, lorsque ces lignes sont obliques.

Théoreme II.

588. *Les prismes & les cylindres* (fig. 23.) *sont égaux aux produits de leur base par leur hauteur perpendiculaire.*

Car les prismes & les cylindres obliques sont égaux aux prismes & aux cylindres droits de même base & de même hauteur (N°. 573.); mais les prismes & les cylindres droits sont égaux aux produits de leur base par leur longueur qui est aussi leur hauteur (N°. 585.). Donc les prismes & les cylindres obliques sont égaux aux produits de leurs bases par leur hauteur perpendiculaire.

Remarque.

589. Si les unités de la base sont quarrées & si elles sont multipliées par la hauteur perpendiculaire, ou, ce qui est la même chose, si toutes les lignes qui ont été multipliées ensemble sont perpendiculaires l'une à l'autre, les unités de la solidité du prisme & du cylindre sont des cubes droits.

La proposition précédente avec sa remarque sert de principe pour connoître la solidité des prismes & des cylindres.

Théoreme III.

590. *Les pyramides & les cônes sont égaux* (fig. 24.) *au tiers du produit de leur base par leur hauteur.*

DE GEOMETRIE. Liv. VI.   173

Il suffit pour le démontrer, de considerer que les pyramides & les cônes sont le tiers des prismes & des cylindres de même base & de même hauteur. (N°. 578.)

REMARQUE.

591. Pour avoir le tiers du produit de la base par la hauteur, il faut multiplier la base par le tiers de la hauteur, ou le tiers de la base par la hauteur, ou enfin la base par la hauteur, & prendre le tiers du produit.

THEOREME IV.

592. *La sphere* (fig. 25.) *est égale au tiers du produit de sa superficie par son rayon*, ou, ce qui est la même chose, *au produit de la surface par le tiers de son rayon.*

Car la sphere est égale à un cône qui auroit pour base sa superficie, & pour hauteur son rayon. (N°. 580.)

593. Pour avoir la solidité des autres corps, il faut les réduire en prisme ou en pyramides, & chercher la valeur de chacun de ces solides.

CHAPITRE IV.

Du rapport des Corps.

594. ON a vû précédemment quelles sont les lignes qu'il faut multiplier ensemble pour avoir la solidité des corps; on les appellera *les Produisans des figures solides.*

595. En comparant une figure solide avec une autre, il faut supposer que les produisans de l'une font ensemble des angles égaux à ceux que font les produisans de l'autre, afin que les unités des unes soient égales aux unités des autres; ces unités seront des cubes parfaits ou rectangles, si les produisans sont perpendiculaires l'un à l'autre, & ces unités seront des cubes imparfaits ou obliques, si les produisans ne sont pas perpendiculaires l'un à l'autre.

ÉLEMENS
P'ROPRIETE'S.
Théoreme I.

596. *Deux figures solides sont l'une à l'autre comme le produit des produisans de l'une est au produit des produisans de l'autre.*

Car 1°. si ces figures sont des prismes ou des cylindres, on vient de démontrer qu'ils sont égaux aux produits de leurs produisans : donc ils sont entr'eux comme ces produits. 2°. Si ces figures sont des pyramides, des cônes ou des spheres, elles sont égales au tiers du produit de leurs produisans : or les tiers sont entr'eux comme les tous ; les pyramides, les cônes & les spheres sont aussi entr'eux comme les produits de leurs produisans. 3°. Enfin si les corps sont irréguliers, on les partage en prismes & en pyramides, qui sont entr'elles comme les produits de leurs produisans. Donc toutes les figures solides sont entr'elles comme les produits de leurs produisans. c. q. f. d.

Corollaires.

597. D'où il suit que si l'on multiplie ensemble deux dimensions d'un corps solide pour servir de base ; & si l'on considere cette base comme un seul produisant de la figure solide, & la troisiéme dimension pour un autre produisant, on pourra appliquer aux corps solides tout ce qu'on a dit des figures superficielles, sçavoir que

598. 1°. *Les solides qui ont les produisans égaux, sont égaux.*

599. 2°. *Les solides qui ont les produisans égaux & d'autres inégaux, sont entr'eux comme les inégaux.*

C'est-à-dire que ceux qui ont des bases A & a égales (*fig.* 26. 27.) sont entr'eux comme les hauteurs BC & bc.

Ou ceux qui ont même hauteur BC & bc, (*fig.* 28.) sont entr'eux comme leurs bases A & a.

Remarque.

600. Si on compare des pyramides, des cônes ou des spheres avec des prismes ou des cylindres, il ne faut prendre que le tiers de leur hauteur ou de leurs bases, parce qu'ils ne sont que le

DE GEOMETRIE. Liv. VI.

tiers des prismes ou cylindres qui auroient même base & même hauteur. (N°. 578.)

601. 3°. *Les solides* (fig. 29.) *qui ont les deux produisans réciproques, sont égaux.*

Comme si B C . b c :: a . A: C'est-à-dire si la hauteur B C & la base A d'un corps sont les extrêmes d'une proportion, & si la base a & la hauteur b c d'un autre sont les moyens, ces corps sont égaux ; car ils sont entr'eux comme le produit de leurs produisans (N°. 596.). Mais le produit des extrêmes qui sont les produisans de l'un, est égal au produit des moyens qui sont les produisans de l'autre. Donc, &c.

602. 4°. *Si les deux produisans* B C *&* A *(fig. 30.) d'un corps sont proportionnels aux deux produisans* b c *&* a *d'un autre, ces deux corps sont entr'eux comme les quarrés des produisans semblables* B C, *&* b c.

Comme si B C . b c :: A . a ; c'est-à-dire si la hauteur B C de l'un est à la hauteur b c de l'autre, comme la base A du premier est à la base a du second, les deux corps sont entr'eux comme les quarrés des hauteurs B C & b c.

Car ces corps seront entr'eux comme le produit de leurs produisans, c'est-à-dire comme le produit des antécedens A, B C, qui sont les produisans de l'un, est au produisant des conséquens a, b c, qui sont les produisans de l'autre. Or ces quatre quantités étant proportionnelles, le produit des antécedens est au produit des conséquens, comme le quarré d'un antécédent est au quarré de son conséquent (N°. 88.), c'est-à-dire comme le quarré de A est au quarré de a, ou comme le quarré de B C est au quarré de b c. Donc ces corps sont entr'eux comme les quarrés de leurs produisans homologues.

Mais si l'on considere dans les corps leurs trois dimensions, qui en sont les produisans, je dis que,

Theoreme II.

603. *Si les trois produisans d'un corps sont proportionnels aux trois produisans d'un autre corps, ces corps seront entr'eux en raison triplée de leurs produisans homologues, ou, ce qui est la même chose, comme les cubes de leurs produisans homologues.*

Car 1°. Supposons deux parallelipipedes rectangles, (*fig. 31.*)

dont les produifans foient proportionnels, c'eſt-à-dire que BC.
bc :: CD. cd :: DE. de, l'un de ces parallelipipedes fera égal
au produit des trois antécedens BC, CD & DE; & l'autre le
fera au produit des trois confequens bc, cd & de. Ils feront
donc entr'eux comme le produit des antécedens eſt au produit
des conſéquens (N°. 596.); mais fix quantités étant proportionnelles, le produit des trois antééedens eſt au produit des trois
conſéquens, comme le cube d'un antécédent eſt au cube de fon
conſéquent (N°. 89.). Donc ces parallelipipedes font entr'eux
comme les cubes de leurs produifans homologues BC & bc, ou
CD & cd, &c.

604. 2°. Si ces figures font des priſmes triangulaires, elles font
les moitiés des parallelipipedes de même baſe & de même hauteur, ou qui auroient leurs mêmes produifans : or les moitiés font
entr'elles comme leurs tous. Donc *les priſmes triangulaires droits
font auſſi entr'eux comme les cubes des produifans homologues.*

605. 3°. Si ces figures font des priſmes polygones, elles ſe partagent en priſmes triangulaires, qui font entr'eux comme les cubes des produifans homologues. *Donc les priſmes droits font auſſi
entr'eux comme les cubes des produifans.*

606. 4°. Si ces parallelipipedes ou priſmes font obliques, ils
font égaux aux droits, qui auroient même baſe & même hauteur, leſquels étant entr'eux comme les cubes des produifans homologues, les *obliques feront auſſi entr'eux comme ces mêmes cubes.*

607. 5°. Si ces figures font des pyramides, elles font les tiers
des priſmes de même baſe & de même hauteur. Or les tiers font
en même raiſon que les tous. *Donc les pyramides qui ont leurs
produifans proportionnels, font auſſi entr'elles comme les cubes de
leurs côtés homologues.*

608. 6°. Enfin les cylindres & les cônes font confiderés comme des priſmes ou des pyramides d'une infinité de côtés. *Donc
les cylindres ou les cônes, qui ont les produifans proportionnels,
font auſſi entr'eux comme les cubes des côtés homologues.*

COROLLAIRE.

609. D'où il fuit *que tous les corps femblables ayant les produifans proportionnels, font entr'eux en raiſon triplée, ou comme les
cubes de leurs côtés homologues.*

DE GEOMETRIE. Liv. VI.

610. C'est pourquoi *les spheres sont aussi entr'elles comme les cubes de leurs diamétres.*

THEOREME III.

611. *La sphere est au cylindre circonscrit* (fig. 32.) *comme 2 à 3, c'est-à-dire qu'elle en est les deux tiers.*

Car 1°. la sphere & le cylindre sont entr'eux comme le produit de leurs produisans : or pour avoir la solidité de la sphere, il faut multiplier sa surface par le tiers de son rayon (N°. 592.); mais pour avoir sa surface il faut multiplier la circonférence de son grand cercle par son diamétre (N°. 564.), de sorte que les produisans de la sphere sont *le tiers du rayon, la circonférence d'un grand cercle & son diamétre.*

2°. Pour avoir la solidité du cylindre circonscrit, il faut multiplier sa base par sa hauteur, qui est le diamétre de la sphere; mais pour avoir sa base, il faut multiplier sa circonférence, qui est celle d'un grand cercle de la sphere, par la moitié de son rayon (N°. 424.); de sorte que les produisans du cylindre sont *le diamétre de la sphere, la circonférence d'un grand cercle, & la moitié du rayon.* Mais la sphere & le cylindre ayant le diamétre & la circonférence pour produisans égaux, sont entr'eux comme les inégaux ; c'est-à-dire, comme le tiers du rayon est à la moitié du rayon, ou comme $\frac{1}{3}$ est à $\frac{1}{2}$; réduisant ces deux fractions à une même dénomination, elles deviendront $\frac{2}{6}$ & $\frac{3}{6}$, qui sont entr'elles comme 2 est à 3. (N°. 64.) Donc, &c.

THEOREME IV.

612. *La sphere est au cube de son diamétre* (fig. 33.) *comme la sixiéme partie de la circonférence d'un grand cercle est à son diamétre.*

L'on a vû que les produisans de la sphere sont le tiers du rayon ou la sixiéme partie du diamétre, le diamétre & la circonférence de son grand cercle, ou bien le diamétre, le diamétre & la sixiéme partie de la circonférence ; & les produisans du cercle, sont le diamétre, le diamétre & le diamétre. Or la sphere est au cube de son diamétre comme les produisans inégaux; c'est-à-dire, comme la sixiéme partie de la circonférence est au diamétre.

613. D'où il suit que la circonférence étant au diamétre à peu près comme 22 à 7, ou en multipliant les deux termes de ce rapport par 3, comme 66 à 21, la sphere sera au cube de son diamétre comme 11 à 21, ou plus exactement comme 355 à 678, en supposant que la circonférence est au diamétre comme 355 est à 113.

Fin des Elémens de Geométrie.

Elem. de Geom.   LIVRE VI. Planche I.

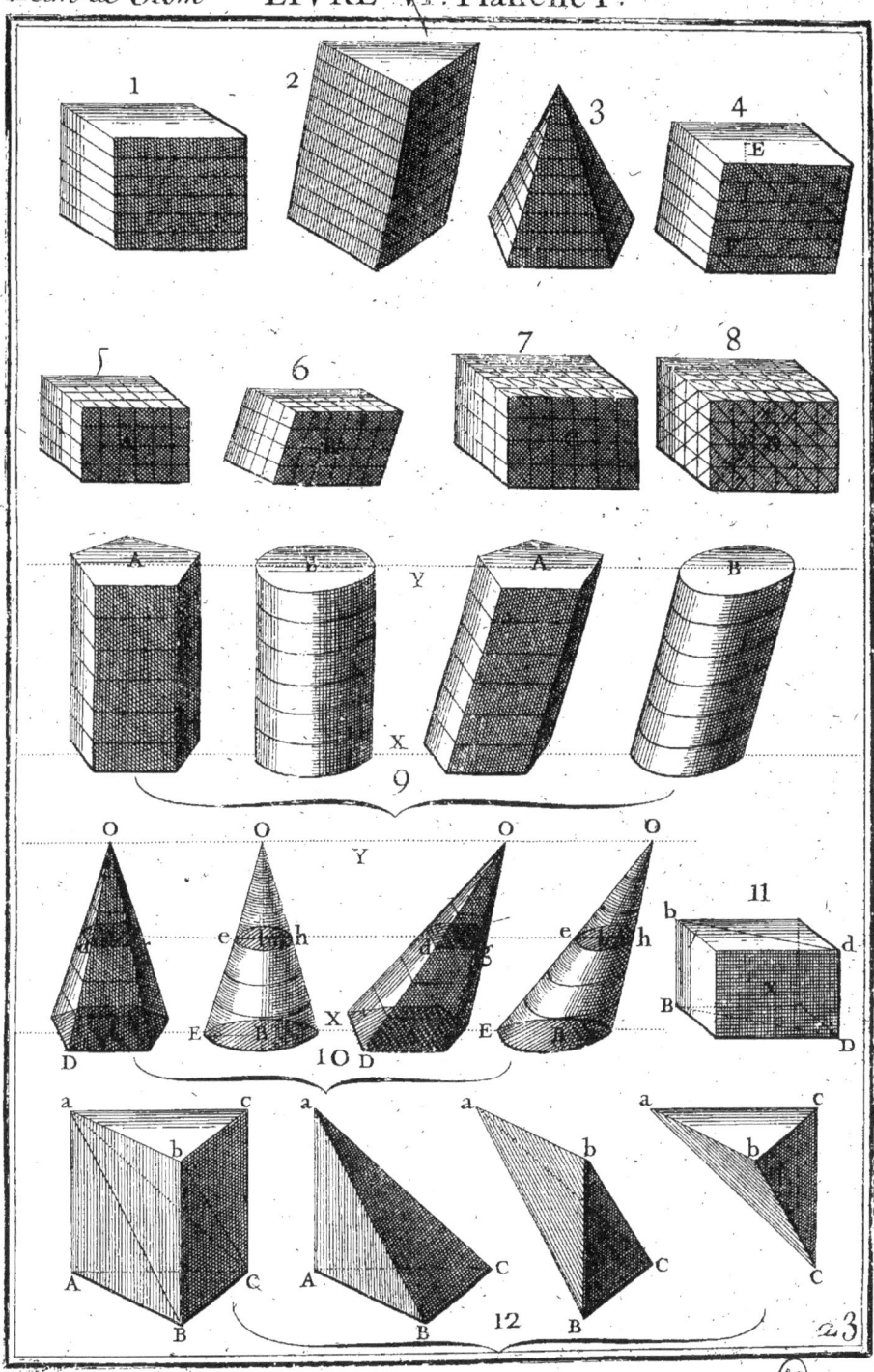

Elem. de Geom. LIVRE VI. Planche II.

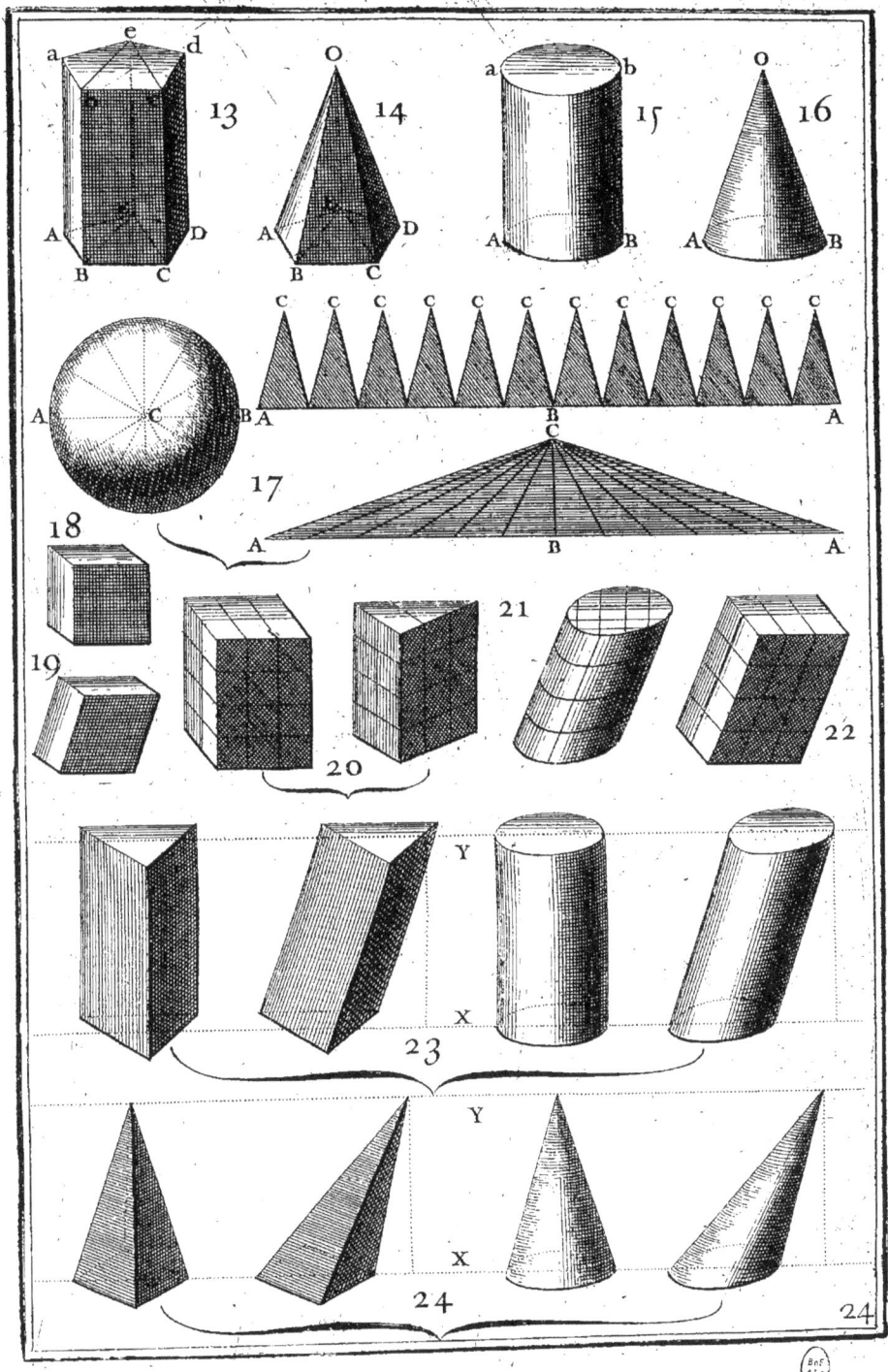

Elem de Geom. LIVRE VI. Planche III.

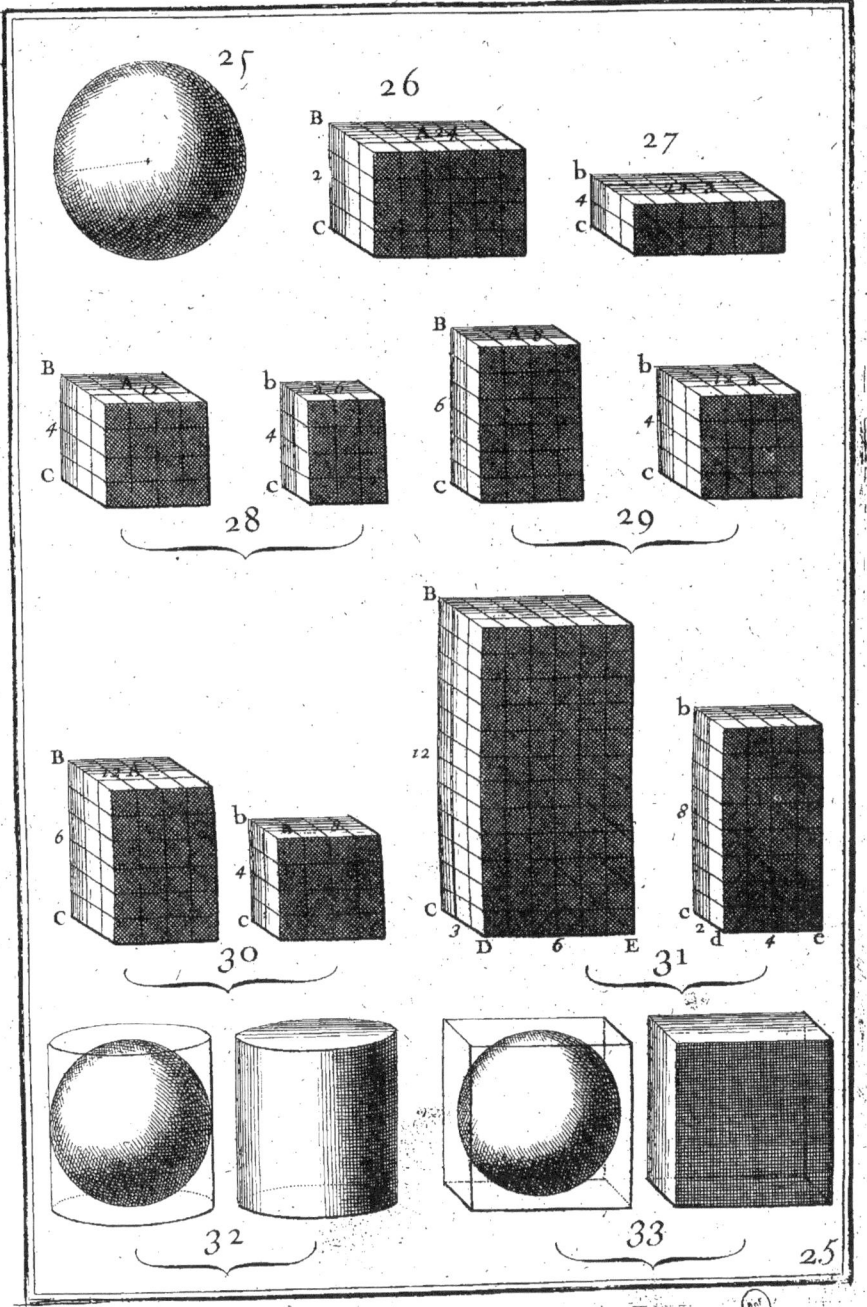

GÉOMÉTRIE
ÉLÉMENTAIRE
ET
PRATIQUE,
DE FEU M. SAUVEUR,
de l'Académie Royale des Sciences ;

Revûe, corrigée & augmentée.

Par M. LE BLOND, Maître de Mathématiques des Enfans de France, des Pages de la grande Écurie du Roi, &c.

SECONDE PARTIE,
CONTENANT
LA GÉOMÉTRIE PRATIQUE.
AVEC FIGURES.

A PARIS,
Chez ROLLIN, Libraire, Quai des Augustins, à S. Athanase, & au Palmier.

M. DCC. LIII.
AVEC APPROBATION ET PRIVILEGE DU ROI.

GEOMETRIE

GÉOMÉTRIE
PRATIQUE.

614.  A GEOMETRIE PRATIQUE est l'art de faire des figures & de les mesurer.

Pour exécuter plus facilement ces choses, il faut établir auparavant quelques principes de pratique, ceux de theorie l'ayant été dans les Elémens de Geométrie : ces principes sont *les Logarithmes, la Trigonométrie rectiligne*, & l'usage de quelques machines, comme *le Compas de proportion*, &c.

Nous diviserons ce Traité en sept Livres.

Le premier traitera des Logarithmes.

Le second, de la Trigonométrie rectiligne.

Le troisiéme, de l'usage du Compas de proportion.

Le quatriéme, de la construction des figures.

Le cinquiéme, de *la Longimétrie*, ou mesure des lignes.

Le sixiéme, de *la Planimétrie*, ou mesure des surfaces.

Le septiéme, de *la Stereométrie*, ou mesure des solides.

Z ij

LIVRE PREMIER.
DES LOGARITHMES.

CHAPITRE I.
DES LOGARITHMES EN GENERAL.
DEFINITIONS.

615. SI l'on propose deux progressions quelconques, dont l'une soit géométrique & l'autre arithmétique, ensorte que les termes de l'une répondent aux termes de l'autre, les termes de la progression géométrique s'appellent *Nombres*, & les termes de la progression arithmétique qui leur répondent, se nomment leurs *Logarithmes*.

Soit la progression géométrique ÷ 1. 2. 4. 8. 16. 32. 64. 128. 256. 512. 1024. 2048. 4096. & l'arithmétique ÷ 0. 1. 2. 3. 4. 5. 6. 7. 8. 9. 10. 11. 12. les termes de la derniere correspondant à ceux de la premiere, en sont les logarithmes. Ainsi le logarithme du nombre 32 est 5, celui de 512 est 9, &c.

Remarquez qu'on peut prendre toute sorte de progression géométrique, soit au dessus ou au dessous de l'unité, pour servir de nombres, & toute sorte de progression arithmétique pour leur servir de logarithmes.

PROPRIETE'S.

616. I. *Dans une progression géométrique les termes également éloignés sont proportionnels.*

Dans la progression géométrique précédente, 1. 4 :: 16. 64. Car le rapport de 1 à 4 est composé du rapport de 1 à 2, & de 2 à 4. (N°. 84, 85 & 86.) De même le rapport de 16 à 64 est composé du rapport de 16 à 32, & celui de 32 à 64. Mais les premiers rapports sont égaux à ces seconds ; donc le rapport composé de 1 à 4 est égal au rapport composé de 16 à 64. (N°. 80.)

617. *Dans une progression arithmétique les termes également éloignés ont une même différence* (a). Ainsi les termes 0. 2. 4. 6. ont une même différence.

C'est pourquoi si quatre termes 1. 4 :: 16. 64 de la progression géométrique sont en proportion géométrique, leurs logarithmes 0. 2 : 4. 6, sont en proportion arithmétique.

618. II. *Quatre termes* 2. 8 :: 16. 64 *de la progression géométrique étant en proportion géométrique, le produit des extrêmes* 2 & 64, *qui est* 128, *est égal au produit des moyens* 8 & 16, *qui est aussi* 128. (N°. 75.)

D'où il suit que l'unité étant le premier terme d'une proportion géométrique 1. 4 :: 16. 64, le quatrième terme 64 sera le produit des moyens 4 & 16.

619. *Dans une progression arithmétique les termes* 1, 3, 4 & 6, *également éloignés, ayant même différence, la somme des extrêmes* 1 & 6, *qui est* 7, *est égal à la somme des moyens* 3 & 4, *qui est aussi* 7. (N°. 107.)

D'où il suit que 0 étant le premier terme d'une proportion arithmétique, 0. 2 : 4. 6, le quatrième terme 6 est la somme des moyens 2 & 4.

620. C'est pourquoi ce que l'on fait par multiplication dans les nombres ou dans la progression géométrique, se fait par addition dans les logarithmes.

621. III. *Dans une proportion géométrique* 2. 8 :: 16. 64, *si l'on divise chaque conséquent* 8 & 64 *par son antécédent* 2 & 16, *les quotiens* 4 & 4 *sont égaux*. (N°. 66.)

Car quatre grandeurs étant proportionnelles, elles le sont encore en renversant : donc 8. 2 :: 64. 16 ; donc $\frac{8}{2} = \frac{64}{16}$. (N°. 79.)

622. C'est pourquoi si l'unité est le premier terme d'une progression géométrique 1. 4 :: 16. 64, le second terme 4 est le quotient du dernier 64 divisé par le troisième 16.

623. *Dans une progression arithmétique* 1. 3 : 4. 6, *si l'on ôte chaque antécédent de son conséquent, les restes* 2 & 2 *seront égaux*.

(*a*) Voyez la démonstration de la proposition du N°. 109.

Cette proposition est évidente par la définition des rapports arithmétiques égaux. (*N°. 98.*)

624. D'où il suit que si o est le premier terme d'une proportion arithmétique, o . 2 : 4 . 6, le second terme 2 est le reste du troisiéme 4 ôté du quatriéme 6.

625. C'est pourquoi lorsqu'il faut diviser dans les nombres, il faut soustraire dans les logarithmes.

Des propriétés ci-dessus il suit,

626. 1°. *Que pour multiplier deux nombres ensemble, il faut ajoûter leur logarithme, & que la somme de ces logarithmes sera le logarithme du produit.*

627. Ainsi pour avoir le logarithme du quarré d'un nombre, il faut doubler le logarithme de ce nombre; & pour avoir le cube, il faut tripler le logarithme de ce nombre, ou le multiplier par 3.

628. 2°. Pour diviser un nombre par un autre, il faut ôter le logarithme du diviseur de celui du nombre à diviser, le reste sera le logarithme du quotient.

629. Ainsi pour avoir le logarithme de la racine quarrée d'un nombre, il faut prendre la moitié du logarithme de ce nombre; & il en faut prendre le tiers pour avoir le logarithme de sa racine cube.

630. 3°. Pour avoir une moyenne proportionnelle entre deux nombres donnés, il faut ajoûter ensemble les logarithmes de ces nombres, & prendre la moitié de leur somme, qui sera le logarithme de la moyenne proportionnelle que l'on cherche.

CHAPITRE II.

Construction des Tables ordinaires des Logarithmes.

631. Dans les tables ordinaires des logarithmes on suppose la progression géométrique $\div$ 1. 10. 100. 1000. 10000. &c. & la progression arithmétique $\div$ 0. 1. 2. 3. 4. &c. ou plutôt $\div$ 0.0000000, 1.0000000, 2.0000000, 3.0000000, 4.0000000, &c. afin de négliger sans conséquence les fractions qui pourroient se rencontrer dans les logarithmes. De sorte que

PRATIQUE. Liv. I.

0. 0000000. est le logarithme de 1, 1. 0000000, est le logarithme de 10, &c. & il s'agit de trouver les logarithmes de 2. 3. 4. 5. &c. c'est-à-dire de tous les nombres compris entre 1 & 10, entre 10 & 100, &c. ce que l'on fait ainsi.

Progression géométrique, ou NOMBRES.	Progression arithmétique, ou LOGARITHMES.
1	0. 0000000.
10	1. 0000000.
100	2. 0000000.
1000	3. 0000000.
10000	4. 0000000.

Nombres.	Logarithmes.	Nombres.	Logarithmes.
A. 1. 0000.	0. 00000.	D. 1. 7783.	0. 25000.
C. 3. 1623.	0. 50000.	G. 1. 9110.	0. 28125.
B. 10. 0000.	1. 00000.	F. 2. 0535.	0. 31250.
A. 1. 0000.	0. 00000.	G. 1. 9110.	0. 28125.
D. 1. 7783.	0. 25000.	H. 1. 9809.	0. 29687.
C. 3. 1623.	0. 50000.	F. 2. 0535.	0. 31250.
D. 1. 7783.	0. 25000.	H. 1. 9809.	0. 29687.
E. 2. 3714.	0. 37500.	K. 2. 0169.	0. 30469.
C. 3. 1623.	0. 50000.	F. 2. 0535.	0. 31250.
D. 1. 7783.	0. 25000.	Z. 2. 0000.	0. 30130.
F. 2. 0535.	0. 31250.		
E. 2. 3714.	0. 37500.		

Pour trouver par exemple le logarithme de 2.

1°. Cherchez la moyenne proportionnelle entre A & B, c'est-à-dire entre 1 & 10, vous trouverez C. 3. 1623.

Pour avoir le logarithme de ce nombre, ajoûtez ensemble les logarithmes de A & B, & de leur somme 1. 0000000. prenez-en la moitié 0. 5000000, ce sera le logarithme de C.

2°. Puisque 2, dont on cherche le logarithme, est entre A & C dont on connoît les logarithmes, cherchez une moyenne proportionnelle entre A & C, vous aurez D. 1. 7782, dont on aura le logarithme 0. 2500000. comme ci-dessus.

3°. Puisque 2 est entre C & D dont on connoît les logarithmes, cherchez une moyenne proportionnelle E. 2. 3714. entre ces deux nombres, dont on aura le logarithme 0. 3750000. comme ci-dessus.

4°. Puisque 2 est entre D & E, on cherche encore la moyenne proportionnelle F & son logarithme, & par de semblables opérations on viendra enfin à connoître le logarithme juste de 2.

Par de pareilles opérations faites avec beaucoup de justesse, on aura les logarithmes de 3. 5. 7. 11. 13. & de tous les nombres *premiers*, c'est-à-dire de ceux qui n'ont point d'autre aliquote que l'unité.

On a le logarithme de 4, en doublant le logarithme de 2 (*N°.* 627.); on a le logarithme de 6, en ajoûtant ensemble les logarithmes de 2 & de 3; enfin, on a les logarithmes des nombres composés, en ajoûtant ensemble les logarithmes des nombres qui les composent.

CHAPITRE III.

REMARQUES SUR LES LOGARITHMES.

632. I. Dans un logarithme comme 3. 2375437, il y a deux parties séparées par un point; la premiere 3. qui est devant le point, s'appelle *caracteristique* ou *figurative*, & la seconde 2375437. sera appellée en particulier *Logarithme*.

633. II. La Figurative contient autant d'unités que le nombre contient de chiffres après le premier : ainsi la figurative 3. de
3. 2375437.

3. 2375437. qui eſt le logarithme de 1728, contient trois unités, parce que le nombre 1728, contient trois chiffres après le premier.

D'où il ſuit que la figurative des nombres depuis 1 juſqu'à 9 eſt 0 ; depuis 10 juſqu'à 99, eſt 1 ; depuis 100 juſqu'à 999, eſt 2 ; depuis 1000 juſqu'à 9999, eſt 3 ; & ainſi de ſuite.

634. III. Ce que nous appellons en particulier *Logarithme*, comme dans l'exemple précédent 2375437, contient toujours ſept chiffres dans les tables ordinaires, & dix dans les grandes tables : de ces ſept chiffres on peut en retrancher pluſieurs vers la fin pour la facilité du calcul ; mais plus l'on en prend, plus le calcul eſt exact : dans les calculs ordinaires de Géométrie, on peut ſe contenter des cinq premiers, & négliger les deux derniers.

635. IV. Si on ne prend que le premier chiffre, l'erreur ne peut être, au plus, que de 1 ſur 8 ; ſi l'on prend les deux premiers, elle pourra être de 1 ſur 86 ; ſi l'on prend les trois premiers, de 1 ſur 868 ; ſi l'on prend les quatre premiers, de 1 ſur 8685 ; ſi l'on en prend cinq, de 1 ſur 86858 ; ſi l'on en prend ſix, de 1 ſur 868580 ; enfin ſi l'on prend les ſept chiffres, l'erreur pourra être de 1 ſur 8685800. Cette erreur augmente par les opérations réitérées ſur les logarithmes ; mais après vingt opérations, elle ne peut tomber ſur le pénultiéme chiffre de ceux que l'on a pris.

636. V. Lorſque des nombres ne ſont différens que des zeros mis à la fin, ou, ce qui eſt la même choſe, s'ils ne ſont que multipliés par 10, 100, 1000, &c. les logarithmes ſont les mêmes, & il n'y a que la figurative qui change, comme nous avons dit ci-deſſus. Ainſi les logarithmes de 12, 120, 1200, ſont 0791812 ; mais les figuratives ſont 0. 1. 2. 3. Ce ſeroit encore le même logarithme, ſi le nombre étoit diviſé par 10, 100, 1000, &c.

D'où il ſuit que l'on trouvera le logarithme de 120 en cherchant celui de 12 ou celui de 1200, à la figurative près.

Remarque.

Il eſt néceſſaire pour l'intelligence du chapitre ſuivant, de ſçavoir les *Fractions décimales* ; on peut les étudier dans l'*Arithmétique de l'Officier*, qui ſe vend à Paris, chez *Jombert*, Libraire, rue Dauphine.

GÉOMÉTRIE

CHAPITRE IV.
PROBLEMES.

I.

637. TRouver *le logarithme d'un nombre donné.*
Ce problême a plusieurs cas.

638. I. Si le nombre est entier & moindre que 10000, cherchez dans les tables le logarithme qui est vis-à-vis.

639. II. Si le nombre donné est entier & plus grand que 10000, mais moindre que 10000000, comme 3141592, pour trouver son logarithme,

1°. Cherchez le logarithme des quatre premiers chiffres 3141 du nombre proposé, qui est 3. 4970679, en retranchant les trois derniers ; cherchez aussi le logarithme du même nombre 3141, augmenté de l'unité, c'est-à-dire de 3142, vous trouverez 3. 4972062.

2°. Prenez la différence de ces deux logarithmes, vous aurez 1383.

3°. Prenez 1000, c'est-à-dire l'unité avec autant de zero que vous avez retranché de chiffres, ce sera la différence de 3141000 à 3142000, entre lesquels le nombre proposé 3141592 est compris.

4°. Faites ensuite cette analogie :

Comme - - - 1000
est à - - - - - 592 (qui sont les chiffres retranchés;)
ainsi - - - - - 1383 (différence des logarithmes de 3141000 & 3142000,)
est à - - - - - 819 (qu'il faut ajoûter au logarithme de 3141, qui est 3. 4970679,) la somme sera 3. 4971498.

5°. Changez la figurative 3 de ce logarithme, & donnez-lui celle qui convient au nombre proposé, c'est-à-dire qu'il lui faut donner pour figurative autant d'unités que le nombre proposé contient de chiffres après le premier (*N°*. 633.), l'on aura 6. 4971498 pour le logarithme de 3141592.

640. III. Si le nombre proposé est plus grand que 10000000,

PRATIQUE. Liv. I.

il faut se servir des grandes tables qui contiennent les logarithmes des nombres jusqu'à 100000, & qui ont dix chiffres.

641. IV. Si le nombre donné a des zeros à la fin, comme 120000, il faut retrancher les zeros, & chercher le logarithme du nombre restant 12, qui est. 0791812, auquel il faut donner la figurative 5. qui convient au nombre donné (N°. 636.), & l'on aura 5. 0791812 pour le logarithme de 120000.

642. V. Si le nombre donné contient des entiers & des décimales, comme 17. 28. il faut le considerer comme un nombre entier 1728, dont le logarithme est. 2375437, auquel il faut donner la figurative 1. qui convient au nombre entier 17, & l'on aura 1. 2375437 pour le logarithme du nombre proposé 17. 28.

643. VI. Si le nombre donné ne contient que des décimales sans entiers, comme 0. 002. ôtez les zeros qui sont au commencement, & cherchez le logarithme de 2, qui est 3010300, avec la figurative 0, ce sera le numérateur de la fraction décimale, qui aura pour dénominateur 3. 0000000, dont la figurative 3. contient autant d'unités que la fraction avoit de caractères au commencement; de sorte que $\frac{0.\ 3010300}{3.\ 0000000}$ est le logarithme de 0. 002.

644. Remarquez que pour abréger on peut se servir de cette expression — 3. 3010300, laquelle marque que le logarithme est le numérateur d'une fraction, & que la figurative en est le dénominateur: de sorte que dans les opérations où il faut ajoûter le logarithme, il faut soustraire la figurative; & au contraire lorsqu'il faut soustraire le logarithme, il faut ajoûter la figurative.

645. VII. Pour trouver le logarithme d'une fraction, comme $\frac{25}{1728}$, il faut chercher les logarithmes des deux termes de la fraction, & les écrire de même en fraction, l'on aura $\frac{1.\ 3979400}{3.\ 2375437}$ pour le logarithme de la fraction proposée.

646. L'expression précédente peut être rendue plus simple de plusieurs manieres; la suivante est la plus commode.

Otez le dénominateur de l'autre terme, empruntant pour cela autant d'unités pour la figurative du numérateur qu'il en sera nécessaire, & donnant ces unités empruntées pour figurative au dénominateur, l'on aura $\frac{0.\ 1603963}{2.\ 0000000}$, que nous exprimerons ainsi: — 2. 1603963, comme nous avons dit des décimales. (N°. 644.)

647. VIII. Pour trouver le logarithme *d'une partie dénommée,*

A a ij

comme de 6 f. 8. den. il faut la réduire en fraction $\frac{80}{240}$, & en trouver le logarithme comme ci-dessus.

II.

648. *Trouver le nombre d'un logarithme donné.*

Un logarithme étant donné, pour trouver le nombre dont il est logarithme, cherchez ce logarithme dans les tables, soit entre ceux qui ont la même figurative, soit entre les autres, & sur tout entre les figuratives 3.

I. Si vous trouvez le logarithme juste, il arrivera plusieurs cas.

1°. Si vous trouvez le logarithme avec sa figurative, comme 1.8573325, vous trouverez à côté son nombre 72.

2°. Si vous trouvez le logarithme avec une figurative moindre, ajoûtez au nombre qui lui répond autant de zeros qu'il est nécessaire, c'est-à-dire ensorte qu'après le premier chiffre du nombre il y ait autant de chiffres que la figurative du logarithme donné a d'unités : ainsi le logarithme 4.0791812 se trouve en 1.0791812, logarithme de 12 ; alors ajoûtez trois zeros, vous aurez 12000 pour le nombre cherché.

3°. Si vous trouvez le logarithme avec une figurative plus grande, ne prenez du nombre qu'autant de chiffres qu'il en convient à la figurative ; comme si le logarithme donné est 1.2375437, en le cherchant parmi les figuratives 3. on trouve que le nombre 1728 lui répond ; mais comme le logarithme donné n'a que 1 pour figurative, il ne faut prendre que deux chiffres, & le reste sera une fraction décimale de cette sorte : $17\frac{28}{100}$ ou 17.28.

4°. Si la figurative du logarithme proposé est négative, par exemple — 3.2375437, le nombre qui lui convient sera une fraction décimale, précédée d'autant de zeros que la figurative négative a d'unités, c'est-à-dire 0.0001728.

Ou bien le nombre sera le numérateur d'une fraction dont le dénominateur sera l'unité, suivie d'autant de zéros qu'il y a de chiffres dans le numérateur, plus autant de zéros que la figurative négative vaut d'unités ; comme dans l'exemple précédent 0.0001728 $= \frac{1728}{10000000}$, dans laquelle le dénominateur a trois zeros

PRATIQUE. Liv. I.

de plus qu'il n'y a de chiffres dans le numérateur.

II. Si le logarithme proposé ne se rencontre pas exactement, même parmi les figuratives 3. par exemple, 2. 4971498, il faut,

1°. Entre les figuratives 3. prendre le logarithme immédiatement plus petit, qui se trouvera être celui de 3141, lequel en négligeant la figurative, est - - - - - - 0. 4970679.

2°. Prenez le logarithme suivant - - - - 0. 4972062.

3°. Otez l'un de l'autre pour avoir leur différence 1383.

4°. Prenez aussi la différence du premier logarithme 0. 4970679, au logarithme proposé, vous aurez 819.

5°. Faites cette analogie :
Comme la premiere différence - - - - - - - 1383.
est à l'unité - - - - - - - - - - - - - 1.
ainsi la seconde différence - - - - - - - - 819.
est à un *quatrième terme* - - - - - - - - $\frac{819}{1383}$.
qu'il faut écrire après les chiffres du premier nombre 3141, dont on a pris le logarithme, & l'on aura $3141\frac{819}{1383}$. (*a*)

6°. Présentement comme on a augmenté la figurative du logarithme proposé d'une unité, l'on a multiplié le nombre de ce logarithme par 10; c'est pourquoi il faut diviser $3141\frac{819}{1383}$ par 10, & l'on aura $314 + \frac{1}{10} + \frac{819}{13830}$ pour le nombre du logarithme proposé. Si l'on veut réduire ces deux fractions à la même expression en décimales, on aura pour le nombre cherché $314\frac{1592}{10000}$ = 314. 1592.

(*a*) Les logarithmes des nombres de deux ou trois chiffres qui se suivent immédiatement, ont des différences fort inégales, comme il est aisé de le remarquer dans les *Tables des Logarithmes*. Mais dans les grands nombres, c'est-à-dire dans ceux qui sont au-dessus de 1000, les différences des logarithmes augmentent à peu près également; c'est pourquoi *on peut considerer ces différences comme proportionnelles à l'augmentation des nombres*. C'est sur cette supposition qu'est fondé le calcul qu'on vient de faire; mais comme elle ne peut être admise que dans les grands nombres, lorsqu'on a des logarithmes qui appartiennent à des nombres au dessous de 100 ou de 1000, on ajoûte à ces logarithmes les logarithmes de 10 ou de 100, ce qui est la même chose que si on multiplioit les nombres qui leur appartiennent par 10 ou par 100 (N.º 626.); & après avoir trouvé les nombres de ces logarithmes ainsi augmentés, on les divise par 10 ou par 100, pour les réduire au nombre auquel le logarithme donné appartient.

GÉOMÉTRIE

III.

Multiplier des nombres en se servant des logarithmes.

649. I. Pour multiplier ensemble des nombres entiers, il faut ajoûter ensemble leurs logarithmes, & leur somme sera le logarithme du produit. (N°. 626.)

PREMIER EXEMPLE.		LOGARITHMES.
Multiplier -	144. - - - - -	2. 1583625.
par - - -	12. - - - - -	1. 0791812.
Produit - -	1728. Somme - - -	3. 2375437.

SECOND EXEMPLE.		
Multiplier -	64. - - - - -	1. 8061800.
ensemble - -	72. - - - - -	1. 8573325.
	125. - - - - -	2. 0969100.
Produit - -	576000. Somme - - -	5. 7604225.

650. II. Pour multiplier ensemble des fractions, il faut ajoûter d'une part les logarithmes des numérateurs, & d'une autre, les logarithmes des dénominateurs, l'on aura une fraction de logarithme, qui sera le logarithme du produit requis.

EXEMPLE.		
Multiplier	$\frac{2}{3}$ - - - - - - -	0. 3010300.
		0. 4771213.
ensemble	$\frac{5}{6}$ - - - - - - -	0. 6989700.
		0. 7781512.
	$\frac{9}{25}$ - - - - - - -	0. 9542425.
		1. 3979400.
Produit -	$\frac{90}{450}$ Somme des Numérateurs - - -	1. 9542425.
	Somme des Dénominateurs - - -	2. 6532125.

Cette fraction peut avoir différentes expressions, comme on l'a dit ci-dessus (N°. 648.)

PRATIQUE. Liv. I.

651. III. Pour multiplier des entiers par des fractions, il faut ajoûter les logarithmes des entiers avec les logarithmes des numérateurs des fractions, & faire comme ci-dessus.

652. IV. Pour multiplier un nombre par des fractions décimales dont la figurative est négative, il faut regarder cette figurative comme celle du dénominateur de la fraction, & achever l'opération comme ci-dessus.

EXEMPLE.

Multiplier 478 - - - - - - - - - 0.6794279.

par { 0.078 = — 2.8920946. (N°. 648.) ou $\frac{0.8920946.}{2.0000000.}$

{ 0.153 = — 1.1846914. ou - - - $\frac{0.1846914.}{1.0000000.}$

Produit 5.705 Logarithme du produit - - - $\frac{3.7562139.}{3.0000000.}$

I V.

Diviser des nombres en se servant des logarithmes.

653. I. Pour diviser un nombre entier par un autre plus petit, il faut ôter du logarithme du plus grand celui du plus petit, & le reste sera le logarithme du quotient. (N°. 628.)

EXEMPLE.

Diviser   6700 - - - - - - - - 3.8260748.
par - -   495 - - - - - - - - 2.6946052.

Quotient - 13.535. (*a*) Reste - - - 1.1314696.

(*a*) Si l'on divise à l'ordinaire 6700 par 495, on trouvera pour le quotient 13 $\frac{265}{495}$, ou en changeant cette fraction en décimale 13. $\frac{535}{1000}$ = 13.535.
En opérant par les logarithmes, on trouve 1.1314696 pour le logarithme du quotient. Comme il ne se trouve pas exactement dans les *Tables des logarithmes*, je cherche parmi les figuratives 3, c'est-à-dire parmi les logarithmes qui appartiennent à des nombres au dessus de 1000, le logarithme le plus approchant du proposé, en faisant abstraction des figuratives ; je trouve 1312978 qui est au dessous du proposé, & 1316187 qui est au dessus : je prends la différence de ces deux logarithmes, qui est 3209 ; je prends de

192   GÉOMÉTRIE

654. II. Pour diviser un nombre entier par un plus grand, on mettra leur logarithme en fraction.

EXEMPLE.

Pour diviser 495 — — — — — — — 2.6946052.
par — — — 6700 — — — — — — 3.8260748.

Quotient — $\frac{495}{6700}$ — — — — — $\dfrac{2.6946052.}{3.8260748.}$

Cette fraction peut avoir différentes expressions, comme on l'a déja observé (N°. 648.)

655. III. Pour diviser une fraction par un nombre entier, ajoûtez le logarithme de l'entier au logarithme du dénominateur de la fraction.

EXEMPLE.

Diviser $\frac{25}{34}$ — — — — — — — $\begin{array}{l}1.3979400.\\1.5314789.\end{array}$
par — — 12 — — — — — — — 1.0791812.

Quotient $\frac{25}{408}$ — — — — — — $\left\{\begin{array}{l}1.3979400.\\2.6106601.\end{array}\right.$

L'on réduira ensuite cette fraction en ses moindres termes.

656. IV. Pour diviser un nombre entier ou une fraction par une fraction, renversez les termes de la fraction, qui sert de diviseur, en mettant le dénominateur à la place du numérateur; multipliez cette nouvelle fraction par le premier nombre, comme l'on a dit ci-dessus, le produit de cette multiplication sera le quotient que l'on cherche.

même celle du proposé avec celui qui est immédiatement au dessous, laquelle différence est 1718. Alors je fais cette règle de proportion telle qu'on l'a enseignée N°. 648.

3209 . 1 :: 1718 . $\frac{1718}{3209}$. J'ajoûte cette fraction au nombre 1353 du logarithme immédiatement au dessous du proposé, & j'ai 1353. $\frac{1718}{3209}$ pour le nombre du logarithme. Comme on a ajoûté deux unités à la figurative du logarithme proposé, on a multiplié le nombre de ce logarithme par 100: ainsi le nombre qu'on vient de trouver est 100 fois trop grand; en le divisant par 100, l'on a $13 + \frac{53}{100} + \frac{1718}{320900} = 13\frac{535}{1000}$ ou 13.535, qui est le même quotient de la division ordinaire.

EXEMPLE.

PRATIQUE. Liv. I.

EXEMPLE.

Diviser 430 - - - - - - - - - 2.6334685.
par - $\frac{25}{34}$ Renversez $\frac{34}{25}$ - - - - - $\begin{cases} 1.5314789. \\ 1.3979400. \end{cases}$

Quotient $\frac{14620}{25}$ - - - - - - - - $\begin{cases} 4.1649174. \\ 1.3979400. \end{cases}$

657. V. Si le nombre à diviser ou le diviseur est une décimale dont le logarithme ait une figurative négative, il faut regarder la figurative comme celle du dénominateur de la fraction, & faire comme ci-dessus.

EXEMPLE.

Diviser 478 - - - - - - - - 2.6794279.
par - 0.078. = — 2.8920946 *ou* - - $\frac{0.8920946.}{2.0000000.}$

Quotient 6128, 205 - - - - - - $\frac{4.6794279.}{0.8920946.}$ (a)

V.

Trouver le quarré, le cube & les autres puissances d'un nombre par les logarithmes.

658. I. Pour avoir le quarré du nombre, multipliez son logarithme par 2.

659. Pour avoir son cube, multipliez-le par 3.

660. Pour avoir les autres puissances d'un nombre, multipliez son logarithme par l'exposant de ces puissances.

Soit proposé - - - 5 dont le logarithme est 0.6989700.
Son quarré - - - - 25 multiplié par 2 - 1.3979400.
Son cube - - - 125 - - par 3 - 2.0969100.
Sa quatriéme puissance 625 - - par 4 - 2.7958800.
Sa cinquiéme puissance 3125 - - par 5 - 3.4948500.

(a) On ôtera de ce nombre le dénominateur qui est dessous, il restera 3.7873333, dont le logarithme le plus approchant répond au nombre 6128. On trouvera par la méthode expliquée N°. 648. qu'il faut ajoûter à ce nombre la fraction $\frac{145}{708}$, pour avoir exactement celles de 3.7873333, laquelle fraction se réduit à 204 ou $\frac{205}{1000}$.

Bb

661. II. Pour avoir le quarré, le cube ou telle autre puissance d'une fraction qu'on voudra, il faut multiplier les logarithmes du numérateur & du dénominateur par 2, 3, 4, &c. comme ci-dessus.

662. III. Si les logarithmes ou les figuratives sont négatifs, il faut les réduire ou changer en fraction, & suivre la régle précédente.

VI.

Trouver la racine quarrée, cubique, ou de telle autre puissance que ce soit par les logarithmes.

663. I. Pour avoir la racine quarrée d'un nombre, prenez la moitié de son logarithme, ou divisez-le par 2, & en prenez le quotient.

664. Pour en avoir la racine cubique, prenez le tiers de son logarithme, ou divisez-le par 3.

665. Pour avoir la racine d'une autre puissance, divisez le logarithme par l'exposant de la puissance, le quotient sera le logarithme de la racine que l'on cherche.

Soit proposé - - -	4096, dont le logar. est	3. 6123599.
Sa racine quarrée - - -	64, divisée par 2.	1. 8061800.
Sa racine cubique - - -	16 - - par 3.	1. 2041200.
Sa racine quarrée de la 4ᵉ. puiss.	8 - - par 4.	0. 9030900.

666. II. Pour avoir la racine quarrée, cubique, ou celle d'une autre puissance d'une fraction, il faut faire la même chose que ci-dessus au logarithme du numérateur ou du dénominateur.

667. III. Si les logarithmes ou les figuratives sont négatifs, il faut les résoudre en fraction, & suivre la régle précédente.

VII.

Des Régles de Trois ou de proportion par les logarithmes.

668. Comme ces régles & celles qui en dépendent, sçavoir, les régles de *société*, d'*alliage*, &c. se font par la multiplication & la division, il n'y a qu'à appliquer à ces régles ce que nous avons dit ci-dessus.

669. Ainſi trois nombres étant propoſés, pour leur trouver un quatriéme proportionnel, il faut ajoûter les logarithmes des deux derniers nombres, & ôter de leur ſomme le logarithme du premier, le reſte ſera le logarithme du quatriéme proportionnel qu'on cherche.

Soit - 48 - - - - - - - - - 1. 6812412.
à - - - 64 - - - - - - - - 1. 8061800.
comme - 72 - - - - - - - - 1. 8573325.
eſt à - - 96, nombre requis - - - 1. 9822712.

Ou bien ôtez les logarithmes du premier & du ſecond terme l'un de l'autre, le reſte ſera 0. 1249388.

Si le ſecond logarithme eſt plus grand que le premier, ajoûtez ce reſte au troiſiéme logarithme, la ſomme ſera 1. 9822713, qui eſt le logarithme de 96, nombre requis. (a)

Si le ſecond logarithme eſt plus petit que le premier, il faut ſouſtraire leur différence du troiſiéme logarithme, le reſte ſera le logarithme du nombre requis.

Au lieu d'ôter les logarithmes du premier & du ſecond terme l'un de l'autre, on peut ôter les logarithmes du premier & du troiſiéme l'un de l'autre, & ajoûter ou ôter le reſte du logarithme du ſecond.

(a) Si l'on a une proportion quelconque 48 . 64 :: 72 . 96, l'on aura auſſi 64 . 48 :: 96 . 72, & $\frac{64}{48} = \frac{4}{3} = \frac{96}{72} = \frac{4}{3}$. Mais dans toute diviſion le quotient multiplié par le diviſeur eſt égal au dividende. C'eſt pourquoi dans la proportion propoſée, $48 \times \frac{4}{3} = 64$, comme $72 \times \frac{4}{3} = 96$, qui eſt le dernier terme: ainſi on peut trouver le dernier terme d'une proportion dont le ſecond eſt plus grand que le premier, en multipliant le troiſiéme par l'expoſant du premier rapport, ou par le quotient des deux premiers termes diviſés l'un par l'autre. Cela poſé, pour avoir l'expoſant d'un rapport, il faut diviſer le premier terme par le ſecond : donc lorſqu'on ſe ſert des logarithmes, on aura le logarithme de cet expoſant en ôtant le logarithme du conſéquent de celui de l'antécédent ; & comme le dernier terme eſt égal au produit de l'expoſant par le troiſiéme terme, on aura le logarithme du quatriéme ou dernier terme d'une proportion, en ajoûtant la différence des logarithmes des deux premiers termes au logarithme du troiſiéme, c'eſt-à-dire en faiſant ce que l'Auteur preſcrit dans la ſeconde maniere de trouver le quatriéme terme d'une proportion, &c.

LIVRE SECOND.

DE LA TRIGONOMETRIE RECTILIGNE.

DEFINITIONS.

670. ON appelle *Trigonométrie* la partie de la *Geometrie pratique* qui enseigne à connoître par le calcul, les côtés & les angles d'un triangle, lorsque l'on connoît de ce triangle trois choses qui le déterminent.

671. Il y a de deux sortes de Trigonométrie; la *Rectiligne*, qui considere les triangles faits de lignes droites sur un plan, & la *Spherique*, qui considere les triangles faits d'arcs de grands cercles sur la superficie d'une sphere. Nous ne parlerons ici que de la *Rectiligne*.

672. Si l'on avoit des tables dans lesquelles les côtés de toutes sortes de triangles rectilignes fussent marqués en nombre, selon les différences des angles, nous pourrions avec ces tables trouver par la régle de proportion les angles & les côtés de tel triangle qu'on nous proposeroit, puisque nous en trouverions de semblables dans ces tables, pourvû que nous connussions les trois choses qui déterminent ce triangle; mais comme le détail de ces triangles est infini, on s'est restraint aux triangles rectangles, ausquels on a rapporté les autres.

673. Pour examiner les différences qui peuvent arriver aux triangles rectangles, on les a rapportés au cercle, ce qui se fait en prenant l'hypotenuse ou l'un des côtés pour rayon, & alors on donne aux autres côtés différens noms.

674. Pour en avoir une idée distincte, proposons-nous dans un cercle (*fig.* 1.) l'arc A E, par l'extrémité A duquel on tire le diamétre A C B & la tangente A D, & par l'autre extrémité E l'on tire du centre la ligne C E D & la ligne E F perpendiculaire au diamétre A B, alors nous avons le triangle rectangle C E F, dont l'hypotenuse C E est rayon du cercle, & le triangle rectangle C A D, dont un côté C A est aussi le rayon.

PRATIQUE. Liv. II.

675. L'arc EG qui, joint à l'arc AE, acheve un quart de cercle, se nomme son *complément*, & l'arc EGB qui, joint au même arc AE, acheve la demi-circonférence, se nomme son *supplément*.

676. Observez que comme les arcs sont marqués par degrés & minutes, aussi bien que les angles, on les prend indifféremment les uns pour les autres ; ainsi au lieu de l'arc AE, on dit l'angle ACE ; au lieu du complément & du supplément de l'arc AE, on dit le complément & le supplément de l'angle ACE.

677. La ligne droite AE qui joint les extrémités d'un arc, se nomme sa *Corde*.

678. La perpendiculaire EF tirée d'une extrémité E d'un arc sur le diametre AB qui passe par l'autre extrémité A, se nomme le *Sinus droit*, ou simplement le *Sinus* de cet arc.

679. La ligne AD perpendiculaire à l'extrémité A du diametre, & qui est terminée par le rayon continué CED qui passe par l'autre extrémité E de l'arc FA, se nomme la *Tangente* de cet arc.

680. Le rayon CED continué jusqu'à la tangente AD, se nomme la *Secante* de l'arc AE.

La distance AF de l'extrémité A d'un arc AE, à son sinus droit EF, se nomme le *Sinus verse* de cet arc.

681. Il paroît par ce que nous venons de dire, que le triangle rectangle ECF (*fig. 2.*) est composé de l'hypotenuse EC, qui est le rayon du cercle, du côté EF qui est le sinus de l'arc AE ou de l'angle ACE, & du côté CF égal à HE, qui est le sinus de l'arc EG, complément de EA, ou de l'angle ECG ou de son égal FEC ; que le triangle DCA est composé du côté AC qui est le rayon du cercle, du côté AD qui est la tangente de l'arc AE ou de l'angle ACE, & l'hypotenuse CD qui est la seconde du même arc ou du même angle.

Ce Livre sera divisé en deux parties.

La premiere traitera de la maniere de construire des tables, dans lesquelles le rayon du cercle étant supposé d'une quantité déterminée, l'on ait la valeur des sinus, des tangentes & des sécantes de tous les arcs du quart de cercle.

La seconde partie traitera de la maniere de résoudre les triangles par le calcul.

GÉOMÉTRIE

PREMIERE PARTIE.

De la maniere de construire les Tables de Trigonométrie.

682. LEs tables de Trigonométrie ayant été déja calculées, il est inutile de se donner la peine d'entreprendre un ouvrage aussi long, il suffira de donner ici une idée de la maniere dont on les a calculé, pour cela nous rapporterons :

I. Les principales propriétés des sinus, tangentes & sécantes.
II. Les problêmes généraux qui servent à construire ces tables.
III. La maniere dont on les a construites ou pû construire.

CHAPITRE I.

Propriétés des Sinus, Tangentes & Sécantes.

683. I. PLus, l'arc E A, e A (moindre qu'un quart de cercle) est grand (*fig.* 4.), plus son sinus E F, *ef*, est grand; ensorte que lorsque l'arc G A est égal au quart de cercle, son sinus G C est égal au rayon; c'est pourquoi on appelle le rayon *Sinus total.*

684. II. Le sinus E F d'un arc E A (*fig.* 3.) est égal à la moitié de la corde E N d'un arc E A N, double de E A (*a*); ainsi le sinus de trente degrés est la moitié de la corde de soixante degrés.

685. III. Le sinus verse F A d'un arc E A moindre qu'un quart de cercle, est égal au rayon C A moins le sinus E H ou CF de son complément; & le sinus verse BCF du supplément B G E de l'arc E A, est égal au rayon B C plus le sinus du complément H E ou C F.

686. IV. Le sinus E F d'un arc E A (*fig.* 2.) est aussi le sinus de son supplément E B.

687. V. La tangente A D d'un arc A E (*fig.* 5.) est aussi la

---

(*a*) Car le rayon C A qui coupe la corde E N perpendiculairement, la coupe en deux également. Donc, &c.

PRATIQUE. Liv. II. 199

tangente de son supplément AR. Car AD est tirée perpendiculairement de l'extrémité A de l'arc RA, jusqu'à ce que le diamétre RE tiré par l'autre extrémité R, & prolongé, la rencontre en D. Donc AD est la tangente de AR, supplément de l'arc AE. (*N*°. 679.)

688. VI. De même la sécante CD de l'arc EA est aussi la sécante de son supplément AR.

689. D'où il suit que les arcs & leurs supplémens ont même sinus, mêmes tangentes & mêmes sécantes.

690. VII. Plus l'arc EA, *e*A, (moindre qu'un quart de cercle) est grand (*fig. 6.*), plus la tangente AD, A*d*, & sa sécante CD, C*d*, sont grandes ; de sorte que cet arc EA, *e*A, étant égal au quart de cercle, sa tangente A*d* & sa sécante CG sont infinies. Car comme alors elles deviennent parallèles, elles ne se rencontrent que dans l'infini, ou, ce qui est la même chose, elles ne se rencontrent point.

691. VIII. Le triangle CEF (*fig. 7.*) étant rectangle, il suit que *le quarré du rayon* CE, *moins le quarré du sinus* EF *d'un arc* EA, *est égal au quarré de* CF *ou de son égale* HE *qui est le sinus de son complément*.

692. IX. Le triangle EHC ou son égal CFE & le triangle CAD sont semblables ; d'où il suit que,

Le sinus CF *ou* EH *du complément de l'arc* EA,

  Est au sinus FE *de l'arc* EA,

Comme le rayon CA

  Est à la tangente AD *du même arc* EA.

693. X. Ces deux mêmes triangles semblables ayant les côtés CE & CA égaux au rayon, l'on a :

Le sinus CF *ou* HE *du complément de l'arc* EA,

  Est au rayon CE,

Comme le rayon CA

  Est à la sécante CD *de l'arc* EA.

694. C'est pourquoi *le rayon est moyen proportionnel entre le sinus du complément & la sécante de l'arc*.

695. XI. Si l'on tire la tangente GK de l'arc GE (*fig. 8.*), qui est le complément de AE, & si on continue la sécante CD jusqu'en K, la ligne CK sera la sécante du complément CE (*N*°. 680.) : comme les deux triangles KGC, DAC sont semblables, l'on a :

La tangente D A *d'un arc* A E,

    Eſt au rayon A C,

Comme le rayon C G,

    Eſt à la tangente G K *de ſon complément*.

696. C'eſt pourquoi *le rayon eſt moyen proportionnel entre la tangente d'un arc & la tangente de ſon complément*.

697. XII. Si l'on tire les cordes A E, B E (*fig.* 9.), les triangles B E A, E F A, feront rectangles & ſemblables; c'eſt pourquoi,

Le diamétre B A

    Eſt à la corde E A *d'un arc*,

Comme cette corde E A

    Eſt au ſinus verſe A F *du même arc*.

698. D'où il ſuit que *la corde d'un arc eſt moyen proportionnel entre le diamétre & ſon ſinus verſe*.

699. XIII. De même les triangles rectangles B F E, E F A, étant ſemblables, l'on a :

Le ſinus verſe A F *d'un arc* E A

    Eſt au ſinus E F *de cet arc*,

Comme le même ſinus E F

    Eſt au ſinus verſe F B *du ſupplément du même arc*.

700. D'où il ſuit que *le ſinus d'un arc eſt moyen proportionnel entre le ſinus verſe de cet arc & le ſinus verſe de ſon ſupplément*.

701. XIV. Soit pris (*fig.* 10.) d'un côté du diamétre B A l'arc E A, & de l'autre A N ; ſoit E F, ſinus de l'arc E A, & E H le ſinus de ſon complément ; ſoit M N ſinus de l'arc A N, & Q N le ſinus de ſon complément : ſoit prolongé E F le plus grand des deux ſinus E F, M N, juſqu'en P, alors E P ſera la ſomme des ſinus E F & F P ou M N, & P N ſera la différence des ſinus Q N, Q P ou H E de leurs complémens : ſoit enfin tiré E N qui ſera la corde de l'arc E A N, ſomme des deux arcs E A & A N, le triangle E P N ſera rectangle ; c'eſt pourquoi,

Le quarré de E N (qui eſt la corde de la ſomme des deux arcs E A & A N) *eſt égal au quarré* E P (ſomme des ſinus de ces deux arcs) *& au quarré de* P N, *différence des ſinus des complémens de ces arcs*.

702. XV. De même ſi l'on prend l'arc A N du même côté que l'arc E A (*fig.* 11.), alors E N ſera la corde de la différence

des

des arcs EA, NA, & EQ sera la différence des sinus EF, QF ou MN, & NQ sera encore la différence des sinus NP & QP ou EH de leurs complémens.

Et l'on aura: *le quarré de la corde EN, de la différence des deux arcs EA, NA, est égal à la somme du quarré de EQ, différence des sinus EF, QF ou NM, & du quarré de la différence NQ des sinus de leurs complémens NP, QP ou EH.*

703. Je suppose que l'arc AE est moindre que le quart de cercle; s'il étoit plus grand, au lieu de la différence des sinus des complémens, il faudroit prendre leur somme; car on auroit alors, (*fig.* 12.) le quarré de EN égal à celui de EP plus le quarré de PN, c'est-à-dire que le quarré de EN est égal au quarré de la différence des sinus des deux arcs, plus au quarré de la somme des sinus de leurs complémens.

704. XVI. Dans les petits arcs les sinus sont sensiblement en même raison que les arcs; de sorte que si les arcs sont au dessous de trois degrés, l'erreur n'est pas de un sur cent mille parties du rayon, & si les arcs sont au dessous de quarante-cinq minutes, l'erreur n'est pas de un sur cent millions, &c.

CHAPITRE II.

Problêmes généraux pour la construction des Tables.

705. Dans ces problêmes généraux on suppose toujours le rayon donné.

PROBLEME I.

706. *Le sinus EF d'un arc EA étant donné, trouver le sinus EH de son complément EG* (fig. 13.).

Par la huitième propriété (*N°*. 691.), du quarré du rayon CE ôtez le quarré du sinus EF, le reste sera le quarré de CF, dont il faut tirer la racine, & alors l'on aura le sinus CF ou HE du complément EG.

Ou bien par la treizième propriété (*N°*. 699.), ôtez le sinus EF ou HC du rayon GC (*fig.* 14.) pour avoir le sinus verse HG de l'arc EG; de même ajoûtez CH au rayon CK, pour avoir HK, sinus verse du supplément EAK ; ensuite multipliez ensemble les deux sinus verses GH, HK, le produit sera le quarré de HE ; prenez la racine quarrée de ce produit, vous aurez HE.

Probleme II.

707. *Le sinus* EF *d'un arc* AE (fig. 15.) *étant donné, trouver le sinus de sa moitié* AN.

Il faut trouver par le premier problême le sinus du complément HE, & ensuite le sinus verse FA par la troisiéme propriété (*N°.* 685.), & par la douziéme propriété (*N°.* 697.) multipliez le diamètre BA par le sinus verse AF, le produit sera le quarré de la corde AE ; prenez la racine de ce produit, vous aurez la corde AE, dont la moitié AO est le sinus de l'arc AN, moitié de AE.

Probleme III.

708. *Le sinus* EO *d'un arc* EN (fig. 16.) *étant donné, trouver le sinus* EF *d'un arc* EA, *double de* EN.

Doublez le sinus EO pour avoir la corde EA ; ensuite prenez le quarré de cette corde, & le divisez par le diamètre BA, vous aurez le sinus verse FA, qu'il faut ôter du quarré de la corde EA, le reste sera le quarré de EF ; c'est pourquoi extrayant la racine quarrée de ce reste, l'on aura EF.

Probleme IV.

709. *Les sinus* EF, MN, (fig. 17.) *de deux arcs* EA, AN, *étant donnés, trouver le sinus de la moitié de leur somme* EAN.

Ajoûtez ensemble les sinus EF, MN, pour avoir leur somme EP dont il faut prendre le quarré ; prenez les sinus EH & NQ de leurs complémens, & ôtez l'un de l'autre pour avoir leur différence NP, dont il faut aussi avoir le quarré ; ajoûtez ensemble les quarrés de EP & PN, leur somme sera le quarré de EN (*N°.* 701.). Si l'on en extrait la racine quarrée, l'on aura la valeur de la corde EN, dont la moitié EO sera le sinus demandé de la moitié de la somme des deux arcs donnés.

PROBLEME V.

710. *Les sinus* EF, MN *de deux arcs* EA, NA *(fig.* 18.) *étant donnés, trouver le sinus de la moitié de leur différence* EN.

Il faut faire la même chose que dans le problême précédent, excepté qu'au lieu de prendre la somme des sinus des complémens, il faut prendre leur différence.

REMARQUE.

711. Si l'arc AE est plus grand qu'un quart de cercle (*fig.* 19.), au lieu de la différence des sinus des complémens, il faut prendre leur somme.

PROBLEME VI.

712. *Le sinus d'un petit arc étant donné, trouver le sinus d'un autre plus petit.*

Faites cette régle de proportion, fondée sur la seiziéme propriété N°. 704.

Comme le petit arc dont on connoît le sinus,
 Est à l'autre petit arc,
Ainsi le sinus du premier arc
 Est au sinus du second arc.

PROBLEME VII.

713. *Le sinus d'un arc étant donné, trouver sa tangente.*

Voyez la neuviéme propriété, N°. 692.

PROBLEME VIII.

714. *Le sinus d'un arc étant donné, trouver sa sécante.*

Voyez la dixiéme propriété, N°. 693.

Ces problêmes sont les plus essentiels pour construire les *Tables des sinus*; les autres ne peuvent servir que pour donner des abrégés dans des cas particuliers.

CHAPITRE III.

Conſtruction des Tables des Sinus, Tangentes & Sécantes.

715. I. ON ſuppoſe que le rayon du cercle eſt diviſé en 100000 parties, ou en 10000000, ou même en 1000000000000000 parties égales, afin que les fractions qu'on eſt obligé de négliger dans la conſtruction des tables, ſoient de nulle conſéquence dans le calcul des triangles.

716. II. Le ſinus de 90 degrés eſt 100000, parce qu'il eſt égal au rayon, c'eſt pourquoi on l'appelle *Sinus total*.

717. On trouvera par le ſecond problême le ſinus de 45 degrés, de 22° 30′ & de 11° 15′, & par les autres problêmes l'on connoîtra les ſinus de tous les arcs de 11° 15′ en 11° 15′.

718. III. Le ſinus de 30° eſt 50000, parce que ce ſinus eſt moitié de la corde de 60°, qui eſt égale au rayon. (*Nº*. 684.)

719. On trouvera par le ſecond problême, le ſinus de 15°, & par le premier problême, de 60 & 75 ; de ſorte qu'on aura les ſinus des arcs de 15 en 15 degrés, & en prenant la moitié & le quart des arcs dont le nombre des degrés eſt impair, l'on connoîtra les ſinus des arcs de 2° 45′ en 2° 45′.

720. IV. Le ſinus de 18 degrés eſt 30902, car ce ſinus eſt moitié de 61804, corde de 36°, laquelle eſt la plus grande partie du rayon, coupé en moyenne & extrême raiſon. (*Nº*. 389.)

721. Nous avons donné dans les *Elémens de Géométrie* (*Nº*. 276.) la maniere de couper une ligne AB (*fig.* 20.) en moyenne & extrême raiſon. Suppoſant que AB repréſente le rayon 100000 ; pour avoir ſa plus grande partie AC en nombres, faites BD de 50000, enſuite prenez les quarrés de AB & de BD pour avoir le quarré de DA, dont la racine eſt 111803 ; DA étant connu, ôtez-en DE ou DB 50000, le reſte AE, qui eſt égal à AC, ſera 61803, qui eſt la plus grande partie du rayon coupé en moyenne & extrême raiſon.

722. On trouvera par le ſecond problême les ſinus de 9 degrés ; par le troiſiéme problême, celui de 36°, & par le premier problême, celui de 81°, 72°, 54° ; de ſorte qu'on aura les

PRATIQUE. Liv. II.

sinus de tous les arcs de neuf en neuf degrés; & en prenant la moitié & le quart des arcs de nombres de degrés impairs, l'on connoîtra les sinus de 2° 15′ en 2° 15′. (*a*)

723. V. Ayant connu le sinus de 15 degrés & celui de 9, on connoîtra par le cinquiéme probléme le sinus de 3°, qui est la moitié de leur différence.

724. Ensuite on connoîtra les sinus de la progression double de 3, qui sont 6, 12, 24, 48; de leurs complémens 87, 84, 78, 66 & 42; de leurs moitiés & des complémens de ces moitiés; de sorte que l'on connoîtra les sinus de tous les arcs de trois en trois degrés. Si l'on prend le quart des arcs dont le nombre de degrés est impair, l'on aura les sinus de 45 en 45 minutes.

725. VI. Le sinus de 45′ étant connu, en le divisant par 45, l'on aura le sinus d'une minute, lequel étant multiplié par 1, 2, 3, 4, &c. jusqu'à 45′, l'on aura assez exactement les sinus de tous les arcs depuis une minute jusqu'à quarante-cinq.

726. Prenant ensuite les sinus des doubles de ces arcs, de leurs complémens, des moitiés & des doubles de ces complémens, de la moitié de leur somme ou de leurs différences; l'on aura la table des sinus de minute en minute.

727. VII. Pour avoir ces sinus avec plus de précision, il faut trouver le sinus de la moitié de 45′, ensuite celui de la moitié de cette moitié, &c. sçavoir, de 22′ 30″, de 11′ 15″, de 5′ 37″ 30‴, de 2′ 48″ 45‴, de 1′ 24″ 22‴ 30⁗, & de 0′ 42″ 11‴ 15⁗; & par la régle de Trois, l'on connoîtra avec ce dernier sinus celui de une minute, ensuite il sera aisé de connoître tous les autres de minute en minute.

728. VIII. Dans la construction des *Tables de sinus*, on a eu plusieurs précautions pour la commodité du calcul.

1°. On a supposé dans les petites tables le rayon de 100000 parties pour les calculs ordinaires, & de 100000. 00. pour les calculs plus exacts, & l'on a calculé les sinus, tangentes & sécantes de dix en dix secondes; on a ajoûté leurs différences,

---

(*a*) On marque ordinairement les degrés par un zero, qu'on met au dessus & à la droite des chiffres qui les expriment, de cette maniere : 15°, qui veut dire, 15 degrés, & les minutes par un accent; ainsi 15° 15′ s'exprime par 15 degrés 15 minutes; les secondes se marquent de la même maniere, mais avec deux accens, & les tierces avec trois, &c.

par le moyen desquelles on peut trouver les sinus de seconde en seconde.

2°. L'on a plutôt supposé le sinus total de 100000 que d'un autre nombre, parce que ce sinus, qui est égal au rayon, se trouvant ordinairement dans les calculs des triangles, les opérations sont plus aisées avec 100000 qu'avec tout autre nombre.

3°. Pour la commodité du calcul, on a mis d'un côté les sinus, tangentes & sécantes d'un arc, & de l'autre, ceux de son complément.

4°. Comme le calcul des triangles se fait par la régle de Trois, dans laquelle il faut multiplier & diviser, on y a ajoûté les logarithmes des sinus & des tangentes, & à la fin on a ajoûté ceux des nombres jusqu'à 10000, & dans les grandes tables on a été jusqu'à 100000.

5°. La table des logarithmes des sinus s'est faite en général, en prenant dans les logarithmes des nombres ceux des sinus, ou bien en les cherchant, comme on a fait ceux des nombres.

6°. Les logarithmes des tangentes sont aisés à trouver par la neuviéme propriété.

7°. On ne met point les logarithmes des sécantes, parce qu'on s'en peut passer absolument, ou parce qu'ils sont aisés à trouver, puisque pour avoir le logarithme de la sécante d'un arc, il n'y a qu'à ôter du double du logarithme du rayon, le logarithme du sinus du complément de cet arc, par la dixiéme propriété, N°. 693.

SECONDE PARTIE.

DE LA MANIERE DE RESOUDRE les Triangles par le Calcul.

CHAPITRE I.

Principes pour résoudre les Triangles.

729. ON appelle *résoudre un triangle*, lorsque connoissant les côtés & les angles qui le déterminent, on vient à la connoissance des autres par le calcul.

730. Les triangles dont on cherche la résolution, sont *Rectangles* ou *Obliquangles*; les rectangles ont des régles qui leur sont particulieres, & les obliquangles en ont qui peuvent aussi convenir aux rectangles. Ces régles ont pour principes les Theorêmes suivans.

THEOREME I.

731. *Dans un triangle rectangle, si l'on prend l'hypotenuse pour rayon, les deux côtés seront les sinus des angles opposés.*

Dans le triangle rectangle ABC, si l'on prend le point C pour centre de l'arc AD (*fig.* 21.), & l'hypotenuse CA pour rayon de cet arc, il est évident par la définition des sinus (*N°.* 678.), que le côté AB sera le sinus de cet arc ou de l'angle C.

De même si l'on prend le point A pour centre de l'arc CE, & l'hypotenuse AC pour rayon, le côté CB sera le sinus de l'arc CE ou de l'angle A.

THEOREME II.

732. *Dans un triangle rectangle, si l'on prend un côté de l'angle droit pour rayon, l'autre côté sera la tangente de l'angle opposé, & l'hypotenuse en sera la sécante.*

Dans le triangle rectangle ACB (*fig.* 22.), prenant C pour

centre, & le côté CB pour rayon de l'arc BD, il est clair, par la définition de la tangente (*N°.* 679.), & de la sécante (*N°.* 680.), que le côté AB sera la tangente de cet arc ou de l'angle C, & que l'hypotenuse CA en sera la sécante.

De même, si l'on prend le côté AB pour rayon de l'arc BE, l'autre côté BC sera la tangente de cet arc ou de l'angle A, & l'hypotenuse AC en sera la sécante.

Theoreme III.

733. *Dans tout triangle, les côtés sont proportionnels aux sinus des angles opposés.*

Dans le triangle ABC (*fig.* 23.), le côté AB est au côté AC, comme le sinus de l'angle C, qui lui est opposé, est au sinus de l'angle B opposé au côté AC.

Il faut, pour le démontrer, faire passer la circonférence d'un cercle par les trois angles du triangle, puis du centre E tirer les rayons EF, EG & EH perpendiculairement sur les côtés du triangle, & qui les couperont en deux également en K, L & M : l'angle C aura pour mesure la moitié de l'arc AB, c'est-à-dire, AF ; mais AK, moitié du côté AB, est sinus de l'arc AF (*N°.* 684.) : donc il est aussi sinus de l'angle opposé C. On démontrera de même que CL, moitié du côté CB, est sinus de l'angle A, & que AM, moitié du côté AC, est sinus de l'angle B ; & comme les côtés ont même rapport entr'eux que leurs moitiés, il s'ensuit que les sinus des angles du triangle ABC, sont entr'eux comme les côtés opposés à ces angles, ou qu'ils sont proportionnels à ces côtés.

734. Remarquez que pour avoir le sinus d'un angle obtus, il faut prendre le sinus de son supplément.

Theoreme IV.

735. *Dans tout triangle scalène la somme de deux côtés est à leur différence, comme la tangente de la moitié du supplément de l'angle compris entre ces côtés, est à la tangente de la différence de chacun des angles de la base à cette moitié.*

Soit le triangle ABC (*fig.* 24.). Du point A comme centre, & de l'intervalle du petit côté AB, décrivez un cercle qui coupe

l'autre

PRATIQUE. Liv. II. 209

l'autre côté A C en F, & le même prolongé en E ; tirez F B & E B prolongée indéfiniment vers D ; tirez aussi C D parallele à F B, qui coupe E B en D.

L'angle E B F est droit, & par conséquent l'angle B D C qui lui est égal : l'angle B A E est le supplément de B A C, & il est égal aux deux angles A B F, A F B (*N*º. 297.), lesquels étant égaux, font chacun la moitié du supplément de l'angle B A C. L'angle F B C est la différence de la moitié du supplément A B F de l'angle B A C à l'angle de la base A B C du triangle B A C ; l'angle B C D, qui est égal à son alterne F B C, est aussi la différence de l'angle F C D, qui est égal à la moitié du supplément A F B, & de l'autre angle de la base A C B.

Prenant C D pour rayon, E D sera la tangente de l'angle E C D (*N*º. 732.) qui est la moitié du supplément, & B D sera la tangente de l'angle B C D, qui est la différence de la moitié du supplément à chacun des angles de la base ; enfin C E est la somme des deux côtés C A, A B & C F en est la différence.

Cela supposé, à cause des parallèles B F, D C, l'on a C E . C F : : D E . B D (*N*º. 258.) ; c'est-à-dire, la somme des côtés C A & A E est à leur différence F C, comme la tangente E D de la moitié du supplément E C D de l'angle compris entre les côtés B A, A C, est à la tangente B D de la différence de cette moitié à chacun des deux angles de la base.

THEOREME V.

736. V. *Dans tout triangle la base est à la somme des deux côtés, comme la différence des deux côtés est à la différence des parties de la base coupée par la perpendiculaire tirée du sommet sur la base.*

Soit le triangle A B C (*fig.* 25.), dont le plus grand côté C B soit pris pour base : du sommet de l'angle A & de l'intervalle du plus petit côté A B décrivez un cercle, qui coupera l'autre côté en G & la base en F ; tirez la perpendiculaire A D, & prolongez C A jusqu'en E.

La base est coupée par la perpendiculaire en deux parties C D, D B, dont C F est la différence ; la ligne C E est égale à la somme des deux côtés C A, A B, & C G en est la différence. Or il a

D d

été démontré dans les *Elémens de Géométrie* (*N°*. 267.) que CB.CE :: CG.CF. Donc, &c.

CHAPITRE II.
De la résolution des Triangles en général.

737. POur résoudre un triangle, il faut connoître trois choses qui le déterminent, par le moyen desquelles on vient à la connoissance des autres. Ces trois choses sont, ou *les trois côtés*, ou *deux côtés & un angle*, ou *un côté & deux angles*.

Les côtés sont connus en mesures déterminées, comme en pieds, en toises, &c. & les nombres qui les expriment sont ou entiers, ou accompagnés de parties dénommées ou de fractions; s'ils sont accompagnés de parties dénommées ou de fractions, il faut les réduire en décimales, afin de rendre le calcul plus commode.

Les angles ne se connoissent dans les calculs de Trigonométrie, que par leurs sinus, tangentes ou sécantes, ce qui suppose que l'on ait les *Tables des sinus*.

La plûpart des calculs qui servent à la résolution des triangles, se font par des *Régles de trois* ou de *proportion*, dans lesquelles trois termes étant donnés, on cherche le quatriéme. L'arrangement ou la disposition naturelle de ces quatre termes, s'appelle *Analogie*.

Dans les analogies l'on suppose toujours que les trois premiers termes sont donnés, & que le quatriéme est celui que l'on cherche.

L'on sçait que pour trouver ce quatriéme terme, il faut multiplier ensemble le second & le troisiéme, & diviser leur produit par le premier, & que le quotient donne le quatriéme terme (*N°*. 92.). Mais dans les analogies suivantes nous supposerons que l'on a fait à part ces opérations, & nous n'en mettrons que le résultat, qui est le quatriéme terme.

Pour éviter la longueur & la difficulté des multiplications & des divisions, nous ajoûterons aussi la résolution de ces analogies par les logarithmes, dans lesquels au lieu des côtés des triangles, il faut prendre les logarithmes des nombres qui en expriment les longueurs, & au lieu des angles, les logarithmes de leurs finus ou tangentes, car pour les fécantes on peut s'en paſſer, ainſi qu'on l'a déja obſervé. (*N°.* 728.)

CHAPITRE III.

De la réſolution des Triangles rectangles.

738. Dans un triangle rectangle, comme l'angle droit eſt toujours connu, il ne faut plus que deux choſes pour déterminer ce triangle, qui ſont deux côtés, ou un côté & un angle.

Quand un angle aigu eſt déterminé, l'autre qui eſt ſon complément, l'eſt auſſi; & les tables de ſinus ont été faites de maniere qu'un angle étant marqué dans une page, ſon complément eſt dans celle qui la regarde, de ſorte que ſur la même ligne on trouve le ſinus, la tangente, la fécante, & les logarithmes des ſinus & tangentes d'un angle & de ſon complément.

L'on peut prendre tel côté que l'on veut pour rayon; mais dans la réſolution des problêmes, pour la facilité du calcul, il faut prendre le côté donné pour rayon, ou du moins le côté que l'on cherche, & ſi l'on ſe ſert des logarithmes, pour éviter les fécantes, il faut toujours prendre l'hypotenuſe pour rayon.

Si deux côtés d'un triangle rectangle ſont donnés, on peut toujours connoître le troiſiéme ſans le ſecours des tables, en ſe ſervant de cette propriété, que le quarré de l'hypotenuſe eſt égal aux quarrés des deux côtés (*N°.* 438.) & de celles qui en dépendent.

PROBLEMES.

Premier Probleme.

739. *L'hypotenuſe & un angle étant donnés, trouver un côté.*

Soit le triangle propoſé ABC (*fig.* 26.), dont l'hypotenuſe AC ſoit donnée de 50 toiſes, l'angle A de 36 degrés 52 minutes, il s'agit de trouver le côté AB.

GÉOMÉTRIE

Trouvez d'abord l'angle C qui lui est opposé, en ôtant 36° 52' de 90°, vous aurez 53° 8'; ensuite faites cette analogie, en prenant l'hypotenuse pour rayon.

Logarithmes.

Comme le rayon - - -	100000.	10.00000.
Est au sinus de l'angle C 53° 8' -	80003.	9.90311.
Ainsi l'hypotenuse A C - -	50 ᵗ.	1.69897.
Est au côté cherché A B - -	40 ᵗ.	1.60208.

Il faudroit faire la même analogie pour trouver l'autre côté BC, observant de mettre le sinus de l'angle opposé A au lieu du sinus de l'angle C.

Soit proposé un second triangle EFG (*fig.* 27.), dont l'hypotenuse EG soit de 96 toises 3 pieds, & l'angle G de 64 degrés 17 minutes, il s'agit de trouver le côté EF.

Réduisez d'abord 96 t. 3 pi. en décimales, vous aurez 96. 5. & faites la même analogie que ci-dessus.

Logarithmes.

Comme le rayon - - -	100000.	10.00000.
Est au sinus de l'angle G 64°. 17' -	90095.	9.95470.
Ainsi l'hypotenuse E G - -	96 ᵗ. 5.	2.98453.
Est au côté cherché EF 86 ᵗ. 5 ᵖⁱ. 8 ᵖ. *ou*	86. $\frac{91}{100}$ ᵗ.	2.93923.

II. PROBLEME.

740. *Un côté & un angle aigu d'un triangle rectangle étant donnés, trouver l'hypotenuse & l'autre côté.*

Soit le triangle proposé ABC (*fig.* 28.) dont le côté BC soit donné de 54 toises 2 pieds, ou plutôt, en réduisant les pieds en décimales, de 54. $\frac{33}{100}$, ou 54. 33, & l'angle C de 38° 25'; il s'agit de trouver l'hypotenuse AC. Prenez le côté connu pour rayon, & faites cette analogie.

Comme le rayon - - - -	100000.
Est à la sécante de 38° 25' - - -	127630.
Ainsi le côté BC 54 ᵗ. 2 ᵖⁱ. *ou* - -	54. 33.
Est à l'hypotenuse AC 69 ᵗ. 2 ᵖ. *ou* - -	69. 34.

Si l'on veut résoudre ce triangle en se servant des logarithmes, il faut, comme ceux des sécantes ne se trouvent point dans les tables, trouver d'abord l'angle A, en ôtant l'angle C 38° 25' de 90°, l'on aura 51° 35', & faire cette analogie :

Logarithmes.

Comme le sinus de l'angle A. 51°. 35' 78351. ⎧ 9. 89405.
Est au rayon - - - - - 100000. ⎪ 10. 00000.
Ainsi le côté BC. 54^t. 2^{pi}. *ou* - 54. 33. ⎨ 1. 73504.
Est à l'hypotenuse AC. 69^t. 2^{pi}. *ou* 69. 34. ⎩ 1. 84099.

Si l'on eût voulu trouver le côté AB, il auroit fallu faire la même analogie que la premiere, en mettant la tangente de 38 deg. 25 min. au lieu de la sécante, en cette sorte :

Logarithmes.

Comme le rayon - - - - 100000. ⎧ 10. 00000.
Est à la tangente de 38° 25' - 79306. ⎪ 9. 89931.
Ainsi le côté BC. 54^t. 2^{pi}. *ou* - 54. 33. ⎨ 1. 73504.
Est au côté cherché AB. 43^t. 0^{pi}. 6^p. 43. 09. ⎩ 1. 63435.

III. PROBLEME.

741. *L'hypotenuse & un côté étant donnés, trouver les angles aigus.*

Soit le triangle proposé ABC (*fig.* 29.), dont l'hypotenuse AC soit donnée de 75 toises 3 pieds, ou 75. 5., le côté AB de 56 toises, il s'agit de trouver l'angle C. Prenez l'hypotenuse pour rayon, & faites cette analogie.

Logarithmes.

Comme l'hypotenuse AC - - 75. 5. ⎧ 1. 87795.
Est au côté AB - - - - 56. ⎪ 1. 74819.
Ainsi le rayon - - - - 100000. ⎨ 10. 00000.
Est au sinus de l'angle C. 47°. 53' 74178. ⎩ 9. 87024.

que l'on cherche.

IV. PROBLEME.

742. *Deux côtés d'un triangle rectangle étant donnés, trouver les angles.*

214 GEOMÉTRIE

Soit le triangle proposé A B C (*fig.* 30.), dont le côté A B soit donné de 38 toises 2 pieds 8 pouces, ou de 38. $\frac{44}{}$, & le côté B C de 29 toises, il s'agit de trouver l'angle C. Prenez pour rayon le côté B C qui forme l'angle que l'on cherche, & faites cette analogie.

Logarithmes.

Comme le côté B C	29.	1.46240.
Est au côté A B	38. $\frac{44}{}$	1.58478.
Ainsi le rayon	100000.	10.00000.
Est à la tangente de l'angle C 52° 58'	132544.	10.12238.

que l'on cherche.

L'angle C ayant été trouvé, l'on connoîtra l'angle A en prenant son complément.

V. PROBLEME.

743. *L'hypotenuse & un côté étant donnés, trouver l'autre côté.*

Ce problême & le suivant se peuvent résoudre sans tables, en se servant de cette propriété des triangles rectangles, que le quarré de l'hypotenuse est égal au quarré des deux autres côtés. Soit le triangle A B C (*fig.* 31.) dont l'hypotenuse A C soit donnée de 85 toises, & le côté A B de 52 toises 3 pieds ou 52. $\frac{5}{}$, il s'agit de trouver le côté B C.

Du quarré de l'hypotenuse A C 85, qui est 7225, ôtez le quarré du côté A B 52. $\frac{5}{}$, qui est 2756. $\frac{25}{}$, le reste 4468. $\frac{75}{}$ sera le quarré de B C; c'est pourquoi prenant la racine quarrée de 4468. $\frac{75}{}$, l'on aura le côté cherché B C 66 toises $\frac{8}{}$, ou 66 toises 4 pieds 10 pouces.

Ou bien de l'hypotenuse A C ou A D 85 (*fig.* 32.), ôtez le côté A B 52. $\frac{5}{}$, il vous restera pour B D 32. $\frac{5}{}$; à la même hypotenuse A C ajoûtez le côté A B, vous aurez E B de 137. $\frac{5}{}$; multipliez ensuite E B 137. $\frac{5}{}$ par B D 32. $\frac{5}{}$, vous aurez 4468. $\frac{75}{}$, qui sera le quarré de B C (*N°.* 266.), dont la racine quarrée donnera le côté cherché de 66. $\frac{8}{}$, comme ci-dessus.

Si l'on vouloit résoudre ce problême par les tables, il faudroit chercher d'abord, par le troisiéme problême, l'angle C opposé au côté connu, on trouveroit ensuite par le premier, le côté cherché B C.

VI. Problème.

744. *Deux côtés d'un triangle rectangle étant donnés, trouver l'hypotenuse.*

Soit le triangle proposé ABC (*fig.* 33.), dont le côté AB soit donné de 63 toises, & BC de 48 toises 1 pied 6 pouces, ou de 48.^{25}, il s'agit de trouver l'hypotenuse AC.

Prenez les quarrés de AB & BC, qui sont 3969 & 2328.^{0625}, ajoûtez-les ensemble, & de leur somme 6297.^{0625} prenez la racine quarrée 79.^{35}, ou 79 toises 2 pieds un pouce, ce sera la valeur de l'hypotenuse AC.

On peut aussi résoudre ce problême par les tables, en cherchant d'abord l'un des angles C par le quatriéme problême, & ensuite l'hypotenuse AC par le second.

CHAPITRE IV.
De la résolution des Triangles obliquangles.

745. Nous avons dit que pour résoudre un triangle il falloit trois choses déterminées, sçavoir, trois côtés, ou deux côtés & un angle, ou un côté & deux angles.

746. Si deux angles sont donnés, on connoîtra le troisiéme en ôtant leur somme de 180 degrés. (*N°*. 298.)

747. Si un angle est obtus, pour avoir son sinus il faut prendre celui de son supplément ; & réciproquement, si l'on a un sinus, pour en avoir l'angle, il faut prendre les degrés & minutes qui répondent à ce sinus, s'il est aigu ; ou le supplément, s'il est obtus.

Si un angle & son côté opposé sont donnés, la résolution de ce triangle dépend du troisiéme théorême, *N°*. 733.

Si deux côtés & l'angle compris sont donnés, sa résolution dépend du quatriéme théorême, *N°*. 735.

Si les trois côtés sont donnés, sa résolution dépend du cinquiéme theorême, *N°*. 736.

GÉOMÉTRIE
PROBLEMES.
PREMIER PROBLEME.

748. *Deux angles & un côté étant donnés dans un triangle, trouver les autres côtés.*

Soit proposé le triangle ABC (*fig. 34.*) dont l'angle A soit donné de 53 degrés 5 minutes, l'angle B de 82 deg. 11 min. & le côté AB de 48 toises ; cherchez d'abord l'angle C, en ôtant la somme des deux angles A & B de 180, & vous le trouverez de 44 degrés 44 minutes ; ensuite pour trouver le côté AC, faites cette analogie.

Logarithmes.

Comme le sinus de l'angle C 44° 44′	70381.	9.84745.
Est au sinus de l'angle B 82° 11′	99071.	9.99595.
Ainsi le côté AB	48ᵗ.	1.68124.
Est au côté cherché AC 67ᵗ. 3ᵖⁱ. 5ᵖ. *ou* 67ᵗ.57.		1.82974.

Par une semblable analogie l'on trouvera le côté BC de 54 toises 53. ou de 54 toises 3 pieds 2 pouces.

Remarquez que si ce triangle avoit un angle obtus, il faudroit mettre dans les analogies le sinus du supplément de cet angle.

II. PROBLEME.

749. *Deux côtés & un angle opposé à l'un de ces côtés étant donnés dans un triangle, trouver les autres angles.*

Soit proposé le triangle ABC (*fig. 35.*), dont le côté AB soit donné de 54 toises 3 pieds ou de 54. ½, le côté AC de 46 toises, & l'angle B opposé au côté AC, de 35 degrés 12 minutes ; il s'agit de trouver les autres angles. Faites cette analogie.

Logarithmes.

Comme le côté AC	46.	1.66276.
Est au côté AB. 54ᵗ. 3ᵖⁱ. *ou*	54. ½	1.73640.
Ainsi le sinus de l'angle B. 35°. 12′	57643.	9.76075.
Est au sinus de l'angle cherché C. 43°. 5′	68306.	9.83439.

PRATIQUE. Liv. II. 217

Si l'angle C est obtus, il sera de 136 degrés 55 minutes, qui est le supplément de 43 degrés 51 minutes.

Les deux angles B & C étant connus, on trouvera le troisiéme A, en ôtant leur somme de 180 degrés.

III. PROBLEME.

750. *Deux côtés & un angle opposé à l'un de ces côtés étant donnés, trouver le troisiéme côté.*

Cherchez d'abord par le second problême l'angle opposé au côté cherché ; ensuite par le premier problême vous trouverez le troisiéme côté.

IV. PROBLEME.

751. *Deux cotés d'un triangle & l'angle compris entre ces côtés étant donnés, trouver les autres angles & le troisiéme côté.*

Soit proposé le triangle A B C, dont le côté A B soit donné de 59 toif. le côté A C de 48 toif. 1. pi. 6 pou. ou de 48. $\frac{25}{}$ toifes, & l'angle A de 75 deg. 12 minutes, il s'agit de trouver les angles B & C, & le côté B C.

Cherchez d'abord les angles par cette analogie fondée sur la proposition du N°. 735.

Logarithmes.

Comme la somme des deux cotés BA, AC,	107.$\frac{25}{}$.	2.03040.
Est à leur différence B F - - -	10.$\frac{75}{}$.	1.03141.
Ainsi la tang. DE *de la moitié du supl.* 52°24′	129853.	10.11345.
de l'angle compris A 75°. 12′.		
Est à la tangente CD *de la différ.* 7°. 25′.	13017.	9.11446.
de chacun des angles B & C *à cette moitié.*		

La différence des angles A B C, A C B, à la moitié du supplément étant trouvée, on connoîtra ces angles en ajoûtant cette différence 7 deg. 25 min. à la moitié du supplément 52 degrés 24 minutes, pour l'angle C opposé au plus grand côté, qui sera de 59 degrés 49 minutes, & en l'ôtant pour l'angle B, qui sera de 44 degrés 59 minutes.

Les angles B & C étant connus, on trouvera le côté B C de 66 toises, par le premier problême.

GÉOMÉTRIE

V. PROBLEME.

752. *Les trois côtés d'un triangle étant donnés, trouver les angles.*

Soit proposé le triangle ABC (*fig.* 37.), dont le côté AB soit donné de 48 toises 1 pied 6 pouces, le côté AC de 58, & le côté BC de 70, il s'agit de trouver les angles.

Prenez le grand côté BC pour base, & du sommet A abbaissez la perpendiculaire AD, & faites cette analogie fondée sur la cinquiéme proposition des principes, N°. 736.

Logarithmes.

Comme le grand coté BC - - 70.		1.84510.
Est à la somme des deux autres CA, AB, 106. $\frac{25}{}$.		2.02632.
Ainsi leur différence GC, - - 9. $\frac{75}{}$.		0.98900.
Est à la différence FC 14^t. 4^{Pi}. 8^P. *ou* 14. $\frac{72}{}$.		1.17022.

des parties du grand coté divisé par la perpendiculaire AD qui tombe de l'angle opposé.

Si l'on ôte FC. 14. $\frac{72}{}$. de BC. 70, l'on aura pour BF 55. $\frac{21}{}$, dont la moitié sera BD. 27 toises $\frac{71}{}$.

Ensuite dans le triangle rectangle ABD, connoissant l'hypotenuse AB & un côté BD, on connoîtra l'angle B par le troisiéme problême du troisiéme chapitre (N°. 741.); & dans le triangle ABC, connoissant les trois côtés & l'angle B, on connoîtra les autres angles par le second problême du quatriéme chapitre (N°. 749.).

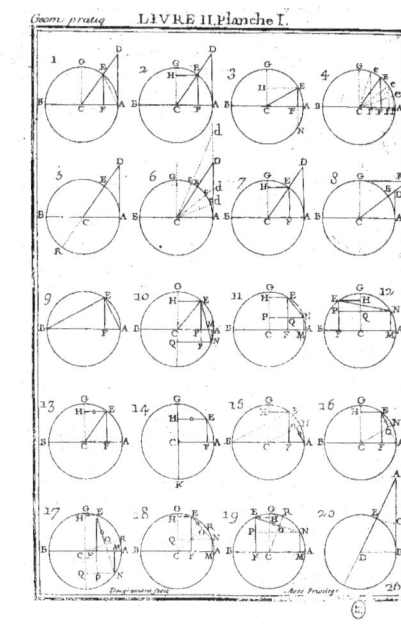

Geom. pratiq. LIVRE II. Planche I.

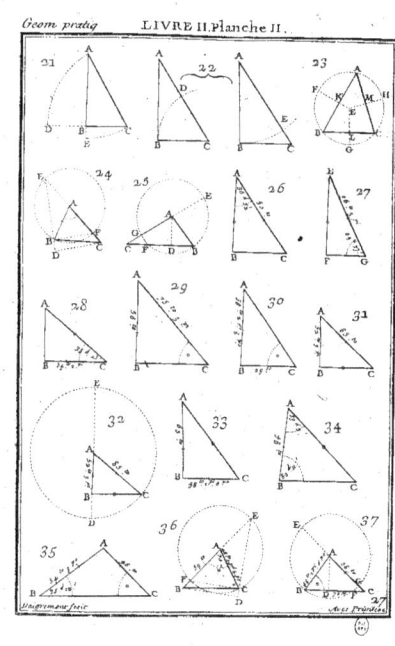

Geom. pratiq.   LIVRE II. Planche II.

LIVRE TROISIÉME.

DES INSTRUMENS POUR LA GEOMÉTRIE Pratique.

753. Comme la Géométrie Pratique a pour but de faire des figures & de les mesurer, lorsque l'on sçait les circonstances qui les déterminent, il est nécessaire d'avoir des instrumens pour tracer ces figures, selon ces circonstances ; après quoi on vient à la connoissance de leurs mesures par calcul, comme nous le dirons dans la suite.

Mais parce que ce calcul est long, & que l'on n'a pas quelquefois besoin d'une si grande précision, on a inventé plusieurs instrumens pour y suppléer.

754. Entre ces instrumens il y en a dont l'usage est simple & familier, comme *la Régle, le Compas, le Rapporteur, le Demi-cercle*, dont nous ne parlerons que quand nous aurons besoin d'en faire l'application, & d'autres dont l'usage est fort étendu, comme *le Compas de proportion* & *la Régle logarithmique*. C'est de ces deux derniers dont on va donner la description & l'usage dans ce Livre.

PREMIERE PARTIE.
DU COMPAS DE PROPORTION.

CHAPITRE I.
Du Compas de proportion en général.

755. LE *Compas de proportion* (fig. 1.) est un instrument composé de deux régles jointes ensemble par une charniere, qui se meuvent autour du centre de cette charniere.

Ces deux régles se nomment les branches du compas de proportion : on trace dessus plusieurs lignes qui partent du centre ; elles sont doubles, c'est-à-dire que les mêmes lignes sont tracées sur chacune des branches du compas.

Ces lignes sont, *les Parties égales, les Cordes, les Polygones, les Plans & les Solides* : on peut y en ajoûter plusieurs autres, comme *les Métaux*, &c.

Tous les usages du compas de proportion sont fondés sur la propriété suivante.

756. Si sur deux lignes A B, A C (*fig.* 2.), qui font un angle quelconque, l'on prend les lignes A B & A C égales, & les lignes A *d*, A *e*, aussi égales, & qu'on tire les lignes B C, *d e*, ces deux lignes auront le même rapport que les côtés A B, A *d*; c'est ce qui a été démontré dans les Elémens de Géométrie, Liv. I. chap. VII. N°. 270.

757. D'où il suit, 1°. que si l'on donne aux parties A B, A *d*, tel rapport que l'on voudra, l'on aura aussi donné le même rapport aux lignes B C, *d e*. C'est pourquoi si A *d* est les deux tiers de A B, *d e* sera aussi les deux tiers de B C; si A B est le rayon d'un cercle dont A *d* soit la corde de 40 degrés, B C sera aussi le rayon d'un cercle dont *d e* sera la corde de 40 degrés ; si A B est le diamétre d'un cercle double du cercle dont A *d* est le diamétre, B C sera aussi le diamétre d'un cercle double de celui dont *d e* est le diamétre, &c.

758. 2°. Comme le compas de proportion peut s'ouvrir plus ou moins, l'on peut donner avec un compas simple, à la distance B C une longueur donnée, & alors l'on aura dans cette ouverture de compas la distance *d e*, qui aura avec B C le rapport que l'on cherche.

759. 3°. C'est pourquoi pour résoudre une question avec le compas de proportion, il faut avoir trois choses pour connoître la quatriéme, sçavoir, le rapport des lignes A B, A *d*, & la grandeur de la ligne B C, pour trouver la ligne *d e* ; ou bien les grandeurs des lignes B C, *d e*, & la ligne A B, pour trouver la ligne A *d*.

CHAPITRE II.

DES LIGNES DES PARTIES EGALES.

760. Les lignes des parties égales font ordinairement divisées en cent ou en deux cens parties égales; on peut les diviser en tel nombre qu'on voudra, pourvû qu'elles soient distinctes; plus le nombre en sera grand, plus les opérations en général seront justes.

Ces parties sont divisées par des points, & sont distinguées de 5 en 5 par des traits, & de 10 en 10 par des chiffres.

L'on peut prendre plusieurs de ces parties pour une; ainsi l'on peut prendre 10 pour 1, 20 pour 2, &c. Et réciproquement l'on peut prendre une partie pour plusieurs; ainsi l'on peut prendre 10 pour 100, 20 pour 200, &c. & alors il faudra estimer les parties qui tomberont entre les divisions.

REMARQUE.

761. Lorsqu'on dira dans la suite de *prendre une ligne*, on ouvrira le compas commun, ensorte que ses deux pointes répondent sur les deux extrémités de la ligne; & lorsqu'on dira de *prendre un nombre* sur le compas de proportion, on ouvrira le compas commun depuis le centre jusqu'au nombre proposé; & quand il s'agira de *porter une ligne sur deux nombres* du compas de proportion, comme sur 100, on ouvrira le compas de proportion, de maniere qu'après avoir pris cette ligne avec le compas commun, si l'on met une pointe de ce compas sur le nombre 100 d'une branche, l'autre pointe tombe sur le même nombre 100 de l'autre branche.

PROBLEMES.

PREMIER PROBLEME.

762. *Diviser une ligne en parties égales.*

Supposons qu'on veuille diviser la ligne AB (*fig.* 3.) en sept parties égales. Portez la ligne AB sur des nombres qui puissent être

GÉOMÉTRIE

divisés exactement par 7, comme sur 70 & 70, le compas de proportion restant dans cette ouverture, prenez l'intervalle de 10 en 10, ce sera la septiéme partie demandée: c'est pourquoi si on la porte sur AB, elle y sera contenue sept fois, & par conséquent la ligne AB sera divisée en sept parties égales.

Au lieu du nombre 70, l'on pouvoit prendre 140, dont la septiéme partie est 20, ou 175, dont la septiéme partie est 25, & alors l'opération se fait plus commodément, parce qu'il faut moins ouvrir le compas de proportion.

REMARQUES.

763. 1°. Si la ligne donnée AB est trop grande pour pouvoir être appliquée sur le compas, il faut la partager en plusieurs parties à volonté, & prendre la septiéme de chaque partie; joignant ensemble toutes ces septiémes, l'on aura la septiéme partie de toute la ligne, ce qui est évident.

764. 2°. Si l'on veut diviser la ligne dans un trop grand nombre de parties, comme en 100, il faut la diviser dans un nombre de parties aliquotes de 100, comme en 5, ensuite chaque partie en 2, & l'on aura la ligne divisée en 10; il faut de même subdiviser ces parties encore en 5, & ensuite en 2.

On donnera dans le Livre suivant la maniere de diviser une grande ligne dans un nombre qui n'a point d'autre aliquote que l'unité.

II. PROBLEME.

765. *Faire une échelle.*

On suppose dans un dessein ou un plan, qu'une ligne déterminée contient un nombre de mesures connues, comme de toises, de pieds, &c. on veut connoître la mesure des autres parties, ou bien l'on veut faire quelque dessein dont les parties soient d'une longueur donnée.

Supposons que la ligne donnée AB (*fig.* 4.) ait 25 toises, & qu'on veuille sçavoir combien la ligne CD en contient:

Portez AB sur 25 & 25, & alors le compas de proportion sera ouvert comme il faut pour servir d'échelle au dessein: c'est pourquoi prenez la ligne CD, & portez-la sur le compas de proportion, ensorte que ses deux extrémités tombent sur la même nombre, par exemple, fur 42 & 42; ce nombre marquera la valeur de la ligne CD.

Remarquez que si la ligne AB étoit trop grande pour pouvoir être portée fur 25 & 25, il la faudroit porter fur 50 & 50, & alors les divisions du compas de proportion représenteroient des demi-toises; ou bien fur 150 & 150, & les divisions représenteroient des pieds.

CHAPITRE III.
DES LIGNES DES CORDES.

766. La ligne des cordes marque les cordes d'un cercle qui a pour rayon la distance du centre du compas à 60.

Pour diviser la ligne des cordes, faites sur un plan séparé un demi-cercle (*fig.* 5.), dont le diamétre AB soit égal à la ligne des cordes. Divisez la demi-circonférence en degrés, & prenez succesivement la distance du point A à chaque degré, & portez cette distance sur le compas de proportion, en mettant toujours une pointe au centre; l'on aura les divisions de la ligne des cordes, dans laquelle la distance du centre à 60, qui est la corde d'un arc de 60 degrés (*N°.* 358.), est égale au rayon du cercle.

PROBLEMES.

PREMIER PROBLEME.

767. *Dans un cercle donné prendre un arc de tel nombre de degrés que l'on veut, par exemple, de 40 degrés.*

Prenez (*fig.* 6.) le rayon CA du cercle, & le portez fur 60 & 60; ensuite prenez l'intervalle de 40 à 40, portez cette ouverture de A en B, l'arc AB sera de 40 degrés. (*a*)

(*a*) Comme la distance du centre à 60 fur la ligne des cordes, est égale (par la construction) au rayon du cercle, qui a pour diamétre la longueur de cette ligne; que la distance du même centre à 40 est égale à la corde de 40 degrés du même cercle, & que ces deux distances sont entr'elles comme l'intervalle de 60 à 60 des deux branches du compas de proportion est à celle de 40 à 40; il s'enfuit (les arcs de même nombre de degrés de différens cercles étant entr'eux comme les rayons de ces cercles) que

GEOMÉTRIE

Remarquez que si l'on vouloit diviser le cercle en parties égales, par exemple, en huit, il faudroit diviser 360 degrés par 8, l'on auroit 45 degrés; & ensuite cherchez l'arc de 45 degrés, comme nous venons de faire celui de 40.

II. PROBLEME.

768. *Dans un cercle donné trouver la valeur d'un arc* A B.

Portez le rayon C A (*fig.* 6.) sur 60 & 60, & laissant le compas de proportion dans cette ouverture, prenez l'intervalle AB, & l'appliquez sur les lignes des cordes, ensorte que ses extrémités répondent sur le même nombre, par exemple, sur 40 & 40, ce nombre marquera que l'arc A B est de 40 degrés.

769. Remarquez que comme les angles se mesurent par des arcs, l'on peut par les problêmes précédens faire un angle d'un nombre de degrés donné, ou trouver la valeur d'un angle.

III. PROBLEME.

770. *La corde* A B (fig. 7.) *d'un arc d'un certain nombre de degrés, comme de* 50, *étant donné, trouver le rayon du cercle.*

Portez la corde AB sur 50 & 50, & prenez l'intervalle de 60 à 60, cet intervalle sera égal au rayon du cercle; c'est pourquoi des points A & B comme centres, & de cet intervalle, décrivant deux arcs, ils se couperont en C qui est le centre du cercle.

771. Remarquez que si l'on vouloit décrire sur la ligne A B (*fig.* 8.) un polygone régulier, par exemple, un pentagone, il faudroit diviser 360 degrés en 5, le quotient seroit 72; ensuite il faudroit, par le problême précédent, trouver le centre du cercle, dont la ligne A B soit la corde de 72 degrés, cette ligne étant appliquée sur la circonférence du cercle, la divisera en cinq parties égales.

l'intervalle de 40 à 40 est la corde de 40 degrés du cercle, qui a pour rayon la distance de 60 à 60 des deux branches du compas de proportion, c'est-à-dire, du cercle proposé.

CHAPITRE

CHAPITRE IV.
DES LIGNES DES POLYGONES.

772. La ligne des polygones (*fig. 9.*) marque les côtés des polygones réguliers jusqu'au dodecagone, inscrits dans un cercle qui a pour rayon la distance du centre du compas au point 6.

La division de cette ligne se fait à peu près comme celle des cordes : pour cela faites un cercle dont C A soit le rayon ; divisez la circonférence en 3, 4, 5, 6, 7, &c. parties égales, en forte que A 3 soit le tiers de la circonférence, A 4 le quart, A 5 la cinquième, &c. portez les intervalles A 3, A 4, A 5, &c. sur la ligne des polygones, en mettant une pointe au centre, l'on aura les différentes divisions de la ligne des polygones, dans laquelle la distance au chiffre 6, qui est le côté de l'exagone, est égal au rayon du cercle.

PROBLEMES.

Premier Probleme.

773. *Inscrire dans un cercle donné un polygone régulier.*

Portez le rayon C A du cercle sur 6 & 6, & le compas de proportion (*fig. 8.*) restant dans cette ouverture, si vous voulez inscrire un pentagone, prenez l'intervalle de 5 à 5, appliquez successivement cet intervalle sur la circonférence du cercle, il sera divisé en cinq parties égales.

Il faudroit faire la même chose pour inscrire tout autre polygone.

II. Probleme.

774. *Sur une ligne donnée* A B, *décrire un polygone régulier, par exemple, un eptagone.*

Portez cette ligne A B (*fig. 10.*) sur 7 & 7 ; ensuite prenez l'intervalle de 6 & 6, qui sera le rayon du cercle, dans lequel la ligne A B sera le côté de l'eptagone.

F f

CHAPITRE V.

Usages des Parties égales & des Cordes pour la Trigonométrie.

775. POur rendre les lignes des parties égales & des cordes commodes pour la Trigonométrie, il faut 1°. que la ligne des cordes contiennent les cordes de tous les degrés jusqu'à 180, qui est le diamètre du cercle. 2°. La ligne des parties égales doit être de la même longueur que celles des cordes; & si l'on veut que les cordes conviennent avec celles des tables des sinus, il faut que la ligne des parties égales soit divisée en 200, afin que la moitié, qui est le rayon, en ait 100. Enfin 3°. les deux lignes des parties égales doivent faire ensemble le même angle que les lignes des cordes, & il est plus commode que cet angle soit d'un nombre juste de degrés, comme de 8 ou de 10 degrés.

L'usage de ces lignes pour la Trigonométrie est fondé sur les deux propriétés suivantes.

776. I. En ouvrant différemment les lignes des parties égales, l'on peut former toutes sortes de triangles A B C (*fig.* 11.) dans lequel le côté C A est sur une branche, C B sur l'autre, & le troisième A B est la distance qu'il y a d'une extrémité à l'autre: l'angle C est mesuré par les différentes ouvertures du compas.

777. II. Tout triangle A B C peut être inscrit dans un cercle; alors le côté A B est la corde de l'arc A B (*fig.* 12.) qui est double de l'angle opposé C (*N°*. 240.); de même les côtés A C, B C sont les cordes des doubles des angles opposés A & B.

Mais pour résoudre ces triangles par le moyen du compas de proportion, il faut faire précéder plusieurs problèmes préliminaires.

PROBLEMES PRELIMINAIRES.

778. I. *Ouvrir le compas de proportion, ensorte que la ligne des cordes ou celles des parties égales fassent un angle donné, par exemple, de 30 degrés.*

PRATIQUE. Liv. III. 227

Prenez fur la ligne des cordes la corde de 30 degrés, portez-la fur cette même ligne de 60 à 60, ou bien fur la ligne des parties égales de 100 à 100, ces lignes feront entr'elles un angle de 30 degrés.

De cette maniere l'on fera faire à ces lignes un angle droit, en prenant la corde de 90 degrés.

779. II. *Mefurer l'angle que font enfemble les lignes des cordes ou des parties égales.*

Prenez fur les lignes des cordes l'intervalle de 60 à 60, ou celle de 100 à 100 fur les lignes des parties égales; appliquez cet intervalle fur la ligne des cordes, en mettant une pointe du compas au centre, l'autre pointe marquera la valeur de l'angle propofé.

De cette maniere on connoîtra quel angle font enfemble ces lignes, lorfque le compas de proportion eft fermé.

780. III. *Connoître avec le compas de proportion l'angle que font deux lignes données* CA, CB.

Appliquez les côtés extérieurs du compas de proportion le long des deux côtés de l'angle (*fig.* 13.), cherchez dans cette ouverture la valeur de l'angle que forment enfemble les lignes des cordes, & ôtez-en la valeur de l'angle qu'elles font lorfque le compas eft fermé, le refte fera la valeur de l'angle propofé.

Par le moyen de ce problême, on peut faire fervir le compas de proportion de *récipiangle*, principalement pour mefurer les angles rentrans; mais il faut éviter les angles fort obtus, au lieu defquels il faut prendre leur fupplément.

PROBLEMES DE TRIGONOMETRIE.

Premier Probleme.

781. *Les trois côtés d'un triangle étant donnés, trouver les angles.*

Soit le triangle propofé ABC (*fig.* 14.), dont le côté AG foit de 100 toifes, AB de 80, & BC de 60, il s'agit de trouver les angles.

Ff ij

GEOMÉTRIE

Pour trouver l'angle A, prenez avec le compas commun sur les parties égales, l'intervalle de soixante parties, valeur de BC opposé à l'angle A; mettez une pointe du compas commun, ainsi ouvert, sur 80 dans les parties égales, & ouvrez le compas de proportion jusqu'à ce que l'autre pointe tombe sur 100; mesurez l'angle que font les lignes des parties égales, ce sera la valeur de l'angle A, qui sera de 37 degrés. On fera la même chose pour trouver l'angle B, qui se trouvera de 90 degrés, & en prenant le supplément des angles A & B, l'on aura l'angle C de 53 degrés.

II. PROBLEME.

782. *Les deux cotés d'un triangle & l'angle compris entre ces cotés étant donnés, trouver le troisiéme coté.*

Soit le triangle proposé ABC (*fig.* 15.), dont l'angle A soit de 40 degrés, le côté AB de 55 toises, & le côté AC de 63; il s'agit de trouver la base BC.

Ouvrez le compas de proportion, ensorte que les lignes des parties égales fassent un angle de 40 degrés (*N°.* 798.); prenez sur ces lignes l'intervalle de 55 à 63, cherchez sur la ligne des parties égales la longueur de cette ligne, vous trouverez 41, qui est la valeur de la base BC.

Ayant connu la base BC, l'on trouvera les autres angles par le premier problême.

III. PROBLEME.

783. *Deux cotés d'un triangle & l'angle opposé à l'un des cotés étant donnés, trouver l'autre coté.*

Soit le triangle proposé ABC (*fig.* 16.), dont le côté AB soit donné de 75 toises, BC de 55, & l'angle A de 45 degrés opposé au côté BC, il s'agit de trouver le côté AC.

Ouvrez le compas, ensorte que les lignes des parties égales fassent un angle de 45 degrés; prenez avec le compas commun l'intervalle de 55, & laissant ce compas dans cette ouverture, mettez une pointe sur 75, l'autre pointe tombera sur 37 ½ lorsque l'angle c est obtus, ou bien sur 69 lorsqu'il est aigu, qui marqueront les valeurs du côté AC ou Ac dans ces deux cas.

L'on connoîtra ensuite les deux autres angles par le premier problême.

On peut encore résoudre ce problême par le second principe (*N°. 777.*); pour cela prenez avec le compas commun l'intervalle de la base 55 opposée à l'angle connu A, & portez cet intervalle dans la ligne des cordes sur 90 & 90, double de l'angle 45 degrés.

Prenez ensuite l'intervalle du côté A B 75, & l'appliquez de travers sur les lignes des cordes, jusqu'à ce que les deux pointes tombent sur le même nombre de part & d'autre; vous aurez 149 $\frac{1}{4}$ degrés, dont la moitié 74 degrés $\frac{5}{8}$ est la valeur de l'angle opposé C s'il est aigu, ou bien son supplément 105 $\frac{3}{8}$ s'il est obtus. Nous le supposons aigu. Prenant le supplément des angles A & C, vous aurez l'angle B de 60 degrés $\frac{1}{8}$, dont le double est 120 $\frac{1}{4}$; prenez sur la ligne des cordes l'intervalle de 120 $\frac{1}{4}$ & de 120 $\frac{1}{4}$, & portez cet intervalle sur la ligne des parties égales, vous aurez la valeur du côté A C, qui est de 67 $\frac{2}{3}$.

IV. Problême.

784. *Deux angles & un coté d'un triangle étant donnés, trouver les autres cotés.*

Soit le triangle proposé A B C (*fig. 17.*), dont l'angle A soit de 47 degrés, l'angle B de 63 degrés, & le côté A B de 82 toises, il s'agit de trouver les côtés A C, C B.

En prenant le supplément des angles A & B, l'on aura l'angle C de 70 degrés. Prenez sur la ligne des parties égales l'intervalle du côté A B 82 toises, & le portez sur la ligne des cordes de 140 en 140, double de l'angle C opposé à 82; ensuite prenez l'intervalle de 94 à 94, double de l'angle 47, que vous porterez sur les parties égales, vous aurez 63 $\frac{1}{4}$ pour le côté opposé B C. Par une semblable opération l'on trouvera le côté A C de 77 $\frac{2}{3}$.

CHAPITRE VI.
DES LIGNES DES PLANS.

785. Les lignes des plans font divisées dans la proportion des racines quarrées, des nombres naturels 1, 2, 3, 4, &c. & leur usage est de trouver les côtés ou les lignes homologues des figures semblables dont les superficies ont un rapport donné, ou de trouver le rapport des figures semblables, leurs côtés ou leurs lignes homologues étant donnés.

Pour diviser ces lignes, faites une échelle, sur laquelle prenez une ligne égale à la distance du centre du compas de proportion au chiffre 1, & la divisez en cent ou en mille parties; prenez ensuite la racine de 2, ou plutôt de 2. 00. 00. qui est 141; prenez sur l'échelle 141, & portez cette ouverture sur la ligne des plans depuis le centre jusqu'à 2. On aura de même les divisions de 3, 4, 5, 6, 7, &c.

Il paroît par cette méthode de faire les divisions des lignes des plans, que les nombres qui sont marqués dessus représentent les superficies des figures semblables, & que les distances de ces mêmes nombres au centre représentent les côtés ou les lignes semblablement tirées dans ces figures, parce que les superficies des figures semblables sont entr'elles comme les quarrés des côtés semblables ou des lignes semblablement tirées. (N°. 434.)

PROBLEMES.

I.

786. *Faire un cercle qui ait un rapport donné avec un cercle donné qui en soit, par exemple, les deux tiers.*

Prenez le rayon AB du cercle donné, & le portez sur un nombre de la ligne des plans dont on puisse prendre les deux tiers exactement, comme sur 60 & 60. (*fig.* 18.)

Prenez ensuite l'intervalle de 40 à 40, qui est les deux tiers de 60, & de cet intervalle *ab* décrivez un cercle, il sera les deux tiers du proposé; ce qui est évident par la construction de la ligne des plans.

II.

787. *Deux figures semblables étant données, trouver leur rapport.*

Suppofons que les figures propofées foient deux pentagones réguliers, dont les côtés font AB, CD. (*fig.* 19.)

Prenez le côté AB du plus grand pentagone, & le portez fur un des plus grands nombres de la ligne des plans, comme fur 60 & 60 ; prenez enfuite le côté CD du fecond, & le portez de travers fur les mêmes lignes, enforte que fes deux extrémités répondent fur les mêmes divifions, je fuppofe que ce foit fur 40 & 40 ; la fuperficie F du fecond pentagone fera à la fuperficie E du premier, comme 40 eft à 60, ou comme 2 à 3, c'eft-à-dire qu'elle en fera les deux tiers.

CHAPITRE VII.
DES LIGNES DES SOLIDES.

788. Les lignes des folides font divifées dans la proportion des racines cubiques, des nombres naturels 1, 2, 3, 4, &c. leur ufage eft de trouver les côtés ou les lignes homologues des folides femblables qui ont un rapport donné, ou de trouver le rapport des folides femblables, leurs côtés ou leurs lignes homologues étant données.

Elles fe divifent de la même maniere que celles des plans, excepté qu'au lieu de la racine quarrée, par exemple, de 2. 00. 00. il faut prendre la racine cubique de 2. 000. 000. & ainfi des autres.

Les problêmes font auffi les mêmes, à l'égard des figures folides femblables, que les précédens à l'égard des figures planes femblables.

C'eft en fe fervant de la ligne des folides que l'on trouve les différens diamétres des boulets de fer qui ont différent poids : car fçachant qu'un boulet de fer qui a fix pouces de diamétre pefe trente-trois livres, portez l'intervalle de 6 pouces de 33 à 33, l'intervalle de 1 à 1, qui eft de 22 lignes, marquera le diamétre d'un boulet d'une livre, &c.

Pour faciliter la maniere de trouver le poids des boulets de fer, on ajoûte ordinairement d'un côté, le long des branches du compas de proportion, la ligne des diamétres des boulets qui sont d'usage, & de l'autre côté la ligne des *calibres* (*a*) des piéces propres à ces boulets.

CHAPITRE VIII.

DES LIGNES DES METAUX.

789. Les lignes des métaux sont divisées dans la proportion des côtés homologues, des corps semblables d'un poids égal, faits de différens métaux, & ces métaux sont marqués par les caracteres des Planetes.

 Le Soleil ☉ marque *l'Or.*
 Saturne ♄ *le Plomb.*
 La Lune ☾ *l'Argent.*
 Venus ♀ *le Cuivre.*
 Mars ♂ *le Fer.*
 Jupiter ♃ *l'Etaim.*

De sorte que la distance du centre à la division ☉, marque le diamétre d'une boule d'or; la distance du centre à ☾, marque le diamétre d'une boule d'argent qui pesera autant que celle d'or, & ainsi des autres.

(*a*) Dans l'Artillerie, ce qu'on appelle le *calibre* des piéces n'est autre chose que le diamétre de l'ouverture ou de la *bouche* de ces piéces. Le calibre est toujours un peu plus grand que le diamétre du boulet, afin que le boulet puisse sortir plus aisément de la piéce, que son mouvement ne soit point trop retardé par le frotement, &c. Si l'on a une piéce qui doit chasser des boulets de 33 livres, dont le diamétre est de 6 pouces $\frac{25}{32}$ de ligne, le calibre de cette piéce doit avoir 6 pouces 3 lignes & $\frac{22}{32}$ de ligne. Ainsi le calibre de la piéce de 33 surpasse le diamétre de son boulet d'environ 3 lignes. Les autres piéces ont de même leur calibre proportionné au diamétre des boulets qu'elles doivent tirer, ainsi qu'on peut le remarquer en comparant les divisions de la ligne des *calibres* sur le compas de proportion, avec celles des diamétres des boulets.

Pour

PRATIQUE. Liv. III.

Pour diviser la ligne des métaux, il faut connoître le poids d'un pied cube de chacune de ces différentes matieres, ajoûter ensuite neuf zeros à celui de l'étaim qui est le plus leger, & diviser le nombre qui en résulte, par le poids de chaque métal; tirant après cela les racines cubes des quotiens, elles donneront les distances des divisions des métaux au centre du compas de proportion (*a*), comme l'on peut voir dans la table suivante.

(*a*) Pour diviser les lignes des métaux du compas de proportion, il faut connoître les pesanteurs spécifiques des différens métaux. Pour y parvenir, on peut considerer ces métaux sous un même volume, comme d'un pied cube, d'un pouce cube, &c. alors s'ils pesent également, il est clair que leur pesanteur spécifique est la même, & que s'ils pesent inégalement, les pesanteurs spécifiques sont entr'elles comme les poids de ces volumes égaux.

Si l'on prend des solides semblables de différens métaux & d'un poids égal, il est évident que celui dont le volume sera, par exemple, trois fois plus grand que le volume d'un autre solide, aura sa pesanteur trois fois plus petite que celle de ce solide, & ainsi des autres; qu'ainsi lorsque les pesanteurs de plusieurs solides de différens métaux sont égales, les volumes sont en raison inverse ou renversée des pesanteurs spécifiques de ces métaux, c'est-à-dire que celui dont le volume est le plus grand, pese le moins; & au contraire.

Cela posé, supposons qu'on connoisse les pesanteurs spécifiques des métaux, & qu'on fasse avec ces métaux des solides semblables d'un poids égal, par exemple, des spheres; que le diamétre de la boule d'étaim, qui est le métal le plus léger, soit divisé en cent parties, & qu'on veuille trouver combien le diamétre d'une boule d'or de pareil poids que celle d'étaim, contiendra des mêmes parties.

Comme les solides semblables sont entr'eux en même raison que les cubes de leurs diamétres, l'on aura les volumes de ces boules ou les cubes de leurs diamétres en raison inverse de leurs pesanteurs spécifiques; ce qui donnera cette analogie.

Comme la pesanteur spécifique de l'or
Est à la pesanteur spécifique de l'étaim,
Ainsi le cube du diamétre de la boule d'étaim
Est au cube du diamétre de la boule d'or.

Ce qui fait voir que pour avoir le diamétre de la boule d'or d'un poids égal à celle d'étaim, il faut multiplier la pesanteur spécifique de l'étaim par le cube du diamétre de cette boule, diviser le produit par la pesanteur spécifique de l'or, & extraire la racine cube du quotient.

On trouvera de la même maniere les diamétres des boules des autres métaux d'un poids égal à celui de la boule d'étaim. Cette régle est conforme dans laquelle on a supposé le côté du pied cube de l'étain divisé en cent parties égales.

Table des distances du centre du compas de proportion aux divisions de chaque métal.

Or	☉	73.
Plomb	♄	86. $\frac{33}{}$
Argent	☾	89. $\frac{47}{}$
Cuivre	♀	93. $\frac{78}{}$
Fer	♂	97. $\frac{43}{}$
Etain	♃	100.

790. Dans les problêmes sur les métaux, la question peut tomber sur les diamétres ou côtés homologues des corps semblables, ou sur leurs volumes, ou enfin sur leurs poids.

791. Les rapports des diamétres ou des côtés homologues, lorsque les poids sont les mêmes, sont marqués sur les lignes des métaux qui sont dans la proportion des racines cubiques de leurs volumes.

792. Le rapport des volumes, lorsque les poids sont les mêmes, qui est dans la proportion des cubes des distances du centre du compas aux divisions de chaque métal, se trouvera sur la ligne des solides.

793. Enfin les rapports des poids, lorsque les diamétres ou les côtés homologues des corps semblables sont les mêmes, sont en raison réciproque des cubes des distances du centre du compas à chaque division, qui se trouve aussi dans la ligne des solides.

PROBLEMES.

I.

794. *Le diamétre ou le côté d'un corps d'un métal étant donné, trouver le diamétre ou le côté homologue d'un corps semblable d'un autre métal qui soit de même poids que le premier.*

à la méthode que M. *Sauveur* prescrit pour trouver les différentes divisions de la ligne des métaux : car supposant le diamétre de la boule d'étain divisé en mille parties, son cube sera l'unité, suivi de neuf zeros : or pour multiplier la pesanteur spécifique de l'étain par ce nombre, il suffit de lui ajoûter ces neuf zeros. Donc, &c.

PRATIQUE. Liv. III. 235

Je suppose que le diamètre d'un boulet de fer d'une livre soit de vingt-deux lignes, il s'agit de trouver le diamètre d'un boulet de plomb du même poids.

Prenez sur un pied de Roi l'ouverture de vingt-deux lignes, & portez cet intervalle de ♂ en ♂; prenez ensuite l'intervalle de ♄ en ♄, & portez-le sur le pied de Roi, vous aurez dix-huit lignes pour le diamètre du boulet de plomb d'une livre.

[Pour démontrer cette opération, considerez que par la construction de la ligne des métaux (N°. 789.), les distances du centre du compas aux divisions de cette ligne, représentent les diamètres des corps semblables des différens métaux & d'égale pesanteur. Mais les distances ou les intervalles des mêmes divisions des deux lignes des métaux sont entr'elles (à cause des triangles semblables qu'elles forment avec les divisions de ces lignes) comme les distances du centre du compas à chacune de ces divisions ; ce qui fait voir que l'intervalle de *Saturne* à *Saturne*, ou des caracteres qui marquent le plomb, donne le diamètre d'une boule de plomb égale en pesanteur à celle qui a pour diamètre la distance de *Mars* à *Mars*, ou des deux marques du fer.]

I I.

795. *Trouver le rapport des poids de deux corps semblables de différens métaux qui ont même diamètre.*

Supposons qu'une boule d'argent pese quatre marcs ou trente-deux onces, l'on demande combien pesera une boule d'or de même diamètre.

Prenez sur la ligne des solides l'intervalle du centre à 32, portez-le de ☉ à ☉ sur les lignes des métaux ; prenez ensuite l'intervalle de ☾ à ☾, & portez-le sur la ligne des solides, en mettant une pointe du compas au centre, l'autre pointe marquera 59 onces ou 7 marcs 3 onces, qui sera le poids de la boule d'or de même diamètre que celle d'argent.

[Pour le démontrer, considerez que lorsque les corps sont égaux, les poids sont entr'eux comme les pesanteurs spécifiques des métaux, c'est-à-dire en raison réciproque ou renversée des cubes des divisions de la ligne des métaux (N°. 789.) : qu'ainsi *le poids de la boule d'argent proposée, est à celle d'or de même*

Gg ij

diamétre, *comme le cube de la distance du centre du compas à la marque de l'or sur la ligne des métaux, est au cube de la distance du même centre à la marque de l'argent* ; ou (à cause des triangles semblables formés par les lignes tirées de part & d'autre sur chacune des branches du compas aux marques de l'or & à celles de l'argent) *le poids de la boule d'argent est à celle d'or, comme le cube de l'intervalle des deux caracteres de l'or est au cube de la distance des deux marques de l'argent*. Comme la ligne des solides donne le rapport des cubes des divisions qui y sont exprimées (N°. 788.), & que la distance de la marque ou du caractere de l'or à l'or contient trente-deux de ces divisions, & celle de l'argent à l'argent cinquante-neuf, il s'ensuit que le poids de la boule d'argent est au poids de la boule d'or de même diamétre, comme 32 est à 59. Mais le premier nombre exprime, par la supposition, le poids de la boule d'argent : donc le second exprime le poids de la boule d'or.]

Il est évident que par ce dernier problême on peut connoître le rapport des poids des différens métaux.

SECONDE PARTIE.

DE LA REGLE LOGARITHMIQUE. (*a*)

796. CEtte régle contient plusieurs lignes parallelés divisées dans la proportion des logarithmes, dont l'usage est de faire promptement les multiplications, les divisions ; former les quarrés, les cubes, & faire l'extraction de leurs racines ; résoudre les régles de Trois, & tout ce qui en dépend, comme la Trigonométrie, la réduction des poids & mesures, &c. Cette régle est utile pour les calculs, dont l'erreur de 1 ou 2 sur 1000 est comptée pour rien.

Sur la régle logarithmique il y a de deux sortes de lignes, de *générales* & de *particulieres*.

(*a*.) Cet article n'est gueres qu'un extrait ou un abregé de la Régle proportionnelle d'*Henrion*, qu'on trouve dans les Ouvrages de cet Auteur, à la fin du second volume de ses *Mémoires Mathématiques*.

Les générales qui sont sur un côté de la régle, en occupent toute la longueur, & sont les lignes des *Nombres*, des *Quarrés*, des *Cubes*, des *Sinus* & *Sécantes* & des *Tangentes*.

Les lignes particulieres qui sont sur l'autre côté de la régle, sont la ligne des *Mesures lineaires*, celle des *Cordes*, des *Polygones*, celle des *Superficies des polygones*, & celle des *Mesures solides* & du *Poids des corps*.

CHAPITRE I.

DE LA LIGNE DES NOMBRES.

CEtte ligne qui est la principale, est divisée dans la proportion des logarithmes, des nombres qui sont dessus; elle contient au moins deux décades, & au plus trois.

Pour marquer les divisions de cette ligne, 1°. divisez-la en autant de parties égales que vous voulez y mettre de décades. 2°. Faites une échelle égale à l'une de ces parties, qui soit divisée en mille parties. 3°. Prenez les logarithmes des nombres depuis 10 jusqu'à 100, dans lesquels les trois ou quatre premiers chiffres suffisent. 4°. Prenez successivement sur l'échelle l'intervalle des nombres des logarithmes, & les portez sur chaque décade, elles seront divisées chacune en 90 parties inégales. 5°. De cinq en cinq divisions tirez un trait, & de dix en dix marquez les nombres qui conviennent à chaque division, & que nous allons expliquer.

La *premiere Décade*, qui est celle des *unités*, contient les nombres depuis 1 jusqu'à 10, & chaque unité est divisée en dix dixiémes, & chaque dixiéme est divisé par estime en dix parties.

La *seconde Décade* est celle des *dixaines*, dont les principales divisions sont marquées de 10 en 10 ; chaque dixaine est divisée en dix unités, & chaque unité peut être divisée par estime en dix dixaines.

La *troisiéme Décade* est celle des *centaines*, divisée en dix centaines, chaque centaine en dix dixaines, & chaque dixaine peut être divisée par estime en unités.

GÉOMÉTRIE

Puisque les divisions de chaque décade sont les mêmes, l'on peut prendre indifféremment les unes pour les autres; ainsi en multipliant les nombres de ces décades par 10, c'est-à-dire en ajoûtant un zero après chaque nombre, la décade des unités deviendra celle des dixaines, celle des dixaines deviendra celle des centaines, & celle des centaines deviendra celle des mille; au contraire, si l'on divise ces nombres par 10, les unités deviendront des dixiémes, les dixiémes deviendront des unités, & les centaines deviendront des dixiémes.

Les principes des opérations que l'on fait par le moyen de cette ligne, consistent 1°. en ce que les divisions étant dans la proportion des logarithmes & les chiffres dans la proportion des nombres, si l'on ajoûte des intervalles de divisions, l'on multiplie les nombres, & si l'on ôte ces intervalles, l'on divise les nombres.

2°. Comme il n'y a que deux ou trois décades sur cette régle, dont les subdivisions vont dans la proportion décuple, on est obligé de ne se servir pour l'ordinaire que de nombres de un ou de deux chiffres, & alors si le nombre proposé est plus grand, retranchez les derniers chiffres pour en faire des décimales; comme si le nombre étoit 1728, il faut prendre 17$\frac{28}{}$, & nous dirons alors que nous avons retranché deux zeros de ce nombre, parce que nous l'avons divisé par 100, ou parce que nous prenons 17 au lieu de 1700. Au contraire, si l'on nous proposoit une décimale 0 $\frac{1728}{}$, il faut prendre 1$\frac{728}{}$, en ajoûtant un zero, ou bien 17$\frac{28}{}$, en ajoûtant deux zeros; de sorte que dans les opérations que l'on fait avec ces nombres, il faut se souvenir des zeros que l'on a ajoûtés ou retranchés.

PROBLEMES.

I. *Multiplier un nombre par un autre.*

Soient proposés les nombres à multiplier 3 & 4. Prenez avec un compas l'intervalle de 1 à 3, mettez sur 4 la pointe qui étoit sur 1, l'autre pointe donnera 12, qui est le produit de 3 par 4.

Si les nombres proposés contiennent plusieurs chiffres, comme 35 & 20, ôtez un zero de chacun de ces nombres, vous aurez 3. 5 & 2, que vous multiplierez comme ci-dessus, le produit sera 7, auquel ajoûtant les deux zeros que l'on a retranchés, l'on aura 700 pour le produit de 35 par 20.

Si l'on multiplie des décimales seules avec des entiers, il faut ajoûter des zeros aux décimales pour les réduire en entiers, mais alors il faudra retrancher du produit. Ainsi pour multiplier o.5 par 7, il faut multiplier 5 par 7, en ajoûtant un zero à o.5, le produit sera 35, duquel ôtant un zero, l'on aura 3.5 pour le produit de o.5 par 7.

De même, pour multiplier o.4 par 750, il faut multiplier 4 par 75, en ajoûtant un zero à o.4, & ôtant deux zeros de 750, le produit sera 30, duquel il faut ôter un zero & en ajoûter deux, c'est-à-dire qu'il en faut ajoûter un, l'on aura 300 pour le produit des nombres proposés.

Au lieu de prendre l'intervalle de 1 au nombre proposé, l'on peut prendre l'intervalle de 10 à ce nombre, mais alors il faut ajoûter un zero au produit ; & si l'on prenoit l'intervalle du nombre proposé à 100, il faudroit ajoûter deux zeros.

II. *Diviser un nombre par un autre.*

Soit proposé 18 à diviser par 3. Prenez l'intervalle de 1 au diviseur 3 ; mettez la pointe du diviseur 3 sur 18, l'autre pointe vous donnera 6 pour quotient.

Si les nombres proposés ont plusieurs chiffres, il faut retrancher également des zeros de l'un & de l'autre, jusqu'à ce que le diviseur n'ait qu'un chiffre, & faire l'opération sur le reste ; ainsi pour diviser 753 par 31, il faut diviser 75.3 par 3.1, le quotient sera 24.3.

Si après avoir ôté également des zeros des deux nombres à diviser, le diviseur est encore trop grand, il faut en retrancher encore des zeros, mais alors il faudra les ajoûter au quotient. Ainsi pour diviser 3500 par 70, ou 350 par 7, en ôtant de chaque nombre un zero, il faut diviser 35 par 7, en retranchant encore un zero de 350, l'on aura pour quotient 5, auquel il faut ajoûter un zero, & l'on aura 50 pour véritable quotient des nombres proposés.

Si le nombre à diviser étoit plus petit que le diviseur, il faudroit lui ajoûter des zeros & les ôter du quotient.

Au lieu de prendre l'intervalle de 1 au diviseur, l'on peut

prendre l'intervalle de 10 au même diviseur, & alors il faut ôter un zero du quotient ; l'on pourroit prendre aussi l'intervalle de 100 au même diviseur, & ôter deux zeros du quotient.

III. *Trois nombres étant proposés, en trouver un quatriéme proportionnel.*

Prenez l'intervalle du premier nombre au second, mettez la pointe du premier nombre sur le troisiéme, la pointe du second donnera le quatriéme.

Comme si l'on propose les trois termes 8 . 12 :: 22. Pour trouver un quatriéme proportionnel, prenez l'intervalle de 8 à 12, mettez la pointe de 8 sur 22, l'autre pointe donnera 33 pour le quatriéme nombre proportionnel.

Au lieu de prendre l'intervalle du premier nombre au second, l'on peut prendre celui du premier au troisiéme, & l'appliquer comme ci-dessus au second.

Remarquez que si les deux nombres dont on prend les intervalles contiennent plusieurs chiffres, il faut en retrancher également des zeros, comme nous avons dit dans la division, & l'intervalle sera toujours le même : ainsi l'intervalle de 750 à 50 est le même que celui de 75 à 5.

L'on peut aussi retrancher également des zeros du premier & du troisiéme terme, le quatriéme sera toujours le même. Ainsi si l'on suppose 750 . 50 :: 45 ; pour trouver un quatriéme proportionnel, l'on peut retrancher un zero des deux premiers 750 & 500, & prendre 75 . 5 :: 45. L'on peut encore retrancher un zero du premier & du troisiéme 75 & 45, l'on aura 7. 5 5 :: 4. 5. L'on auroit pû aussi ôter d'abord des zeros du premier & du troisiéme terme 750 & 45, & l'on auroit eu les trois nombres 75 . 50 :: 4. 5, & dans tous ces changemens de nombre l'on trouvera toujours pour quatriéme terme 3.

L'on peut aussi retrancher également des zeros du second & du quatriéme terme, de même que du troisiéme & du quatriéme.

Le quatriéme terme sera encore le même si au second terme on ajoûte des zeros, & que l'on en ôte autant du troisiéme. L'on peut aussi faire la même chose à l'égard du premier & du quatriéme.

CHAPITRE

CHAPITRE II.
Des Lignes des Quarrés & des Cubes.

CEs lignes sont divisées dans la proportion des logarithmes des quarrés & des cubes, des chiffres qui sont dessus, & qui en sont les racines.

En comparant la ligne des quarrés avec celle des nombres, l'on trouvera que les chiffres marqués sur la ligne des nombres sont les quarrés des chiffres qui leur répondent sur la ligne des quarrés, qui en sont par conséquent les racines.

Il en est de même de la ligne des cubes comparée avec celle des nombres.

D'où il suit que 1°. pour avoir la racine quarrée d'un nombre, comme de 64, il faut prendre sur la ligne des quarrés le nombre 8, qui répond à 64 de la ligne des nombres.

2°. L'on trouvera de même la racine cubique de 64, qui est 4.

3°. La racine quarrée de 300 est 17.$\frac{32}{}$, & sa racine cubique 6.7.

4°. Pour avoir le quarré ou le cube d'un nombre, il faut faire le contraire que ci-dessus.

Si le nombre dont on cherche le quarré n'est pas sur la ligne des quarrés, il faut retrancher de ce nombre un ou deux zéros, mais alors il faut ajoûter le double des zéros à la ligne des nombres. Ainsi pour avoir le quarré de 45, cherchez le quarré de 4.5, vous aurez 20.25, auquel ajoûtant deux zéros, vous aurez 2025 pour le quarré de 45. De même, pour avoir le cube d'un nombre qui n'est pas sur la ligne des cubes, il faut retrancher de ce nombre un ou deux zéros, mais alors il faudra ajoûter le triple des zéros à la ligne des nombres. Ainsi pour avoir le cube de 45, cherchez le cube de 4.5, vous aurez 91.1, auquel ajoûtant trois zéros, l'on aura 91100, qui est à peu près le cube de 45.

Au contraire, si l'on demande la racine quarrée d'un nombre qui n'est pas sur la ligne des nombres, comme 2025, de ce nombre ôtez deux ou quatre zeros, vous aurez 20$\frac{25}{}$, dont la racine eft 4$\frac{5}{}$, auquel il faut ajoûter la moitié des zeros que vous avez ôtés, vous aurez 45 pour racine quarrée de 2025. De même, pour avoir la racine cubique de 91100, qui n'eft pas fur la ligne des nombres, ôtez trois ou fix zeros, vous aurez 91 $\frac{100}{}$, dont la racine cubique eft 4$\frac{5}{}$, auquel il faut ajoûter le tiers des zeros qu'on a retranchés, vous aurez 45 pour racine cubique de 91100.

CHAPITRE III.

Des Lignes des Sinus, Sécantes & Tangentes.

LA ligne des finus eft divifée dans la proportion des logarithmes des finus, & elle eft divifée de 15 en 15 minutes jufqu'à 20 degrés, de 30 en 30 minutes jufqu'à 45 degrés, de degrés en degrés jufqu'à 60, & de 5 en 5 degrés jufqu'à 90, qui eft la fin de la feconde décade, qui marque le rayon du cercle au finus total.

Les divifions de la ligne des fécantes commencent à la fin de la ligne des finus, & font les mêmes dans un ordre renverfé.

La ligne des tangentes eft divifée dans la proportion des logarithmes des tangentes, & elles y font marquées de 30 en 30 minutes depuis 25 degrés jufqu'à 65, & le refte de 15 en 15 minutes. La divifion de 45 degrés eft égale au rayon, & celles qui font au deffus de 45 degrés font les mêmes que celles qui font au-deffous dans un ordre renverfé.

L'ufage de ces lignes eft pour la réfolution des triangles, en fe fervant auffi de la ligne des nombres; & pour cela il faut fuivre les analogies ou régles de Trois marquées dans la Trigonométrie.

Dans ces analogies, lorfque l'on prend la différence du premier & du fecond terme, s'ils font fur une même ligne, il faut faire comme nous avons dit dans les régles de Trois, avec cette différence que fi l'on prend cet intervalle fur les nombres, il faut les prendre entiers, ou en retrancher également des zeros; & fi l'on le prend fur les finus, fécantes ou tangentes, il faut

PRATIQUE. Liv. III. 243

toujours les prendre entiers. Et si l'on prend un intervalle de travers sur deux lignes, l'on peut ajoûter ou retrancher autant de zeros que l'on voudra des nombres, pourvû que l'on fasse la même chose dans la suite de la résolution.

CHAPITRE IV.

De la Ligne des Mesures lineaires.

CEtte ligne est divisée dans la proportion des logarithmes des nombres qui marquent les rapports des différentes mesures lineaires qui sont marquées sur cette ligne. Ces mesures sont, les *toises, pieds, pouces de Paris*, les *pieds, aulnes & lieues de différens pays*, la *circonférence*, le *diamétre*, un *degré*, une *minute & une seconde de la terre*.

Cette ligne ne contient qu'une décade; & comme les mesures qui sont dessus devroient être de plusieurs décades, l'on y supplée par des zeros, car dans les mesures qui devroient être dans une décade supérieure, l'on a ajoûté des zeros, & l'on en a retranché de celles qui doivent être dans une décade inférieure.

Quand dans les opérations suivantes l'on prendra l'intervalle d'une mesure à une autre, s'il y a des zeros ajoûtés à une mesure, l'on peut les ôter de l'autre mesure, ou au contraire; & pour faire les opérations sur ces mesures, il faut se servir de la ligne des nombres.

PROBLEMES.

PREMIER PROBLEME.

Une grandeur étant donnée selon une mesure, trouver sa valeur selon une autre mesure.

Supposons que la croix du Dôme de S. Pierre de Rome soit élevée de 585 palmes, l'on demande combien ces 585 palmes font de toises de Paris.

Prenez l'intervalle de la palme romaine à la toise, & portez la pointe qui étoit sur la palme sur 585, l'autre pointe qui étoit sur la toise, donnera 66 $\frac{1}{3}$ toises de Paris pour la hauteur de

H h ij

la croix du Dôme de Saint Pierre de Rome.

On trouvera de même que la hauteur de la croix du Dôme des Invalides de Paris, qui est de 48 toises, contiendra 420 palmes.

Pour trouver combien un degré de la terre contient de toises de Paris,

Il faut prendre l'intervalle de la toise de Paris à un degré de la terre, & se souvenir des cinq zeros qu'il faut ôter du nombre des degrés, ou ajoûter au nombre des toises ; il faut ensuite porter cet intervalle sur la ligne des nombres, en mettant la pointe qui étoit sur le degré sur 1, ou plutôt sur 10, parce que l'autre pointe tomberoit hors la régle ; cette seconde pointe vous donnera alors 5.7, auquel il ne faudra ajoûter que quatre zeros, parce qu'en prenant 10, l'on en a déja ajoûté un, l'on aura 7000 toises, qui est assez juste la valeur d'un degré de la terre, qui est de 57060 toises.

II. PROBLEME.

Trouver le rapport d'une mesure à une autre.

Soit proposé à trouver le rapport du pied de Paris au pied de Londres.

Prenez l'intervalle du pied de Paris au pied de Londres ; ensuite supposant que le pied de Paris soit divisé en 144 lignes, mettez la pointe du pied de Londres sur 144, l'autre pointe qui étoit sur le pied de Paris, vous donnera 135 pour la valeur du pied de Londres en lignes du pied de Paris ; ce qui marquera aussi que le pied de Paris est au pied de Londres, comme 144 à 135, ou comme 16 à 15.

CHAPITRE V.

De la Ligne des côtés des Polygones.

Cette ligne est divisée dans la proportion des logarithmes des quarrés, dont les racines expriment les côtés des polygones réguliers, jusqu'au dodecagone, inscrits dans un même cercle qui a pour rayon le côté de l'exagone ; on y a ajoûté la circonférence du cercle, l'arc d'un degré, & le diamétre du cercle.

L'usage de cette ligne est à peu près le même que celui des mesures lineaires, en appliquant ces mesures, non pas sur la ligne des nombres, mais sur la ligne des quarrés.

PROBLEMES.

PREMIER PROBLEME.

Le rayon d'un cercle étant donné, trouver le côté d'un polygone inscrit dans ce cercle.

Soit proposé à trouver le côté de l'eptagone.
Supposant que le rayon soit de 150 toises. Prenez l'intervalle du rayon de l'exagone à l'eptagone, marqué 7 ; portez cet intervalle dans la ligne des quarrés, en mettant la pointe du rayon sur 150, l'autre pointe vous donnera $130 \frac{1}{2}$ pour le côté de l'eptagone.

On résoudra par la même méthode les problêmes suivans & leurs converses.

II. PROBLEME.

Le côté d'un polygone inscrit dans un cercle étant donné, trouver le côté d'un autre polygone inscrit dans le même cercle.

III. PROBLEME.

Le rayon d'un cercle étant donné, trouver sa circonférence ; ou réciproquement.

CHAPITRE VI.

De la Ligne de la superficie des Polygones réguliers.

CEtte ligne est divisée dans la proportion des logarithmes des nombres qui expriment les superficies des polygones réguliers, inscrits dans un même cercle, qui auroit même rayon que celui de la ligne des côtés des polygones.

On y a ajoûté la superficie du cercle.

Cette ligne doit être autant éloignée de celles des côtés des polygones, que la ligne des nombres l'est de celle des quarrés.

Dans les problêmes suivans, si l'on veut sçavoir le rapport des superficies de deux polygones, il faut prendre leur intervalle sur la ligne des superficies, & la porter sur la ligne des nombres; & si l'on veut sçavoir la superficie absolue d'un polygone, il faut prendre de travers l'intervalle du côté du polygone à sa superficie, & la porter aussi de travers sur la ligne des quarrés & sur celle des nombres, en mettant sur la ligne des quarrés la pointe qui étoit sur le côté des polygones, & sur la ligne des nombres la pointe qui étoit sur la ligne de la superficie.

PROBLEMES.

PREMIER PROBLEME.

La superficie d'un polygone étant donnée, trouver celle d'un autre polygone inscrit dans le même cercle.

Supposons que la superficie d'un exagone soit donnée de 40 toises quarrées, l'on demande la superficie d'un décagone inscrit dans le même cercle.

Prenez dans la ligne des superficies des polygones l'intervalle de l'exagone au decagone; portez cet intervalle sur la ligne des nombres, en mettant la pointe de l'exagone sur 40, l'autre pointe vous donnera 45 $\frac{1}{4}$ pour la valeur du decagone.

Par ce problême l'on trouvera le rapport d'un polygone aux autres polygones, & celui du cercle aux polygones inscrits.

II. PROBLEME.

Trouver la superficie d'un polygone, son côté étant donné.

Supposons que le côté d'un exagone soit donné de 80 toises, & qu'il faille trouver sa superficie.

Prenez de travers l'intervalle du côté de l'exagone à sa superficie, & portez de travers cet intervalle sur les lignes des quarrés & des nombres, en mettant la pointe du côté sur 80 dans la ligne des quarrés, l'autre pointe donnera dans la ligne des nombres 16550 pour la superficie de l'exagone assez exacte.

CHAPITRE VII.

De la Ligne des mesures solides & du poids des Corps.

CEtte ligne contient de deux sortes de marques, l'une des différentes mesures solides, & l'autre des différens poids des corps solides & liquides.

Ces mesures sont,

1°. *Une toise cubique, un pied cubique, un pouce cubique*, marqués - - - - - - -

2°. *Une toise, un pied, un pouce cylindrique*, marqués - - - - - - -

3°. *Une toise, un pied, un pouce sphérique*, marqués - - - - - - -

4°. *Le muid de Paris*, marqué - - - -

Les corps dont on cherche les poids, sont 1°. les métaux : l'*or*, l'*argent*, le *mercure* ou *vif-argent*, le *fer fondu* & le *fer forgé*, le *plomb*, l'*étaim*, le *cuivre*. 2°. Les minéraux, sçavoir : le *marbre blanc*, le *marbre noir*, la *pierre de taille*. 3°. Les corps liquides, sçavoir : l'*eau douce*, l'*eau de mer*, le *vin*, l'*eau de vie*, l'*esprit de vin*, l'*huile*. 4°. La *poudre à canon* foulée & non foulée, & le *sel*.

Dans les problêmes qui se résolvent par cette ligne du poids des corps, 1°. il faut se servir de la ligne seule des nombres, lorsque l'on veut seulement sçavoir le rapport des mesures ou des poids, le poids absolu des corps selon les mesures précédentes & le nombre de ces mesures. 2°. Il faut se servir de la ligne des quarrés & de celle des nombres, lorsque la base de ces mesures augmentent dans la proportion des quarrés, les hauteurs demeurant les mêmes. 3°. L'on se sert de la ligne des cubes & de celle des nombres lorsque les mesures augmentent, selon toutes leurs dimensions, dans la proportion des cubes.

PROBLEMES.

I. *Trouver combien de fois une mesure contient une autre mesure.*

GÉOMÉTRIE

Soit proposé à sçavoir combien trois muids contiennent de pintes.

Prenez l'intervalle d'un muid à une pinte, portez cet intervalle sur la ligne des nombres, en mettant la pointe du muid sur 3, l'autre pointe donnera 864 pintes pour le contenu de trois muids.

Par ce problême l'on peut connoître le rapport de toutes les mesures entr'elles.

II. *Trouver le poids d'un corps selon une mesure donnée.*

Soit proposé à sçavoir combien six muids d'eau pesent de livres.

Mettez la pointe sur le muid & l'autre sur l'eau, portez cet intervalle sur la ligne des nombres, en mettant la pointe du muid sur 6, l'autre pointe vous donnera 3350 livres pour le poids de six muids d'eau.

Si l'on eût voulu sçavoir combien 3350 livres d'eau font de muids, il auroit fallu mettre la pointe de l'eau sur 3350, l'autre pointe eût donné six muids.

III. *Trouver le rapport des poids de deux corps de même volume.*

Supposons qu'une masse d'argent, par exemple, un écu, pese huit gros, l'on demande combien une masse égale d'or pesera.

Prenez l'intervalle de l'argent à l'or, portez cet intervalle sur la ligne des nombres, en mettant la pointe de l'argent sur 8, l'autre pointe vous donnera $14\frac{7}{10}$ gros pour le poids de la masse d'or.

IV. *Le volume d'un corps étant donné, trouver le volume d'un autre de même poids.*

Supposons qu'une masse d'argent contienne douze pouces cubes, l'on demande combien une masse d'or de même poids en contiendra.

Prenez l'intervalle de l'argent à l'or, & portez cet intervalle sur la ligne des nombres en renversant les pointes, c'est-à-dire en mettant la pointe de l'or sur 12, qui est le contenu de la masse d'argent, l'autre pointe donnera $6\frac{1}{2}$ pour le contenu de la masse d'or de même poids.

V.

PRATIQUE. Liv. III.

V. *Trouver la solidité d'un corps cylindrique.*

Supposé qu'un bassin d'eau rond ait vingt-cinq pieds de diamétre & six de profondeur, l'on demande combien il contiendra de pieds cylindriques.

Prenez de travers l'intervalle de 1 sur la ligne des quarrés, & de 6 sur la ligne des nombres; portez cet intervalle sur les mêmes lignes, en mettant la pointe de 1 sur 25, la pointe de 6 donnera 3750 pieds cylindriques pour le contenu du bassin.

Si l'on veut ensuite sçavoir combien ce bassin contient de muids, prenez l'intervalle du pied cylindrique au muid, & portez cet intervalle sur la ligne des nombres, en mettant la pointe du pied cylindrique sur 3750, l'autre pointe donnera 368 $\frac{1}{4}$ muids.

On trouvera de la même maniere combien un tonneau contient de pintes ou de septiers, en mesurant le diametre moyen & la longueur par pouces.

VI. *Le diamétre d'un boulet de fer étant donné, trouver son poids.*

Je suppose que le diamétre d'un boulet de fer fondu soit de huit pouces, il faut trouver son poids.

Prenez de travers l'intervalle du pouce spherique au fer fondu; portez cet intervalle sur la ligne des cubes & sur celle des nombres, en mettant la pointe du pouce cube dans la ligne des cubes sur 8, l'autre pointe donnera, dans la ligne des nombres, 78 $\frac{1}{4}$ livres pour le poids du boulet.

REMARQUES.

L'on pourroit ajoûter sur cette régle la ligne des monnoyes, si elles avoient un rapport fixe, & par cette ligne on trouveroit le rapport des différentes monnoyes.

L'on peut aussi y ajoûter la ligne du pouce d'eau qui marque la dépense d'un pouce d'eau, par telle mesure que l'on voudra, dans un jour, une heure, une minute, & les dépenses des jets d'eau selon leurs diamétres & leurs hauteurs.

Que si l'on veut faire des régles logarithmiques pour l'usage des différentes professions, il n'y faut mettre que la ligne des nombres avec quelques-unes des autres lignes; par exemple :

Pour un Marchand d'étoffes, outre la ligne des nombres, il faut celle des différens rapports des aunes, celle des différens poids, & celle des différentes monnoyes.

Pour un Marchand de vin & pour un Jaugeur, il faut les lignes des nombres & des quarrés, celle des différens tonneaux, dans laquelle il faut marquer le pied & le pouce cylindrique, & la pinte & le septier de Paris, avec les autres différentes pintes.

Pour un Marchand de bled, il faut la ligne des nombres & des quarrés, & celle des différens boisseaux, avec le pied & le pouce cylindriques, & le poids des grains.

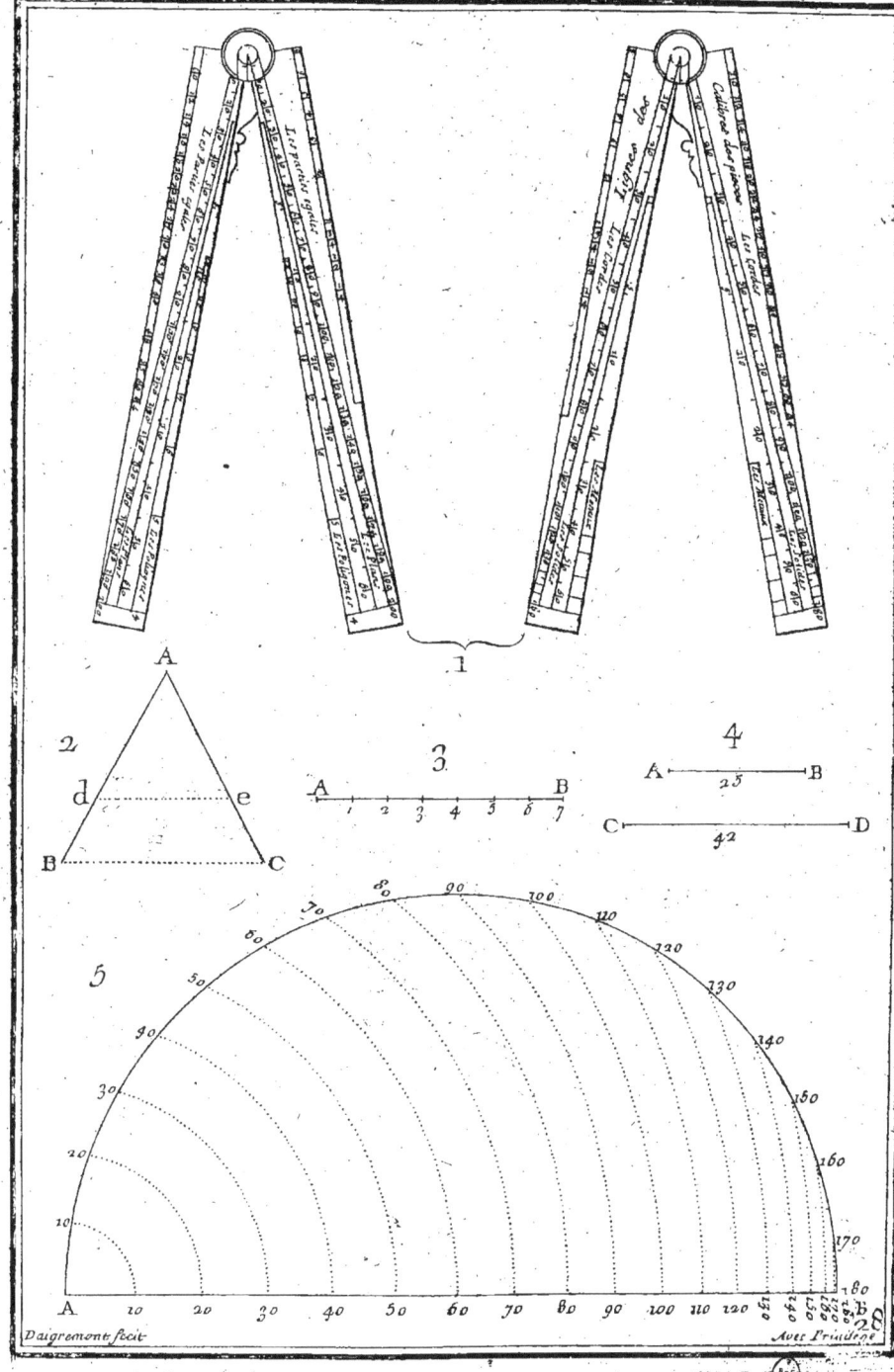

Geom. pratiq. LIVRE III Planche II.

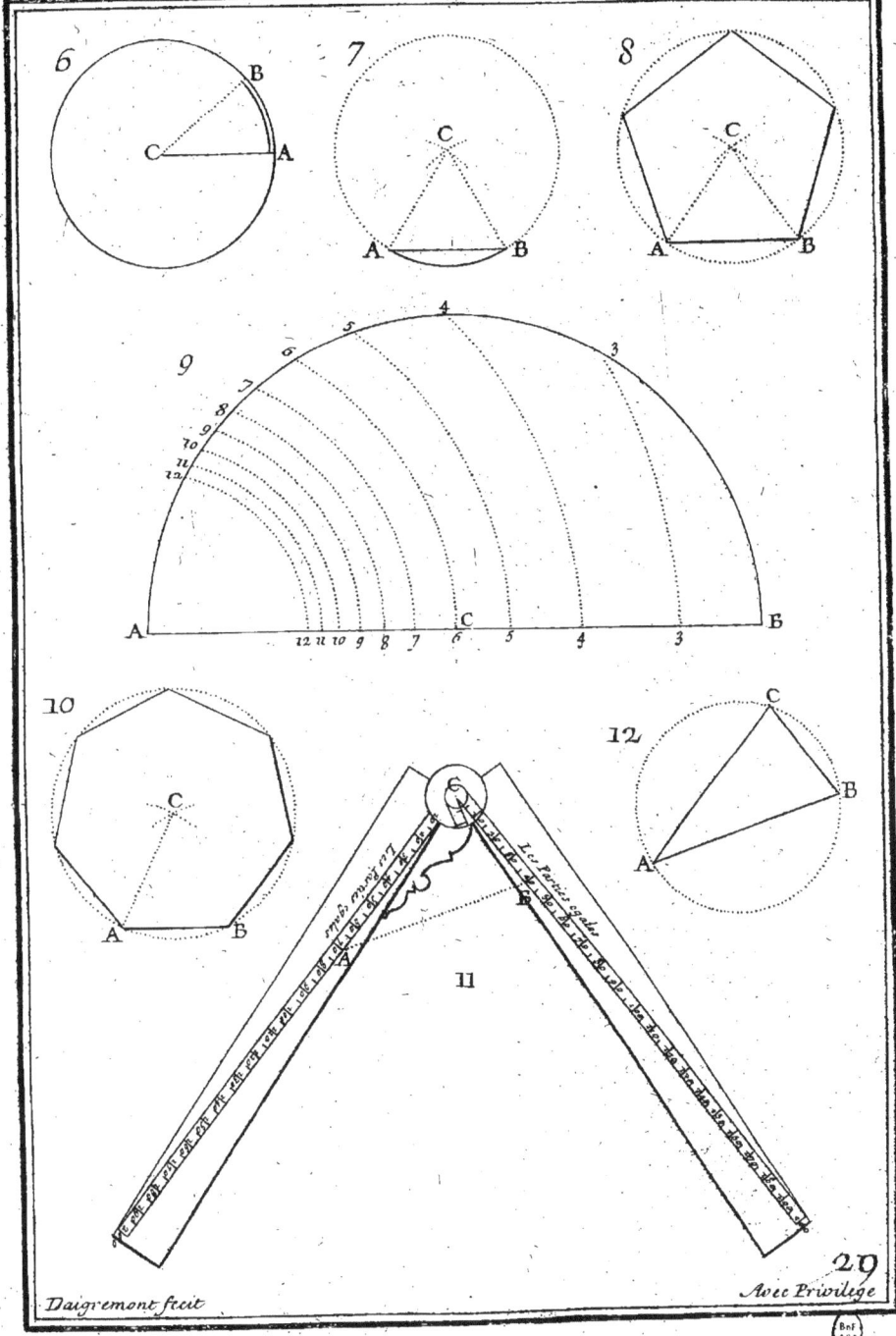

Daigremont fecit. Avec Privilege

LIVRE III. Planche III.

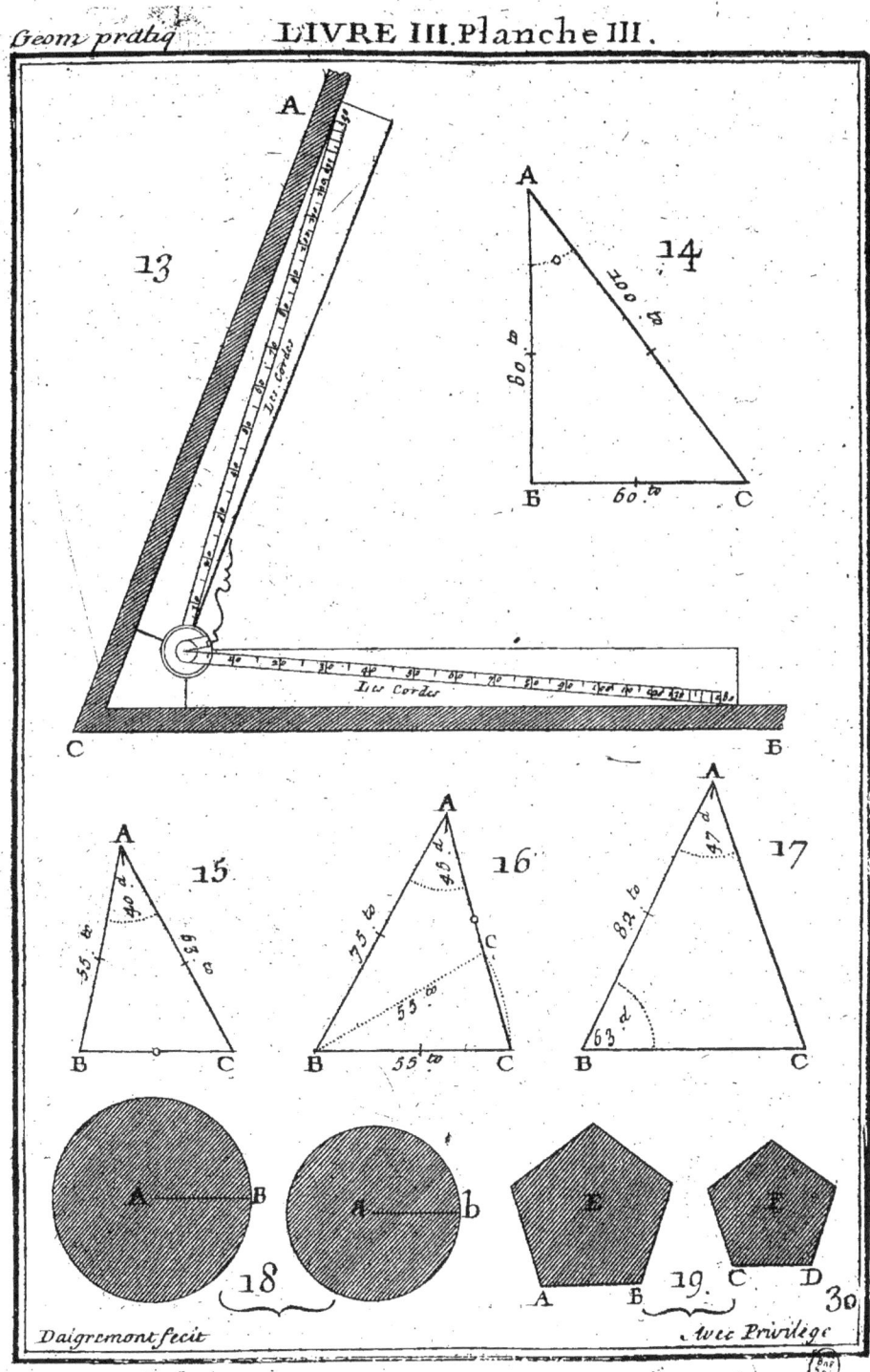

Daigremont fecit. Avec Privilege.

LIVRE QUATRIÉME.

DE LA CONSTRUCTION DES FIGURES.

797. LES figures qu'on se propose de faire sont ou planes, ou solides. Les figures planes se font sur le papier, sur quelque grand plan, comme sur un mur, ou sur la terre.

Pour faire ces figures, il faut des instrumens, entre lesquels il y en a d'absolument nécessaires, & d'autres qui ne sont que pour une plus grande commodité.

CHAPITRE I.

Des Instrumens pour faire des Figures sur le Papier.

798. LEs instrumens absolument nécessaires pour faire des figures sur le papier, sont la *Régle* & le *Compas*; & les autres qui servent à faciliter la pratique, sont sans nombre, chacun affecte les siens; les plus ordinaires néanmoins sont le *Rapporteur*, l'*Equerre*, les *Paralleles* & le *Compas de proportion*.

799. I. La régle AB (*fig.* 1.) sert à tirer des lignes droites avec une pointe, un crayon ou une plume. Pour sçavoir si elle est droite, il faut tracer une ligne le long de cette régle avec une pointe fort fine, appliquer ensuite l'arrête de cette régle (qui a servi à tracer la ligne) de différentes manieres & de différens côtés sur cette ligne, & considerer si elle s'applique exactement dessus, & en ce cas la régle & la ligne seront droites; ou bien appliquer sur la ligne que l'on a tracée, ou sur l'arrête de cette régle un cheveu bien tendu, lequel, s'il convient avec la longueur de cette ligne ou de cette arrête, ce sera une marque qu'elle est droite.

Les Ouvriers examinent si une régle est droite, en l'appliquant sur une régle de métal qu'ils sçavent être droite. Mais pour avoir cette régle de métal droite, il en faut faire deux à la fois,

& les redresser délicatement avec la lime jusqu'à ce que leurs arrêtes conviennent exactement, en appliquant ces régles l'une à côté de l'autre & l'une sur l'autre, de toutes les manieres possibles, & même pour être absolument assuré que la régle est droite, il en faut faire trois.

Si les régles doivent servir à tracer des lignes avec une pointe ou avec le crayon, elles peuvent être fort minces; mais si l'on doit tirer des lignes avec de l'encre, il les faut faire épaisses; quelques-uns y font un biseau ou des moulures, comme B; pour pour empêcher que l'encre s'appliquant contre la régle, ne gâte le papier, ils la renversent lorsqu'ils s'en servent.

800. II. Un compas simple sert à prendre des mesures, à faire des cercles & à diviser des lignes; il est ordinairement de cuivre ou d'argent, & ses pointes d'acier.

Il faut que la tête A (*fig. 2.*) du compas soit ferme, & qu'elle ait ses charnieres si bien travaillées qu'il ne s'ouvre ni ne se ferme point par soubresauts; il faut aussi que les pointes B & C soient médiocrement aigues & fort douces, afin qu'elles ne gâtent point le papier.

Afin d'arrêter le compas dans l'ouverture qu'on lui a donnée, les Ouvriers se servent d'un compas dont les branches ne se meuvent que très-difficilement, ou dont la tête se serre avec une vis en A (*fig. 3.*), ou qui a un arc DE attaché à une branche en D, qui passe par un trou F, fait à l'autre branche dans lequel il est arrêté par une vis, ou bien cet arc a une vis qui passe par un écrou attaché à la seconde branche.

Pour ouvrir un compas avec une grande justesse d'une longueur donnée, on se sert de la vis dont nous avons parlé, ou bien d'une pointe de compas attachée à la jambe en G, de maniere que par ressort on puisse avancer ou reculer la jambe C avec une petite vis en H.

Il y a une autre sorte de compas qu'on appelle *Compas de réduction* (fig. 4.), dont la tête A est aux deux tiers de la longueur des branches, ensorte que la distance du centre A à l'extrémité de la petite jambe *c* est la moitié de la distance du même centre à l'extrémité C de la grande jambe. Si l'on prend avec les pointes B & C de ce compas la longueur d'une ligne quelconque, la distance des deux autres pointes *b* & *c* donnera la moitié de cette même ligne.

Il y a de ces compas dont le centre est mobile, & dont on peut par ce moyen avoir telle aliquote qu'on juge à propos d'une ligne proposée : on se sert peu de ces sortes de compas dans la pratique, parce qu'ils sont plus curieux qu'utiles.

Il y a encore une autre sorte de compas qui est à *verges*, (*fig.* 5.) dont une pointe B est attachée à une des extrémités, ensorte qu'elle peut un peu avancer ou reculer par le moyen d'une vis C, & l'autre pointe A glisse librement le long de la verge, à laquelle néanmoins elle est arrêtée par un ressort ou une vis D.

801. III. Le *Rapporteur* (fig. 6.) est un demi-cercle de cuivre ou de corne divisé en 180 degrés ; lorsqu'il est grand on le divise en demi-degrés, & même en quarts ; ses degrés sont marqués en nombre de dix en dix degrés, & au dessous leurs suppléments, afin qu'il soit indifférent de commencer à compter par A ou par B ; le centre C est marqué par une ligne droite, & l'autre côté est en chamfrain.

L'usage de cet instrument est de faire des angles d'un certain nombre de degrés, de connoître la valeur d'un angle, de tirer une perpendiculaire comme on fait avec une équerre ; & comme sa base est une ligne droite, on peut s'en servir au lieu de la régle pour tirer de petites lignes.

Lorsque l'on a marqué sur le rapporteur les lignes des polygones, on peut faire par leur moyen des polygones réguliers.

Si le rapporteur est de corne, comme il est transparent & fort peu épais, il sera plus commode pour connoître la valeur des angles & pour tirer des lignes droites avec une pointe ou avec le crayon, mais il est sujet à se déjetter.

802. IV. Une équerre A B C (*fig.* 7.) sert à tirer des lignes perpendiculaires ou à faire des angles droits ; on la fait ordinairement de cuivre, avec une charniere en B pour la serrer dans un étui plus commodément : mais les Dessinateurs la font un peu épaisse (*fig.* 8.), d'un bois dur & uni, & ils s'en servent aussi pour tirer des lignes paralleles.

Pour connoître si une équerre est juste, on peut en premier lieu faire avec cette équerre un angle droit A B C (*fig.* 9.) sur un plan, & tirer à volonté dans cet angle une hypotenuse A C, qu'il faut diviser par le milieu en D, duquel, comme centre,

& de l'intervalle D A il faut décrire un demi-cercle; si ce demi-cercle passe par le sommet B de l'angle, l'équerre est juste.

En second lieu, sur la ligne A B (*fig.* 10.) tirez avec l'équerre la perpendiculaire B C, & sur B C tirez la perpendiculaire B D, sur B D tirez aussi la perpendiculaire B E, enfin sur B E tirez une perpendiculaire, si elle convient avec la ligne B A, l'équerre est juste. (N°. 185.)

803. V. Les *Régles paralleles* sont deux régles ordinairement de bois A & B (*fig.* 11.), jointes par deux piéces de cuivre ordinairement paralleles C, D, appliquées sur les régles, à l'aide desquelles elles peuvent s'éloigner ou se rapprocher l'une de l'autre, en conservant toujours le parallelisme; l'une des régles est à chamfrain, pour tirer des lignes au crayon; & l'autre l'est aussi, mais du sens contraire, afin de pouvoir tirer des lignes à l'encre comme avec la régle ordinaire.

Pour juger si les régles paralleles sont justes, il faut tracer sur un plan avec ces régles deux lignes paralleles A B, C D (*fig.* 12.), ensuite il en faut tirer d'autres E F, G H, qui coupent les deux premieres, enfin considerer si les parties des deux paralleles comprises entre les deux autres, sont égales. (N°. 223.)

Il faut faire la même chose sur d'autres ouvertures de paralleles, comme I K, L M, & si ces parties sont toujours égales, ces régles seront justes.

804. VI. A l'égard du compas de proportion, nous en avons parlé dans le troisiéme Livre, où nous avons donné sa construction & ses usages.

CHAPITRE II.

De la maniere de tirer des Lignes droites dans des circonstances données, & de les diviser.

PROBLEMES.

PREMIER PROBLEME.

805. *TIrer une ligne droite.* (fig. 13.)

Si l'on propose les deux points A & B, il est aisé de tirer une ligne par ces deux points avec une régle.

806. Il faut remarquer que pour tirer avec justesse une ligne droite par les points A & B, il faut 1°. que ces deux points soient fort petits. 2°. Qu'ils soient éloignés l'un de l'autre le plus qu'il sera possible. 3°. Si un point est marqué par l'intersection de deux lignes, il faut que ces lignes se coupent perpendiculairement ou fort approchant, car lorsqu'elles se coupent fort obliquement, il est difficile de connoître exactement le point de leur interfection.

II. PROBLEME.

807. *Trouver une ligne droite également distante des points A & B.* (*fig.* 14.)

Voyez les Elémens de Géométrie, N°. 158.

III. PROBLEME.

808. *Trouver un point* E (*fig.* 15.) *qui soit aussi distant des extrémités d'une ligne* AB, *qu'un autre point* F *l'est des extrémités de la ligne égale* CD.

Du point A comme centre & de l'intervalle CF décrivez un arc; du point B & de l'intervalle DF décrivez un autre arc, qui coupera le premier dans le point E, qui est celui qu'on cherche.

IV. PROBLEME.

809. *Par un point donné* A (fig. 16.) *élever une perpendiculaire à une ligne donnée* BC.

I. Si le point donné A est vers le milieu de la ligne, voyez les Elémens de Géométrie, N°. 200.

II. S'il est vers l'extrémité (*fig.* 17.), & qu'on ne puisse pas prolonger la ligne, prenez à discrétion un point D, duquel comme centre & de l'intervalle DA décrivez un cercle qui coupe la ligne en B; tirez la ligne BDE qui coupe le cercle en E; enfin tirez EA, elle sera perpendiculaire à la ligne CB. (N°. 243.

Ou bien prenez à volonté sur AC (*fig.* 18.) cinq parties égales; du point A & de l'intervalle de trois de ces parties, décrivez un arc vers E; de l'extrémité B de la quatriéme partie & de l'intervalle des cinq parties, décrivez un autre arc, qui coupera le précédent en E ; tirez la ligne E A, elle sera la perpendiculaire cherchée.

Au lieu de prendre trois, quatre & cinq parties, on peut prendre 5, 12, 13, ou les multiples de ces nombres, comme 6, 8 & 10 ; 9, 12 & 15, &c. dont le quarré du plus grand soit égal aux quarrés des deux autres. Voyez les Elémens de Géom. N°. 438.

III. Si le point donné A (*fig.* 19.) est hors la ligne, ensorte néanmoins qu'il réponde vers le milieu de la ligne, voyez les Elémens de Géométrie.

IV. Si ce point est vis-à-vis l'extrémité de cette ligne, & que l'on ne puisse la prolonger :

D'un point B (*fig.* 20.) pris à volonté dans la ligne, & de l'intervalle B A, décrivez un arc vers D ; d'un autre point C pris à volonté dans la même ligne, & de l'intervalle C A, décrivez un autre arc qui coupe le précédent en D ; tirez la ligne A D, elle sera la perpendiculaire cherchée. (*a*)

Ou bien tirez à part la ligne M P (*fig.* 21.) sur laquelle prenez à discrétion deux parties égales M N, N P ; ensuite du point A & de l'intervalle M P, décrivez un arc qui coupe la ligne donnée en C ; tirez la ligne A C, sur laquelle prenez A F égale à M N ; du point F comme centre, & de l'intervalle F A, décrivez un arc qui coupera la ligne donnée en B ; tirez la ligne A B, elle sera perpendiculaire à B C. Voyez les Elémens de Géométrie, N°. 243.

V. On peut encore tirer des perpendiculaires avec une équerre, un rapporteur, ou avec la plûpart des instrumens dont les extrémités sont coupées à angles droits, & dont la maniere est aisée.

V. PROBLEME.

810. *Par un point donné A mener une parallele à une ligne donnée* B C.

Mettez une des pointes du compas en A (*fig.* 22.), & ouvrez l'autre jusqu'à ce que décrivant un arc de cercle, elles ne fassent que toucher la ligne donnée ; ensuite du point C pris vers l'autre

(*a*) Car par la construction les points B & C sont à égale distance des points A & D. Donc la ligne B C ne panche pas plus vers A que vers D. Donc, &c.

extrémité

PRATIQUE. Liv. IV. 257

extrémité de la ligne donnée, & de la même ouverture de compas, décrivez un arc vers D; tirez du point A une ligne AD qui touche l'arc D, elle sera parallele à BC.

Ou bien (*fig.* 23.) faites comme nous avons dit dans les Elémens, *N°.* 225.

Si le point donné A (*fig.* 24.) est fort près de la ligne, on peut appliquer une régle un peu épaisse sur la ligne BC, & appuyer contre cette régle une pointe ou un crayon, ensorte que le bout donne en A; ensuite il faut glisser ce crayon le long de la régle, en conduisant toujours également sa main.

Ou bien si le compas est un peu ferme, il faut appuyer une pointe contre la régle, & mettre l'autre pointe sur le point A, ensuite faire glisser également ces deux pointes le long de la régle, la seconde pointe tracera une ligne parallele.

Ces deux dernieres manieres ne peuvent être exécutées exactement qu'après avoir acquis l'habitude de tirer des lignes avec justesse, & elles sont nécessaires pour ceux qui travaillent aux plans.

VI. PROBLEME.

811. *Diviser une ligne en parties égales.*

Dans la pratique on exécute ce problême de deux manieres, géométriquement & méchaniquement.

Pour diviser géométriquement une ligne donnée AB (*fig.* 25.) en parties égales, par exemple, en deux, *voyez les Elémens de Géométrie, N°.* 160.

Pour diviser une ligne donnée AB (*fig.* 26.) en cinq parties égales, menez à la ligne AB une parallele CD plus grande, plus petite, ou égale à la ligne AB; prenez une ouverture de compas à volonté, qui puisse être contenue au moins cinq fois sur CD; par A & par C, tirez AC prolongée indéfiniment au-delà de A; tirez aussi B 5, prolongée jusqu'à la rencontre de CA en K; par les points 1, 2, 3 & 4, tirez les lignes K 1, K 2, &c. qui couperont AB en cinq parties égales. *Voyez les Elémens de Géométrie, N°.* 226.

Si la ligne CD est plus petite que AD, le point K se trouvera du côté de la ligne CD, & alors les lignes K 1, K 2, &c. étant prolongées jusqu'à la ligne AB, la couperont également en cinq parties égales.

K k

Si la ligne CD est égale à AB, il faut par chacune de ses divisions 1, 2, 3 & 4, mener les paralleles à AC, qui diviseront AB dans le même nombre de parties égales que AC.

On peut encore diviser géométriquement une ligne AB (*fig.* 27.) en cinq parties égales, de cette maniere :

Tirez par A la ligne AD, qui fasse un angle quelconque BAD avec AB ; par le point B menez BC parallele à AD ; prenez à volonté une ouverture de compas A 1, que vous porterez cinq fois sur AD de A en 5, & de même sur BC de B en 5 ; joignez les divisions de chacune des lignes AD, BC, par des lignes droites A 5, 1 & 4, 2 & 3, &c. ces lignes diviseront AB en cinq parties égales.

Pour diviser méchaniquement une ligne AB (*fig.* 28.) en plusieurs parties exprimées par un nombre premier, c'est-à-dire qui n'a point d'autre aliquote que l'unité, comme en trois parties, ouvrez le compas à peu près du tiers de la ligne, & commençant à appliquer une pointe sur l'extrémité de la ligne, portez trois fois successivement cette ouverture sur cette ligne, si la pointe du compas donne sur l'autre extrémité, la ligne se trouvera divisée du premier coup en trois parties égales, & si elle n'y tombe pas, augmentez ou diminuez l'ouverture du compas du tiers de la différence, & appliquez trois fois cette ouverture sur la ligne ; si elle n'est pas encore juste, il faudra encore augmenter ou diminuer l'ouverture du compas du tiers de la différence, & recommencer jusqu'à ce qu'on ait trouvé précisément le tiers de la ligne.

Si l'on divise une ligne en parties égales, exprimées par un nombre composé d'aliquotes autres que l'unité, comme en 30, il faut d'abord considerer les *nombres premiers* 2, 3, 5, (*a*) de la multiplication desquels le composé est formé ; ensuite il faut diviser toute la ligne en deux parties, chaque partie en trois, & chacune de ces dernieres en cinq, ainsi toute la ligne se trouvera divisée en trente : on auroit pû prendre ces nombres premiers dans un autre ordre.

(*a*) On appelle *Nombres premiers*, les nombres qui n'ont que l'unité pour commun diviseur.

VII. PROBLEME.

812. *Maniere de faire des échelles.*

L'uſage des échelles eſt de prendre un certain nombre de parties égales dans leſquelles une ligne déterminée a été diviſée.

Il y a des échelles particulieres & de générales. Entre les échelles particulieres, il y en a de communes & d'exactes, & chacune de ces échelles ſe diviſe en dixaines, en unités & en parties d'unités, lorſque les parties ſont aſſez ſenſibles.

I. Pour faire une échelle commune dont la longueur A B (*fig.* 29.) contienne cent parties; ſi cette échelle ne peut être diviſée tout au plus qu'en unités, diviſez A B en dix parties égales qui repréſenteront des dixaines; prenez A C égale à une de ces dixaines, & la diviſez en dix parties égales, qui ſeront des unités; mettez zero à la diviſion C, d'où vous commencerez à compter les dixaines & les unités.

Pour ſe ſervir de cette échelle, ſi vous avez à prendre un certain nombre de parties, comme 37, mettez la pointe du compas ſur les dixaines à 30, & ſur les unités à 7, & cette ouverture donnera trente-ſept parties.

Si les unités ſont aſſez grandes pour être ſubdiviſées en d'autres parties, comme ſi ce ſont des toiſes, pour les ſubdiviſer en pieds, il faut d'abord partager A B en dix dixaines, & chaque dixaine en dix unités qui repréſentent des toiſes; enſuite il faut diviſer la premiere toiſe en ſix parties égales qui repréſenteront des pieds.

II. Pour faire une échelle fort exacte ſur une longueur donnée A B (*fig.* 30.), tirez A B ſur un plan fort uni, comme ſur une plaque de cuivre, élevez les perpendiculaires égales A D, B E, de telle longueur qu'il vous plaira; tirez la parallele D E, & partagez A B & D E en dix parties égales; prenez A C & D F égales chacune à une de ces parties, & diviſez ces lignes en dix parties égales; joignez les diviſions de A B & D E par des lignes droites qui ſeront perpendiculaires ſur A B & D E; diviſez les lignes B E & A D chacune en dix parties égales, & tirez d'une diviſion à l'autre des lignes paralleles à A B. D'une des diviſions de A C, par exemple, de 90, tirez à la ſuivante ſur D F, qui eſt 100, une ligne droite, & enſuite par toutes les autres diviſifions de AC, des paralleles à cette premiere ligne, lefquelles feront obliques fur AC; marquez fur les divifions de CB 100, 200, 300, &c. & fur les divifions de AC marquez les dixaines 10, 20, 30, &c. enfin fur les divifions de AD marquez les unités 1, 2, 3, 4, 5, &c.

Pour prendre un certain nombre de parties de cette échelle, par exemple 582, mettez les deux pointes du compas fur la parallele qui paffe par deux unités, enforte que la premiere pointe foit fur la perpendiculaire 500 & fur l'oblique 80, cette ouverture fera de 582 parties. (*a*)

Si l'on veut divifer en dix, par eftime, les parties des obliques comprifes entre les paralleles, l'on aura les unités divifées chacune en 10, & par ce moyen l'on aura la ligne AB divifée en 10000 parties. Par la même méthode l'on pourroit divifer une échelle en parties, qui repréfenteront des toifes, des pieds & des pouces.

III. Pour faire une *échelle univerfelle*, c'eft-à-dire une figure dans laquelle on puiffe appliquer une ligne à divifer en tel nombre de parties qu'on voudra, l'on peut fuivre une de ces deux méthodes.

1°. Faites une ligne BC (*fig.* 31.) plus grande qu'aucune de celles qu'on a à divifer pour l'ordinaire; fur BC décrivez un triangle équilatéral BAC, divifez la bafe BC en dix parties qui repréfenteront des dixaines, divifez la premiere de ces dixaines en dix unités, du fommet A à chacune de ces divifions tirez des lignes droites.

Pour fe fervir de cette échelle univerfelle, fi vous voulez faire une échelle particuliere, dont EF foit la longueur à divifer en dix parties, prenez A *e*, A *f*, égales à EF; tirez la parallele *ef*, elle fe trouvera divifée comme il faut. *Voyez* les Elémens de Géométrie, *N°*. 275.

2°. On peut fe fervir de *l'angle de réduction* (fig. 32.) qui fe fait ainfi. Tirez AB indéterminée, fur laquelle prenez AD de telle grandeur qu'il vous plaira, qui repréfente une dixaine, portez cette partie dix fois fur la ligne AB; du point A comme

---

(*a*) Pour le démontrer, confiderez que CF étant divifée en dix parties, de même que C 10, l'on a (à caufe des paralleles à AC) l'intervalle de la feconde parallele à AC, compris entre CF & C 10, de deux dixièmes de E 10, c'eft-à-dire de deux unités de l'échelle AE. Donc, &c.

centre & de l'intervalle AB décrivez l'arc BC; du point B comme centre & de l'intervalle de 10, 20, 30, 40 parties, décrivez des arcs qui partagent l'arc BC; du point A & par les divisions de l'arc BC, tirez des lignes.

Pour se servir de cet angle de réduction, soit proposée la ligne GH à diviser en 10 ou en 100 : prenez A g égale à GH; du centre A & de l'intervalle GH décrivez un arc g h, qui sera coupé par les rayons en 10 ou en 100 parties; mettez ensuite une pointe du compas sur g, & l'autre sur une des divisions de l'arc g h, cette ouverture de compas donnera un certain nombre de parties égales de la ligne proposée.

On peut mettre au rang des échelles générales le compas de proportion, dont nous avons déja parlé dans le Livre précédent.

CHAPITRE III.

De la maniere de faire des Cercles & de les diviser.

PROBLEMES.

Premier Probleme.

813. *PAr trois points donnés* (fig. 33.) *faire passer la circonférence d'un cercle.*

Voyez les Elémens de Géométrie, *N°.* 162.

II. Probleme.

814. *Trouver le centre d'un cercle* (fig. 34.) *ou d'un arc donné.*

Voyez les Elémens de Géométrie, *N°.* 164.

III. Probleme.

815. *Etant donné trois lignes* AB, BC, CD, (fig. 35.) *dont l'une coupe les deux autres, décrire un cercle qui les touche.*

Coupez en deux également l'angle B par la ligne BE, faites la même chose à l'égard de l'angle C; la ligne CE coupera la précédente dans le point E, duquel abbaissez la perpendiculaire

EF sur l'une des trois lignes. Du point E comme centre, & de l'intervalle EF, décrivez un cercle, il touchera les trois lignes. (*a*).

C'est de cette maniere qu'on peut inscrire un cercle dans un triangle.

On peut circonscrire un cercle à un triangle par le premier problême.

IV. PROBLEME.

816. *Par un point donné* (fig. 36 & 37.) *tirer une tangente à un cercle.*

Voyez les Elémens de Géométrie, N°. 246 & 247.

V. PROBLEME.

817. *Diviser un arc* (fig. 38.) *en parties égales.*

Pour le diviser en deux, *voyez* les Elémens de Géométrie, N°. 161.

Pour le diviser en parties exprimées par des nombres premiers ou par des nombres composés, il le faut faire méchaniquement (*b*), comme nous avons dit dans la division des lignes, N°. 811.

VI. PROBLEME.

818. *Diviser un cercle en parties égales.*

I. Pour le diviser en deux, tirez un diamétre AB (*fig. 39.*), ensuite on le divisera en quatre, en huit, en seize, &c. en divi-

---

(*a*) Pour démontrer que le point E est à égale distance des trois lignes AB, BC & CD, supposons qu'on a abbaissé de ce point une perpendiculaire sur AB, cette perpendiculaire fera avec AB & EB un triangle rectangle égal au triangle BFE; car ces deux triangles auront le côté EB de commun & les angles égaux; donc ils seront égaux. Donc la perpendiculaire tirée de E sur AB sera égale à EF. On démontrera de même que la perpendiculaire tirée de E sur DC, sera égale à EF, ce qui donne le point E à égale distance des trois lignes données AB, BC & CD. Donc, &c.

(*b*) On ne peut diviser par la *Géométrie ordinaire*, ou en se servant seulement de la régle & du compas, un arc quelconque de cercle en trois parties égales; il faut pour la solution de ce problême, se servir de la *Géométrie composée*, c'est-à-dire employer les sections du cône.

fant la demi-circonférence en deux également aux points C, D, & enfuite le quart de la même maniere aux points E, F, G, H, &c.

II. Pour le divifer en fix parties, portez fix fois le rayon AC (*fig.* 40.) fur la circonférence aux points B, D, E, F, G; il fe trouvera divifé en douze parties, en prenant la moitié de ces arcs; on le divifera de la même maniere en 24. Si après l'avoir divifé en fix on le divife enfuite en trois, en paffant une des divifions, comme de A en D, & de D en F, & qu'on divife méchaniquement chaque arc AD, DF, FA, en trois, on aura le cercle divifé en neuf parties égales.

III. Pour divifer le cercle en cinq & en dix, &c. tirez le diamétre AB (*fig.* 41.) du centre C, élevez la perpendiculaire CD, partagez le rayon CA en deux également au point E, faites EF égale à ED, prenez avec le compas l'intervalle DF, & l'appliquez fur la circonférence, vous aurez la cinquiéme partie; ou bien appliquez CF, vous aurez la dixiéme; enfuite de quoi il eft aifé d'avoir la vingtiéme, &c.

Il s'agit de démontrer, 1°. que CF eft la corde de la dixiéme partie du cercle ou le côté du decagone. 2°. Que DF eft la corde de la cinquiéme partie du cercle ou le côté du pentagone.

1°. Du point E & de l'intervalle EC décrivez un cercle qui ait pour diamétre le rayon AC égal à la tangente CD; tirez la ligne DG qui paffe par le centre E, elle fera coupée en moyenne & extrême raifon en H (*a*); CF étant égale à DH, le rayon CB fera auffi coupé en moyenne & extrême raifon en F, comme il a été démontré dans les Elémens de Géométrie, *N°.* 276. Donc CF eft le côté du decagone. Voyez les Elémens, *N°.* 388.

2°. La ligne DF ayant, à caufe du triangle rectangle DCF, fon quarré égal au quarré du rayon DC & au quarré de CF, côté du decagone, il s'agit de démontrer que *le quarré du côté du pentagone eft égal au quarré du rayon plus le quarré du côté du decagone.*

Décrivez féparément un cercle égal au précédent, dans lequel l'arc MN foit la cinquiéme partie de la circonférence (*fig.* 42.);

(*a*) Par la conftruction GH = DC, & à caufe de la tangente qui eft moyenne proportionnelle entre la fécante DG & fa partie hors le cercle DH (*N°.* 269.), l'on a GD . GH :: GH . DH. Donc GD eft coupée en moyenne & extrême raifon en H. (*N°.* 250.

tirez la corde MN qui sera le côté du pentagone, & les rayons OM, ON; divisez l'arc MN en deux également en P; tirez les cordes MP, PN, qui seront les côtés du decagone; coupez NP en deux également en Q, tirez QO qui coupera MN en R, tirez PR, qui sera égale à NR.

Supposant que la circonférence du cercle soit divisée en vingt parties égales, MON en contiendra quatre; l'angle QON qui en est le quart, en contiendra un, & QOM trois; les trois angles du triangle isocele MON, qui valent la demi-circonférence, contiendront dix de ces parties, & les angles OMN, ONM, en vaudront chacun trois. Dans le triangle rectangle OQN, l'angle NOQ étant 1, l'angle droit OQN 5, l'angle ONQ sera 4, & QNR 1, aussi bien que ses égaux NPR, PMN; d'où il suit que les triangles MPN & PRN sont semblables (Nº. 370.): donc MN.NP::NP.NR; donc le produit de MN par NR est égal au quarré de NP, côté du decagone (Nº. 75.). De même les triangles MNO & MOR sont aussi semblables; donc MN.MO::MO.MR; donc le produit de MN par MR est égal au quarré du rayon MO: par conséquent le quarré du côté du decagone PN & le quarré du rayon MO sont égaux à la somme du produit de MN par MR, & du produit de MN par RN, c'est-à-dire au quarré de MN, côté du pentagone.

IV. Pour avoir la septième partie d'un cercle (*fig.* 43.), il faut la prendre méchaniquement, comme on l'a expliqué dans la division des lignes, ou bien on le fera assez exactement dans de petits cercles par cette méthode.

Prenez le tiers du cercle ABD, tirez la corde AD, prenez avec le compas la moitié AE, & l'appliquez sur la circonférence du cercle, vous aurez la septième partie; l'erreur ne sera que de trois minutes, ce qui est insensible dans les petites figures.

V. Pour diviser un cercle en onze & en toute autre partie exprimée par des nombres premiers, il le faut faire méchaniquement comme pour la division des lignes droites.

VI. Enfin pour diviser un cercle en toutes sortes de parties exprimées par des nombres composés, il faut suivre la méthode marquée dans le même lieu.

On peut plus aisément diviser le cercle avec le rapporteur ou

le

PRATIQUE. Liv. IV. 265
le compas de proportion, comme nous avons marqué ci-deſſus.

PROBLEME VII.

819. *Diviſer un cercle en degrés & minutes, &c.*

I. Appliquez le rayon ſur la circonférence, & vous aurez le cercle diviſé de 60 en 60 degrés. (*N°.* 357.)

Diviſez les arcs de 60 degrés en deux également, pour les avoir de 30 degrés; diviſez chaque arc de 30 degrés en trois, vous l'aurez de dix en dix; diviſez l'arc de dix en deux pour avoir l'arc de cinq, qu'il faut enſuite diviſer méchaniquement de degrés en degrés.

Si le cercle eſt un peu grand, on peut diviſer chaque degré en demi-degré & en quart de degré.

Mais ſi le cercle eſt fort grand, on le peut diviſer en minutes par la méthode ſuivante.

II. Soit AB (*fig.* 44.) l'arc d'un degré dans un grand cercle, dont C ſoit le centre; décrivez un autre cercle concentrique DE, tirez les rayons AC, BC, qui retranchent dans le ſecond cercle l'arc ED d'un degré; diviſez les arcs AB & DE chacun en ſix parties égales, pour avoir le degré diviſé de dix en dix minutes; par le point F de la premiere diviſion, par le point D & par le centre C, faites paſſer un arc FDC, ſuivant le premier problême (*N°.* 813.); décrivez de même des arcs par chacune des diviſions des deux arcs AB & DE & par le point C; diviſez l'arc DF en dix parties égales, & faiſant paſſer par les diviſions des cercles concentriques, vous aurez un degré diviſé en minutes, dans leſquelles, ſi les diviſions ſont grandes, l'on pourra eſtimer juſqu'à la ſixiéme partie d'une minute, c'eſt-à-dire juſqu'à dix ſecondes; au lieu de faire paſſer le premier arc par les points F, D, C, dans la pratique ordinaire, l'on peut tirer une ligne droite de F en D, & ainſi par les autres diviſions. (*a*)

(*a*) Voyez pour la démonſtration de cette conſtruction, la note ſur l'échelle diviſée en mille parties, *N°.* 812.

CHAPITRE IV.

De la maniere de faire des Angles & de les mesurer.

PROBLEMES.

Premier Probleme.

820. *Par un point donné sur une ligne* (fig. 45.), *faire un angle égal à un angle donné.*

Voyez les Elémens de Géométrie, N°. 181.

II. Probleme.

821. *Par un point donné* C *hors une ligne* AB (fig. 46.), *tirer une ligne* CD, *qui fasse avec cette ligne* AB *un angle égal à un angle donné* O.

D'un point A pris à volonté dans la ligne AB, faites un angle égal à l'angle donné O, ensuite par le point C tirez la ligne CD parallele au côté EA de cet angle, l'angle CDB sera égal à l'angle donné O. (N°. 214.)

III. Probleme.

822. *Faire un angle d'un nombre de degrés donné, par exemple de 45 degrés.*

Ce problême s'exécute avec le *compas de proportion*, comme nous l'avons dit N°. 767. ou bien avec le *rapporteur*, de cette maniere :

Tirez à volonté une ligne AB (*fig. 47.*), appliquez le diametre du rapporteur sur cette ligne, en mettant le centre sur un point A de la ligne AB ; comptez depuis le diametre le nombre 45 des degrés donnés, marquez sur votre papier un point C vis-à-vis cette division, & tirez ensuite la ligne CA, l'angle CAB sera de 45 degrés.

IV. PROBLEME.

823. *Mesurer un angle.*

Ce problême s'exécute avec le compas de proportion, comme nous l'avons dit (*N°.*768.), ou avec le rapporteur de cette maniere.

Appliquez le diamétre du rapporteur sur un côté A B (*fig.* 47.) de l'angle, en mettant le centre sur le sommet A, l'autre côté A C, prolongé s'il est besoin, coupera la circonférence du rapporteur dans un point qui marquera la valeur de l'angle C A B.

V. PROBLEME.

824. *Par deux points donnés A & B* (fig. 48.), *ou, ce qui est la même chose, sur une ligne donnée* A B, *décrire un arc capable d'un angle donné* O.

A une extrémité B de la ligne donnée A B, élevez la perpendiculaire B D; du point A tirez A C, qui fasse avec A B un angle BAC égal au complément de O; partagez AC en deux également en F; de ce point pris pour centre & de l'intervalle F A décrivez l'arc A B, il sera capable de l'angle donné O, c'est-à-dire que tout angle égal à O pourra s'appliquer sur cet arc, ce qui est évident par la proposition du N°. 240. des Elémens.

PROBLEME VI.

825. *Partager un angle* (fig. 49.) *en deux également.*

Voyez les Elémens de Géométrie, *N°.* 182.

CHAPITRE V.
De la maniere de construire des Figures.

PROBLEMES.
I.

826. D*Ans un cercle donné inscrire une figure réguliere.*

Il faut diviser le cercle en plusieurs parties égales, & le reste est facile.

GÉOMÉTRIE

II.

827. *Faire un triangle dans des circonstances données.*

Voyez les Elémens, N°. 318, 320, &c.

III.

828. *Sur une ligne donnée* F G *(fig. 50.) faire un triangle semblable à un autre* A B C.

On peut exécuter ce problême de plusieurs manieres.
1°. Faites l'angle F égal à l'angle B, & l'angle G égal à l'angle C.
2°. Ayant les deux bases B C, F G, trouvez des proportionnelles aux côtés B A & C A, faites avec ces proportionnelles le triangle E F G. N°. 371.

IV.

829. *Sur une ligne donnée* A B *(fig. 51.) décrire une figure semblable à une figure rectiligne donnée* F G H I K.

On peut exécuter ce problême de plusieurs manieres; en voici une des plus simples.

Divisez la figure donnée en triangles par les diagonales F H, F I; faites sur la ligne donnée A B le triangle A B C semblable au triangle F G H, de même sur la ligne A C décrivez le triangle A C D semblable au triangle F H I, & ainsi de suite.

V.

830. *Sur une ligne donnée* A B *(fig. 52.) décrire un quarré.*

Elevez les perpendiculaires A C, B D, égales à A B, & tirez C D: ou bien du point A comme centre & de l'intervalle A B décrivez l'arc b C; du point B comme centre & de l'intervalle B A décrivez l'arc A F, qui coupe le précédent en E; faites les arcs E F, E G, égaux à A E, & coupez-les en deux également en C & en D; tirez les lignes A C, C D, D B, cette figure sera un quarré décrit sur A B. (*a*)

(*a*) Par la construction l'arc A E ou B E est la sixième partie de la circonférence, & il vaut 60 degrés, de même que les arcs E F & E G. Donc les moitiés de ces derniers arcs, c'est-à-dire E D & E C, sont chacune de 30; dont les angles A B D, B A C, sont droits. Donc, &c.

VI.

831. *Faire un parallelogramme* A D (*fig.* 53.) *qui ait ses côtés égaux aux lignes données* M & N, *& un angle égal à l'angle donné* O.

Voyez les Elémens de Géométrie, N°. 336.

VII.

832. *Un polygone régulier étant inscrit dans un cercle* (*fig.* 54.), *en faire un autre d'un même nombre de côtés, qui ait pour côté une ligne donnée* M.

Voyez les Elémens de Géométrie, N°. 364.

VIII.

833. *Trouver l'angle du centre d'un polygone régulier.*

Voyez les Elémens de Géométrie, N°. 349.

IX.

834. *Trouver l'angle de la circonférence d'un polygone régulier.*

Voyez les Elémens de Géométrie, N°. 354.

REMARQUE.

Tous les problêmes qui regardent les polygones réguliers s'exécutent plus facilement avec le compas de proportion, en se servant des lignes des cordes & des polygones, comme nous l'avons expliqué dans le Livre précédent.

CHAPITRE VI.
De la maniere de faire des Figures égales ou semblables à des Figures données.

PROBLEMES.

I.

835. *F*Aire *une figure égale à une donnée.*

Ce problême peut être exécuté de plusieurs manieres; voici les plus communes.

I. Si la figure est rectiligne & peu composée, comme ABCDE, (*fig.* 55.), tirez la ligne *ab* égale à AB, que nous appellerons *base* de la figure, & trouvez le point *c* qui ait même distance aux extrémités *ab* que C a aux extrémités AB; cherchez de la même manière les autres points *d* & *e* par rapport aux extrémités *a* & *b*, ou de quelque autre ligne, comme *b e*, &c.

REMARQUES.

1°. Il faut dans cette pratique prendre pour base la ligne AB, la plus grande de toute la figure. Si les lignes étoient toutes fort petites, il faudroit tirer au travers de la figure, & selon sa plus grande dimension, quelque autre ligne droite EB qui serviroit de base.

2°. Si un point dont on cherche le rapport est tellement éloigné ou de côté à l'égard de la base, que les deux lignes tirées de ce point aux extrémités de la base fassent un angle fort aigu ou fort obtus, alors il faut chercher sa situation de quelqu'autre point qui soit le sommet d'un angle assez approchant du droit; ensuite tirant de ce point à l'une des extrémités de la base, une ligne droite, cette nouvelle ligne servira de base pour trouver les points qui étoient les sommets d'angles trop aigus ou trop obtus, à l'égard de la 1re. base.

3°. Si la figure est irrégulière, & que l'on se contente de trouver la situation de quelques points principaux & de décrire le reste à vûe, alors il faut tirer une ligne qui passe par le plus grand nombre de ces points qu'il est possible, elle servira de base pour trouver la situation des autres points.

II. L'on peut tirer une ligne AB (*fig.* 56.) au travers de la figure, selon sa plus grande dimension, & qui passe par plusieurs des points dont il faut chercher la situation; cette ligne s'appellera encore *base*. De chaque point principal de la figure on abaissera des perpendiculaires sur la base; on tirera ensuite à part une base indéfinie *ab*, sur laquelle on marquera les distances des perpendiculaires, & on élevera de part & d'autre des perpendiculaires égales à celles de la figure donnée, ce qui donnera la situation de tous les points qui déterminent la figure.

Remarquez que si les perpendiculaires (*fig.* 57.) étoient fort longues, elles seroient sujettes à erreur, & alors il faudroit tirer dans la figure donnée deux lignes AB, CD, qui fussent exactement perpendiculaires l'une à l'autre, lesquelles en particulier ferviroient de base pour trouver la situation des points qui en seroient les plus proches ; ou bien il faudroit prendre trois points A, B, C, (*fig.* 58.) les plus éloignés, & qui soient dans une situation telle que le triangle, aux angles duquel ils seroient, fût le plus approchant qu'il seroit possible de l'équilatéral, afin d'éviter les angles trop aigus. Les lignes AB, AC, BC, serviront de bases, sur lesquelles il faudra des points D, E, F, G, H, &c. qui en sont les plus proches, abaisser des perpendiculaires DO, EP, FQ, RG, &c. On fera ensuite un autre triangle *a b c* égal au précédent ABC, sur les côtés duquel on rapportera les distances des perpendiculaires, comme on l'a fait ci-devant sur les lignes qui servent de bases.

III. Autour de la figure donnée (*fig.* 59.) décrivez un *chassis*, c'est-à-dire tirez une ligne AB parallele à la plus longue dimension de la figure, & qui passe par le point de la figure le plus en saillie ; tirez une autre ligne AC qui lui soit perpendiculaire, & qui passe aussi par le point de la figure qui est le plus en saillie de son côté ; appliquez successivement sur la ligne AB, des parties égales de telle grandeur qu'il vous plaira, appliquez les mêmes sur AC ; prenez sur AB le point B immédiatement au-delà de la largeur de la figure, & le point C au-delà de sa hauteur ; achevez le rectangle, dans lequel vous diviserez les deux côtés opposés comme les précédens, en tirant des lignes paralleles par les divisions de l'un à son opposé ; ce rectangle divisé en *quarrés* ou en *carreaux*, s'appellera *Chassis*.

Pour faire une figure égale à la proposée par le moyen de ce chassis, décrivez un autre chassis *a b d c* égal au précédent ; puis marquez les villes, les isles, les côtes, les rivieres, &c. dans les endroits des carreaux qui répondent à ceux de la figure proposée, & ensuite il sera aisé d'achever le dessein.

Remarquez 1°. que pour avoir la figure avec plus de justesse, il faut que les carreaux soient petits, ce qui se fera en marquant avec de gros traits EF, GH, IK, LM, &c. de grands carreaux, dont les côtés seront divisés en trois, en cinq ou en dix parties égales, plus ou moins, selon la justesse que l'on veut apporter à son dessein ; ces traits formeront de petits carreaux, ou en divisant ces grands carreaux, au moins ceux qui seront nécessaires, en petits carreaux par des diagonales, & ceux-ci par des nouvelles diagonales. Cette méthode est en usage chez les Dessinateurs.

2°. Pour ne pas gâter un dessein, on peut faire un chassis avec du fil ou de la soie, qu'on doit appliquer sur la figure donnée, & l'on doit se servir d'un chassis égal pour la figure que l'on veut faire.

3°. On peut faire une figure égale à une autre, en la piquant, ce qui se fait de plusieurs manieres.

1°. Prenez la figure proposée décrite sur du papier, & l'appliquez sur une autre feuille sur laquelle elle soit bien stable; ensuite il faut piquer la figure avec une aiguille fort fine dans les points qui servent à la déterminer; ces points étant marqués, il sera aisé de faire la figure. Cette maniere se pratique sur-tout pour les desseins de l'Architecture civile & militaire.

2°. Piquez avec une épingle tous les principaux traits de la figure proposée décrite sur une feuille de papier, & appliquez cette feuille piquée sur celle sur laquelle on doit décrire la figure; prenez un *Poncis*, c'est-à-dire un petit sachet de linge, dans lequel est renfermée quelque couleur réduite en poudre, comme du charbon; frappez ce poncis sur tous les endroits piqués de la figure; en levant la feuille piquée, vous trouverez sur celle de dessous la figure décrite avec le poncis; il faut ensuite passer de l'encre sur ces traits, ou quelque couleur qui fasse subsister la figure.

Cette maniere de représenter les figures est utile, lorsque dans les chiffres & les ornemens l'on veut représenter d'un côté la même chose que ce qui est représenté de l'autre pour garder la simétrie.

3°. Ayez une feuille de papier teinte d'une couleur qui se détache aisément, comme du crayon noir ou rouge, de la mine de plomb fine, &c. appliquez cette feuille teinte sur le papier où vous devez décrire la figure; mettez sur ces deux feuilles celle qui contient la figure donnée, & passez une pointe un peu émoussée pardessus les traits de la figure donnée en appuyant un peu, la figure se trouvera *calquée* sur la troisiéme feuille. Cette maniere se pratique pour des desseins d'ornemens & autres.

IV. Appliquez la figure donnée sur une vître, derriere laquelle
il

ait un grand jour (on la suppose décrite sur un papier assez transparent), couchez sur cette figure une autre feuille de papier blanc, sur laquelle vous tracerez les traits de la figure donnée qui paroîtront au travers du papier : cela se pratique beaucoup pour les desseins de Fortification, sur-tout quand on ne veut pas gâter l'original.

V. Prenez une feuille de papier, & l'huilez afin de la rendre transparente, & quand cette huile sera bien séche, appliquez-la sur la figure donnée; passez de l'encre sur les traits de la figure donnée qui paroîtront au travers du papier huilé, vous aurez la figure proposée sur le papier huilé, que vous transporterez sur une autre feuille de papier par une des manieres précédentes. Cette maniere se pratique quand on est pressé d'avoir une copie d'un dessein, & que l'on ne se soucie que du trait, quoique l'on puisse aussi y mettre des couleurs.

Remarquez que si le papier huilé n'est pas bien sec, il peut gâter celui sur lequel on l'applique.

II.

836. *Faire une figure semblable à une donnée.*

Il faut se servir des mêmes manieres que pour trouver une figure égale à une autre, en cherchant des points qui répondent à ceux de la figure donnée ; comme ces points se trouvent par des angles & par des lignes, il faut toujours faire les angles dans la figure proposée égaux à ceux de la figure donnée ; mais il faut que les lignes de la seconde soient proportionnelles à celles de la premiere, ce qui se fera par l'une de ces manieres.

I. Par le quatriéme problême du cinquiéme chapitre, N°. 829.

II. Faites deux échelles, l'une pour la figure donnée, & l'autre pour la proposée; cherchez avec l'échelle de la figure donnée la valeur des lignes qui servent à déterminer cette figure; par exemple, s'il s'agit d'un polygone, trouvez la valeur du rayon A C (*fig.* 60.), du côté A F, des perpendiculaires, tirez des angles de la figure sur A F, &c. faites la même chose sur les autres côtés du polygone proposé. Tirez ensuite une ligne *a f* qui ait autant de toises de la seconde échelle que le côté A F en contient de la premiere, & achevez la construction du polygone *a b d e*

M m

avec les mêmes circonftances qui déterminent le premier.

On peut auffi mefurer l'angle du centre ECD, les rayons CD, CF, & l'angle formé en D par CD, & la face du baftion prolongée jufqu'à la rencontre de la courtine, mefurer la longueur de cette ligne, &c. après quoi il eft aifé de déterminer de la même maniere les différentes parties du polygone femblable qu'on veut décrire.

III. Faites un chaffis (*fig. 61.*) autour de la figure donnée, & faites-en un autre femblable pour la figure propofée; placez dans le fecond chaffis les points qui déterminent la figure, que vous acheverez enfuite.

Cette méthode eft la plus ordinaire pour les réductions des cartes, plans, &c.

IV. Cherchez des quatriémes proportionnelles par l'angle de réduction, ou par les autres manieres marquées ci-deffus.

4°. Ayez un compas à quatre pointes dont le centre foit mobile, comme il eft marqué dans la quatriéme figure de la premiere planche de ce Livre; arrêtez le centre dans un endroit qui foit tel, qu'ouvrant le compas, les deux pointes d'un côté ayant l'ouverture d'une des lignes de la figure donnée, les deux autres ayent précifément l'ouverture que l'on veut donner à la ligne de la figure propofée qui répond à la précédente; le centre étant arrêté dans ce point, prenez avec les deux premieres pointes les lignes de la figure donnée, l'ouverture des deux autres pointes vous donnera celle de la figure propofée.

CHAPITRE VII.

De la maniere de tirer des Lignes & de faire des Figures fur de grands plans, comme fur des murs.

837. L'Occafion de tirer des lignes & faire des figures fur de grands plans, fe rencontre fouvent dans l'*Architecture civile & militaire*, auffi bien que dans la *navale* & dans la *conftruction des Cadrans*.

Pour exécuter ces fortes de problèmes, il faut avoir de longues régles, des compas à verges de différentes longueurs & de grands compas de Maçon, un niveau ordinaire de Maçon, ou bien un niveau d'eau ou un niveau plus exact, selon la longueur des lignes de niveau que l'on veut tirer, & selon la conséquence de ces lignes ; enfin il faut un plomb, de petites ficelles & de la craie noire & blanche.

PROBLEMES.

Premier Probleme.

838. *Par deux points donnés* A *&* B *(fig. 62.) tirer une ligne droite sur un grand plan.*

I. Si les deux points sont assez près l'un de l'autre, il faut appliquer la régle sur ces deux points, comme si l'on vouloit tirer une ligne sur du papier.

II. On peut blanchir ou noircir une ficelle avec quelque craie qui se détache aisément, & la tendre d'un point A à un autre B (*fig.* 63.), en la bandant beaucoup ; ensuite il faut tirer avec la main un peu la ficelle par le milieu vers C, & la lâcher tout d'un coup ; elle marquera sur le plan une ligne tirée par ces deux points, qui sera assez exactement droite si elle est verticale, mais elle sera courbe si elle est horizontale.

Comme cette maniere de tracer une ligne est grossiere, elle n'est utile que pour les desseins en grand ; mais pour faire une figure exacte, il faut se servir de la premiere maniere & de la suivante.

III. Si les deux points donnés A & B (*fig.* 64.) sont trop éloignés, tendez fortement un fil d'un point à l'autre, & marquez le long plusieurs points C & D ; tirez d'un point à l'autre une ligne droite selon la premiere maniere.

IV. Si entre les deux points A, B, donnés (*fig.* 65.), il se trouve quelque obstacle qui empêche d'appliquer une régle ou un cordeau en ligne droite de A en B, de chaque point comme centre, & d'un même intervalle, mais plus grand que la longueur de l'obstacle, décrivez les deux arcs de cercle C & D, tirez une ligne CD qui touche ces deux arcs ; prenez le plus près de l'obstacle que vous pourrez les points E, F, desquels, comme centres, décrivez les arcs G & H du même intervalle que les précédens; par les points A & B tirez des tangentes aux arcs G & H, elles formeront la ligne droite proposée.

V. Que si l'on proposoit une superficie courbe (*fig.* 66.) sur laquelle il fallût tirer une ligne, non pas droite, parce que cela seroit impossible, mais dont toutes les parties fussent dans un même plan, il faudroit avoir alors trois points donnés A, B & C; ensuite appliquer une régle sur le point du milieu B, si la superficie est convexe, & sur les deux points extrêmes A C, si elle est concave, & disposer la régle de telle maniere qu'en haussant & baissant l'œil D, les autres points soient cachés en même tems par le bord de la régle; tenant l'œil dans cette situation, il faut marquer sur la superficie courbe plusieurs points assez près les uns des autres le long de la régle, & tirer avec une régle pliante des lignes d'un point à l'autre.

Au lieu d'employer l'œil pour tracer la ligne, on peut se servir d'une chandelle D (*fig.* 67.) qui soit assez éloignée pour ne faire que fort peu de *penombre*; après quoi il faut tirer la ligne A B C le long de l'ombre de la régle, comme il a été dit ci-dessus.

II. PROBLEME.

839. *Sur un grand plan tirer des lignes perpendiculaires, paralleles, & faire des angles.*

Ces problêmes s'exécutent comme sur le papier; il faut seulement remarquer que les superficies sur lesquelles on doit opérer étant plus inégales que le papier, & les instrumens dont on se sert trop grossiers pour être divisés en degrés, demi-degrés, &c. il faut pour faire des angles d'une quantité donnée, se servir, ou d'un grand compas de proportion, ou d'une régle sur laquelle soit une ligne divisée en parties égales, ou une ligne des cordes, &c. le tout ainsi qu'on l'a marqué dans l'usage du compas de proportion.

III. PROBLEME.

840. *Par un point donné tirer une ligne perpendiculaire à un mur.*

I. Si le point donné A est dans un lieu stable hors le mur, appliquez la pointe du compas sur ce point A (*fig.* 68.), & l'autre pointe sur le mur, où vous marquerez trois points B, D, E,

PRATIQUE. Liv. IV.

également distans du point donné A; cherchez le centre C du cercle qui doit passer par ces trois points, la ligne tirée de ce centre au point donné sera perpendiculaire au mur. (N°. 468.). Cette pratique se rencontre ordinairement dans la construction des cadrans.

II. On peut se servir d'une double équerre (*fig.* 69.), c'est-à-dire d'une équerre à trois branches, dont la branche AC est perpendiculaire aux deux autres CF, CG, & avec laquelle on peut rapporter sur un mur, une perpendiculaire par un point donné A hors de ce mur.

IV. PROBLEME.

841. *Sur un mur tirer une ligne aplomb & une ligne de niveau qui passe par un point donné.*

I. Si le mur est *vertical*, (fig. 70.) c'est-à-dire aplomb, mettez le filet d'un plomb contre le point donné A, ensorte que le plomb pende librement le plus près du mur qu'il est possible, sans y toucher; il faut tellement disposer un œil que le point A soit caché derriere la ficelle du plomb, & alors il faut marquer un autre point B qui soit aussi caché par la même ficelle, & tirer une ligne par ces deux points, elle sera verticale.

II. Si le plan est incliné, on ne peut point avoir alors une veritable verticale, mais une ligne qui est la section d'un plan vertical perpendiculaire au mur, à laquelle l'on donne aussi le nom de vertical : pour tirer cette verticale par un point A, élevez de ce point une perpendiculaire au plan, de l'extrémité de laquelle laissez pendre le plomb, & vous aurez la verticale comme ci-dessus.

III. Pour tirer une ligne de niveau ou horizontale par un point donné A (*fig.* 71.), il faut mettre une régle BC sur ce point, & y appliquer un niveau d'air D, ou de Charpentier F, dont nous donnerons la description dans le Livre suivant, & disposer cette régle de maniere que cet instrument marque le niveau, ensuite tracer une ligne le long de la régle.

IV. Lorsque l'on a une verticale, on peut avoir cette horizontale en tirant une ligne qui soit perpendiculaire à la verticale; & ayant une horizontale, on aura la verticale en opérans de la même maniere.

GEOMÉTRIE

V. PROBLEME.

842. *Trouver le talud ou l'inclinaison d'un mur.*

Appliquez fur le mur A B (*fig. 72.*) un ais fort droit, le long duquel laiffez pendre un plomb C D vertical ou perpendiculaire à l'horifon; tracez fur cet ais une ligne le long du cordeau du plomb fufpendu en C, cette ligne fera avec le côté de l'ais qui eft couché fur le mur, un angle qui marquera l'inclinaifon du mur ou l'angle que fait le mur, avec la ligne verticale C D.

C'eft de cette maniere que l'on prend le talud du *revêtement* dans la fortification. On fe fert de cette même pratique pour les autres talus *a b*, *a b*, &c. Donc *a c*, *a c*, &c. font les horizontales, & *c d*, *c d*, les verticales.

On peut encore, pour exécuter ce problème, fe fervir d'une inclinatoire, qui eft un quart de cercle, avec un plomb attaché à fon centre.

CHAPITRE VIII.

Maniere de tracer des Lignes & de faire des Figures fur le terrain.

843. L'Inégalité de la fuperficie de la terre, la grandeur des figures que l'on eft obligé d'y former, lorfqu'on trace le plan d'une maifon, d'un jardin ou d'une fortification, rendent le compas & la régle inutiles; mais à la place de ces inftrumens on fe fert d'un *cordeau*, de *piquets* & d'une toife.

L'ufage du cordeau eft de tirer des lignes droites, en l'étendant depuis un piquet jufqu'à un autre, & à former des angles: les piquets fervent à arrêter le cordeau par fes extrémités, & à marquer les points & les divifions des lignes droites repréfentées par des cordeaux ou par des traces faites fur la terre; & pour mefurer ou divifer les lignes droites, on fe fert d'une mefure, comme d'un pied, d'une toife, d'une perche, d'une chaîne ou d'une corde d'une longueur connue; mais il faut remarquer que les opérations font d'autant moins juftes que les mefures dont on se sert, s'allongent ou se raccourcissent le plus par la sécheresse ou par l'humidité.

Par le moyen des cordeaux & des piquets on exécute les problêmes suivans.

PROBLEMES.

I.

844. *Tirer une ligne droite d'un point à un autre.*

Si les deux points A & B (*fig.* 73.) ne sont pas trop éloignés, tendez un cordeau de l'un à l'autre, le long duquel vous ferez une trace sur la terre.

Mais si ces points A & B (*fig.* 74.) sont fort éloignés, mettez plusieurs piquets C, D, F, entre deux, ensorte que posant l'œil devant le premier piquet A, & regardant le dernier B, les autres C, D, E, qui sont entre deux, soient cachés par le premier, ensuite tracez des lignes droites de l'un à l'autre.

L'on peut de même continuer une ligne droite, pourvû qu'elle ne soit pas interrompue par quelques obstacles, car alors il la faudroit continuer par le moyen des parallèles, comme nous dirons dans la suite.

II.

845. *D'un point donné* A (fig. 75.) *hors une ligne* BC, *abaisser une perpendiculaire.*

Prenez le milieu d'une corde, que vous attacherez en A; tendez également ses deux extrémités en B & en C sur la ligne donnée, partagez BC en deux également au point D, tirez AD, elle sera perpendiculaire.

Que si le point A étoit vers l'extrémité de la ligne droite BC, il faudroit tendre obliquement la corde AC (*fig.* 76.) sur la ligne donnée, ensuite la diviser en deux également au point E, prendre la corde ED égale à la moitié EC, tirer AD qui sera perpendiculaire.

III.

846. *D'un point* D *donné sur une ligne droite, élever une perpendiculaire.*

Prenez de part & d'autre les points B & C (*fig.* 75.) également distans de D; doublez une corde, dont vous mettrez les extrémités aux points B, C, & tendez le milieu vers A, la ligne A D sera perpendiculaire.

Que si le point D étoit à l'extrémité de la ligne (*fig.* 76.), il faudroit faire à peu près comme ci-dessus, c'est-à-dire sur DC faire un triangle isocelle, comme il vient d'être dit, dont le sommet sera en E; continuer CE en ligne droite, ensorte que A E lui soit égale, & par les points A & D tirer la ligne AD qui sera perpendiculaire.

Autrement on peut faire un triangle rectangle, dont les trois côtés soient de trois, quatre & cinq parties de telle grandeur qu'il vous plaira, ou bien de 10. 10. 14 $\frac{1}{7}$, ou bien de 5. 5. 7 $\frac{1}{14}$, comme il a été dit au quatrième problême du chapitre second de ce Livre, N°. 809.

I V.

847. *Par un point donné* A *tirer une parallele à une ligne donnée* BC.

Abaissez une perpendiculaire A D (*fig.* 77.), & élevez la perpendiculaire E F égale à A D, tirez A F qui sera parallele.

V.

848. *Continuer une ligne droite* AB *au-delà d'un obstacle.*

Elevez les deux perpendiculaires égales A C, B D (*fig.* 78.), tirez la parallele C D, sur laquelle prenez au-delà de l'obstacle les points E, F, desquels abaissez les perpendiculaires E G, F H, égales aux précédentes; tirez la ligne G H, il est évident qu'elle sera la même que A B continuée.

V I.

849. *Faire un triangle dont les trois côtés soient connus.*

Ce problême est facile. Voyez la figure 79.

V I I.

850. *Faire un angle égal à un angle* BAC *formé par la rencontre de deux murs.*

Du sommet A (*fig.* 80.) mesurez sur AC une longueur à volonté

PRATIQUE. Liv. IV. 281

volonté de A en C, de trois ou quatre toises; prenez la même distance ou telle autre qu'il vous plaira de A en B, & mesurez exactement la ligne CB; vous aurez un triangle dont les trois côtés seront connus: faites ensuite un triangle *a b c*, dont les côtés *a c*, *a b* & *b c* ayent autant de toises de l'échelle que les côtés de ABC en ont de la toise dont on se sert sur le terrain; alors l'angle *b a c* opposé au côté *b c*, sera de la même grandeur que l'angle BAC formé par les deux murs AC & AB, & opposé au côté BC.

Remarque.

Cette maniere de mesurer un angle est ordinairement d'usage lorsqu'on leve le plan d'une maison, d'un jardin, d'une fortification, &c.

VIII.

851. *Faire un angle d'un certain nombre de degrés, par exemple de trente.*

Cherchez la corde de 30 degrés, supposant que les deux côtés de l'angle soient de 10, de 100 ou de 1000 parties; si les deux côtés de l'angle sont de 1000, la corde de 30 degrés sera 517; si les deux côtés sont de 100, la corde sera de 51 $\frac{1}{4}$; enfin si les deux côtés sont de 10, la corde sera de 5 $\frac{1}{6}$; c'est pourquoi si on fait un triangle dont les trois côtés soient 1000, 1000, 517, ou bien 100, 100, 51 $\frac{1}{4}$, ou enfin 10, 10, 5 $\frac{1}{6}$, ce triangle aura un angle de trente degrés.

Or on peut avoir la corde d'un angle, par exemple, de trente degrés, de plusieurs manieres.

1°. En tirant sur le papier un angle A (*fig.* 81.) de 30 degrés, dont les côtés AB, AC, soient égaux; tirant la corde CB de cet angle, divisant ensuite les côtés en dix parties égales, & considerant combien la corde en contient, on trouvera 5 $\frac{1}{6}$.

2°. Prenez avec un compas la corde de 60 degrés ou le rayon du cercle sur le compas de proportion, & le portez sur les parties égales, vous trouverez pour l'ordinaire que ce rayon contient 100 parties; ensuite prenez la corde de 30 degrés, & l'appliquez sur les mêmes parties, vous trouverez qu'il contient 51 $\frac{1}{4}$ parties; de sorte que supposant les deux côtés d'un angle de 100 parties, la corde de 30 degrés sera 51 $\frac{1}{4}$.

3°. En se servant de la table des sinus, qui suppose que le rayon est de 1000, en retranchant les deux dernieres figures; prenez le double du sinus de 15 degrés pour avoir la corde de 30 degrés : or le sinus de 15 degrés est de 258, & son double 516 est la corde de 30 degrés.

4°. Mais parce que nous avons supposé que les côtés de l'angle étoient de 10, de 100 ou de 1000 parties, par rapport auquel nombre on a trouvé les cordes, si l'on demandoit les moindres nombres qui eussent le même rapport, afin d'en faire les mêmes angles, il faudroit alors diviser les nombres précédens par un même nombre : par exemple, supposant que le côté d'un angle de 30 degrés soit de 1000 parties, & sa corde de 516; il faut diviser 1000 & 516 par 4, on aura 250 & 129, lesquels étant divisés par 5, font 50 & presque 26; divisant de rechef par 2, on aura à peu près avec 25 & 13 le même angle de 30 degrés, de même qu'avec 1000 & 516.

IX.

852. Faire un triangle égal à un proposé.

Ce problême s'exécutera en faisant des lignes égales à des lignes données, & des angles égaux à des angles aussi donnés.

Remarquez que par le moyen des triangles égaux, on peut mesurer la largeur d'une riviere, la hauteur de quelque chose, &c.

Geom. pratiq. LIVRE IV. Planche I.

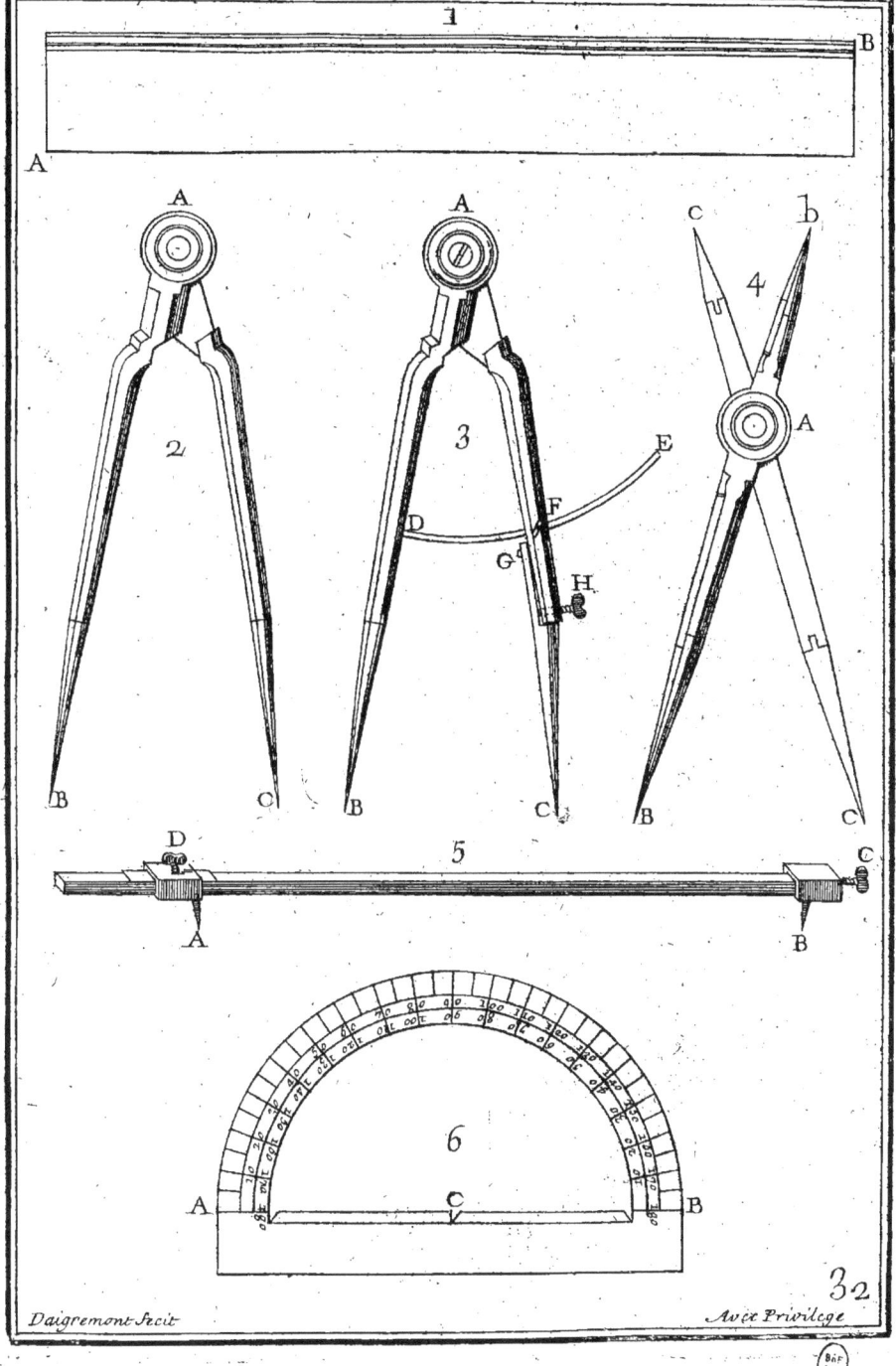

Daigremont fecit.   Avec Privilege

Geom. pratiq.   LIVRE IV. Planche II.

Geom pratiq   LIVRE IV. Planche III.

Geom pratiq   LIVRE IV. Planche IV.

D'aigremont   Avec Privilege

Geom pratiq LIVRE IV Planche V

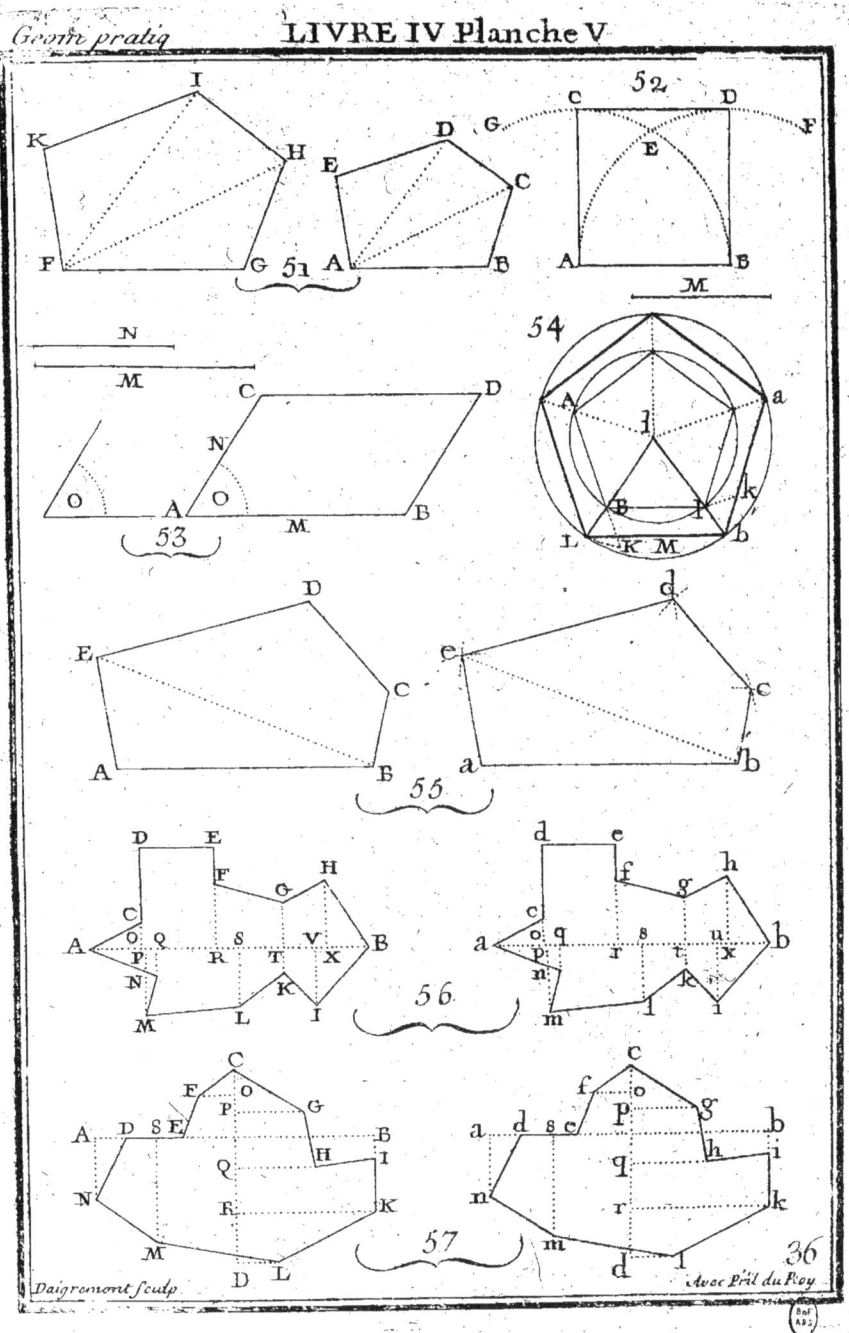

Daigremont sculp. Avec P.il du Roy

Geom pratiq. LIVRE IV. Planche VI.

58

59

60

61

Paigremont sculp. Avec Priv. du Roy. 37

Geom pratiq. LIVRE IV. Planche VII.

LIVRE IV. Planche VIII.

LIVRE CINQUIÉME.
DE LA LONGIMETRIE,
ou Mesure des Lignes.

CHAPITRE I.
DES MESURES LINEAIRES.

853. La mesure qui sert de fondement à toutes les autres est *le pied*, qui se divise, en France, en douze pouces, & chaque pouce en douze lignes.

854. La longueur du pied est différente, selon les différens Pays & les différens tems ; & comme il n'y a que la mesure du *pied universel* qui ne change point (*a*), c'est elle que nous dé-

---

(*a*) Si *le rayon astronomique* ou la longueur du pendule qui bat les secondes, étoit par tout de même longueur, comme M. Sauveur le suppose dans cet article, on auroit à la verité une mesure universelle qui se trouveroit également dans tous les lieux de la terre ; mais des expériences bien verifiées, & fondées d'ailleurs sur la théorie des *forces centrifuges*, ont fait voir que ce rayon diminue en allant des pôles vers l'équateur. Ainsi le tiers de sa longueur ne peut donner une mesure qui soit la même pour tous les lieux de la terre. Mais cette longueur bien constatée pour chaque lieu, fixe d'une maniere invariable la mesure avec laquelle elle aura été évaluée. Par exemple, supposant que la longueur de la toise se trouve perdue ou alterée, & qu'on sçache que celle du pendule qui bat les secondes à Paris est de 3 pieds 8 lignes $\frac{57}{100}$ de ligne, comme M. *de Mairan* l'a établi par des expériences dont l'exactitude ne laisse rien à desirer, il sera toujours aisé de trouver par cette longueur celle du pied qui a servi à la fixer, & par conséquent celle de la toise. Il en sera de même pour la grandeur de l'aune & des autres mesures d'usage. *Voyez* le Mémoire de M. *de la Condamine*, sur une mesure universelle, dans les *Mémoires de l'Académie des Sciences*, année 1747.

terminerons, & nous donnerons le rapport que les autres ont avec elle.

Le *pied univerfel* eft le tiers du *rayon aftronomique*.

Pour avoir la longueur du rayon aftronomique (*fig.* 1.) indépendamment des mefures ordinaires, ayez une pendule à fecondes qui foit reglée au moyen mouvement du Soleil ; prenez une groffe balle de moufquet, que vous fufpendrez par un fil delié à un lieu fixe, de maniere que le fil puiffe être allongé ou raccourci aifément ; mettez enfuite ce pendule A B en mouvement, & faites enforte que fes vibrations C D foient au plus de trente degrés, & allongez ou raccourciffez le pendule, jufqu'à ce que fes vibrations répondent à celles d'une pendule à fecondes ; prenez avec une régle la diftance du point de fufpenfion au centre de la balle, cette longueur fera celle du rayon aftronomique.

Que fi l'on n'avoit qu'une pendule à demi-fecondes, la longueur du pendule fimple, dont les vibrations répondroient à celle de cette pendule, feroit le quart du rayon aftronomique.

La longueur du rayon aftronomique étant trouvée, on a celle du pied univerfel, puifqu'elle en eft le tiers.

Pour avoir le rapport de toutes les mefures lineaires à celle du pied univerfel, il le faut fuppofer divifé en 10000 parties égales, & exprimer ces mefures par la quantité de ces parties qu'elles contiennent.

Mais comme le pied de Roi ou de Paris eft commun en France, il eft plus commode d'y rapporter les autres mefures, en fuppofant qu'il foit divifé en fept cent vingt parties, c'eft-à-dire en douze pouces, chaque pouce en douze lignes, & chaque ligne en cinq parties égales ; c'eft par ces parties-là que nous exprimerons la grandeur du pied univerfel & ceux de plufieurs Pays ; & pour la commodité des calculs, nous y joindrons les logarithmes.

PRATIQUE. Liv. V. 285

	Parties du pied de Paris.	Logarithmes.
Pied universel - - - - - - -	734 ⅕ -	2. 86581. 44.
Pied de Roi ou de Paris - - - -	720 -	2. 85733. 25.
Pied Rhinlandique & de Dannemarc	696 -	2. 84260. 92.
Pied de Rome du Capitole - - -	653 -	2. 81491. 32.
Pied de Suéde - - - - - -	658 -	2. 81822. 59.
Pied de Dantzick - - - - -	635 -	2. 80277. 37.
Brasse de Florence - - - - -	1290 -	3. 11058. 97.
Palme Romaine - - - - - -	494 -	2. 69372. 69.
Pied de Boulogne - - - - -	843 -	2. 92582. 76.
Pan de Marseille - - - - - -	540 -	2. 73239. 38.
Lagoüa, mesure des Charpentiers de marine en Levant - - - - -	1620 -	3. 20951. 50.
Pied de Brabant - - - - -	633 ⅓ -	2. 80163. 08.

Les précédentes mesures ayant été déterminées, il est aisé ensuite de déterminer la longueur de celles qui en dépendent.

855. La *Toise de Paris* ou du Châtelet contient six pieds de Roi.

856. Le *Pas commun* ou le pas ordinaire d'un homme a deux pieds & demi.

857. Le *Pas géométrique* a cinq pieds ou deux pas communs.

Les mesures ordinaires dont on se sert en France pour mesurer les terres, s'appellent *Verges*, *Perches*, *Chaînes*, & elles sont de différentes longueurs, depuis dix-huit jusqu'à vingt-cinq pieds, selon les différens lieux.

858. La *Verge du Rhin* est de douze pieds *Rhinlandiques*.

859. Un degré de la terre contient 57060 toises de Paris, comme nous verrons ci-après. (*a*)

(*a*) La mesure du degré de la terre, de 57060 toises, est celle qui résulte

860. Les distances sur la terre d'un lieu à un autre se mesurent par *lieues*, & l'on connoît la grandeur de ces lieues-là par rapport aux degrés d'un grand cercle de la terre, qui contient

60 milles d'Italie, de 951 toises.

28 $\frac{1}{2}$ petites lieues de France, de 2000 toises.

25 moyennes lieues de France, de 2282 $\frac{1}{2}$ toises.

20 grandes lieues de France d'une heure de chemin, ou lieues de marine, de 2853 toises.

17 $\frac{1}{2}$ lieues d'Espagne, de 3261 toises.

15 lieues d'Allemagne, de 3804 toises.

Quoique toutes ces mesures soient chacune divisées en différentes parties, comme la toise en six pieds, le pied en douze pouces, pour la facilité du calcul nous les supposerons chacune divisées en parties décimales ou en dixmes, c'est-à-dire en 10, 100, 1000 ou 10000 parties.

PROBLEME.

861. *Une ligne étant connue selon une mesure, la connoître selon une autre mesure.*

Je suppose que A B (*fig.* 2.) qui représente la hauteur des tours de Notre Dame de Paris, contient 34 toises ou 204 pieds de Paris, l'on demande combien elle contient de palmes romaines.

Il faut chercher dans la Table précédente le rapport du pied de Paris à la palme de Rome, qui est de 720 à 494, & faire cette analogie d'une Régle de trois renversée. (*a*)

des opérations de M. Picard, pour le degré du méridien au nord de Paris: mais cette mesure ayant été verifiée par M. M. *de Maupertuis, Clairaut, Camus* & *le Monnier*, a été trouvée de 57183 toises.

(*a*) Comme la palme romaine est plus grande que le pied de Paris, il s'ensuit que le nombre de palmes qu'il faut trouver doit être plus petit que le nombre de pieds donnés, & cela dans la raison renversée du pied de Paris à la palme romaine; c'est-à-dire que si par exemple la palme romaine étoit une fois plus grande que le pied, il faudroit que le nombre des palmes que l'on cherche fût la moitié des pieds donnés.

Ainsi appellant *x* le nombre des palmes que l'on cherche, l'on aura cette analogie :

Comme la palme romaine - 494.
Eſt au pied de Paris - - 720.
Ainſi réciproquement - - - 204 pieds de Paris
Eſt à - - - - - - 297 $\frac{33}{490}$ palmes romaines,
qui ſera la hauteur des tours de Notre Dame de Paris, ou de la ligne AB.

CHAPITRE II.

De la meſure des Lignes & des Angles par calcul.

PROBLEMES.

PREMIER PROBLEME.

862. Les côtés & les angles (fig. 3.) qui déterminent un triangle étant donnés, trouver les autres côtés & les autres angles.

Voyez les problêmes de Trigonométrie, Livre II.

II. PROBLEME.

863. *Trouver l'angle du centre* (fig. 4.) *d'un polygone régulier.*

Diviſez 360 par le nombre des côtés de la figure, & le quotient donnera l'angle du centre. (N°. 349.)

III. PROBLEME.

864. *Trouver l'angle de la circonférence d'un polygone régulier.*

Otez l'angle du centre DHE de 180 degrés, le reſte ſera la valeur de l'angle BAG de la circonférence du polygone. (N°. 354.)

Le pied de Paris - - - - - - - 720.
Eſt à la palme romaine - - - - - - 490.
Comme le nombre de palmes cherché - - - x
Eſt au nombre des pieds donnés - - - - 204.

Or lorſque quatre grandeurs ſont proportionnelles, elles le ſont encore en renverſant (N°. 66.). Donc 490 . 720 :: 204 . x. Donc $x = \frac{170 \times 204}{490} = 297.33$.

GÉOMÉTRIE

IV. Problème.

865. *Le rayon d'un cercle étant donné, trouver le côté d'un polygone régulier inscrit.*

Soit un pentagone ABCDE (*fig.* 5.) dont le rayon OA soit de 50 toises, il s'agit de trouver le côté AB; tirez le rayon droit OF.

Par le second problême on trouvera l'angle du centre AOB, de 72 degrés, dont la moitié AOF sera de 36 degrés. Dans le triangle rectangle AOF l'hipotenuse AO est connue & l'angle aigu AOF. Donc par la Trigonométrie on connoîtra le rayon droit OF, qui sera de 40. $\frac{45}{}$; ensuite on connoîtra la moitié AF du côté du pentagone, de 29. $\frac{32}{}$, & doublant cette moitié, l'on aura 58 $\frac{78}{}$ pour le côté AB.

En prenant la converse de cette proposition, connoissant le côté d'un polygone, on connoîtra son rayon oblique & son rayon droit.

De même, connoissant le rayon droit d'un polygone, on connoîtra son rayon oblique & son côté.

V. Problème.

866. *Trouver le rapport du diamétre du cercle* (fig. 6.) *à sa circonférence.*

Jusqu'à présent l'on n'a point trouvé de méthode pour trouver géométriquement la circonférence d'un cercle, son diamétre étant donné; mais l'on peut en trouver par calcul le rapport approché, autant que l'on voudra, de plusieurs manieres.

1°. En se servant des *Tables des sinus*. Pour cela, il faut prendre 2909, valeur du sinus d'une minute, & multiplier ce nombre par 21600, nombre des minutes du cercle, le produit donnera 62834400 pour la circonférence, telle que le diamétre en contient 20000000.

L'on auroit plus précisément le rapport du diamétre à la circonférence, si l'on eût pris dans les grandes tables le sinus de 10 secondes, & que le rayon eût été divisé en plus de 10000000 parties.

2°.

PRATIQUE. Liv. V.

2°. On peut trouver le rapport approché du diamétre d'un cercle à sa circonférence, sans tables & par le calcul, de cette maniere. Suppofant le rayon de 10000000 parties ; 1°. cherchez le côté du décagone, que vous trouverez de 6180340, qui étant multiplié par 10, donnera 61803400 pour la circonférence du décagone. 2°. Cherchez la corde de la moitié de l'arc que soûtient le côté du décagone, qui est de 3128690, & la multipliez par 20, le produit 62573800 sera la circonférence d'une figure de vingt côtés, qui approche davantage du cercle que le décagone. 3°. Prenez la corde de la moitié de l'arc que soûtient la figure de vingt côtés, qui est 1569182, & la multipliez par 40, le produit 62767280 sera la circonférence d'une figure de quarante côtés, qui approche encore davantage de la circonférence du cercle. 4°. En continuant de semblables opérations, l'on aura la circonférence d'une figure de 80, 160, 320, 640, &c. côtés, & ainsi l'on approchera autant que l'on voudra de la circonférence du cercle, en suppofant le rayon divisé dans un plus grand nombre de parties.

3°. *Ludolph a Ceulen* (Allemand & Professeur de Mathématiques à Leyde), au rapport de *Snellius*, ayant pris la peine de continuer ce calcul, en suppofant le diamétre représenté par l'unité suivie de trente-cinq zeros, avoit trouvé que la circonférence étoit 314,159,265,358,979,323,846,264,338,327,950,288.

4°. Comme ces nombres sont fort grands & fort incommodes pour le calcul, il suffit dans l'usage ordinaire d'en prendre les premiers chiffres, & l'on aura le rapport du diamétre à la circonférence, comme de 100 à 314, ou comme 10000 à 31415. Si l'on veut exprimer ce rapport par de plus petits nombres, on cherchera les plus grands communs diviseurs de ces deux termes par des divisions mutuelles ; & en négligeant les restes, l'on trouvera que le rapport du diamétre à la circonférence est comme de 7 à 22, qui est plus exact que celui de 100 à 314 ; ou comme 113 à 355, qui est plus exact que celui de 1,000,000 à 3,141,592, ou 3141592.

GEOMÉTRIE

VI.

867. *Le diamétre d'un cercle étant donné, trouver sa circonférence.*

Je suppose que le diamétre d'un cercle soit donné de quinze toises; pour trouver sa circonférence, faites cette analogie.

Comme - - - - 7
Est à - - - - - 22;
Ainsi - - - - - 15 toises
Est à - - - - - 47 $\frac{143}{}$, qui est la circonférence du cercle proposé.

On auroit plus précisément la circonférence du cercle, si au lieu des nombres 7 & 22 l'on se servoit des nombres 113 & 355; l'on trouveroit 47. $\frac{124}{}$, & l'erreur de la premiere analogie sur celle-ci est de 1 sur 791.

VII.

868. *La circonférence d'un cercle étant donnée, trouver son diamétre.*

Je suppose que la circonférence d'un cercle soit donnée de 9000 toises; pour trouver son diamétre, faites cette analogie.

Comme - - - - - 22
Est à - - - - - 7;
Ainsi - - - - - 9000
Est à - - - - - 2863 $\frac{636}{}$ toises.

Ou plus exactement:

Comme - - - - - 355
Est à - - - - - 113;
Ainsi - - - - - 9000
Est à - - - - - 2864 $\frac{788}{}$, qui est le diamétre du cercle proposé. Cette seconde analogie donne plus de précision que la premiere, de 1 sur 7810.

VIII.

869. *Le diamètre d'un cercle étant donné, trouver la valeur d'un arc d'un nombre de degrés donné.*

Soit le diamètre AB (*fig.* 7.) d'un cercle de 25 toises, il s'agit de trouver la corde de l'arc AC de 48 degrés.

Cherchez dans la table le sinus de 24 degrés, moitié de l'arc donné, qui est 40674, & doublez ce nombre, vous aurez 81348, qui sera la corde de l'arc AC de 48 degrés, telle que le diamètre en contient 200000; & pour avoir cette corde en toises, faites cette analogie.

Comme - - - - - 200000
Est à - - - - - - 25
Ainsi - - - - - - 81348
Est à - - - - - - 20 $\frac{34}{}$, qui sera la corde que l'on cherche.

IX.

870. *Le diamètre d'un cercle étant donné, trouver la valeur d'un arc d'un nombre de degrés donné.*

Soit le diamètre AB (*fig.* 7.) d'un cercle, de 25 toises, il s'agit de trouver l'arc AC de 45 degrés.

Par le problème VII. cherchez la circonférence entière du cercle, qui sera de 78 $\frac{54}{}$ toises, ensuite faites cette analogie.

Comme - - - - - 360°
Est à - - - - - 45°
Ainsi - - - - - 78 $\frac{54}{}$
Est à - - - - - 9 $\frac{82}{}$, qui est la valeur de l'arc AC que l'on cherche.

CHAPITRE III.

De la mesure des Lignes entierement accessibles.

871. POur mesurer une ligne entierement accessible, il faut appliquer successivement la mesure dont on veut se servir sur cette ligne. Mais la difficulté est de sçavoir de quelle matiere doivent être ces mesures, & de quelle maniere on doit les appliquer ; pour cela nous distinguerons ces lignes en trois classes.

I. Si la ligne est tracée sur un plan fort uni, il faut prendre la longueur de la mesure avec un compas commun ou avec un compas à verge, & appliquer successivement l'ouverture de ce compas sur la ligne qu'on veut mesurer.

Si cette ligne est plus petite que la mesure ou que l'échelle qui doit servir de mesure, il faut en prendre la longueur avec le compas, & l'appliquer sur l'échelle, ce qui est bon pour les plans & pour les cartes.

II. Si la ligne que l'on veut mesurer est sur la terre, & si elle doit être mesurée exactement, il faut tendre d'une extrémité à l'autre une corde, ou planter des piquets entre ses extrémités, & mettre successivement une corde d'un piquet à l'autre ; ensuite il faut avoir deux mesures égales, & les plus longues que l'on pourra, qui contiennent exactement un certain nombre de mesures proposées, par exemple, trois toises ; il faut faire porter chacune de ces mesures par deux ou trois hommes, & donner dix piquets au premier de ceux qui porteront la deuxième mesure ; enfin il faut que le mesureur ait des tablettes.

Pour mesurer, il faut que les hommes qui portent la premiere mesure, l'appliquent le long du cordeau au bout de la ligne à mesurer, & que ceux qui portent la seconde, l'appliquent de suite le long de la corde immédiatement au bout de la premiere, entre lesquels celui qui va devant laissera un des piquets qu'il a dans sa main, que celui qui porte l'autre mesure levera : on continuera de même d'appliquer la premiere & la seconde mesure jusqu'au bout de la ligne, & lorsque celui qui

PRATIQUE. Liv. V. 293

portoit d'abord les dix piquets aura laiſſé le dernier, celui qui porte les tablettes doit les lui rendre tous, & marquer ſur ſes tablettes le nombre de fois qu'il a rendu les piquets, qui valent chacune dix fois ces meſures, ou ſoixante toiſes.

Remarquez que pour une plus grande juſteſſe il faut meſurer la ligne deux ou trois fois, & ſi ces meſures ont été différentes, il faut les ajoûter enſemble, & prendre la moitié ou le tiers du tout, ſelon qu'on aura ajoûté deux ou trois différentes meſures, & l'on aura la longueur de la ligne; ou plutôt il faut prendre la plus petite de toutes les meſures, parce qu'elle eſt ordinairement la plus exacte.

III. Si les lignes qui ſont à meſurer n'ont pas beſoin d'une ſi grande exactitude, mais d'une plus prompte exécution, il faut ſe ſervir d'une chaîne de fil d'archal, dont la longueur contienne un certain nombre de meſures connues, comme une perche ou trois toiſes; celui qui porte le devant de la chaîne laiſſe, en meſurant, un piquet que le ſecond doit relever. Cette pratique eſt ordinaire aux *Arpenteurs*, leſquels doivent éviter de meſurer avec une corde, ou quelque autre choſe qui puiſſe s'alonger ou ſe racourcir.

IV. Si une moindre exactitude ſuffit, comme il arrive fort ſouvent à l'armée pour régler *des quartiers*, tracer des *lignes de circonvallation & d'approche*, & même aux Ingénieurs pour lever le plan d'une place ennemie, alors on peut ſe ſervir de ſon pas ordinaire, en prenant deux ou trois pas pour une toiſe. Mais parce que cette meſure n'eſt pas juſte, il faut ſçavoir par des expériences particulieres quelle correction il faut apporter au jugement qu'on doit faire de ces toiſes, ce que l'on peut faire de cette maniere.

Faites le long d'une ligne droite un grand nombre de pas réglés, comme trois cens, meſurez avec une toiſe cette même longueur, je ſuppoſe que vous n'ayez trouvé que cent trente toiſes; & comme vous comptiez deux pas pour une toiſe, ces cent trente toiſes auroient dû valoir deux cens ſoixante pas; de ſorte que pour avoir juſtement le nombre des toiſes, il faut ſur 300 rabattre 40, ou 4 ſur 30, ou enfin 2 ſur 15; c'eſt pourquoi ſi en meſurant une ligne vous trouvez 180 pas, qui contiennent ſix fois 30, il faudra en rabattre ſix fois 4 ou 24, le reſte 156 ſeroit le nombre des pas que vous auriez dû y avoir trouvé, s'ils avoient chacun une demi-toise, d'où vous connoîtrez que cette ligne aura 78 toises; ou bien considérant que 300 pas vous ont donné 130 toises, ou 30 pas 13 toises, faites cette analogie.

Comme - - - - - - - -	30
Est à - - - - - - - - -	13 ;
Ainsi le nombre des pas parcourus - -	180
Est au nombre des toises que l'on cherche -	78.

V. Lorsque l'on mesure une ligne avec les pas, on est obligé de les compter avec soin ; & pour éviter l'erreur que les distractions pourroient causer, l'on marque avec ses boutons, ou autrement, chaque dixaine de pas ou chaque centaine. Mais pour une plus grande certitude, on peut se servir d'un *Odométre* ou *Compte-pas* portatif, lequel doit être attaché à la ceinture, & le pied-de-biche ou la languette à la jarretiere avec un ruban, ensorte qu'à chaque pas que l'on fait, le mouvement du genou fait avancer une des roues de l'odométre d'un degré.

VI. Ces sortes d'odométres se peuvent encore appliquer à une roue de carrosse, ou à une roue que l'on fait aller devant soi, & dont la circonférence est d'une ou de deux toises, & alors l'odométre marquera le nombre des tours de roue.

VII. On peut encore mesurer les distances par le bruit du canon, du tonnerre, & de tout autre corps qui produit en même tems du bruit & de la lumiere. Pour cet effet, il faut mesurer l'intervalle qui est entre l'instant dans lequel on voit la lumiere, & celui dans lequel on entend le bruit du corps qui l'a produite.

Le tems se mesure par les vibrations d'un pendule simple à secondes, dont la longueur est égale à celui du rayon astronomique, ou de 3 pieds 8 lignes $\frac{1}{2}$ de Paris, & pour chaque vibration il faut compter 180 toises. (*a*)

Que si l'on se sert d'un pendule à demi-secondes, dont la longueur est de 9 pouces 2 lignes $\frac{1}{8}$, il faudra compter 90 toises par vibration.

(*a*) Suivant de nouvelles expériences faites par M. Cassini de Thury, & rapportées dans les Mémoires de l'Académie Royale des Sciences, le son ou le bruit du canon fait dans un tems calme cent soixante-treize toises par seconde.

Mais pour la commodité du calcul, il vaut mieux se servir d'un pendule dont la longueur soit de $11\frac{1}{3}$ pouces, & compter 100 toises par vibration. (*a*)

CHAPITRE IV.
DE LA MESURE DES ANGLES.

872. Dans la pratique de la Géométrie il s'agit de connoître en degrés la quantité d'un angle, ou bien d'avoir seulement son ouverture, sans en connoître la quantité.

Les angles dont on cherche l'ouverture sont sur un plan uni, ou sur la terre, ou formés par des corps solides, enfin ils peuvent être quelquefois inaccessibles.

I. Si un angle est sur un plan uni, on le mesurera comme nous l'avons dit *N*°. 823 & 850.

II. Si un angle G E F est sur la terre (*fig.* 8.); pour en prendre simplement l'ouverture, il faut mettre à son sommet un plan uni, qui ait deux pinules immobiles A & B, & deux autres qui soient mobiles C & D; il faut regarder par les immobiles l'extrémité de l'un des côtés E F de l'angle, & tourner les pinules mobiles vers l'extrémité de l'autre côté E G; alors la ligne qui passe par les deux pinules mobiles fera avec celle qui passe par les immobiles, un angle égal à celui qui est sur la terre, dont on connoîtra la quantité, si le plan est divisé en degrés, ou tout au moins on en aura l'ouverture.

Les instrumens dont on se sert ordinairement pour mesurer les angles, sont 1°. *le Demi-cercle*, autrement *Graphometre* (fig. 8.), divisé en degrés & demi-degrés, suivant sa grandeur; on le pose sur un pied pour la commodité de son usage.

2°. *La Planchette* (fig. 9.) avec des lunettes d'approche, dont

---

(*a*) Si l'on prend 173 toises pour le chemin que le son parcourt en une seconde, & que l'on veuille avoir un pendule pendant la vibration duquel on puisse compter cent toises, il faudra lui donner un pied trois lignes de longueur. On trouve cette longueur par ce principe, que *les quarrés des lignes que le son parcourt pendant les vibrations de différens pendules, sont entr'eux comme les longueurs de ces pendules.*

l'une est mobile & l'autre immobile; ces lunettes sont adaptées à un cercle de cuivre divisé en degrés, demi-degrés, &c. suivant sa grandeur. Dans l'intérieur de la planchette est un enfoncement dans lequel on met des cartons attachés au centre de cet instrument; on trace sur ces cartons, au moyen d'une régle de cuivre attachée à la lunette mobile, les côtés des angles que l'on veut mesurer, & dont l'ouverture se trouve ainsi marquée; on ajoûte ordinairement une *Boussole* à la planchette, elle sert à faire connoître la position, par rapport au ciel, des lignes ou des côtés que forment les angles à mesurer; on pose cet instrument sur un pied, comme le demi-cercle.

Il y a plusieurs autres espéces de planchettes; mais celle dont on vient de parler, est la plus ordinaire.

On peut encore, pour mesurer les angles, se servir d'une simple planche ou d'un carton (*fig.* 10.) soutenu horizontalement sur un pied, & cela à l'aide de trois épingles A, B & C, piquées perpendiculairement sur cette planche ou sur ce carton; la premiere A est posée au sommet de l'angle, & les deux autres B & C le sont dans l'alignement des côtés AD & AE. Au lieu des épingles B & C, on peut se servir d'une régle, & l'aligner de A à D, & tirer le long de cette régle la ligne AB; il faut ensuite l'aligner de même dans la direction de A & de E, & tirer AC; il est évident que l'on aura par cette opération l'ouverture de l'angle EAD qu'il falloit mesurer.

L'on peut aussi connoître la quantité d'un angle en lui formant une base, mesurant ses côtés & sa base, & cherchant par la Trigonométrie la valeur de cet angle.

III. On mesure les angles faits par la rencontre de deux murs AB, AC (*fig.* 11.) avec un *Récipiangle* ou une *fausse Equerre*, qui sont deux régles de bois *ab*, *ac*, attachées ensemble au point *a*, ou en mesurant, comme ci-dessus, les deux côtés de cet angle AB, AC, & sa base BC, ou si on ne peut pas avoir de base, il faut continuer un des côtés AC (*fig.* 12.) avec une corde ou une régle, & mesurer le nouvel angle BAD, dont le supplément donnera la valeur de l'angle EFG que l'on cherche.

IV. Pour connoître un angle inaccessible (*fig.* 13.) il faut avoir la continuation de ses côtés dans un lieu accessible, & tirer une base dont il faut mesurer les deux angles, & en ôter leur

leur valeur de 180 degrés, le reste cAb sera la valeur de l'angle inaccessible BAC que l'on cherche. (N°. 178.)

CHAPITRE V.
De la mesure des Lignes inaccessibles.

873. LEs lignes inaccessibles le sont ou dans toute leur longueur, ou seulement en partie.

De quelque maniere qu'une ligne soit inaccessible, il la faut faire côté d'un triangle dont on cherchera les choses qui le déterminent, ou par lui-même, ou par d'autres *triangles auxiliaires*; l'on viendra ensuite à la connoissance du côté que l'on cherche par l'une de ces quatre manieres.

1°. En formant dans un lieu accessible une figure égale à celle qui a été formée pour connoître la ligne proposée.

2°. En réduisant cette même figure en petit.

3°. En résolvant ces triangles par la Trigonométrie.

4°. En résolvant ces mêmes triangles avec des instrumens, comme avec le compas de proportion, la régle logarithmique, &c.

PROBLEMES.
I.

874. *Mesurer une ligne accessible par l'une de ses extrémités.*

Soit la ligne AB (*fig.* 14.) accessible au point B, dont on cherche la longueur.

De son extrémité B tirez une base BC dans un lieu où on la puisse mesurer, & imaginez la ligne AC qui acheve le triangle; ensuite mesurez la base BC & les deux angles B & C, vous connoîtrez le côté proposé AB par l'une des quatre manieres ci-dessus.

I. Cherchez dans la campagne un lieu assez grand, uni & accessible dans toutes ses parties, pour y former le triangle abc (*fig.* 15.) égal & semblable au triangle ABC, ce qui sera aisé, puisque l'on en connoît un côté & deux angles; on mesurera après cela le côté ab qui est égal à la ligne proposée AB.

L'on peut abréger cette pratique de deux manieres.

Pp

1°. En renverſant le triangle de l'autre côté de la baſe, c'eſt-à-dire faiſant l'angle CB*a* (*fig.* 16.) égal à l'angle CBA, & l'angle BC*a* égal à l'angle BCA, les deux lignes B*a*, C*a*, ſe rencontreront en *a*; alors meſurant B*a*, l'on aura la ligne propoſée BA à laquelle elle eſt égale.

2°. Tirez une baſe BC (*fig.* 17.) qui faſſe un angle droit avec la ligne propoſée AB, continuez AB, & faites l'angle BC*a* égal à BCA, C*a* rencontrera AB prolongé en *a*; alors meſurant *a*B, l'on aura la longueur de la ligne propoſée AB.

II. Pour trouver la longueur de la ligne AB, en réduiſant le triangle en petit, on peut ſe ſervir de l'une de ces deux méthodes.

1°. Si la ligne AB (*fig.* 18.) eſt acceſſible dans une partie BG, après avoir meſuré une baſe BC, que je ſuppoſe de 60 toiſes, prenez B*c* à diſcrétion, par exemple, de 15 toiſes, faites l'angle B*ca* égal à l'angle BCA, la ligne *ca* coupera BA en *a* (ſi *a* étoit au-delà de la partie acceſſible BG, il faudroit diminuer B*c*); meſurez enſuite B*a*, que je ſuppoſe être de 19 toiſes, & faites cette analogie.

Comme	- B*c*	- -	15 toiſes,
Eſt à -	- BC	- -	60
Ainſi -	- B*a*	- -	19
Eſt à -	- BA	- -	76, qui eſt la ligne propoſée.

Dans la pratique il faut prendre, pour une plus grande commodité, B*c* aliquote de BC, par exemple, le tiers ou le quart, parce qu'alors B*a* ſera auſſi le tiers ou le quart de BA.

Par une ſemblable méthode on peut meſurer la hauteur AB d'une muraille, d'une tour, &c. par le moyen de l'ombre du Soleil ou de la Lune (*fig.* 19.). Pour cela meſurez ſur un plan uni la longueur BC de l'ombre de la hauteur AB; plantez ſur le même plan & dans le même tems, un bâton *ba* parallele à BA, meſurez en pouces la longueur de l'ombre & du bâton hors terre, vous connoîtrez par l'analogie précédente la hauteur cherchée AB.

Si la ligne BA n'eſt acceſſible que dans ſon extrémité B (*fig.* 20.), il la faut prolonger vers *a*, & prolonger de même la baſe diſcrétion juſqu'en *c*; faiſant B*c*, par exemple, de 15 toiſes,

PRATIQUE. LIV. V.

faites l'angle B*ca* égal à l'angle BCA, & achevez le reste comme ci-dessus.

2°. Tirez sur un plan uni, comme sur une feuille de papier, une ligne *bc* (*fig.* 21.) qui contienne autant de parties d'une échelle que BC contient de toises; ensuite sur la ligne *bc* faites le triangle *bca* semblable au proposé BCA, le côté *ab* contiendra autant de parties de votre échelle que AB contient de toises.

III. Pour connoître AB (*fig.* 22.) par la Trigonométrie, il faut connoître comme ci-dessus la base BC, que je suppose de 60 toises; l'angle B de 64 degrés 3 minutes, & C de 54 degrés; alors le troisième angle A, qui est leur supplément, sera de 61 deg. 57 minutes; ensuite faites cette analogie.

Logarithmes.

Comme le sinus de l'angle A.	61° 57'	88254 -	9.94573.
Est au sinus de l'angle C.	54 -	80902 -	9.90796.
Ainsi la base BC. - - - - - -		60 -	1.77815.
Est au côté cherché AB - - - - -		55 -	1.74038.

Si une partie BG de la ligne AB (*fig.* 23.) peut être mesurée, & qu'elle soit par exemple de 15 toises, prenez la base BC, qui fasse avec BA un angle droit B, & imaginez les lignes CA, CG; mesurez les angles ACB, GCB, ensuite prenant BC pour rayon, BG sera la tangente de l'angle GCB, & BA celle de l'angle ACB (*N°.* 732.). L'on connoîtra BA par cette analogie.

Logarithmes.

Comme la tangente de l'angle GCB	12°	21256	9.32747.
Est à la tangente de l'angle ACB	37° 56'	77941	9.89177.
Ainsi la partie BG - - - - - -		15^t	1.17609.
Est à toute la ligne cherchée BA - - -		55	1.74039.

IV. Pour connoître AB par le compas de proportion ou par la régle logarithmique, il faut considerer comme ci-dessus que dans le triangle ABC (*fig.* 22.) l'on connoît un côté & deux angles, & qu'ainsi l'on connoîtra par les pratiques marquées dans leurs usages le côté cherché AB.

GÉOMÉTRIE

REMARQUES.

I.

875. Lorsque l'angle ABC que forme la base avec la ligne proposée est déterminé, il faut faire la base BC (*fig.* 23.) égale autant que l'on pourra à la ligne cherchée AB, ou, ce qui est la même chose, il faut tellement éloigner le point C, que l'angle BCA soit la moitié du supplément de l'angle B.

Car 1°. si cet angle C est précisément la moitié du supplément de l'angle B, en mesurant la ligne BC, l'on aura son égale AB, qui est la proposée. (*N°.* 304.)

876. 2°. Comme l'on ne peut pas s'assurer de prendre l'angle BCA (*fig.* 24.) sans faire quelque erreur, par exemple, de 10′; si l'on fait l'angle ACa de cette quantité, il retranchera de BA la quantité aA dont BA sera trop grande ou trop petite ; mais supposant que l'angle de l'erreur ACa soit toujours le même, l'excès ou le défaut aA, dans la ligne AB, sera le plus petit, lorsque la base BC sera moyenne proportionnelle entre Ba & BA, c'est-à-dire à peu près égale à BA ; car si par les points A, a & c l'on fait passer la circonférence d'un cercle, elle touchera BC en C (*a*) : prenant ensuite dans la base un point M hors la circonférence de ce cercle, l'angle AMa sera plus petit que l'angle ACa (*b*) ; c'est pourquoi en faisant l'angle AMg égal à l'angle ACa, il retranchera de AB la partie Ag plus grande que Aa. Ce seroit la même chose si l'on prenoit sur la base un autre point N au-delà de C ; d'où il suit que la moindre erreur est au point C, c'est-à-dire lorsque la base est à peu près égale à la ligne que l'on veut mesurer.

877. 3°. Si l'on fait passer un cercle par les points A, g & M,

---

(*a*) Supposant BC tangente au cercle ; mais elle le sera si aB . BC :: BC . BA. (*N°.* 269.)

(*b*) L'angle ACa a pour mesure la moitié de l'arc Aa sur lequel il s'appuye ; l'angle AMa a son sommet hors la circonférence du cercle, par conséquent il a ses côtés plus grands que les côtés du premier. Mais comme la base ou l'arc Aa sur lequel il s'appuie, est le même, il s'ensuit que ses côtés sont moins écartés que ceux de ACa, & qu'ainsi il est plus petit que cet angle.

il coupera la baſe dans un autre point N, où l'erreur ſera la même qu'au point M (*a*); par conſéquent la ligne A B ou B C eſt à peu près moyenne proportionnelle entre B M & B N (*b*). C'eſt pourquoi comme C M eſt plus grande que C N (*c*), il vaut mieux faire la baſe plus grande que la ligne propoſée A B d'une certaine quantité, que de la faire plus petite de la même quantité. (*d*)

I I.

878. Suppoſant que l'on faſſe B C à peu près égale à la ligne propoſée A B (*fig*. 25.), plus l'angle A B C ſera aigu, moins l'erreur ſera grande.

Si l'on fait l'angle de l'erreur A *cg* égal à l'angle A C *a*, l'erreur A *g* ſera plus grande que A *a*. Car du point B & de l'intervalle B C, décrivant un cercle, & continuant C *a* juſqu'en

(*a*) A cauſe de l'égalité des angles A M *g*, A N *g*.

(*b*) Conſiderez que la propriété des ſecantes donne, dans le cercle ponctué, B A . B M :: B N . B *g* (*N°*. 167.); & que comme B A eſt à peu près égale à B C ou à B *a* ou B *g*, à cauſe de la petiteſſe de l'angle de l'erreur, qu'on ſuppoſe d'environ dix minutes, l'on peut dans la proportion précédente mettre B C à la place de B *g*, ce qui donnera B A . B M :: B N . B C; & en renverſant, B M . B A :: B C . B N; ou en mettant B C à la place de B A, B M . B C :: B C . B N; ce qui fait voir que B C eſt à peu près moyenne proportionnelle entre B M & B N.

(*c*) Dans toute proportion géométrique continue, la différence du premier terme au ſecond, & celle du ſecond au troiſiéme, ſont toujours inégales. En effet, ſoit 1 . 3 :: 3 . 9, la différence des deux premiers termes qui eſt 2, eſt plus petite que celle du ſecond & du troiſiéme terme qui eſt 6 : ainſi dès que l'on a B N . B C :: B C . B M, la différence de B N & de B C, qui eſt C N, eſt plus petite que celle de B C & B M, qui eſt C M; ainſi C N eſt plus petite que C M.

(*d*) Au point N l'erreur eſt la même qu'en M; mais en prenant C N égale à C M, l'erreur ſeroit plus grande en N qu'en M, parce qu'en tirant de ce point qui ſeroit hors de la circonférence du cercle, des lignes en A & en *g*, l'angle formé par ces lignes ſera plus petit que s'il avoit ſon ſommet à la circonférence du cercle. Mais en le faiſant égal à celui qui a ſon ſommet ſur cette circonférence, il retranchera ſur A B une partie plus grande que A *g*; ce qui démontre, comme l'avance l'Auteur, qu'il eſt plus à propos de prendre la baſe A M d'une quantité C M plus grande que A B, que de la prendre plus petite de la même quantité.

H, les angles ACH, AcH sont égaux, mais Ag est plus grand que Aa. Donc, &c. (a)

III. Par ce problême on peut mesurer la largeur d'une riviere, aussi bien que la hauteur d'une tour, d'un clocher, d'un arbre, d'un jet d'eau, lorsque l'on peut mesurer une base depuis le pied de la perpendiculaire tirée du sommet de la hauteur que l'on veut mesurer, la distance de deux lieux dont un est accessible, &c.

II. PROBLEME.

879. *Mesurer une ligne accessible par ses deux extrémités.*

Si la ligne AB (*fig.* 26.) est accessible par ses deux extrémités, prenez un point C, duquel on puisse tirer deux bases CA, CB, & alors il arrivera trois cas.

1°. Ou l'on peut mesurer les angles B & C & la base BC.

2°. Ou l'on peut mesurer l'angle C & les deux côtés AC, CB.

3°. Ou enfin l'on ne peut trouver de point C, d'où l'on puisse voir en même tems les points A & B.

I. Si l'on peut mesurer les angles B, C, & la base BC, l'on connoîtra le côté AB par le premier problême, *N°.* 874.

II. Si l'on peut mesurer l'angle C & les bases CB, CA (*fig.* 27.), l'on connoîtra le côté AB par l'une des quatre manieres suivantes.

1°. En transportant le triangle dans un lieu où il puisse être mesuré, ce qui se peut faire de plusieurs façons. 1°. En le transportant tout entier en *abc* (*fig.* 28.). 2°. En lui donnant un côté BC (*fig.* 29.) pour base commune avec le premier triangle. 3°. En continuant les côtés BC, AC (*fig.* 30.) au-delà du sommet. Cette derniere maniere est la plus commode lorsque l'on n'a point d'instrument pour mesurer les angles.

2°. En réduisant le triangle ABC en petit, ce qui se peut faire de deux manieres. 1°. En prenant sur les côtés du triangle ACB (*fig.* 31.) les parties C*a*, C*b*, proportionnelles aux côtés

---

(*a*) Ceux qui voudront plus de détail sur la maniere de bien conditionner les triangles pour avoir les angles les plus propres à donner le moins d'erreur possible, pourront consulter ce que M. *Cotes* a donné sur ce sujet à la suite de son Livre intitulé, *Harmonia mensurarum*; la *Figure de la terre*, par M. Bouguer; la Trigonométrie de M. *Wolf*, &c.

CA, CB, qui en soient par exemple le quart. Il faut prendre ces parties les plus grandes qu'il est possible pour une plus grande exactitude, & au lieu de les prendre sur les côtés CA, CB, on peut les prendre sur leurs prolongemens. 2°. En réduisant le triangle ABC dans un autre *abc*, par le moyen d'une échelle.

3°. Par la Trigonométrie (*fig.* 27.), en considérant que dans le triangle ABC, les côtés CA, CB, & l'angle compris C, sont connus.

4°. Par les instrumens, comme nous avons dit, N°. 873.

III. Si l'on ne peut trouver de point C d'où l'on puisse voir les deux extrémités A & B (*fig.* 32.) de la ligne proposée, prenez deux points C & D, ensorte que l'on puisse mesurer les trois côtés BC, CD & DA, & les angles C & D (il est avantageux de les faire droits), l'on aura un quadrilatere ABCD, dont l'on connoîtra le côté AB par l'une des quatre manieres expliquées ci-dessous, sçavoir:

1°. En le transportant.

2°. En le réduisant en petit.

3°. Par la Trigonométrie, en tirant les diagonales BD, CA (*fig.* 33.), & considérant que dans le triangle ADC, les côtés AD, DC, & l'angle compris D, sont connus. Donc l'on pourra connoître le côté CA & l'angle ACD, lequel étant ôté de l'angle DCB, l'on aura l'angle ACB connu; ensuite dans le triangle ACB, les côtés AC, CB, & l'angle compris ACB, sont connus; donc l'on connoîtra le côté proposé AB.

Si les angles C & D (*fig.* 34.) sont ensemble égaux à deux droits, c'est-à-dire si les lignes CA, DB, sont parallèles (N°. 221.), du plus grand côté CA retranchez CE égal à DB, vous aurez le triangle AEB, dans lequel les deux côtés AE, EB, & l'angle AEB, qui est égal à l'angle C, sont connus; donc l'on connoîtra le côté proposé AB.

4°. On trouvera le côté AB par le compas de proportion ou par la régle logarithmique, en suivant la même méthode.

Par ce problème on mesure la largeur d'un étang, d'une montagne, d'un bois, &c.

GÉOMÉTRIE
III. PROBLEME.
880. *Mesurer une ligne entierement inaccessible.*

Soit la ligne A B (*fig.* 35.) dont on ne peut pas approcher, & dont on cherche la longueur.

Mesurez une base C D, qui soit à peu près parallele & égale à la ligne proposée A B; des extrémités de cette base C D, imaginez des lignes tirées aux extrémités de A B, mesurez les angles en C & en D, sçavoir D C B, D C A, & C D A, C D B, ensuite vous connoîtrez la ligne A B par l'une des quatre manieres expliquées ci-dessus.

Si de l'extrémité C (*fig.* 36.) de la base l'on ne peut voir les deux extrémités de la ligne proposée A B, tirez C E, ensorte que du point E on puisse voir les points C & D; imaginez les lignes E A, E B, E D, D A & D B; mesurez les angles en E & D, & la base E D; alors on connoîtra par les méthodes précédentes la ligne proposée A B.

Si du point E l'on ne peut pas voir le point D, il faudra mesurer l'angle C & la ligne C E.

Remarquez que dans le choix des points D, C, E, il faut éviter de faire des triangles qui ayent des angles trop aigus, principalement ceux qui ont leurs sommets aux extrémités A & B de la ligne proposée.

Ce problême sert à mesurer les lignes qui sont de l'autre côté d'une riviere, d'un précipice, & la distance de deux lieux éloignés, comme de deux clochers : il sert aussi de principe pour lever la carte d'un pays, &c.

REMARQUES
OU *OBSERVATIONS GÉNÉRALES*
SUR LA MESURE DE LA TERRE,
Pour servir d'introduction au Chapitre suivant.

ON n'a pas dessein d'entrer dans le détail de toutes les choses ausquelles il faut avoir égard pour déterminer la grandeur de la terre; on peut les voir dans les *Mémoires de l'Académie Royale*

Royale des Sciences, ou dans les Ouvrages particuliers faits à ce sujet (*a*); on se propose seulement de donner une idée de la maniere de procéder à cette grande opération.

Si la terre est ronde, il est évident que la mesure d'un degré du *meridien*, c'est-à-dire d'un grand cercle qui passe par ses pôles, en fait connoître toute l'étendue; car multipliant la grandeur du degré par 360, le produit donnera la circonférence du globe terrestre.

Pour parvenir à la mesure du degré du meridien, on imagine une perpendiculaire à la surface de la terre, élevée du lieu où l'on veut commencer l'opération; on la nomme la *Verticale du lieu*, & le point du ciel où elle se termine, en est le *Zenith*. Si l'on conçoit que cette ligne soit prolongée dans l'intérieur de la terre, elle passera par son centre, parce que toutes les perpendiculaires à la surface du globe ou de la sphere ont cette propriété.

Cette premiere verticale étant déterminée, si l'on s'avance vers le midi ou vers le nord, en suivant toujours le même méridien, le point ou l'étoile qui marquoit le zenith du premier lieu, ne répond plus à celui de l'endroit où l'on est parvenu; mais on imagine une nouvelle verticale dans ce lieu, & l'on mesure l'angle qu'elle fait avec une ligne tirée du point terrestre où elle est élevée, au zenith du lieu de la premiere verticale: cet angle ne diffère de celui qui est formé au centre de la terre par le concours des deux verticales, que d'une quantité infiniment petite; c'est pourquoi il lui est sensiblement égal, & par conséquent sa mesure ou le nombre de degrés, de minutes & de secondes qu'il contient, donne la mesure de l'arc terrestre compris entre les deux verticales.

Pour éclaircir cet exposé, soit T (*voyez la Planche derniere pour les additions, fig. 1.*) le globe terrestre, & GH une partie du ciel des étoiles fixes; soit A le point de la surface de la terre d'où l'on a élevé la premiere verticale AD, & B celui de la

---

(*a*) Voyez le *Traité de la grandeur & de la figure de la Terre*, à la suite des Mémoires de l'Académie des Sciences, année 1718. *La figure de la terre*, par MM. de Maupertuis, Clairaut, Camus & le Monnier; *la figure de la terre*, par M. Bouguer; le Livre de M. de la Condamine sur le même sujet; *la Méridienne de l'Observatoire de Paris dans toute l'étendue de la France*, par M. Cassini de Thury, &c.

seconde BE; ces deux verticales étant prolongées dans l'intérieur de la terre, se rencontreront au centre C, qui sera le sommet de l'angle DCE ou ACB formé par ces deux lignes; si l'on tire ensuite BD, l'on aura l'angle DBE qui sera sensiblement égal à l'angle DCE.

Pour le démontrer, il faut remarquer qu'à cause du prodigieux éloignement des étoiles à la terre, les deux lignes AD & BD qui ne se rencontrent que dans l'étoile D, qui est infiniment éloignée de leur origine A & B, peuvent être considerées comme paralleles en A & en B, ou en C & B, & qu'ainsi l'angle extérieur DBE est égal à son opposé intérieur DCE. (N°. 214.) C. q. f. d.

Autrement, considerez que l'angle DBE vaut les deux opposés BCD & CDB du triangle DBC (N°. 297.), & que le rayon CB de la terre pouvant être regardé comme zero par rapport aux lignes CD & BD, l'angle CDB est infiniment petit. Or puisque l'angle DBE ne differe de DCB ou DCE, que d'un angle infiniment petit, il s'ensuit que les deux angles DBE & DCE sont sensiblement égaux.

S'il n'y a point d'étoiles à l'extrémité des verticales AD & BE (*Planche pour les addit. fig.* 2.), mais qu'il y en ait une F entre ces verticales, on imagine les lignes AF & BF, & l'on mesure les angles DAF, EBF, dont la somme donne l'angle DCE des verticales. Car tirant FC, on vient de voir que l'angle DAF peut être considéré comme égal à l'angle DCF, & l'angle FBE à l'angle FCE. Donc, &c.

Si l'étoile F (*Pl. pour les addit. fig.* 3.) se trouve au-delà des deux verticales AD & BE, on mesure les angles DAF, EBF, formés par les verticales & par des lignes qu'on imagine tirées de A & B à l'étoile F; on retranche ensuite le dernier angle EBF du premier, & le reste donne la valeur de DAE ou DCE.

Pour le démontrer, il faut imaginer la ligne FC, & considerer que l'angle DAF étant sensiblement égal à DCF, de même que EBF à ECF, il s'ensuit que si de DAF on retranche EBF, c'est la même chose que si l'on avoit ôté de DCF l'angle ECF. Donc, &c.

Lorsqu'on connoît ainsi l'arc DE en dégrés, minutes, &c. l'on connoît également l'arc terrestre AB, qui lui est sem-

PRATIQUE. Liv. V.

blable (*a*); mais pour sçavoir la grandeur du degré terrestre, il faut sçavoir en mesures connûes, comme toises, perches, &c. quelle est la distance de A à B.

Si la surface de la terre étoit entierement libre & unie, il seroit aisé de connoître cette distance en la mesurant actuellement ; mais comme il n'y a gueres de Pays où cette opération soit praticable de cette maniere, la Trigonométrie fournit un moyen un peu plus composé, mais également sûr pour y parvenir.

» Ce moyen consiste, comme le dit M. de Maupertuis (*b*),
» à former par des objets pris à droite & à gauche, une suite de
» triangles qui se terminent aux deux extrémités de la distance
» qu'on veut mesurer : on observe avec le quart de cercle la
» grandeur des angles de chacun de ces triangles, & alors si on
» connoît la longueur d'un seul côté de quelqu'un de ces trian-
» gles, la longueur de tous les autres de toute la suite se peut
» déterminer par la Trigonométrie.

» Il n'est donc plus question, lorsque les triangles sont ainsi
» formés, que de mesurer à la perche la longueur de quelque
» côté d'un de ces triangles ; c'est ce côté mesuré actuellement
» qu'on appelle la *base*. On prend d'ordinaire ce côté fonda-
» mental à l'une des extrémités de la distance, & l'on va de
» triangles en triangles jusqu'à l'autre extrémité. Le calcul fait
» d'après la base, donne tous les côtés de ces triangles, & les
» côtés des derniers étant ainsi déterminés, on en mesure un à
» la perche pour vérifier l'ouvrage ; car si la longueur de ce côté
» mesuré s'accorde avec la longueur calculée, c'est une preuve
» que l'opération est bonne, qu'il n'y a aucune erreur considé-
» rable dans les observations des angles, & qu'on peut compter
» sur la longueur de tous les côtés des triangles.

Tel est le précis de la méthode qu'on employe pour la mesure des degrés du méridien, & que M. Sauveur explique d'après M. Picard dans le chapitre suivant.

(*a*) On suppose ici que le centre de la terre est le même que celui du ciel des étoiles fixes ; & quoique cette supposition ne soit pas vraie en rigueur, elle l'est néanmoins sensiblement à cause du prodigieux éloignement des étoiles à la terre.

(*b*) *Elémens de Géographie.*

Cet Académicien n'ayant mesuré qu'un degré de la terre, n'en donne la grandeur que dans la supposition qu'elle est exactement ronde ; mais il est clair qu'on ne peut s'en assurer qu'en mesurant différens degrés du méridien dans des lieux les plus éloignés les uns des autres qu'il est possible, afin que les différences de ces degrés, s'ils ne sont pas égaux, soient plus sensibles. Nous donnerons immédiatement après le chapitre qui suit, un abrégé des différentes opérations qui ont été faites à ce sujet.]

CHAPITRE VI.

DE LA MESURE DE LA TERRE.

881. Quoique la maniere de mesurer la circonférence d'un grand cercle de la terre dépende en partie de l'Astronomie, nous rapporterons néanmoins la maniere dont on s'est pris dans l'année 1669 (*a*) pour la mesurer, parce qu'outre que cette mesure paroît surprenante, elle sert de principe à plusieurs pratiques de Géométrie.

On s'est mis d'abord en peine de trouver la quantité d'un degré d'un méridien, ce qu'on a fait par le moyen de treize grands triangles (*Pl.* 5, *Liv.* 5.), de cette maniere.

I. On a pris pour *base* le chemin de *Villejuive* à *Juvify*, & cette base étoit de 5663 toises, & avec cette base on a formé un triangle, dont le sommet étoit au clocher de *Brie-Comte-Robert*, duquel ayant mesuré exactement les angles, on a conclu par la Trigonométrie la valeur des deux autres côtés de ce triangle ; ensuite on a pris un côté de ce triangle pour servir de base à un autre, dont le sommet étoit la tour de *Montlhery*, & après en avoir connu les angles, on a trouvé la valeur des deux autres côtés.

De même, prenant un côté de ce dernier triangle pour base, on a formé un nouveau triangle, & ainsi de suite jusqu'au clocher de *Sourdon*.

II. Après avoir formé tous ces triangles sur le papier, & les

---

(*a*) Cette mesure de la terre par M. l'Abbé *Picard* a été donnée au public en 1671. & elle a été réimprimée depuis en 1740.

avoir calculés, on a examiné sur la terre l'angle que faisoit la méridienne qui passe par le clocher de *Sourdon*, avec la ligne qui va à *Clermont*, ce que l'on a fait par le moyen d'un quart de cercle posé verticalement sur un cercle horizontal ayant deux lunettes, dont l'une regardoit l'étoile polaire, & l'autre l'horizon; on a tourné le quart de cercle, jusqu'à ce que la lunette vît l'étoile polaire dans sa plus grande *digression* (a), c'est-à-dire dans le point de son cercle qui touche un vertical, ensuite l'on a trouvé par la *Trigonométrie sphérique* combien le point de l'horizon que la seconde lunette regardoit, étoit éloigné du méridien, & par conséquent combien la ligne qui alloit de *Sourdon* à *Clermont* déclinoit du méridien qui passe par *Sourdon*; l'on a trouvé qu'elle déclinoit vers l'orient de 2 degrés 9 minutes 10 secondes.

III. L'on a tiré sur le papier une ligne par Sourdon, qui faisoit avec celle qui va à Clermont, un angle de 2 deg. 9 min. 10 secondes; l'on a abaissé sur cette ligne des perpendiculaires tirées de Clermont, de Mateuil & de Malvoisine, qui coupent cette méridienne en trois parties, & en calculant les triangles rectangles que ces nouvelles perpendiculaires faisoient, l'on a conclu que la partie de la méridienne comprise entre Sourdon & Malvoisine étoit de 68347 $\frac{1}{2}$ toises.

IV. L'on a pris ensuite à Malvoisine la hauteur méridienne de l'étoile qui est aux genoux de *Cassiopée*, parce qu'elle est proche du *zenith*, & par conséquent les réfractions sont moins à craindre; pour cela l'on s'est servi d'une portion de cercle qui avoit dix pieds de rayon, garni de lunettes; l'on a pris aussi la hauteur de cette étoile à *Sourdon*, l'on a trouvé que la différence de ces deux hauteurs, ou que la distance des latitudes de *Malvoisine* & de *Sourdon*, étoit de 1 degré 11 minutes 57 secondes; & comme la distance des clochers de l'un & de l'autre étoit, comme nous avons dit, de 68347 $\frac{1}{2}$ toises, auxquelles il faut ajoûter 83 toises, à cause qu'on a observé la hauteur dans des

---

(a) On appelle digression dans l'Astronomie, l'éloignement d'un astre à un autre astre auquel on compare le premier. La digression de l'étoile polaire dont on parle ici, n'est autre chose que sa plus grande distance, ou sa distance du pôle au cercle vertical ou perpendiculaire à l'horizon tangent au cercle, décrit par cette étoile.

lieux éloignés de ces clochers de cette quantité, l'on a conclu qu'un degré du méridien contenoit 57064 ½ toises; & par une observation faite à Amiens, l'on a conclu que la grandeur d'un degré du méridien ou de latitude étoit de 57060 toises, qui est celle qu'on a retenue.

V. A l'égard de la justesse de cette détermination, il faut remarquer, 1°. qu'il est difficile d'avoir plus d'exactitude & de prendre plus de précautions qu'on a fait dans ces opérations. 2°. Que néanmoins on ne peut pas s'assurer de la justesse des instrumens qu'à 4 secondes de degré près (*a*), ce qui est peu de chose pour un degré, mais c'est une erreur de 21600 toises ou de 22 ⅖ minutes pour la circonférence de la terre. 3°. Que pour une plus grande justesse il auroit fallu mesurer la longueur de la méridienne qui va de *Dunkerque* vers *Perpignan* ou *Narbonne*; car si cette longueur étoit de 10 degrés, l'erreur seroit dix fois moins, c'est-à-dire elle seroit de six toises par degré, ou de 2160 toises, ou 2 minutes un quart pour toute la circonférence de la terre.

VI. Cette mesure suppose que la terre soit parfaitement ronde; mais pour s'assurer si elle l'est parfaitement, il faudroit mesurer plusieurs degrés dans différens endroits, & examiner s'ils seroient de la même quantité.

VII. Un degré de la terre étant de 57060 toises, l'on aura sa circonférence en multipliant ce nombre par 360, ce qui donnera 20541600 toises, & l'on trouvera par les régles précédentes que le diamètre de la terre est de 6538594 toises, & le demi-diamètre de 3269297 toises; de plus, qu'une minute est de 951 toises, & une seconde, de 16 toises.

(*a*) Ceci est conforme à ce que M. *Bouguer* avance dans son Livre de *la Figure de la terre*. Nous sommes encore obligés, dit ce sçavant Académicien, d'avouer ingénuement que nous ne pouvons gueres répondre en rigueur que de 4 secondes.

PRECIS
Des opérations faites pour la mesure de la terre, depuis celle de M. Picard.

LA longueur de la méridienne depuis *Dunkerque* jusqu'à *Perpignan*, a été mesurée à différentes reprises par M. Cassini. Il détermina d'abord en 1701 l'arc céleste entre *Paris* & *Collioure*, de 6 degrés 18 minutes 57 secondes, & l'arc terrestre correspondant, de 360614 toises; divisant ce nombre par 6 deg. 18 min. 57 sec. l'on a 57097 toises pour la grandeur d'un degré de la terre, supposant qu'elle est ronde ou que tous les degrés du méridien sont égaux entr'eux.

Cette détermination du degré diffère de 37 toises de la mesure de M. Picard; ce qu'on peut attribuer, comme le dit M. Cassini, aux erreurs qui ont pû se glisser dans les observations, d'autant plus que M. Picard avoue que nonobstant toute l'exactitude possible, il ne pouvoit répondre de 2 secondes, qui valent à peu près 32 toises.

En 1718 M. Cassini prolongea la méridienne de Paris jusqu'au nord de la France, c'est-à-dire jusqu'à *Dunkerque*; il trouva sa longueur entre Paris & cette ville, de 125454 toises; l'arc céleste correspondant fut trouvé de 2 deg. 12 min. 9 sec. ce qui donne la grandeur du degré du méridien, de 56960 toises: M. Picard l'avoit trouvé de 57060 toises, celui de M. Cassini en diffère par conséquent de 100 toises.

Il suit des observations précédentes de M. Cassini, que les degrés du méridien vont en diminuant du midi vers le nord; car au midi de Paris le degré est de 57097 toises, ou de 32 toises plus grand que le degré de M. Picard; & au nord vers Dunkerque, il est de 100 toises plus petit que ce degré. De cette diminution de degrés M. Cassini en conclut dans le Livre de *la grandeur & de la figure de la terre*, que la terre forme une espéce de sphere ou de sphéroïde allongé vers les pôles, dont l'axe excéde d'environ 34 lieues communes de France le diamétre de l'*Equateur*, c'est-à-dire du cercle également distant des deux pôles.

GÉOMÉTRIE

Comme cette figure ne s'accorde pas avec les loix de l'*Hydrostatique*, (*a*) le Roi envoya en 1735 des Mathématiciens à l'Equateur & vers le Nord, pour mesurer des degrés, qui étant fort éloignés les uns des autres, devoient donner des différences plus sensibles que ceux qui avoient été mesurés en France.

Les Mathématiciens envoyés à l'Equateur, étoient M. *Godin* qui avoit proposé le voyage, M. *Bouguer* & M. *de la Condamine* ; M. Bouguer a rendu compte dans un Ouvrage imprimé en 1749, de la mesure du premier degré de latitude ou du méridien à l'Equateur, auquel il donne 56753 toises au niveau de la mer : ainsi ce degré est plus petit que celui de M. *Picard*, de 325 toises.

M. *de la Condamine* dans son Ouvrage sur le même sujet, fixe la grandeur de ce même degré, de 56750 toises. Pour M. *Godin*, comme on n'a point encore le détail de ses opérations, on ignore quelle est la grandeur qu'il donne à ce degré, mais on présume que sa mesure diffère peu de celle des deux Académiciens ses collégues.

Les Académiciens envoyés au Nord, trouverent dans *la Lapponie*, le degré du méridien, *là où il coupe le Cercle polaire*, de 57438 toises, c'est-à-dire de 478 toises plus grand que celui du nord de la France mesuré vers Dunkerque. Il suit donc des opérations faites au Perou & au Nord, que les degrés du méridien augmentent de l'Equateur vers les Pôles, ou, ce qui est la même chose, qu'ils diminuent en allant du Nord au Sud ou à l'Equateur.

Ce résultat étant contraire à celui du Livre *de la grandeur & de la figure de la terre*, M. Cassini de Thury entreprit en 1739 de vérifier l'opération de la méridienne de la France ; il a publié en 1744. le détail de cette vérification, & l'on y trouve aussi la diminution des degrés du méridien en allant du Nord vers l'Equateur.

Ainsi toutes les opérations faites jusqu'à présent pour la mesure de la terre, s'accordent généralement dans ce même point de l'augmentation des degrés du méridien, en allant de l'Equateur vers les Pôles, ou du Sud au Nord.

(*a*) C'est ainsi qu'on nomme la science qui considere les pressions des fluides pesans, & qui en détermine les effets & les différens rapports.

PRATIQUE. Liv. V.

Nous avons déja remarqué que si les degrés du méridien diminuoient de l'Equateur vers les pôles, la terre seroit allongée vers les mêmes points, ou applatie vers l'Equateur. L'augmentation de ces degrés doit changer cette figure, & en donner une contraire : en effet, supposant que les degrés augmentent de l'Equateur au pôle, la figure de la terre est celle d'un spheroïde applati vers les pôles, c'est-à-dire d'une espéce de sphere dont l'axe est plus petit que le diametre de l'Equateur. Voici la maniere dont M. *de Maupertuis* expose tout ceci dans ses *Elémens de Géographie*.

» Si la terre étoit parfaitement sphérique, que ses méridiens
» fussent des cercles, il est clair que tous les degrés du méridien
» seroient égaux, car tous les degrés d'un cercle le sont ; toutes
» les lignes verticales se rencontreroient dans un seul point, qui
» seroit le centre du méridien & le centre de la terre.

» Mais si la terre n'est pas sphérique, & que son méridien soit
» une courbe ovale : imaginez à la circonférence de cet ovale
» toutes les lignes verticales, tirées de sorte qu'elles soient toutes
» prolongées au-dedans de l'ovale, & que chacune fasse avec la
» verticale voisine un angle d'un degré ; ces verticales ne se ren-
» contreront plus toutes au même point, & les arcs du méridien
» interceptés entre deux de ces verticales voisines, ne seront
» plus d'égale longueur. Là où le méridien sera plus courbe, qui
» est à l'extrémité du grand axe de l'ovale, le point de concours
» où se rencontreront les deux verticales voisines, sera moins
» éloigné au-dessous de la surface de la terre, & ces deux verti-
» cales intercepteront une partie du méridien plus petite que là
» où le méridien est moins courbe à l'extrémité du petit axe de
» l'ovale.

» Or on peut considerer le méridien de la terre, & quelque
» courbe que ce soit, comme formée d'un assemblage de petits
» arcs de cercle, chacun d'un degré, dont les centres sont dans
» les points de concours de deux verticales voisines, & dont les
» rayons sont les parties de ces verticales, comprises depuis ces
» points jusqu'à la surface de la terre. Il est alors évident que là
» où les rayons de ces cercles sont plus petits, les degrés de leurs
» cercles, qui sont les mêmes que les degrés du méridien, sont
» plus petits, & là où les rayons des cercles sont plus grands,

» leurs degrés & ceux du méridien sont plus grands.

» On voit par là que c'est aux deux bouts de l'ovale où les
» centres des cercles, qui sont les points de concours de deux
» verticales voisines, sont les moins abaissés au-dessous de la
» surface de la terre ; que c'est là où les rayons des cercles sont
» plus courts, & où les degrés toujours proportionnés aux rayons,
» sont plus petits ; qu'au contraire, au milieu de l'ovale, à égale
» distance de ses deux bouts, les rayons des cercles sont plus
» longs & les degrés plus grands.

» Si donc les degrés du méridien vont en diminuant de l'E-
» quateur vers les pôles, les bouts de l'ovale sont aux pôles, &
» la terre est allongée ; si au contraire les degrés du méridien sont
» plus grands au Pôle qu'à l'Equateur, les Pôles sont au milieu
» de l'ovale, & la terre est applatie.

Si toutes les opérations faites au Nord, au Perou & en France donnent la figure de la terre applatie vers les pôles, elles ne donnent pas le même degré d'applatissement. Suivant M. de Maupertuis, le diamétre de l'Equateur est plus grand que l'axe de la terre, de 36880 toises, c'est-à-dire d'environ 16 lieues communes de France ; & suivant M. Cassini de Thury, la différence de ces deux lignes est de dix lieues au plus.

Cette différence si petite par rapport à la grandeur du diamétre de l'Equateur & de l'axe de la terre, fait que dans les opérations ordinaires de la *Géométrie pratique* on peut regarder la terre comme étant sensiblement ronde. (*a*)

Un Géométre Anglois (M. Murdoch) qui a donné la maniere de construire des cartes marines relatives à la figure de la terre déterminée par la mesure du degré du méridien au cercle polaire, laquelle donne le plus grand applatissement, trouve que les erreurs produites dans la navigation par la supposition de la terre sphérique, ne sont pas non plus si considérables qu'on auroit pû l'imaginer, & il avoue que dans l'usage ordinaire de la Géographie, il n'y a nul inconvénient de prendre la terre pour une sphere parfaite ; c'est ce qu'on ignoroit avant les mesures dont on vient de parler.

(*a*) On n'entend point parler ici des différences que la figure de la terre peut causer dans l'*Astronomie*. Voyez le Discours de M. de Maupertuis, sur *la Parallaxe de la Lune*.

PRATIQUE. LIV. V.

Si l'on suppose que les degrés du méridien mesurés en France soient tous égaux, on aura, suivant le Livre intitulé, *la Méridienne de l'Observatoire Royal de Paris*, pour la mesure commune de chacun de ces degrés, 57050 toises. Comme cette grandeur diffère peu de celle du degré de M. Picard, qui est de 57060 toises, qu'on trouve dans la plûpart des Géométries pratiques, ainsi que dans celle de M. Sauveur, il est bon d'observer qu'on peut, sans aucune erreur sensible, au lieu du degré moyen du Livre que l'on vient de citer, se servir de celui de M. Picard, pour ne rien changer aux résultats des différens calculs dans lesquels le degré de 57060 toises se trouve employé.]

CHAPITRE VII.

DE LA MANIERE DE NIVELER.

882. Comme le *nivellement* est nécessaire pour l'Architecture, & principalement pour la conduite des eaux, nous donnerons ici la maniere de *niveler*.

883. Deux points sont *de niveau*, lorsqu'ils sont également distans du centre de la terre; c'est pourquoi une ligne est de niveau, lorsqu'elle est dans la superficie d'une sphere qui a même centre que la terre. On suppose que la superficie de tous les liquides qui ne sont point agités, est sphérique, parce qu'on apprend dans l'Hydrostatique que tous les points de leur superficie sont de niveau.

884. Si par un point A (*fig.* 37.) de la superficie de la terre on tire une tangente AB qui sera perpendiculaire au rayon AC de la terre, cette ligne, qui est parallele à l'horizon, s'appelle la ligne du *niveau apparent*; & si l'on tire un autre rayon CD continué jusqu'à la ligne du niveau apparent, la partie DB est *la différence du véritable niveau* D *au niveau apparent* B, qui n'est autre chose que la différence du rayon de la terre CD à la sécante CB de l'arc AD.

Comme les instrumens dont on se sert pour niveler, ne donnent que des lignes droites, lesquelles par conséquent ne marquent que les lignes de niveau apparent, il s'agit,

R r ij

GÉOMÉTRIE

1°. De connoître la différence du niveau apparent au véritable niveau.

2°. De donner la description des niveaux ou des instrumens propres à niveler.

3°. De trouver deux points de niveau, & la différence du niveau de deux points.

PROBLEMES.

PREMIER PROBLEME.

885. *Trouver la différence du niveau apparent au véritable niveau.*

Comme la distance des deux points A & D que l'on veut mettre de niveau, n'est tout au plus que de 4000 toises ou de 4 à 5 minutes de la circonférence de la terre, il s'ensuit que la tangente AB (*fig.* 38.) est sensiblement égale à l'arc AD; de sorte que mesurant sur la terre l'arc AD, on a la tangente AB.

Mais pour avoir la différence BD du niveau apparent B au véritable D, il faut remarquer que prolongeant le rayon CD en E, la tangente BA est moyenne proportionnelle entre BE & BD (*N°.* 269.); mais comme au lieu de BE l'on peut prendre le diamétre DE de la terre, alors la tangente AB ou la distance AD sera moyenne proportionnelle entre le diamétre DE de la terre & la différence DB du niveau apparent au véritable niveau ; c'est pourquoi divisant le quarré de la distance AD, mesurée en toises, par 6538594 toises, qui est la valeur du diamétre DE de la terre, le quotient donnera la différence BD des deux niveaux.

886. D'où il suit, 1°. que *les différences* BD *des niveaux apparens aux véritables, sont comme les quarrés des distances* AD, puisque pour avoir ces différences, il faut diviser ces quarrés par une même quantité DE, qui est le diamétre de la terre. (*N°.* 64.)

887. 2°. Afin que la différence BD soit d'un pouce, il faut que la distance AD soit moyenne proportionnelle entre le diamétre de la terre & un pouce : on trouve que cette distance est de 301 $\frac{1}{2}$ toises ; il suffit dans la pratique, de prendre 300 toises.

888. 3°. Pour avoir la différence des niveaux B & D, à telle distance AD que l'on voudra, il faut diviser cette distance AD

par 300, & prendre le quarré du quotient, il donnera cette différence DB en pouces; ainsi supposant la distance AD de 800 toises, divisez 800 par 300, le quotient est $2\frac{2}{3}$ ou $\frac{8}{3}$, dont le quarré $\frac{64}{9}$ ou $7\frac{1}{9}$ marque que la différence BD des niveaux est de $7\frac{1}{9}$ pouces. (*a*)

DESCRIPTION DES NIVEAUX.

889. Les niveaux ont pour principe la surface horizontale d'une liqueur, ou une ligne verticale.

I. Les instrumens qui marquent le niveau par la surface horizontale d'une liqueur, sont,

1°. L'eau d'un étang ou d'un bassin AB (*fig.* 39.).

2°. Un tuyau horizontal AC (*fig.* 40.) terminé par deux tuyaux de verre verticaux AB, CD, rempli d'eau jusques vers le milieu des tuyaux de verre ; ce niveau s'appelle *Niveau d'eau*.

3°. La surface A (*fig.* 41.) de l'eau ou vif argent qui représente un objet D en C, autant enfoncé au dessous de la surface horizontale AB qu'il est élevé au-dessus ; c'est pourquoi divisant DC en deux également en E, l'on aura le point E de niveau au point A.

4°. Le niveau *d'air*, (*fig.* 42.) qui est un tuyau rempli d'esprit de vin, dans lequel on laisse une bulle d'air C qui se place au milieu du tuyau, lorsqu'il est de niveau.

II. Les niveaux qui ont pour principe une verticale CD (*fig.* 43.) formée par la direction d'un corps pesant D, & à laquelle on tire une perpendiculaire AB qui marque le niveau apparent, sont de deux sortes. (*b*)

1°. La ligne horizontale AB est attachée au corps pesant CD, ensorte que laissant suspendre librement le corps D, la ligne AB se trouve de niveau.

2°. La ligne horizontale AB (*fig.* 44.) est tracée sur une surface verticale, qu'il faut tellement situer, que la verticale CD (*fig.* 45.) réponde à un point déterminé de cette surface ; alors la ligne AB se trouve de niveau. Ces deux dernieres sortes de niveaux ont besoin de vérification, c'est-à-dire que l'on doit bien

---

(*a*) Voyez la note de la page 322.

(*b*) On appelle ordinairement ces niveaux, *Niveaux à poids & à lunettes*, parce que la ligne horizontale AB est formée par une lunette.

examiner si la ligne AB marque exactement le niveau.

Entre tous ces différens niveaux, il y en a d'*exacts* & de *peu exacts*, de verifiés & de non verifiés.

Un *Niveau exact* est celui qui étant mis plusieurs fois en expérience dans un même lieu, donne toujours le même point de niveau. Un *Niveau peu exact* est celui qui donne tantôt un point & tantôt un autre. Comme ces derniers sont les plus commodes pour l'usage, ils suffisent dans les petits nivellemens, où l'erreur qu'ils peuvent causer est de peu de conséquence.

Un *Niveau verifié* (*fig.* 46.) est celui qui donne d'abord un point B tel qu'on soit assuré qu'il est dans le niveau apparent du point A ; & lorsque l'on n'en est pas assuré, le *Niveau n'est pas verifié*.

II. PROBLEME.

890. *Trouver par un nivellement simple un point* B *de niveau à un point donné* A.

On dit que le *nivellement est simple*, lorsque l'on cherche immédiatement un point de niveau à un point donné (*fig.* 46.) ; & le *nivellement est composé*, lorsque l'on cherche un point de niveau à un point donné par plusieurs nivellemens moyens.

On peut par un nivellement simple trouver un point B de niveau à un point donné de plusieurs manieres.

I. Si l'instrument dont on se sert est verifié, plaçant l'instrument dans le point A (*fig.* 46.), il donnera un point B qui sera dans le niveau apparent du point A, par le moyen duquel on trouvera le point D dans le véritable niveau, comme nous avons dit ci-dessus, N°. 888.

II. Si l'instrument n'est pas verifié, ou même s'il l'est, on trouvera immédiatement deux points M & N dans le véritable niveau (*fig.* 47.) par un nivellement réciproque de cette maniere.

Placez l'instrument en A ; je suppose qu'en nivelant il vous donne le point B ; portez ensuite votre instrument en C dans la verticale qui passe par B, & cherchez un point D dans la verticale qui passe par A ; partagez AD en deux également en M, & CB en N, les deux points M & N seront dans le véritable niveau (*a*). C'est pourquoi si l'on prend NE égale à MA,

(*a*) Pour le démontrer, soit supposé la distance des verticales AD &

l'on aura le point E dans le véritable niveau du point A.

III. L'on trouvera aussi les points A & B (*fig.* 48.) dans le véritable niveau, par un nivellement moyen, de cette maniere. Placez l'instrument en C, à égale distance de A & de B; prenez ensuite avec l'instrument, dans la verticale qui passe par A, le point M; tournant après cela le niveau vers B, prenez dans la verticale qui passe par B, le point N, vous aurez les points M & N dans le véritable niveau, & prenant N B égale à M A, les points A & B seront aussi dans le véritable niveau.

On peut par ces méthodes trouver la différence du niveau de deux points A & G (*fig.* 48.); car ayant trouvé dans la verticale qui passe par G, le point B dans le véritable niveau du point A, B G sera la différence du niveau des points A & G.

Ayant trouvé deux points A & D (*fig.* 46.) dans le véritable niveau, l'on peut s'en servir pour vérifier les niveaux; pour cet effet il faut prendre le point B au-dessus de D, qui soit dans le niveau apparent du point A, placer ensuite l'instrument en A, & le corriger, jusqu'à ce que regardant par les pinules ou les lunettes, il donne le point B.

III. PROBLEME.

891. *Trouver par un nivellement composé, la différence du niveau de deux points.*

Supposons que les points A & G (*fig.* 49.) dont on cherche la différence de niveau, soient tellement situés que l'on ne puisse

B C de 300 toises, & B C de 12 pouces; B sera plus élevé que A de la différence du niveau apparent au véritable, qui dans cet exemple est d'un pouce (*N°.* 887.). Ainsi C sera plus bas que A, de 11 pouces; & comme D est plus élevé que C d'un pouce, la distance ou la partie A D de la verticale en A, sera seulement de dix pouces. Le point M étant pris à égale distance de A & de D, est plus bas que A de cinq pouces; mais B N étant de six pouces, & le point B plus élevé que A d'un pouce, il s'ensuit que M & N sont chacun plus bas que A de cinq pouces, & qu'ainsi ils sont dans le véritable niveau. Il est évident qu'il en sera toujours de même, quelque soit la distance A B & la grandeur B C.

Présentement prenant N E égale à A M, c'est-à-dire dans cet exemple, de cinq pouces, le point E sera plus bas que B d'un pouce, c'est-à-dire qu'il sera dans le véritable niveau de A. *Ce qu'il falloit démontrer.*

pas trouver la différence de leur niveau par un nivellement simple, à cause des bois, des montagnes, ou de la trop grande distance qu'il y a entre ces points, il faudra la chercher par plusieurs nivellemens simples, de cette maniere.

Cherchez entre les lieux A & G différens endroits, comme H, I, K, L, M & N, où l'on puisse placer commodément le niveau, & desquels on puisse marquer des points de niveau de part & d'autre. Par exemple, placez d'abord l'instrument en H, qui donnera le point b de niveau avec un point de la verticale ou du jallon A, qu'il faut avoir soin de marquer; mettez ensuite l'instrument en I, & observez dans la verticale qui passe par b, le point qui sera de niveau avec c; faites de semblables opérations en K, L, M & N, c'est-à-dire jusqu'en G; écrivez d'une part la différence des niveaux des verticales A, b & c, qui vont en montant, & d'une autre part celle des verticales, qui vont en descendant; ajoûtez ensemble les premieres différences, faites de même pour les secondes : si les deux sommes sont égales, les points A & G sont de niveau; si elles sont inégales, on retranchera la plus petite somme de la plus grande, & le reste donnera la différence du niveau des deux points A & G.

CHAPITRE VIII.

De la Mesure des hauteurs des montagnes, & des distances sur mer.

892. Nous avons donné dans le chapitre V, la maniere de mesurer les petites hauteurs, tant accessibles qu'inaccessibles, il ne reste plus qu'à donner la maniere de mesurer les hauteurs fort élevées, qui supposent plus particulierement la connoissance des niveaux, & celle de connoître les distances sur mer.

PROBLEMES.

PREMIER PROBLEME.

893. *Mesurer la hauteur d'une montagne.*

Si le sommet de la montagne (*fig.* 50.) est fort près & peu élevé, l'on en trouvera la hauteur par les problêmes du chapitre V.

S'il

PRATIQUE. LIV. V.

S'il eſt éloigné, meſurez dans un lieu fort uni une baſe AB, des extrémités de laquelle on puiſſe voir le ſommet C de la montagne; imaginez un triangle ABC, dont les angles A & B étant meſurés, ainſi que la baſe AB, donneront par la Trigonométrie la valeur du côté AC. Meſurez enſuite l'angle CAD que la ligne AC fait avec la ligne horizontale AD (*a*); imaginez une perpendiculaire CD, vous aurez le triangle rectangle ACD, dont on connoîtra l'hypotenuſe AC par la précédente opération, & l'angle CAD. C'eſt pourquoi on pourra connoître, par la Trigonométrie, la hauteur CD & la diſtance AD; cette diſtance AD étant connue, donnera aſſez exactement, ſi l'opération eſt faite avec beaucoup de préciſion, la différence DE du niveau apparent au véritable niveau, laquelle différence étant ajoûtée à CD, donnera la hauteur CE de la montagne.

Mais pour avoir cette hauteur avec plus d'exactitude, ajoûtez l'angle CAD (*fig.* 51.) à 90 degrés, pour avoir l'angle CAF formé de la ligne AC & du demi-diamétre de la terre AF : on connoîtra dans le triangle CAF, le côté CA par la premiere opération, le demi-diamétre de la terre AF, qui eſt de 3269297 toiſes, & l'angle CAF. C'eſt pourquoi l'on pourra trouver par la Trigonométrie (*N*°. 751.) le côté CF, duquel ôtant le demi-diamétre EF, il reſtera la hauteur CE de la montagne.

Sans compter l'erreur de l'inſtrument avec lequel on a meſuré les angles, il peut encore en arriver du côté de la *réfraction* (*b*),

(*a*) Pour avoir l'horizontale AD, il faut placer le diamétre de l'inſtrument dans une ſituation perpendiculaire à la verticale, qui paſſe par le point A : pour cet effet, on met un fil avec un plomb au point de 90 degrés du demi-cercle, & l'on éleve ou l'on baiſſe le diamétre de cet inſtrument, juſqu'à ce que le fil paſſe par le centre; alors l'on a le diamétre dans la ligne horizontale AD, & dirigeant les pinules ou la lunette mobile de l'inſtrument au point C, on a la valeur de l'angle CAD.

(*b*) On appelle *Réfraction*, le détour que fait un rayon de lumiere en paſſant d'un milieu dans un autre, comme de l'air dans l'eau ou dans le verre : au lieu de ſuivre la même direction, il ſe briſe, lorſque le milieu dans lequel il entre eſt plus denſe ou plus épais que celui qu'il quitte, en s'approchant de la perpendiculaire élevée ſur la ſurface du milieu dans lequel il pénétre, & en s'éloignant de la même perpendiculaire, lorſque le ſecond milieu réſiſte moins que le premier. Dans le premier cas, la réfraction fait paroître l'objet plus élevé qu'il ne l'eſt réellement, à ceux qui ſont dans le nouveau milieu; & dans le ſecond, elle le fait paroître plus bas.

qui fait paroître le point C de la montagne plus élevé qu'elle n'est, d'une quantité indéterminée.

II. PROBLEME.

894. *Mesurer les distances sur mer.*

Cette pratique, quoique peu juste, peut néanmoins avoir ses utilités, & on la peut faire de deux manieres.

1°. En mesurant avec un pendule l'intervalle qui est entre la lumiere & le son qu'une même cause produit, comme nous avons expliqué ci-dessus, N°. 871.

2°. Si un vaisseau E (*fig.* 52.) s'éloigne d'un port B, dans lequel il y ait une tour AB ou quelqu'autre chose dont on connoisse la hauteur par-dessus la surface de la mer, aussi bien que celle de ses parties les plus sensibles, il faut regarder avec une lunette d'approche quelle partie G de cette tour l'on voit immédiatement au dessus de la surface de la mer (qui est convexe, à cause de la rondeur de la terre); ensuite pour avoir la distance CB, comme l'on connoît la hauteur BG en pieds, il la faut réduire en pouces, & tirer la racine quarrée du nombre de ces pouces, par laquelle il faut multiplier 300 toises, le produit donnera la distance GC. (*a*)

Pour avoir la distance CE, il faut mesurer la hauteur DE par-dessus la surface de la mer, & alors on trouvera de même la distance CE.

Ajoûtant ensemble ces deux distances GC & CE, l'on aura à peu près la distance GE.

(*a*) *Les différences des niveaux apparens aux véritables étant entr'elles comme les quarrés des distances* (*N°.* 886.), il s'ensuit que les racines quarrées des différences des niveaux apparens, sont entr'elles comme les distances, & qu'ainsi dans la résolution du problême dont il s'agit, l'on a cette analogie :

La racine quarrée d'un pouce
Est à la racine quarrée des pouces de BG,
Comme 300 toises
Est à la longueur de GC.

Ce qui fait voir que pour avoir GC, il faut multiplier la racine quarrée de BG par 300 toises.

CHAPITRE IX.

De la maniere de lever des Plans & des Cartes.

895. UN des plus grands usages de la Géométrie pratique est de lever le plan d'une maison avec ses dépendances, d'une ville avec ses environs, & la carte d'un pays.

Pour lever un plan ou une carte, il faut être fourni d'instrumens, parmi lesquels il y en a d'absolument nécessaires, & d'autres qui ne sont que pour une plus grande facilité ou une plus grande justesse.

Les instrumens absolument nécessaires sont un *Cordeau*, dix *Piquets*, des *Toises*, un *Cercle*, ou *Demi-cercle divisé*, avec ses pinules.

Les autres sont un demi-cercle divisé en minutes, avec des lunettes, une *Planchette*, un *Compas de proportion*, des *Jallons*, un *Niveau*.

Un habile Géométre doit sçavoir se servir de ces instrumens dans l'occasion, & y suppléer quand il ne les a pas; il doit prendre garde de ne pas se jetter dans des minuties ou dans des exactitudes inutiles qui font perdre du tems, & qui diminuent l'attention qu'il doit avoir pour un tel dessein; il ne doit négliger aucune des précautions nécessaires pour opérer exactement, & ne pas se piquer de la vanité de ceux qui prétendent faire tout en très-peu de tems & sans instrumens.

PROBLEMES.

PREMIER PROBLEME.

896. *Lever le plan d'une Maison.*

Pour lever le plan d'une maison, il faut 1°. la visiter dans toutes ses parties, pour s'en former d'abord une idée (*Pl.* 9.), & pour sçavoir de quel côté il sera plus commode de commencer l'opération.

2°. Faire un brouillon de ce plan, en marquant, à vûe, au moins, les principales parties.

3°. Commencer par mesurer ou la plus grande face de la maison, ou celle à laquelle on peut plus aisément rapporter les autres, comme la face du corps de logis sur la cour, &c.

4°. Mesurer les angles que font les autres faces de la maison, sur la premiere qui a été mesurée, ensuite mesurer ces faces & les angles qui s'y rapportent, & ainsi de suite, jusqu'à ce que l'on ait la longueur des faces de la maison & la grandeur des angles, qui pour l'ordinaire sont droits: il faut marquer sur le brouillon la quantité de ces côtés & de ces angles.

5°. Il est à propos que les premieres lignes que l'on mesure, & qui renferment, au moins en gros, la figure de la maison, soient dans le moindre nombre qu'il est possible; car plus une figure que l'on mesure par la circonférence a de lignes & d'angles, plus on est sujet à se tromper lorsqu'on en leve le plan; c'est pourquoi si le plan d'une maison formoit une figure irréguliere composée de plusieurs petites lignes droites ou courbes, il faudroit tirer avec un cordeau une ou plusieurs grandes lignes, qui renfermassent toutes ces petites lignes, & auxquelles on pourroit rapporter les différentes lignes de l'enceinte du plan.

Enfin si la figure du plan de la maison est composée de plus de quatre lignes, il en faut mesurer quelques-unes qui traversent la maison, & qui soient perpendiculaires à quelques-unes des principales, ou qui soient comme des espéces de diagonales tirées d'un angle à un autre.

6°. Il faut ensuite mesurer les épaisseurs des principaux murs.

7°. Marquer la longueur des murs qui séparent les chambres & les passages, avec leurs épaisseurs.

8°. En marquant les murs sur le brouillon, il faut aussi dessiner le plan des portes a, a; des fenêtres b, b; des cheminées c, c; des escaliers d; & généralement de tout ce qui a une situation réglée sur le plan de la maison, ainsi qu'on le voit, *Planche 9*.

9°. On peut mesurer de la même maniere le plan du premier, du second, du troisiéme &c. étage, & même des caves.

Le plan de la maison ayant été levé sur un brouillon, il le faut dessiner proprement sur une feuille de papier; pour cela il faut remarquer,

1°. Qu'il faut prendre une échelle assez grande pour marquer les plus petites circonstances dont on a besoin; par exemple, si

PRATIQUE. LIV. V.

l'on veut marquer les épaisseurs d'un pouce, il faut que les parties de l'échelle qui marquent des pieds, soient au moins de deux lignes du pied de Roi ; si l'on prend les mesures trop grandes, le plan devient embarrassant par sa grandeur.

2°. Il faut tirer avec du crayon une ligne droite, sur laquelle on porte la mesure du plus grand côté de la maison, ou celui auquel on peut plus aisément rapporter les autres.

3°. Aux extrémités de cette ligne dont on a réglé la longueur, il faut faire des angles, & tirer des lignes de la quantité marquée dans le brouillon, & achever ainsi le principal trait du plan de la maison.

4°. Il faut ensuite s'assurer si la figure extérieure de la maison qu'on vient de tracer, est juste, parce que si elle ne l'étoit pas, non seulement les parties qui composeroient le dedans de la maison ne seroient pas justes, mais encore on auroit de la peine à les accorder ensemble, pour leur donner au moins une figure vraisemblable ; & pour vérifier la figure que l'on vient de faire, il faut voir si sur la figure les lignes qui la traversent, sont de la même quantité que leurs semblables que l'on a mesurées au travers de la maison.

5°. Cette figure ayant été bien vérifiée, il faut marquer d'abord les épaisseurs des murs, les portes & les fenêtres, qui serviront de repaires pour marquer les murs mitoyens & les cloisons avec leurs épaisseurs.

6°. Pour peu qu'on sçache dessiner, il est ensuite aisé de marquer les autres parties du plan, comme les cheminées, la place d'un lit g, &c.

7°. On peut dessiner le plan d'une maison, ou avec l'encre de la Chine, ou avec des couleurs. Si l'on se sert d'encre de la Chine, on ne brunit que les épaisseurs des murs, & on noircit les ouvertures qui descendent ; si l'on emploie les couleurs, l'on se sert d'un rouge tendre pour exprimer les épaisseurs des murs ; & si la figure est grande, on dessine le plan des pierres de taille en encre de la Chine fort claire, les briques d'un rouge foncé, & le moilon d'encre de la Chine, avec des coups d'ombre pour imiter les pierres ; pour marquer les chambres qui sont voûtées, on les traverse par des lignes ponctuées en forme de diagonales. Cette maniere est la plus générale, mais souvent les Dessinateurs en affectent de particulieres.

GÉOMÉTRIE

II. PROBLEME.

897. *Faire le profil d'une Maison.*

Le profil d'une maison est la représentation d'une coupe de cette maison, par un plan vertical perpendiculaire à la longueur de la maison ou à la largeur, qui sert à marquer les épaisseurs des murs & leurs hauteurs, (*voyez Planche* 10.) aussi bien que la hauteur & la largeur des chambres & de toutes les parties qui se rencontrent dans cette coupe.

Les plans des soûterrains du premier étage, du second, du troisième, donnent les largeurs & les longueurs de toutes les parties qui sont sur le plancher de chacun de ces étages; il ne reste plus qu'à mesurer les hauteurs de chacune de ces parties, & leurs différentes largeurs lorsqu'elles changent en montant; c'est pourquoi après avoir déterminé dans quel sens doit être la coupe que l'on veut représenter, il faut dessiner sur un brouillon la figure de cette coupe, & en mesurer toutes les parties, qu'il faut ensuite dessiner proprement sur une feuille de papier, en se servant d'une échelle assez grande pour rendre sensibles jusqu'aux moulures d'Architecture.

En représentant un profil avec de l'encre de la Chine, on se sert d'un brun clair pour marquer la coupe des murs, & d'un brun obscur pour représenter les murs plus enfoncés, sur lesquels on représente des ombres plus brunes, que causent les parties qui sont en saillie. Dans un profil gravé, la coupe des murs est en blanc, aussi bien que les bois de charpente des combes.

Si l'on se sert de couleurs dans les petits profils, l'on marque en rouge tendre toutes les coupes des murs, la coupe des pièces de bois en brun, & la coupe des terres en brun jaunâtre.

Si le profil est fait sur une grande échelle, on marque dans les corps le profil des pierres, des briques, du moilon, du bois, chacun dans leur couleur naturelle.

III. PROBLEME.

898. *Représenter une élévation.*

L'élévation d'un bâtiment est la représentation de ses parties extérieures, (*Planche* 10.) dont les faillantes & enfoncées font rapportées perpendiculairement fur le plan du principal mur, les unes n'étant diftinguées des autres que par les ombres.

Pour faire l'élévation d'un bâtiment, il faut en prendre les hauteurs & les largeurs, en les mefurant par des lignes perpendiculaires au plan du mur & au plan de l'horizon ; de forte que la plus grande difficulté n'eft que de repréfenter cette élévation fur le papier, ce qui fuppofe un peu de connoiffance ou d'habitude à deffiner l'Architecture civile ou militaire.

Si le plan du principal mur, fur lequel on rapporte les parties faillantes & enfoncées, coupe une partie du bâtiment plus avancé, comme feroient deux aîles d'un corps de logis, ou feulement le corps de logis, il en faut repréfenter le profil (*voyez la premiere figure de la Planche* 10.). Que fi ces parties-là étoient peu avancées, comme font des pavillons, on repréfente leurs élévations rapportées fur le plan du principal mur.

IV. PROBLEME.

899. *Faire le développement d'un bâtiment.*

Le développement d'un ouvrage d'Architecture eft la repréfentation des parties extérieures ou rapportées fur un même plan vertical, comme nous avons dit dans l'élévation, ou fur plufieurs plans verticaux qui vont le long de chaque face d'un ouvrage, & qui font redreffées dans un même plan, dont l'ufage eft de voir d'une feule vûe l'élévation de tout le contour d'une piéce d'Architecture, avec leurs différens niveaux, ce qui eft principalement en ufage dans l'élévation des terraffes.

Il faut fuivre les mêmes régles que pour les élévations.

V. PROBLEME.

900. *Lever le plan d'un petit lieu, comme d'un Jardin, d'une Terre, &c.*

Il faut 1°. fe faire une idée du lieu, en vifitant exactement toutes fes parties.

2°. Deffiner un brouillon du plan des principales parties du lieu, comme des murs, des foffés, des chemins, des piéces d'eau, du principal trait du plan de la maison, &c.

3°. Il faut choisir dans ce lieu un terrain où l'on puisse tirer la plus longue ligne, ou celle à laquelle on puisse rapporter perpendiculairement les autres; cette ligne, que nous appellons *base*, est ordinairement le long de la principale face d'un bâtiment, ou d'un mur, d'un chemin, &c. ou bien l'on peut tracer avec des jallons une ligne au travers de tout le lieu, qui soit telle qu'on y puisse rapporter perpendiculairement les angles de toutes les autres parties.

4°. Supposant donc qu'on ait pris, par exemple, le parti de tirer une *base* selon la plus grande dimension du lieu dont on veut lever le plan, il faut d'abord planter deux jallons aux deux extrémités, & quelques-uns entre deux, si d'une extrémité l'on ne peut pas voir l'autre; il faut avoir un instrument dont les quatre pinules soient exactement sur deux lignes perpendiculaires, comme sont les *Sauterelles des Arpenteurs*, un cercle ou un demi-cercle avec leurs pinules ou lunettes : il faut mettre cet instrument sur un pied, qui soit tellement posé dans cette base, que regardant d'un côté, l'on puisse voir ces jallons au travers des pinules, & regardant par l'autre côté, l'on puisse voir l'autre jallon; de plus, il faut qu'en regardant par les deux autres pinules, qui sont à angles droits avec les deux précédentes, l'on puisse voir quelque point principal qu'on veut marquer dans le plan, comme l'extrémité du mur, &c. & alors on aura un point dans cette base où se rapporte perpendiculairement l'extrémité du mur, c'est pourquoi il faut planter dans ce point-là un jallon.

De même, il faut marquer avec des jallons dans cette même base, tous les points où répondent perpendiculairement les extrémités des principales lignes qu'on veut marquer dans le plan.

5°. Il faut mesurer la distance des jallons qui sont dans la base, & la grandeur de chaque perpendiculaire, & marquer ces mesures sur le brouillon.

6°. Si quelque partie du lieu étoit trop éloignée de la base, il faudroit en élever une nouvelle perpendiculaire à la première, qui passât par l'endroit le plus commode de ce lieu détourné, & à laquelle on rapporteroit perpendiculairement les extrémités de ses principales parties.

Que si on ne peut pas tirer une nouvelle base perpendiculaire,

il

il faut tirer une ligne avec des jallons, de la maniere la plus commode; prendre garde où cette nouvelle base rencontre la premiere, & y planter un jallon, mesurer exactement l'angle que font ces deux bases.

Que si les lignes que l'on mesure, sont sur le penchant d'une montagne, il ne faut pas les mesurer selon le penchant de la montagne, mais selon les lignes de niveau, principalement lorsque la pente est considérable.

7°. Toutes ces principales mesures étant prises, il est ensuite aisé de tracer le plan du lieu, & d'achever de lever le plan des moindres parties.

VI. PROBLEME.

901. *Lever le plan d'une Ville.*

Comme une ville est embarrassée de maisons, de fossés & de différens ouvrages de fortification, il faut plus d'adresse & d'attention pour en lever le plan avec exactitude, que pour lever celui d'une maison ou d'un jardin.

I. Il faut d'abord se former une idée grossiere de toute la place, afin que lorsqu'on levera le plan, on puisse prévoir les difficultés, & y remédier dans l'occasion, & sçavoir enfin par où l'on peut commencer le plus commodément & avec le plus de sûreté.

On peut se former d'abord une idée de la ville en faisant plusieurs fois le tour de son enceinte, remarquant les principales avenues, & se figurant la disposition des principales rues. 2°. Ou en se servant d'un vieux plan, qui n'auroit point d'autre défaut dans les principaux endroits que d'avoir des parties trop grandes ou trop petites. 3°. Ou levant grossierement le plan en mesurant les angles avec la boussole, & les lignes avec les pas, ou avec un *Odométre* ou *Compte-pas*. 4°. Enfin montant sur un lieu assez élevé pour appercevoir toutes les parties principales de la ville.

II. Il faut tirer par les endroits les plus libres, de grandes lignes qui traversent ou qui environnent la ville, qui soient perpendiculaires les unes aux autres, ou qui fassent un ou plusieurs grands triangles, & enfin ausquelles on puisse rapporter commodément par des perpendiculaires ou par des obliques dont on puisse connoître les angles, les extrémités des principales parties que l'on veut mettre dans le plan; ces lignes serviront de bases, & leur assemblage formera un chassis.

Il est essentiel que les lignes de ce chassis soient exactement déterminées, car c'est principalement d'elles que dépend la justesse du plan ; c'est pourquoi il faut, 1°. mettre des marques sensibles, comme des jallons, aux angles qu'elles forment, & de distance en distance, selon la longueur de ces lignes. 2°. Il faut mesurer exactement toutes les lignes de ce chassis, & si on ne peut pas mesurer quelques-unes des lignes qui servent à déterminer la figure, il en faut mesurer exactement les angles, ou avec un demi-cercle, ou avec la planchette, ou enfin en se servant d'une grande *sous-tendante*. 3°. Il faut dessiner exactement ce chassis sur le papier, en se servant de l'échelle avec laquelle on doit former le plan. 4°. Il faut vérifier si le chassis est juste, en mesurant des lignes qui le traversent dans la ville, & considérant si le plan donne les mêmes mesures à ces lignes.

III. Ce chassis ayant été fait avec les précautions que nous avons marquées, il faut rapporter sur les lignes du chassis les principales choses qu'on veut marquer dans le plan, comme sont les murailles de la ville, les fossés, les rues, &c. ce qui se fait de plusieurs manieres.

1°. En considérant où ces choses, prolongées s'il est nécessaire, coupent les lignes du chassis, & y posant un jallon.

2°. En abaissant des perpendiculaires des extrémités de chaque chose sur une des lignes du chassis, & mettant un jallon au point de la base où tombe cette perpendiculaire.

3°. Si on ne peut pas tirer des perpendiculaires, il faut tirer une oblique, mettre un jallon où elle rencontre la base, & mesurer son angle.

4°. Si plusieurs parties ne peuvent pas se rapporter commodément à une des lignes du chassis, il faut tirer une nouvelle ligne pour servir de base, & marquer exactement sa situation à l'égard de quelques-unes des lignes du chassis.

5°. Si quelque chose formoit une ligne courbe ou une figure irréguliere, comme sont la plûpart des rues, les rivieres, les isles, &c. il faudroit mettre des jallons dans les parties qui forment plus sensiblement des angles saillans ou rentrans, & rapporter ces jallons sur l'une des lignes du chassis.

IV. Après avoir mis des jallons dans tous les points d'une ligne du chaffis où répondent les principales chofes du plan, il faut mefurer la diftance de ces jallons & la longueur des perpendiculaires ou des obliques, & les marquer exactement fur le plan.

Il faut faire la même chofe pour déterminer toutes les parties qui répondent aux autres lignes du chaffis.

V. Les principales chofes ayant été marquées fur le plan, on peut de la même maniere leur rapporter les moindres, foit en les mefurant, foit en les mettant à vûe.

VI. Le plan de la ville ayant été marqué exactement & celui de fes murailles, il eft aifé de marquer fes foffés en mefurant leur largeur & les figures que font les portes, les *ponts volans* & les autres chofes qui accompagnent les foffés.

VII. S'il y a des ouvrages de fortification au-delà des foffés, il faut confidérer où les côtés de ces ouvrages étant continués, rencontrent le rempart, & fi le rempart eft en ligne droite, mefurer l'angle qu'ils font avec le rempart, ou abaiffer des perpendiculaires des angles de ces ouvrages fur le rempart, mefurant les lignes qui fervent à déterminer leurs figures; il eft enfuite aifé de tracer fur le plan ces ouvrages & leurs foffés.

VIII. S'il y a des fauxbourgs autour de la ville, il faut continuer le chaffis au travers du fauxbourg, c'eft-à-dire tirer une ou plufieurs lignes, les plus grandes que l'on pourra, qui aient leur fituation déterminée; elles ferviront de bafes pour lever les principales parties du fauxbourg.

IX. Pour lever le plan des environs d'une ville, c'eft-à-dire la campagne, jufqu'à la diftance d'un quart ou d'une demi-lieue, il faut faire la même chofe, & marquer dans le plan les chemins, les champs, les jardinages, les maifons, les hauteurs, les ravins, les bois, les rivieres, ruiffeaux, étangs, la haute & baffe mer, & les fondes, enfin géneralement toutes les circonftances dont on peut avoir befoin.

X. En deffinant le plan il faut fe fervir d'une échelle, qui foit telle que l'on puiffe repréfenter tout d'un coup ce dont on a befoin dans un efpace commode, & pour cela il faut avoir mefuré la longueur du papier dans lequel on veut faire le plan, & en même tems la longueur du pays qu'on veut repréfenter fur ce papier, afin de régler par là la grandeur de l'échelle; mais il faut remarquer qu'on doit faire le plan le plus grand qu'il est possible.

Que si l'on veut avoir le plan général & les plans séparés de chacune des parties, il faut faire une grande échelle pour les parties, & une petite pour le plan général ; on réglera ces échelles comme nous venons de le dire.

Si on lave le plan, il faut marquer les maisons & tous les ouvrages de Maçonnerie en rouge ; les eaux, de couleur d'eau, ou de bleu ; les prairies & toutes les verdures, de couleur verte, &c.

VII. PROBLEME.

902. *Lever la carte d'un Pays.*

I. Si on veut lever la carte d'une Province, il faut 1°. chercher un lieu fort uni vers le milieu de la Province, sur lequel on puisse mesurer exactement une ligne fort longue, comme de 2 ou 3000 toises pour servir de base.

Il faut planter aux extrémités de la base deux gros jallons, au haut desquels il y ait des marques qu'on puisse apercevoir de loin.

2°. Il faut avoir pour instrument un demi-cercle, ou plutôt une planchette garnie de plusieurs cartons fort minces, & de deux bonnes lunettes ; il faut aussi avoir quelque carte du pays, & sur tout des hommes qui en connoissent les environs.

3°. Il faut mettre sa planchette à une des extrémités de la base, (*voyez la Planche* 11.) & regarder par la lunette immobile le jallon qui est à l'autre extrémité ; ayant arrêté la planchette dans cette situation, on regarde successivement avec la lunette mobile toutes les principales choses sensibles que l'on peut apercevoir, comme les clochers, les châteaux, les arbres considérables, &c. En observant chacune de ces choses, il faut tracer sur le carton de la planchette, le long de la régle qui porte la lunette, une ligne très-fine & néanmoins sensible, & écrire le long de cette ligne le nom de la chose que l'on voit par la lunette. Il faut faire la même chose pour tous les objets remarquables qu'on aura apperçus en parcourant le tour de l'horizon ; il faut aussi tracer sur ce carton la ligne de nord, que l'on trouvera par le moyen d'une boussole appliquée le long de la pinule ou lunette mobile de la planchette,

& enfin il faut écrire sur le carton le lieu d'où l'on a tiré toutes ces lignes.

4°. On porte ensuite la planchette à l'autre extrémité de la base, & après avoir tourné le carton sur lequel on a marqué les premiers angles de position, on fait la même chose que ci-devant, observant de mettre la plus grande partie de ceux qu'on avoit marqués, en bornoyant précisément les mêmes points; enfin il faut écrire sur le revers du carton le lieu d'où l'on a tiré ces lignes.

5°. Il faut porter l'instrument à un endroit qui aura été vû des deux extrémités de la base, & qui soit au sommet d'un triangle le plus approchant d'un isocelle que l'on pourra, dont les angles sur la base soient ensemble peu éloignés de 90 degrés, ou ce qui est la même chose, il faut que les deux lignes de position qui vont des extrémités de la base à ce lieu, fassent avec la même base des angles qui soient chacun peu éloignés de 45 degrés.

Il faut se servir de la ligne qui va de ce point à l'une des extrémités de la base comme d'une nouvelle base, & chercher dans ce point, comme ci-dessus, les angles de position des lieux remarquables en parcourant l'horison, prenant garde de marquer ceux qu'on aura apperçus dans les deux premieres stations.

6°. Il faudra chercher de la même maniere une quatriéme station qui soit dans les mêmes circonstances à l'égard de deux des trois premieres, & ainsi de suite en parcourant toute la Province, en marquant tous les angles de position de chaque station sur un nouveau côté de carton.

II. A mesure que l'on fait différentes stations, il faut 1°. tracer la carte sur une feuille de papier, & pour cela il faut régler la grandeur de l'échelle, qui soit deux ou trois fois plus grande que celle de la carte qu'on a dessein de mettre au net, en donnant par exemple une ligne ou une demi-ligne à dix toises de l'échelle, afin de pouvoir marquer avec assez de précision toutes les circonstances d'une carte topographique.

2°. Il faut tracer au crayon sur le milieu d'une feuille de papier, une ligne indéfinie, vers le milieu de laquelle on prend une partie qui ait autant de toises de l'échelle que la premiere base mesurée a de toises du terrain; les deux extrémités de cette ligne marquent les deux premieres stations.

3°. On place le centre du carton de la premiere station sur le point qui lui répond dans la carte, & l'on tourne tellement ce carton, que la ligne de la seconde station soit appliquée sur celle du plan vers le point de la seconde station; laissant le carton bien arrêté dans cette station, on marque dans la circonférence & aux extrémités des lignes de position, des points sur le papier, ausquels il faut tirer du point de la premiere station, des lignes avec du crayon très-fin, & mettre le nom sur chacune de ces lignes qui étoit sur le carton.

4°. On fait la même chose à l'égard du point de la seconde station; les lignes tirées de cette seconde station déterminent par leurs intersections avec les premieres, le point de la troisiéme. On peut de même tirer de ce point des lignes de position qui déterminent d'autres stations, avec lesquelles & les suivantes on pourra tirer les lignes de position de tous les lieux de la Province.

5°. En tirant les lignes de position, il faut tracer aussi les lignes de nord, & marquer une fleur de lys vers le haut, pour ne les pas confondre avec celles de position, (*voy. la Planche* 11.) & il faut voir si ces lignes de nord se trouvent paralleles ou à peu près paralleles entr'elles, car si cela n'étoit pas, ce seroit une marque que l'on pourroit s'être trompé; c'est pourquoi il faudroit refaire la station dans laquelle la ligne de nord ne se trouveroit pas parallele aux autres, & si l'on trouvoit la seconde fois précisément la même chose que la premiere, il faudroit en demeurer là, parce que la variété pourroit venir du côté de la boussole.

6°. Lorsque deux lignes de position d'un même lieu se croisent, il faut marquer ces lieux dans le point où ces deux lignes se croisent.

Si trois lignes de position d'un même lieu se rencontrent dans un même point, la troisiéme sert de preuve aux deux autres; mais si ces trois lignes se coupent en différens points, il faut placer le lieu au centre d'un cercle, qui touchera les trois côtés du triangle que forment ces trois lignes par leurs intersections.

Il faut faire la même remarque à l'égard de plus de trois lignes de position d'un même lieu.

7°. Dans chaque point d'intersection il faut marquer un o, ou la figure de la chose qu'on y a marquée, & pour éviter la confusion, effacer les lignes qui sont au crayon à mesure qu'elles deviennent inutiles; il faut écrire les noms de chacune de ces marques. Il est bon d'affecter pour les marques des lieux qu'on exprime sur la carte, des caracteres qui en distinguent la nature, & qui soient aisés à former, comme ⊙ Ville, ⊙ Bourg, ⊙ Paroisse, o Hameau, o^ Château, △ Ferme, &c.

8°. Pour être assuré du nom des lieux qu'on veut marquer sur la carte, il faut les vérifier sur les registres des Curés & sur ceux qu'on peut trouver dans les principales Abbayes, ou par le registre des Elections chez les Receveurs des Tailles & les Intendans d'une Province, &c. On peut enfin suppléer à ce qui peut manquer dans ces registres, par les informations particulieres que l'on doit faire sur les lieux.

9°. Si à cette carte l'on marque en gros le cours des rivieres & les principales montagnes, l'on aura une carte générale du pays.

III. Mais pour avoir une carte plus particuliere ou topographique, il faut considérer cette précédente carte comme un chassis qui doit servir à régler les lieux moins principaux.

C'est pourquoi il faut tracer à part sur une feuille de papier la position de plusieurs de ces lieux qui forment un carton, lequel il faut examiner plus en détail par les manieres suivantes.

1°. Prenez pour base les lignes tirées d'un point à l'autre du chassis, aux extrémités de laquelle formez des angles de position des endroits moins principaux, comme des maisons qui sont dans la campagne, des extrémités de murs qui forment un enclos considérable, des arbres remarquables qui sont sur quelque angle d'un bois, sur une hauteur, sur un chemin, sur une riviere, &c. Si quelque endroit qui ne peut pas être vû de loin, doit être marqué dans la carte, comme sont les étangs, les rivieres, des cavins, il faut planter des jallons avec des marques sensibles dans leurs angles saillans ou rentrans, & marquer la position de tous ces points dans le chassis. A l'égard des autres choses qui sont entre celles-là, il faut les marquer à vûe, c'est-à-dire entre les points dont on a la position. C'est ainsi qu'on exprime la suite des principaux chemins, le cours des rivieres, des ruisseaux, les étangs, les maisons, les bords de la mer, la situation des maisons, au moins des principales, la figure des bois, les montagnes & les ravins, & enfin toutes les choses qui peuvent servir à instruire dans une carte pour la situation des lieux.

VIII. Probleme.

903. *Faire la carte d'un Royaume.*

Pour faire la carte exacte d'un Royaume, par exemple, de la France.

I. Il faut avoir des instrumens très-exacts, tant pour prendre la latitude des lieux que pour trouver la longitude.

Ces instrumens sont, 1°. un grand quart de cercle divisé exactement en minutes, ensorte qu'on puisse juger de 6 secondes. 2°. Un arc de cercle de cuivre, qui contienne environ 15 à 20 degrés, dont le rayon soit de plus de six pieds, pour pouvoir juger jusqu'à deux ou trois secondes. 3°. Une pendule à secondes ou demi-secondes.

II. Il faut prendre la longitude & la latitude de plusieurs endroits principaux sur les frontieres, sur les bords de la mer, principalement dans les endroits qui sont les plus avancés en mer & dans le dedans du Royaume, ensorte que ces lieux soient éloignés les uns des autres de vingt à trente lieues au plus.

On trouve la latitude, ou en prenant la hauteur du Soleil à midi, ou la hauteur de l'étoile polaire lorsqu'elle passe par le méridien, ou plus justement par la hauteur méridienne de quelque étoile qui passe près du zenith, en se servant de ce grand arc de cuivre, parce que l'on évite par là les erreurs des réfractions.

L'on prend la longitude par l'éclipse de la Lune, mais plus exactement par les immersions des Satellites de Jupiter ou de Saturne.

L'erreur qui peut arriver dans la détermination de la latitude & de la longitude, peut être de six secondes, ou de près de cent toises pour la latitude, ce qui est peu de chose pour les lieux éloignés ; mais dans les lieux voisins, il vaut mieux se servir des angles de position que de l'Astronomie.

III. Si l'on a la longitude des principaux lieux de France de trente en trente lieues, il faut faire une carte où les méridiens & les paralleles soient marqués de dix en dix minutes, & marquer

quer la situation de ces lieux sur cette carte préparée; la préparation de cette carte suppose la connoissance des projections de la sphére.

La situation de ces principaux lieux forme un chassis, qui doit être rempli par les cartes particulieres des Provinces.

L'on peut encore partager la France en grands triangles qui forment un chassis, en prenant exactement les lieux les plus considérables, éloignés les uns des autres de cinq à six lieues; ensuite il faut remplir ces grands triangles ou ce chassis par des cartes plus particulieres.

[Comme plusieurs personnes se servent de la Boussole pour lever des plans & des cartes, on a crû devoir ajoûter ici les principaux usages de cet instrument, afin de rendre ce Traité plus complet.

USAGES DE LA BOUSSOLE pour lever des Plans & des Cartes.

904. ON suppose qu'on sçait ce que c'est qu'une *Boussole*, & que quand on veut qu'elle serve à opérer sur le terrain, elle doit avoir deux pinules immobiles suivant la ligne Nord & Sud.

Cela posé, soit le terrain A B C D E (*voy. la Pl. pour les addit. fig. 4.*) qu'il faut lever avec la boussole.

On placera le centre de la boussole au point A, regardant par les pinules le point B, de sorte que la ligne du Nord, marquée sur la boussole, se trouve dans la ligne A B; ce qui étant fait, on observera à quel degré de la boussole l'aiguille aimantée s'arrêtera, & on marquera cette déclinaison sur le brouillon du plan; on fera ensuite mesurer le côté A B, & on placera la boussole au point B, en bornoyant par les pinules le point C, & l'on marquera l'angle de la déclinaison F B M. On fera mesurer le côté B C, & on placera la boussole au point C, bornoyant par les pinules le point D; on marquera, comme dans les stations précédentes, la déclinaison de l'aiguille aimantée, c'est-à-dire l'angle H C I, & on fera les mêmes opérations à tous les angles de la figure.

V v

GÉOMÉTRIE

REMARQUE.

Dans toutes les stations il faut toujours compter la déclinaison de l'aiguille aimantée du même côté, c'est-à-dire que si elle est Nord-Est en commençant, elle le sera dans toutes les stations, ou au contraire.

Maintenant pour rapporter ces opérations, il faut marquer tout de suite les angles observés avec la boussole, & ôter le premier du second, le second du troisième, & ainsi de suite; si le premier étoit plus grand que le second, on soustrairoit le second du premier, comme on ôteroit le troisième du second, si le second étoit plus grand que le troisième, & les restes de toutes ces soustractions seront les angles extérieurs de la figure.

Ainsi du second angle observé FBM, il faut soustraire le premier LAP, pour avoir l'angle extérieur FBG; supposant donc que l'angle LAP soit de trente degrés, & l'angle FBM de 130, l'on aura 100 degrés pour la valeur de l'angle extérieur FBG.

DÉMONSTRATION. Les lignes du nord LA, MB, sont parallèles: donc si on prolonge le côté AB, l'on aura l'angle MBG égal à l'angle LAP (*N°*. 214.); donc en soustrayant le premier LAP du second FBM, on aura l'angle extérieur FBG, qui est le supplément de l'angle de la figure ABC. On peut appliquer ce même raisonnement aux autres angles de la figure.

Il est aisé de concevoir que pour rapporter les opérations de la boussole, il est plus commode de se servir des angles extérieurs ou des supplémens des angles de la figure, que des angles formés par ses côtés, la figure le montre évidemment; mais si l'on vouloit avoir la valeur de l'angle ABC, il est clair qu'il faudroit retrancher de 180 degrés l'angle FBG, qui est son supplément.

D'où il suit que si l'on veut prendre avec la boussole l'angle ABC (*Pl. pour les addit. fig.* 5.) formé par un mur, il faut mettre la ligne du nord parallèle au côté BC, & observer la déclinaison de l'aiguille; la poser de même parallèle au côté AB, & marquer aussi la déclinaison de l'aiguille; ensuite retranchant la plus petite déclinaison de la plus grande, & ôtant le reste de 180 degrés, on aura la valeur de l'angle ABC.

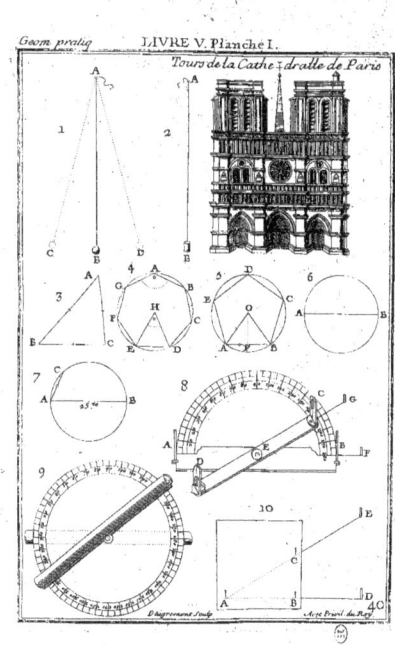

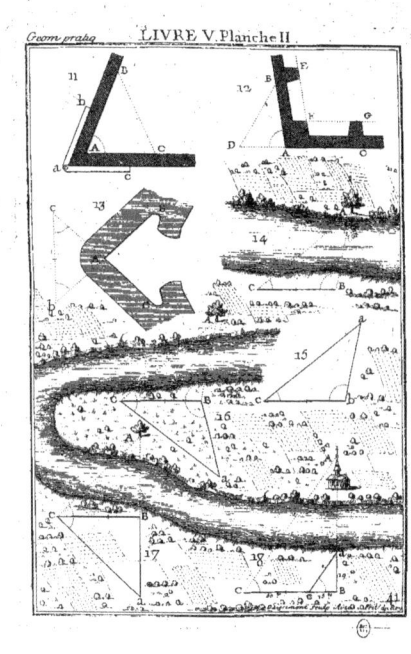

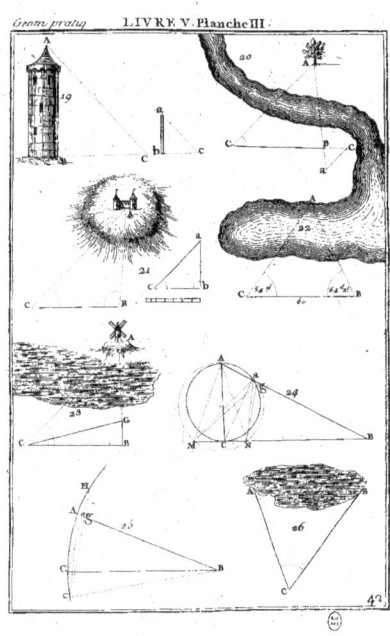

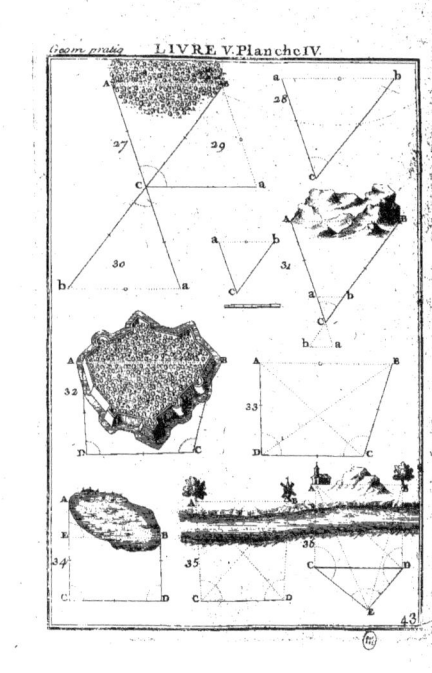

Géom pratiq.   Livre 5.ᵉ Planche 5.ᵉ

Fig. 1.ʳᵉ

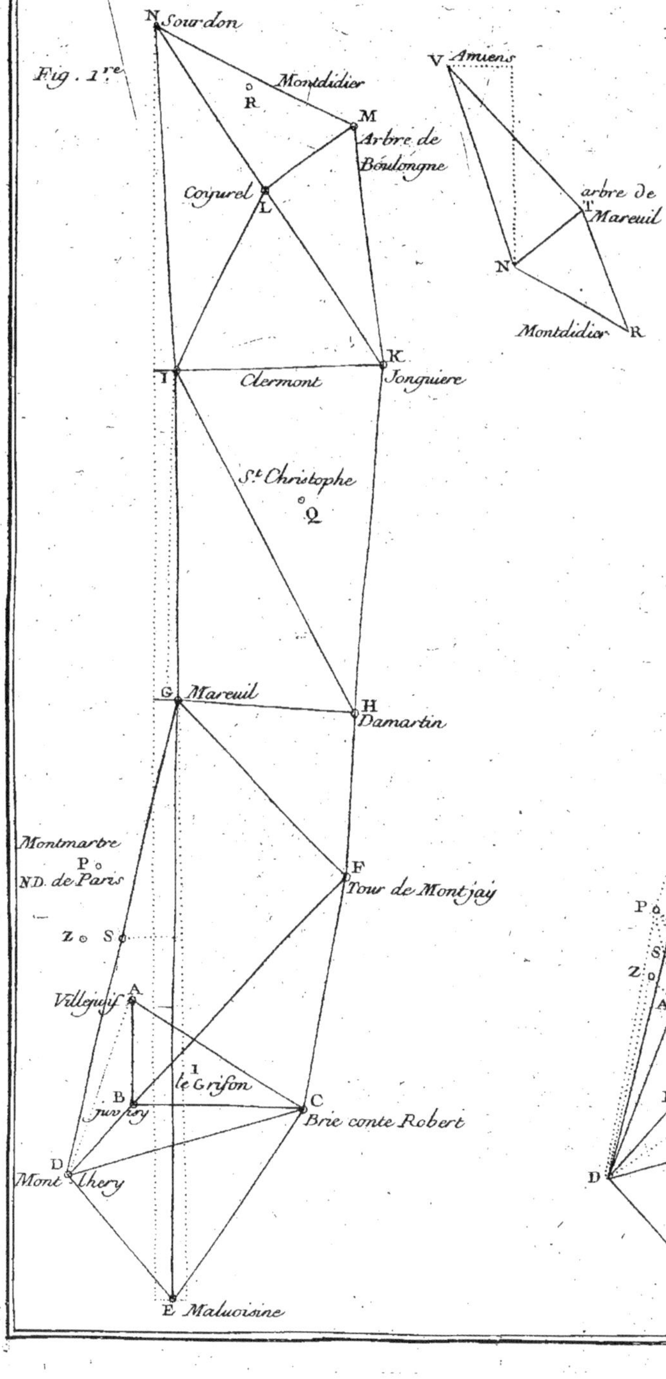

N Sourdon
Montdidier
R
M Arbre de Boulongne
Coyurel L
I Clermont K Jonguiere
S.t Christophe
Q
G Mareuil H Damartin
Montmartre
P o
N.D. de Paris
Z o S o
F Tour de Montjay
Villejuif A
1
B le Grifon C Brie conte Robert
Juvisy
D Mont Lhery
E Maluoisine

V Amiens
arbre de Mareuil T
N
Montdidier R

Fig. 2.ᵉ

N
R
X M
I Y
K
Q
G H
F
P o
S
Z o
A
B O C
D
E

44

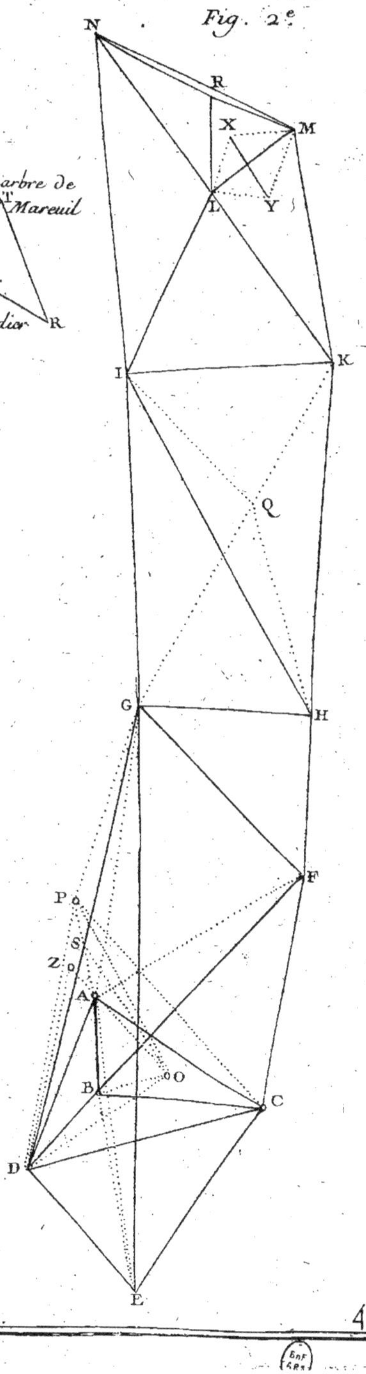

Geom pratiq. LIVRE V. Planche VI.

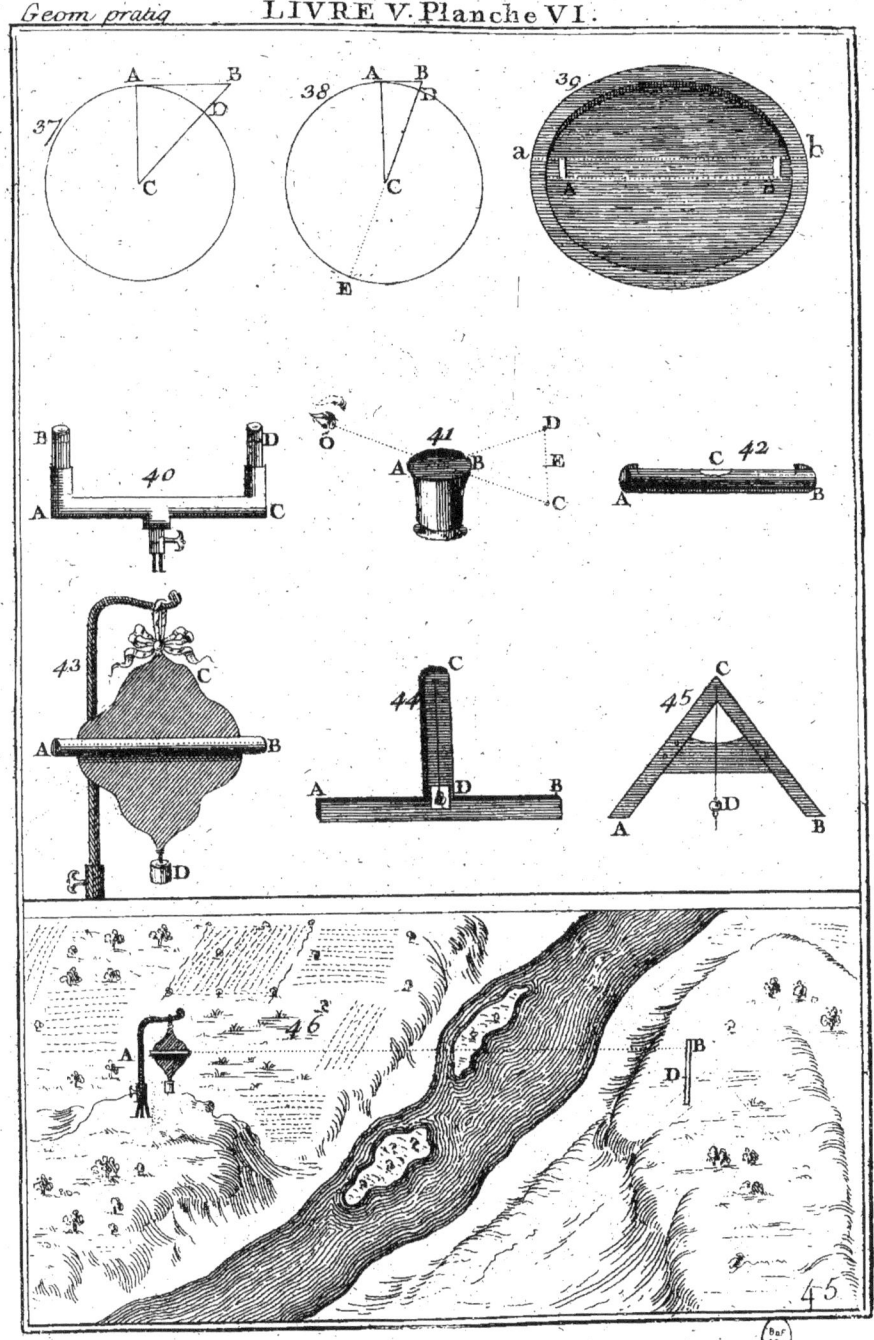

Geom pratiq LIVRE V. Planche VII.

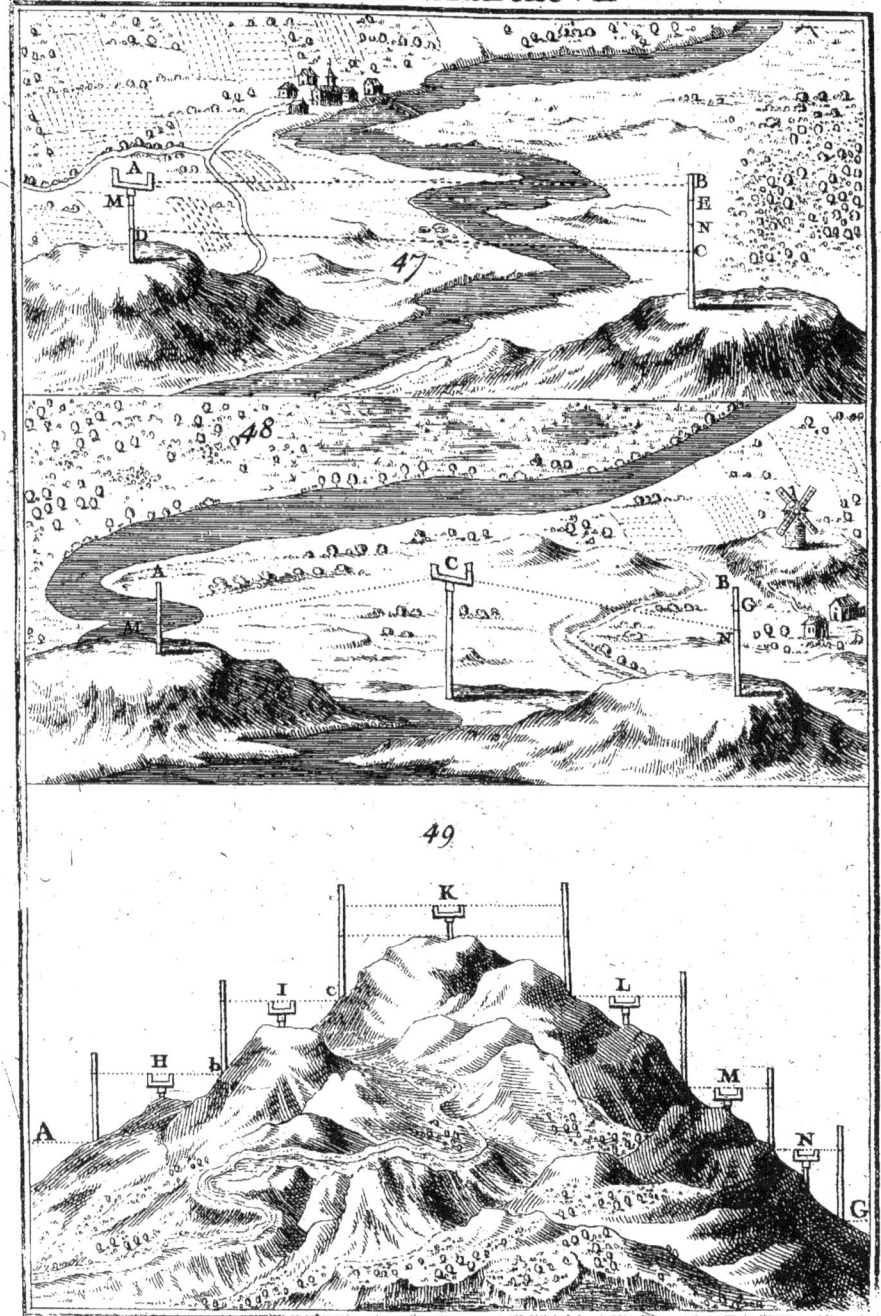

Geom pratiq   LIVRE V. Planche VIII

50

51

52

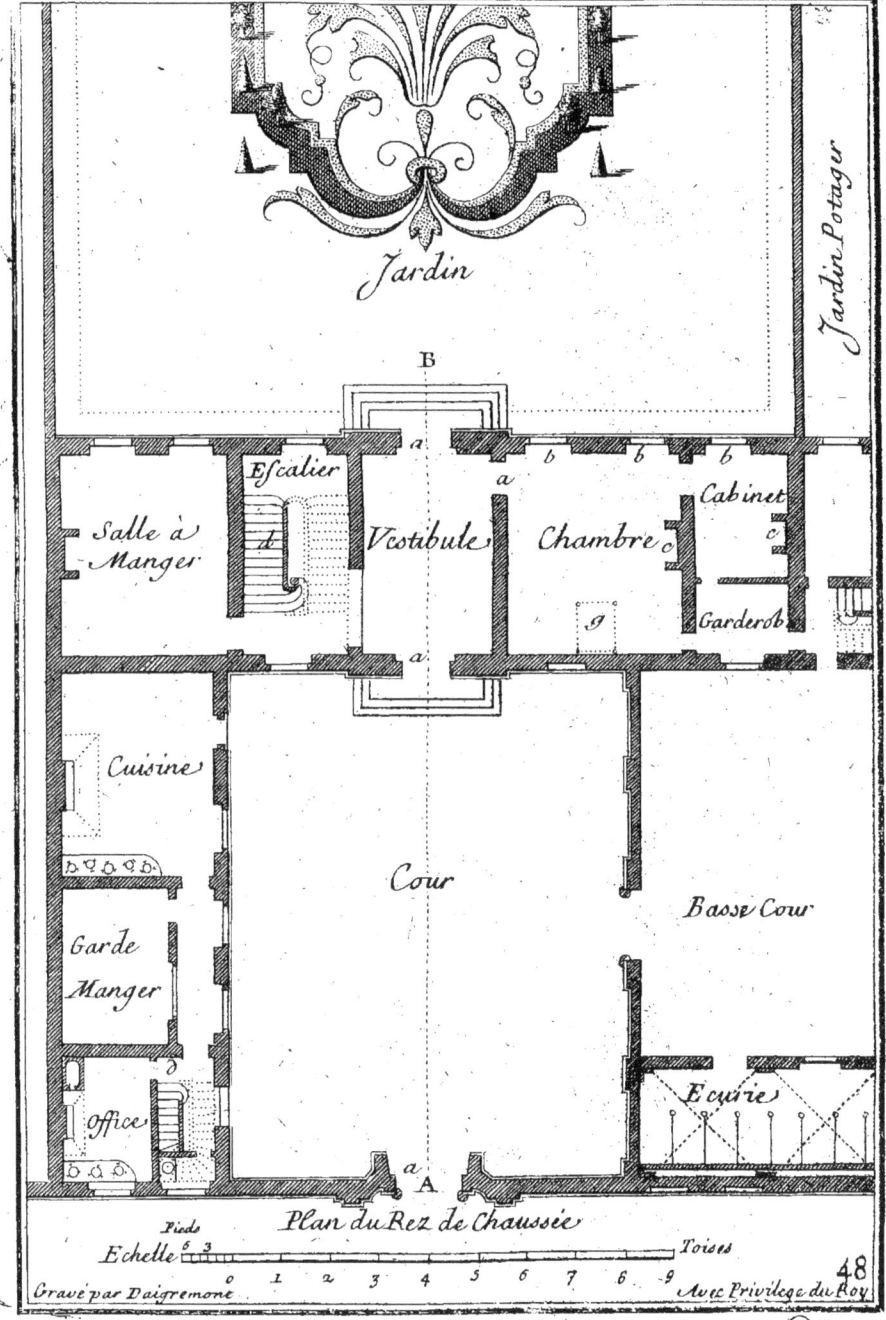

Geom prat. LIVRE V. Planche X.

Elevation d'un Aisle avec la Coupe du grand Corps de logis prise sur le plan le l'on de la ligne A.B.

Elevation de la face du grand Corps de logis sur le Jardin.

Pieds — Echelle — Toises

Gravé par Daigremont. Avec Privil. du Roi.

49

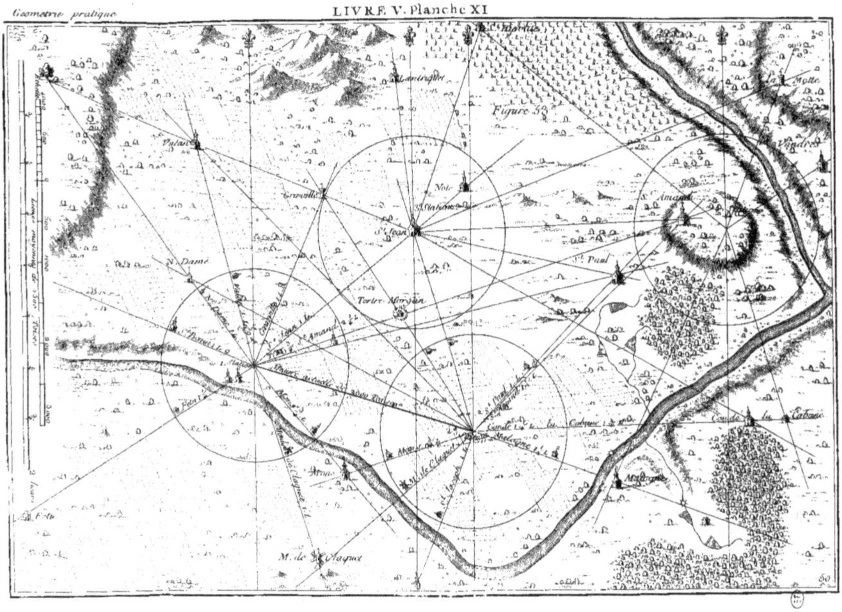

Geometrie pratique. LIVRE V. Planche XI

Figure 52

LIVRE SIXIÉME.

DE LA PLANIMETRIE,
ou maniere de mesurer les Surfaces.

905. CEtte partie de la Géométrie pratique s'appelle ordinairement *Planimétrie*, comme si elle n'avoit pour but que la mesure des figures planes.

CHAPITRE I.
DE LA MESURE DES SURFACES.

906. LA mesure d'une surface est un *quarré*, dont les côtés sont égaux aux mesures linéaires, desquelles nous avons parlé au premier Livre, comme une *toise quarrée*, un *pied quarré*, &c.

Et outre ces mesures quarrées, il y en a d'autres affectées à certaines superficies; par exemple, pour l'*Arpentage* ou *mesure des terres*, on se sert d'*Arpent*, de *Journal*, &c. Chaque arpent contient ordinairement cent perches quarrées: la *Perche*, la *Chaîne* ou la *Verge* (ces trois mots signifiant ordinairement la même chose) est entre dix-huit & vingt-cinq pieds en longueur, suivant les différens pays qui ont des mesures & des noms qui leur sont particuliers, & que l'on ne connoît que par l'usage des lieux.

La mesure quarrée se divise ou en parties quarrées ou en parties courantes.

907. II. Lorsqu'une mesure linéaire se divise en plusieurs parties, sa mesure superficielle ou quarré ABCD (*fig.* 1.) se divise dans un nombre de parties, qui est le quarré du nombre des parties de la mesure linéaire : ainsi comme une

toife linéaire fe divife en fix pieds, la toife quarrée fe divife en trente-fix pieds quarrés; de même comme un pied linéaire fe divife en douze pouces, le pied quarré fe divife en cent quarante-quatre pouces quarrés.

908. III. L'on divife encore la mefure quarrée en *parties courantes*, c'eft-à-dire en parties dont la longueur A B (*fig.* 2.) court fur le tout, ou bien qui eft égale à celle du tout, & la largeur eft de la quantité des parties de la mefure linéaire. Ainfi une toife quarrée AD fe divife en fix pieds courans ou en foixante-douze pouces courans fur la hauteur A C de la toife, c'eft-à-dire en fix ou foixante-douze parties, dont la longueur A B eft d'une toife, & la largeur AE d'un pied ou d'un pouce.

CHAPITRE II.

De la mefure des Figures rectilignes.

909. POur mefurer en général une figure rectiligne, il faut multiplier enfemble deux lignes, qui foient telles que l'une foit perpendiculaire à l'autre.

PROBLEMES.

PREMIER PROBLEME.

910. *Mefurer un parallelogramme.*

I. Si le parallelogramme eft rectangle, multipliez la bafe BC (*fig.* 3.) par la hauteur BA, le produit fera la valeur du rectangle. (*N°.* 414.); ainfi fi la hauteur eft 4, & la bafe 7, le produit fera 28 parties quarrées.

II. Si le parallelogramme n'eft pas rectangle, tirez une perpendiculaire AE (*fig.* 4.) entre les côtés oppofés, que nous appellerons *hauteur du parallelogramme*, enfuite multipliez la bafe BC par la hauteur EA, le produit fera la valeur du parallelogramme. (*N°.* 416.)

II. PROBLEME.

911. *Mesurer un triangle.*

I. Si le triangle est rectangle, multipliez la base BC (*fig.* 5.) par la moitié de la hauteur BA. (*N°.* 417.)

II. Si le triangle n'est pas rectangle, du sommet du triangle abaissez une perpendiculaire AD (*fig.* 6 & 7.) sur la base (prolongée s'il est nécessaire, ce qui arrive lorsqu'un des angles de la base est obtus); ensuite prenant cette perpendiculaire pour la hauteur du triangle, faites comme ci-dessus. (*N°.* 418.)

III. PROBLEME.

912. *Mesurer un trapeze.*

Pour mesurer un trapeze AD, BC (*fig.* 8.), abaissez la perpendiculaire AE entre ses côtés parallèles; que nous appellerons hauteur du trapeze; ensuite ajoûtez ensemble les côtés parallèles AD, BC, & prenez la moitié de la somme pour avoir un côté moyen entre les deux bases parallèles; multipliez cette base moyenne par la hauteur, vous aurez la valeur du trapeze. (*N°.* 419.)

IV. PROBLEME.

913. *Mesurer une figure régulière.*

Du centre C (*fig.* 9.) de la figure régulière abaissez la perpendiculaire CD sur l'un des côtés, multipliez la perpendiculaire CD par la circonférence de la figure, & prenez la moitié du produit. (*N°.* 420.)

V. PROBLEME.

914. *Mesurer une figure rectiligne irrégulière.*

Il faut diviser cette figure en parallelogrammes, ou en trapezes, ou en triangles (*fig.* 10 & 11.), ensuite mesurer chaque figure, & prendre la somme de leur valeur, qui sera la valeur de toute la figure proposée.

GÉOMÉTRIE

CHAPITRE III.

Mesure des Figures planes curvilignes.

915. Les figures planes curvilignes dont l'on cherche la superficie dans la Géométrie pratique, sont le cercle, l'ellipse ou l'ovale & leurs parties.

916. *Trouver en nombre le rapport de la superficie du cercle au quarré de son diamétre.*

Nous avons démontré dans les Elémens (N°. 442.) que le rapport du cercle au quarré du diamétre, est comme le quart de la circonférence au diamétre.

PROBLEMES.
I.

917. *Le diamétre d'un cercle étant donné, trouver sa superficie.*

I. Il faut trouver sa circonférence & en prendre le quart, ensuite il faut multiplier le diamétre par le quart de la circonférence. Ou bien multiplier le rayon par la moitié de la circonférence (*fig.* 12.) Ou bien le quart du diamétre par la circonférence. (N°. 424.)

II. Autrement prenez le quarré du diamétre AB, & faites cette analogie, fondée sur ce qui a été démontré dans les Elémens. (N°. 442.)

Comme 14
Est à 11 :
Ainsi le quarré du diamétre AB
Est à la superficie du cercle.

Ou bien, plus exactement : *comme* 452
Est à - - - - - - - 355 :
Ainsi le quarré du diamétre AB
Est à la superficie du cercle.

PRATIQUE. Liv. IV.
II.

918. *Le rayon d'un secteur étant donné, trouver sa superficie*

I. Il faut connoître le rayon CA & l'arc AB (*fig.* 13.) du secteur en mêmes parties, & multiplier l'un par l'autre, enfin prendre la moitié du produit. (*N°*. 409.)

II. Ou bien, multipliez le quarré du rayon par l'arc connu en degrés, & le produit par 872; divifez ce dernier produit par 100000, le quotient fera la valeur du secteur en parties quarrées de celles du rayon.

Ou bien, multipliez le quarré du rayon par l'arc connu, en minutes, & multipliez le produit par 14537; divifez ce dernier produit par 100000000, le quotient fera la valeur du secteur en parties quarrées de celles du rayon.

Remarquez qu'on peut retrancher de ces deux nombres autant de chiffres à droite que l'on voudra, pourvû qu'on en retranche également des deux; mais plus on en retranchera, moins l'opération fera jufte.

La raifon de cette pratique, eft que fi le rayon étoit d'une toife, & l'arc d'un degré, 1°. l'on trouveroit la circonférence du cercle par cette analogie.

$7 \cdot 22 :: 2 \cdot \frac{44}{7}$. Changeant ce quatriéme terme en décimales, l'on aura la nouvelle fraction $\frac{628}{100}$ pour la valeur de la circonférence du cercle, dont le diamétre eft 2. 2°. On trouvera la valeur d'un degré par cette feconde analogie: $360 \cdot 1 :: \frac{628}{100} \cdot \frac{628}{36000}$ dont le dernier terme eft la valeur de l'arc d'un degré. Cette fraction étant changée en décimales, deviendra $\frac{1744}{100000}$. 3°. Si on la multiplie par la moitié du rayon ou par $\frac{1}{2}$, c'eft-à-dire fi on prend la moitié du numérateur fans toucher au dénominateur, on aura $\frac{872}{100000}$ de toifes quarrées de la fuperficie du secteur, qui a une toife pour rayon & un degré pour arc (*N°*. 409.). 4°. Si le rayon a plus d'une toife, le nouveau secteur fera une figure femblable au premier. Ainfi la fuperficie du premier fera à la fuperficie du fecond, comme le quarré du rayon 1 eft au quarré du rayon du fecond (*N°*. 434.): c'eft pourquoi il faudra multiplier la fuperficie $\frac{872}{100000}$ du premier secteur par le quarré du rayon du fecond pour avoir la fuperficie de ce dernier secteur. 5°. Si ce secteur a plus d'un degré de circonférence, il faudra encore

GÉOMÉTRIE

multiplier le produit précédent par le nombre des degrés de l'arc; ce qui fait voir que les quantités qu'il faut multiplier ensemble, sont *le quarré du rayon, l'arc du secteur & la fraction* $\frac{872}{100000}$; qu'ainsi pour avoir la superficie d'un secteur, il faut multiplier le quarré du rayon par l'arc du secteur connu, en degrés, multiplier ensuite ce produit par 872, & diviser le tout par 100000.

Que si l'arc est connu en minutes, il faut diviser $\frac{872}{100000}$ par 60, & l'on aura $\frac{872}{6000000}$, qui changée en fraction décimale, donnera $\frac{14533}{10000000}$ pour le secteur, qui a une toise de rayon, & pour arc une minute.

III.

919. *Trouver la superficie d'un segment, la corde & la valeur de son arc étant donné.*

Il faut trouver le rayon AC de son arc, & ensuite le secteur CADB (*fig.* 14.); enfin il faut trouver la valeur du triangle CAB qu'il faut ôter du secteur, le reste sera la valeur du segment ADB.

IV.

920. *Trouver la superficie d'une ellipse.*

Il faut multiplier ensemble les deux axes AB, CD (*fig.* 15.) de l'ellipse, & faire les mêmes analogies qui ont servi à trouver le cercle, excepté qu'au lieu du quarré du diamétre du cercle, il faut prendre le produit des deux axes de l'ellipse. (*a*)

(*a*) Cette opération est fondée sur ce que *le cercle dont le diamétre est moyen proportionnel entre les deux axes de l'ellipse, est égal à l'ellipse.*
Autrement l'on peut trouver la superficie de l'ellipse par cette analogie;

Comme le grand axe de l'ellipse
Est au petit axe;
Ainsi la superficie du cercle qui a le grand axe pour diamétre;
Est à la superficie de l'ellipse.

La formation suivante de l'ellipse donne fort aisément la démonstration de cette derniere analogie.

Soit AB le grand axe de l'ellipse, & DE le petit, qui coupe le premier en deux également & perpendiculairement en C; du point C pris pour centre, & de l'intervalle CA ou CB décrivez le demi-cercle AFB; partagez AC & CB (*voyez la Pl. pour les addit. fig.* 6.) en un grand nombre

PRATIQUE. Liv. VI.
V.

921. *Trouver la superficie d'un cylindre & d'un prisme.*

I. Si le cylindre ou le prisme (*fig.* 16, 17 & 18.) sont droits, de parties, & de chacune de ces parties M & N, &c. élevez les perpendiculaires MI, NL, &c. Cherchez ensuite des quatriémes proportionnelles au grand axe AB, au petit DE, & à chacune des perpendiculaires, comme MI; prenez MG, NH, &c. égales à ces quatriémes proportionnelles, & faites passer une ligne courbe par leurs extrémités G & H, &c. cette ligne formera la circonférence de l'ellipse.

Il est clair que plus les points M & N seront pris près les uns des autres, & plus l'ellipse sera décrite exactement.

Il suit de la construction précédente, que AB . ED :: MI . MG :: NL . NH, &c. Comme le rapport de AB à ED est toujours le même, les rapports de MI à MG, de NL à NH, &c. qui sont égaux à ce rapport, sont tous égaux entr'eux : ainsi nommant les perpendiculaires MI, NL, &c. les *ordonnées du cercle*, & MG, NH, &c. *les ordonnées de l'ellipse*, l'on voit que *les ordonnées du cercle sont en même raison que celles de l'ellipse*, c'est-à-dire que MI . MG :: NL . NH.

Si l'on conçoit les ordonnées du demi-cercle & de l'ellipse infiniment proches les unes des autres, elles rempliront ces figures exactement, de sorte que la surface du demi-cercle sera la somme de toutes les ordonnées qui lui appartiennent, & celle de la demi-ellipse aussi la somme de ses ordonnées. Mais *lorsqu'on a plusieurs rapports égaux, la somme de tous les antécédens est à celle des conséquens, comme un seul antécédent est à son conséquent.* (N°. 61.)

C'est pourquoi *le rayon CF, ou la moitié du grand axe de l'ellipse,*

Est à CE, moitié du petit axe,

Comme la superficie du demi-cercle AFB

Est à celle de la demi-ellipse AEB.

Et comme les moitiés sont en même raison que les tous, l'on a *la superficie du cercle qui a l'axe AB pour diamétre, est à la superficie de l'ellipse, comme le grand axe AB est au petit DE.* Ce qu'il falloit démontrer.

Soit à présent AR moyenne proportionnelle entre AB & DE, le cercle qui aura AB pour diamétre, sera à celui qui aura AR, comme AB est à DE ; car ces cercles sont entr'eux comme les quarrés de AB & AR (N°. 436.), qui, à cause de la proportion continue, sont entr'eux comme AB & DE (N°. 85.). La surface du cercle qui a AB pour diamétre, a le même rapport avec celle de l'ellipse; on vient de le démontrer. *Donc le cercle qui a le grand axe de l'ellipse pour diamétre, est à celui qui a AR, comme le même cercle est à la surface de l'ellipse.* Les antécédens de cette proportion étant égaux, les conséquens le sont aussi (N°. 71.). Donc le cercle qui a AR pour diamétre, est égal à la surface de l'ellipse, dont les axes sont AB & DE. c. q. f. d.

il faut multiplier la circonférence de la base par la hauteur.

II. S'ils sont obliques (*fig.* 19 & 20.), il faut prendre le tour du prisme ou du cylindre pris perpendiculairement à sa longueur, & le multiplier par sa longueur. (*a*)

Remarquez que dans la superficie du cylindre & du prisme, nous ne comprenons pas la superficie des deux bases.

V I.

922. *Mesurer la surface d'un cône & d'une pyramide.*

I. Si le cône est droit (*fig.* 21.), il faut multiplier la circonférence de sa base par la moitié de la ligne tirée du sommet à la circonférence de cette base. (*N°*. 557)

II. Si la pyramide est circonscrite à un cône droit (*fig.* 22.), il faut faire la même chose, c'est-à-dire multiplier la circonférence de la base par la moitié de la hauteur d'un des triangles.

Mais si la pyramide n'est pas droite (*fig.* 23.), il faut mesurer chaque triangle en particulier.

V I I.

923. *Mesurer la surface d'une sphere.*

I. Il faut multiplier le diamètre de la sphere par la circonférence de son grand cercle. (*N°*. 563.)

II. Ou bien faire cette analogie :

> *Comme* 7
> *Est à* 22,
> *Ainsi le quarré du diamètre* A B (*fig.* 24.)
> *Est à la superficie de la sphere.*

Ou bien, *comme* 113
 Est à 355,
 Ainsi le quarré du diamètre
 Est à la superficie de la sphere.

La raison de cette analogie est, le quarré du diamètre d'une

(*a*) Voyez la note sur le N°. 553.

sphere est à sa superficie, comme le diamétre est à sa circonférence, c'est-à-dire comme 7 est à 22, ou comme 113 est à 355. (*N°. 565.*)

VIII.

924. *Trouver la valeur d'une partie de la superficie de la sphére.*

I. Si cette partie est une calotte spérique comprise par l'arc AE (*fig. 25.*) & le cercle décrit par la ligne AD autour de l'axe ED, multipliez la circonférence d'un grand cercle de la sphére par la partie de l'axe ED. (*N°. 566.*)

Ou bien trouvez la superficie d'un cercle, dont le rayon soit la corde AE. (*a*)

(*a*) Pour le démontrer, prolongez ED (*voy. la Pl. pour les addit. fig. 7.*) jusqu'en C, afin d'avoir le diamétre EC, & tirez AC; faites ensuite le rectangle FI, dont la base HI soit égale à la circonférence du grand cercle de la sphére, & la hauteur FH au diamétre EC; ce rectangle sera égal à la surface de la sphére (*N°. 563.*). Prenez FL égale à ED, & tirez LM parallele à HI; le rectangle FM sera égal à la surface de la calote spérique AEBA (*N°. 566.*): on prouvera qu'il est égal au cercle qui a AE pour rayon, de cette maniere:

La surface de la sphére, qui est quadruple de celle de son grand cercle (*N°. 564.*), est égale à la surface du cercle qui a le diamétre de la sphére pour rayon; car les cercles sont entr'eux comme les quarrés des diamétres (*N. 436.*): ainsi celui qui a le diamétre double d'un autre, a sa surface quadruple (*voy. la Pl. pour les addit. fig. 7.*). A cause des triangles semblables CAE, ADE, l'on a CE . AE :: AE . ED; ce qui donne $\overline{CE}^2 . \overline{AE}^2 ::$ CE . ED (*N°. 85.*). Ce qui fait voir que le cercle qui a CE pour rayon (ou la surface de la sphére qui lui est égale), est au cercle qui a AE, comme CE est à ED.

Les deux rectangles FI & FM qui ont des bases égales, sont entr'eux comme les hauteurs FH & FL, ou comme EC est à ED; c'est-à-dire, comme le cercle qui a EC pour rayon, est à celui qui a AE. Or deux rapports égaux à un même rapport sont égaux entr'eux : donc le cercle qui a EC pour rayon, est à celui qui a AE, comme le rectangle FI est au rectangle FM. Comme les deux antécédens de cette proportion sont égaux (par la supposition), il s'ensuit que les deux conséquens le sont également (*N. 71.*), & que le rectangle FM est égal au cercle qui a AE pour rayon. *Ce qu'il falloit démontrer.*

II. Pour trouver la superficie de la sphére comprise entre deux plans paralleles AB, DE (*fig.* 26.), multipliez la circonférence d'un grand cercle de la sphére par la distance GH de ces deux plans paralleles. (*N*°. 567.)

Ou bien trouvez par le probléme précédent la superficie de toute la partie DAPBED & de la calotte APBA; retranchez cette derniere superficie de la premiere, le reste sera la valeur de la superficie de la sphére comprise entre les deux plans paralleles AB & DE.

Geom pratiq LIVRE VI. Planche I.

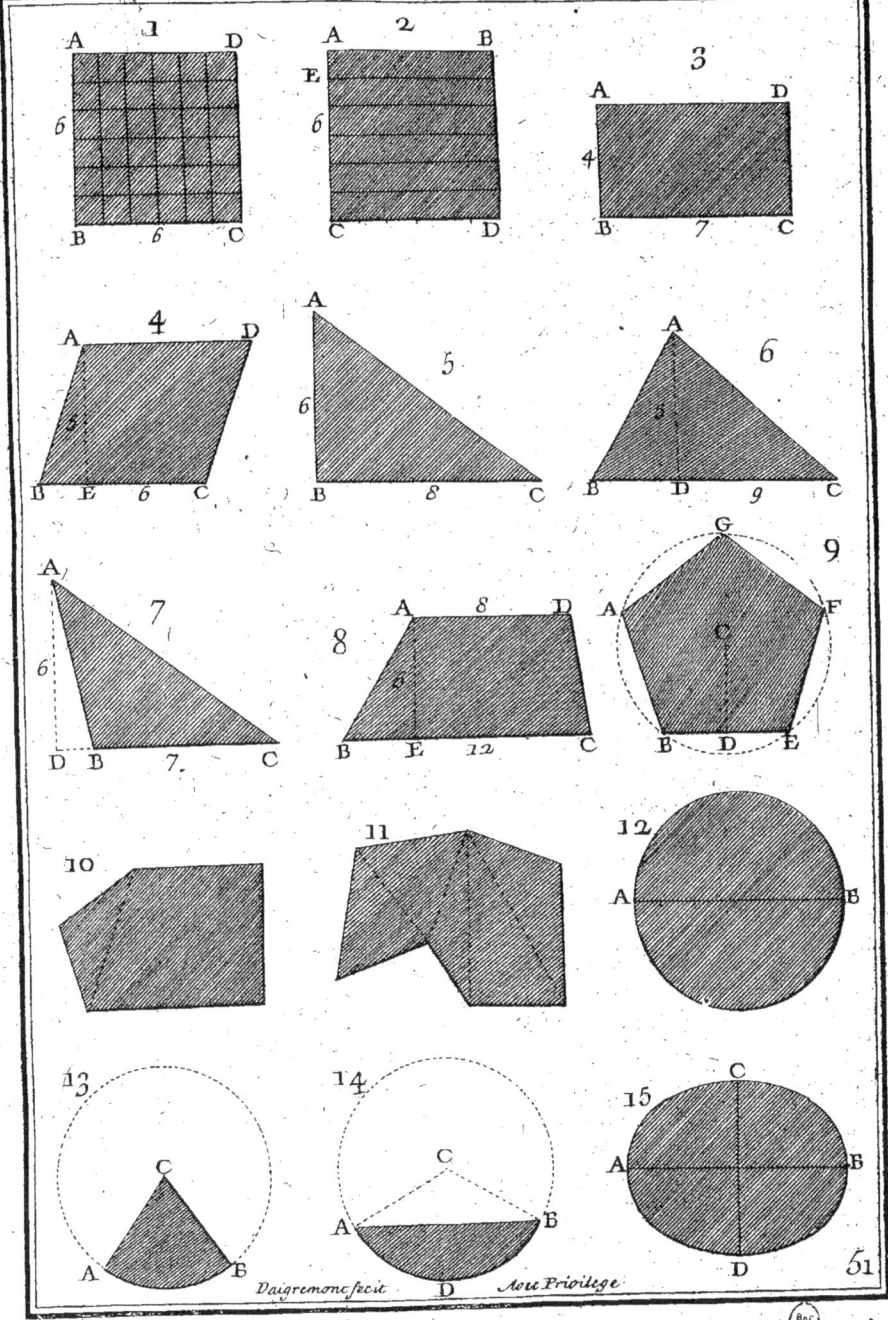

Geom pratiq   LIVRE VI. Planche II.

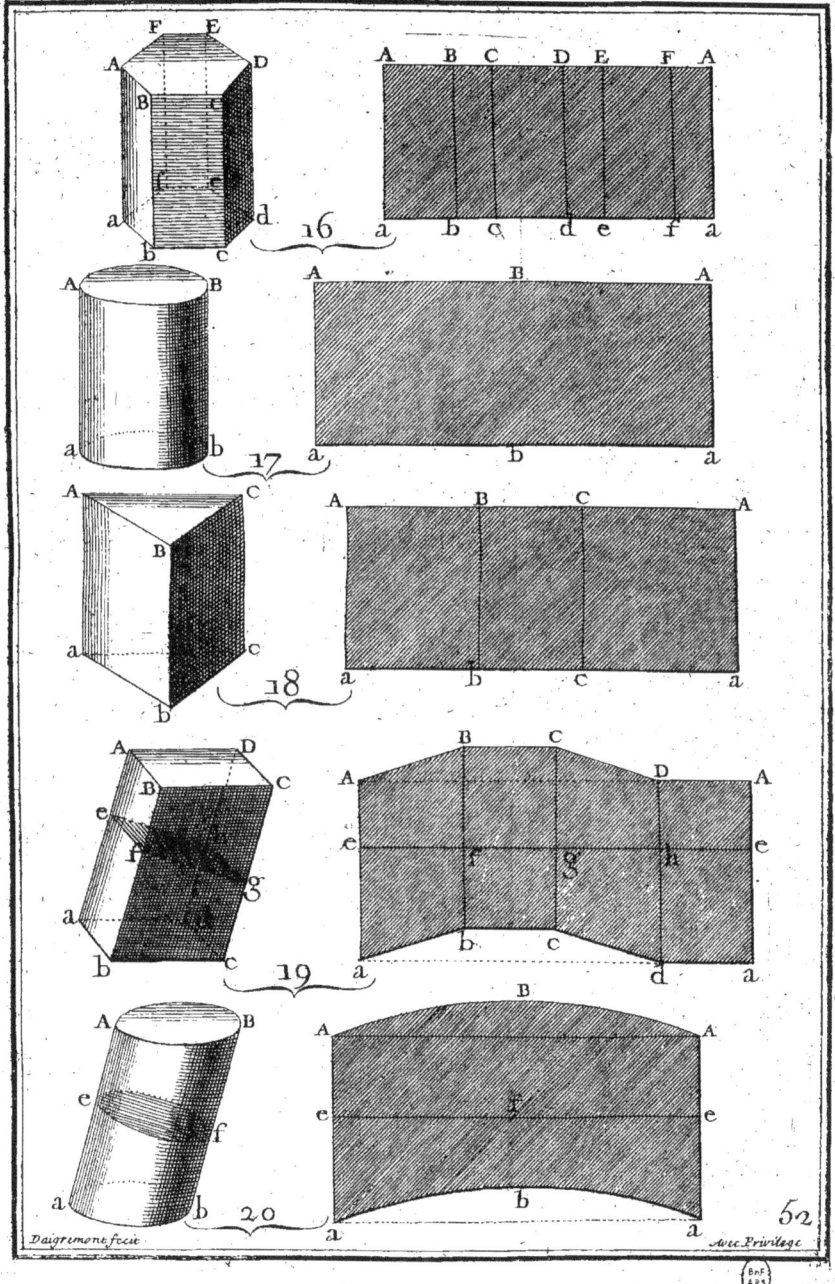

Géométrie pratique. LIVRE VI. *Planche III.*

LIVRE SEPTIÉME.
DE LA STEREOMETRIE,
ou maniere de mesurer les Solides.

CHAPITRE I.
DES MESURES SOLIDES.

925. L Es mesures solides dont on se sert pour connoître la quantité des figures solides, sont de plusieurs manieres.

926. I. Les mesures *cubiques*, qui sont des cubes dont les dimensions sont égales aux mesures linéaires dont nous avons parlé, comme une *toise cube*, un *pied cube*, un *pouce cube*, &c.

Cette mesure se divise en parties cubes ou en parties courantes.

Pour avoir le nombre des parties cubiques (*fig.* 1.) dans lesquelles une mesure cubique est divisée, il faut prendre le cube du nombre des parties dans lesquelles la mesure linéaire est divisée ; ainsi la toise linéaire ayant six pieds, une toise cube contiendra 216 pieds cubes ; de même un pied linéaire ayant douze pouces, le pied cube contiendra 1728 pouces cubes.

II. Une *partie solide courante* (*fig.* 2.) est celle qui a pour base le quarré de la mesure linéaire, & pour hauteur les parties de la même mesure ; ainsi une toise cube se divise en six pieds courans ou en 72 pouces courans, c'est-à-dire en 6 ou 72 parties ou tranches, qui ont pour base une toise quarrée, & pour hauteur un pied ou un pouce.

III. Ces mêmes parties peuvent être quarrées (*fig.* 3.), & courir sur d'autres mesures. Ainsi on appelle un *pied quarré courant sur la toise*, lorsque cette partie a une toise de long, & pour base un pied quarré, lequel pied se divisera en 144 pouces quarrés courans sur la toise.

927. IV. Outre ces mesures solides, qui sont géométriques, il y en a d'autres qui sont d'usage dans le commerce, & qui sont différentes selon les différens pays.

Ces mesures en général tirent leur principe de la *pinte*, du *boisseau*, & de la *livre*, pour les corps mesurés par leur pesanteur.

1°. *La pinte de Paris* contient 48 pouces cubes, le *septier* contient huit pintes.

Le muid de Paris contient trente-six septiers, *la pipe* ou *la queue* de Champagne, de Blois, d'Orléans, de Dijon, cinquante-quatre septiers, *la demi-queue de Champagne* contient vingt-quatre septiers.

2°. *Le boisseau* qui sert à mesurer le bled & autres graines, se divise en seize *litrons*, dont chaque litron contient trente-six pouces cubes ; trois boisseaux font un *minot*, quatre minots un *septier*, douze septiers un *muid*. Le septier d'avoine est double de celui de bled.

Le boisseau de bled, par rapport aux vivres de l'armée, rend au moins douze *rations*, chaque ration est de vingt-huit onces de pâte & de vingt-quatre de pain cuit.

Le muid de sel contient douze septiers, le septier quatre minots, le minot quatre boisseaux, le boisseau seize litrons.

Le muid de plâtre contient trente-six sacs, & le sac deux boisseaux.

Le muid de chaux contient quarante-huit minots, le minot trois boisseaux, & le boisseau seize litrons.

Le muid de charbon contient vingt mines ou sacs, la mine ou sac deux minots ou seize boisseaux.

3°. *La livre* se divise en deux marcs, le *marc* en huit onces, l'*once* en huit gros, le *gros* en trois deniers ou scrupules, le *scrupule* en vingt-quatre *grains*.

4°. Par différentes expériences qu'on a faites, l'on a conclu que le pied cube des métaux & des liqueurs suivantes pesoient le nombre de livres du poids de Paris marquées ci-après.

PRATIQUE. Liv. VII.   351

                                     Logarithmes.

Un pied cube de
{
Or	pese	1326 . 25 *livres*	3.1226253.
Vif-argent		946 . 625	2.9761780.
Plomb		802 . 125	2.9042420.
Argent		720 . 75	2.8577840.
Cuivre		625 . 75	2.7964009.
Fer		558	2.7466342.
Etaim		516 . 125	2.7127524.
Marbre blanc		188 . 75	2.2758869.
Pierre de taille		139 . 5	2.1445742.
Eau de Seine		69 . 75	1.8435442.
Vin		68 . 275	1.8342617.
Cire		66 . 25	1.8211859.
Huile		64	1.8061800.

CHAPITRE II.

De la mesure des Corps solides en général.

NOus pouvons réduire les corps solides,

1°. En prismatiques, qui renferment les cylindriques.
2°. En pyramidaux, qui renferment les coniques.
3°. En sphériques & sphéroïdes.
4°. En corps irréguliers.
5°. En corps creux.
6°. En corps liquides.

PROBLEMES.

PREMIER PROBLEME.

928. *Mesurer la solidité d'un prisme ou d'un cylindre.*

Il faut mesurer la base (*fig.* 4 & 5.) selon les régles que nous avons données dans la mesure des figures planes, & ensuite multiplier la base par la hauteur perpendiculaire.

GEOMÉTRIE

II. PROBLEME.

929. *Mesurer une pyramide & un cône.*

I. Il faut mesurer la base (*fig.* 6, 7 & 8.) comme aux prismes, & multiplier la base par le tiers de la hauteur perpendiculaire, ou la hauteur par le tiers de la base, ou enfin l'un par l'autre, & prendre le tiers du produit. (*N°.* 590 & 591.)

II. Si la pyramide ou le cône (*fig.* 9 & 10.) sont tronqués, il faut continuer les côtés jusqu'à ce qu'ils se rencontrent, pour avoir le sommet de la pyramide entiere ou du cône entier; ensuite il faut prendre d'une part, comme ci-dessus, la solidité de toute la pyramide entiere ou de tout le cône entier; d'une autre part, il faut prendre la solidité de la petite pyramide ou du petit cône, qui est retranchée, ôter l'un de l'autre, & le reste sera la valeur de la pyramide ou du cône tronqué.

III. PROBLEME.

930. *Mesurer une sphere.*

I. Il faut multiplier la superficie (*fig.* 11.) par le tiers du rayon ou par la sixiéme partie du diamétre. (*N°.* 692.)

II. Puisque la solidité de la sphére est au cube de son diamétre comme la sixiéme partie de la circonférence de son grand cercle est à son diamétre (*N°.* 612.), ou, ce qui est la même chose, comme la circonférence de son plus grand cercle est à six fois son diamétre, il s'ensuit qu'elle l'est comme 22 est à 42, ou 11 est à 21, ou bien comme 678 est à 355. Ainsi pour avoir la solidité d'une sphére, il faut faire cette analogie.

  Comme 21
  Est à 11,
  Ainsi le cube du diamétre d'une sphére
  Est à la solidité de la sphére.
Ou bien,
  Comme 678
  Est à 355,
  Ainsi, &c.

IV.

PRATIQUE. Liv. VII.

IV. Probleme.

931. *Mesurer la solidité d'un sphéroïde.*

Nous appellons *sphéroïde* (*fig.* 12 & 13.) une maniere de sphere applatie, décrite par la circonvolution d'une demi-ellipse ADB sur l'un de ses axes AB ou CD.

Si l'on suppose (*fig.* 12.) que le sphéroïde soit formé par la circonvolution de la demi-ellipse ADB autour du grand axe AB, on en aura la solidité en multipliant la surface du cercle qui a le petit axe CD pour diamétre, par les deux tiers du grand axe AB. (*a*)

Si au contraire (*fig.* 13.) le sphéroïde est formé par la circonvolution de la demi-ellipse CBD autour du petit axe CD, on aura sa solidité en multipliant la surface du cercle, qui a pour diamétre le grand axe AB, par les deux tiers du petit CD.

(*a*) Pour démontrer cette opération, soit la demi-ellipse ADB (*fig.* 12.). Du point où les deux axes se coupent, & de l'intervalle de la moitié du grand, soit supposé décrit un demi-cercle; on imaginera ensuite que la demi-ellipse ADB & le demi-cercle sont chacun divisés dans leurs élémens, ou que les ordonnées de l'un & de l'autre remplissent exactement la surface de la demi-ellipse & du demi-cercle. Si l'on suppose que la demi-ellipse & le demi-cercle fassent une circonvolution sur l'axe AB, il est évident que les élémens de l'ellipse décriront des cercles qui formeront le sphéroïde, pendant que les élémens du demi-cercle formeront la sphére. Mais comme les cercles sont entr'eux comme les quarrés des rayons, & que les rayons des cercles qui composent le sphéroïde & la sphére sont en même raison, leurs quarrés le feront également. C'est pourquoi tous les cercles ou tous les élémens du sphéroïde sont en même raison que ceux de la sphére. Mais l'on a la somme de tous les cercles qui composent la sphére, en multipliant le plus grand élément, c'est-à-dire le cercle qui a pour diamétre le grand axe du sphéroïde, par les deux tiers de la même ligne, puisque la sphére est les deux tiers du cylindre circonscrit (*N°*. 611.). Donc on aura aussi la somme de tous les cercles qui composent le sphéroïde, c'est-à-dire de tous ses élémens, en multipliant le plus grand élément ou le cercle qui a pour diamétre le petit axe du sphéroïde, par les deux tiers du grand axe. *Ce qu'il falloit démontrer.*

On démontre également que le sphéroïde formé par la circonvolution de la demi-ellipse CBD (*fig.* 13.) autour du petit axe CD, est égal au produit du cercle qui a pour diamétre le grand axe AB, par les deux tiers du petit CD.

GÉOMÉTRIE

V. PROBLEME.

932. *Mesurer une partie de la sphére.*

Nous pouvons réduire les parties de la sphére en quatre classes, en *secteurs*, en *segmens*, en *tranches par le centre*, & en *tranches parallèles*.

933. I. J'appelle *secteur* ou *cône sphérique* (*fig.* 14.) un cône qui a son sommet au centre de la sphere, & pour base la superficie de la sphere terminée par un cercle.

Pour avoir la solidité d'un cône sphérique, il faut trouver la valeur de la base, qui est une calotte, & multiplier cette valeur par le tiers du rayon.

934. II. J'appelle *entonnoir sphérique* (*fig.* 15.) un cône creux, dont le sommet est au centre de la sphere, & dont la base est une partie de la superficie de la sphére comprise entre deux cercles parallèles.

Pour en avoir la solidité, il faut faire comme au cône sphérique, c'est-à-dire multiplier la surface comprise entre les deux cercles parallèles, par le tiers du rayon.

935. III. J'appelle *segment sphérique* (*fig.* 16.) une partie de la sphére comprise entre sa superficie & un plan qui la coupe.

Pour avoir la solidité, il faut avoir celle du cône sphérique, qui a pour base la superficie de ce segment, ensuite il faut avoir la solidité du cône, qui a pour base le plan qui termine le segment sphérique ; enfin il faut ôter la seconde solidité de la premiere, le reste sera la solidité du segment sphérique.

936. IV. J'appelle *tranche par le centre* (*fig.* 17.) une partie de la sphére ACBDA, terminée par deux plans ACB, ADB, qui se coupent au centre.

Pour avoir la solidité de cette tranche, il faut 1°. connoître en degrés l'angle que font ensemble ces deux plans. 2°. Il faut connoître la solidité de toute la sphere. 3°. Il faut faire cette analogie :

Comme 360 *degrés*
Est au nombre des degrés qui mesurent l'inclinaison des deux plans,
Ainsi la solidité de la sphére
Est à la solidité de la tranche.

937. V. J'appelle *tranche parallele* (*fig.* 18.) la partie ABCD d'une sphére comprife entre deux plans paralleles AB, CD; cette tranche parallele n'eft autre chofe qu'un fegment fphérique dont on a retranché un autre fegment fphérique par un plan parallele à la bafe du premier fegment; c'eft pourquoi trouvant d'abord la folidité du fegment entier, & enfuite celle du petit CD, & retranchant la folidité de ce dernier fegment du premier, le refte fera la folidité de la tranche propofée.

REMARQUE.

938. Si la bafe de la tranche ACBD paffoit par le centre de la fphére, on trouveroit d'abord la folidité de la demi-fphére, & l'on en retrancheroit celle du fegment dont CD eft la bafe.

Si le centre de la fphére étoit compris ou renfermé entre les deux plans AB & CD, on chercheroit la folidité des deux fegmens qui acheveroient la fphére, & entre lefquels la tranche ACDB fe trouve comprife, & ôtant ces fegmens de la folidité de la fphére, le refte feroit la folidité de la tranche propofée; ce qui eft évident.

VI. PROBLEME.

939. *Mefurer les corps réguliers.*

Je comprens ici fous le nom de *corps réguliers* (*fig.* 19.) ceux dans lefquels on peut infcrire une fphére qui touche tous les plans qui terminent ce corps.

L'on peut concevoir ces corps comme un affemblage de pyramides, dont les fommets font au centre de la fphére, & qui ont pour bafe les figures planes qui les terminent.

Pour avoir la folidité de ces corps, il faut en avoir la furface, & la multiplier par le tiers du rayon de la fphére infcrite.

VII. PROBLEME.

940. *Mefurer les corps irréguliers.*

Pour mefurer la folidité d'un corps irrégulier, il le faut divifer en prifmes, en pyramides, &c. & mefurer chacune de ces figures en particulier, la fomme des valeurs de ces folides particulieres fera la valeur du folide total.

GÉOMÉTRIE

Ou bien il faut imaginer des solides prismatiques ou cylindriques circonscrits, ou qui enveloppent le corps irrégulier, trouver la valeur de tous ces prismes, & en rabattre les parties dont ces prismes circonscrits excédent le corps irrégulier. C'est en procédant ainsi que l'on mesure les montagnes, les cavités des vallées, &c.

On mesure aussi de cette maniere les parties d'une fortification, comme le revêtement d'une face de bastion A, du flanc B & d'une courtine C. Le profil D sert à faire connoître la figure du revêtement. Si l'on multiplie la superficie de ce profil D par la longueur de la fortification, on aura la solidité du revêtement de cette fortification.

Il faut ensuite avoir égard aux différentes figures qui se trouvent aux angles saillans & rentrans, à cause du talus de la maçonnerie, & les partager en figures régulieres, qu'on mesure en particulier, & qu'on ajoûte au premier produit.

Il faut mesurer aussi les contreforts E, E, E, &c. (on en voit la figure ou le plan, *fig.* 21. & la hauteur par le profil); on peut, s'ils sont tous égaux, en mesurer un en particulier, & multiplier sa solidité par le nombre des autres. Il faut cependant faire attention à ceux des angles rentrans, comme *e*, qu'il faut mesurer séparément. On peut pour la mesure des contreforts se servir de la figure du profil E : on prendra le côté E pour base, & on le multipliera par la longueur de la tête & de la queue de tous les contreforts que l'on aura ajoûtés ensemble, & dont on aura pris la moitié, qui sera la longueur moyenne, ayant toujours égard aux contreforts des angles rentrans, qui ont une mesure particuliere.

On s'est servi d'un seul profil pour la face du bastion, le flanc & la courtine, parce qu'on les a supposés de même hauteur pour simplifier le calcul : mais lorsqu'ils ne le sont pas, ce qui arrive presque toujours, il faut prendre des profils sur chacune de leurs parties.

PRATIQUE. Liv. VII.

VIII. Probleme.

941. *Mesurer les corps creux.*

Pour mesurer le corps creux, il faut en général mesurer le corps comme s'il étoit plein, ensuite mesurer l'espace vuide contenu dans ce corps, & de la premiere solidité, ôter la seconde, le reste sera celle que l'on cherche.

Ainsi pour toiser, par exemple, la maçonnerie du puits ou du cylindre creux AB, ab (*fig.* 22.) on commencera par toiser ce solide en entier, en multipliant la surface du cercle dont le diamétre est AB, par la hauteur Aa ou Bb du solide, puis celle du cercle dont CD est le diamétre, par Cc; ôtant cette derniere solidité de la premiere, le reste sera le contenu de la maçonnerie AC, DB, Ac, dB.

IX. Probleme.

942. *Mesurer les corps liquides.*

I. Si le corps liquide que l'on veut mesurer est en repos, il le faut mesurer comme un corps solide.

II. Si le corps liquide s'écoule également, & qu'on veuille sçavoir combien il s'en écoule dans un tems déterminé, comme dans une heure ou dans un jour;

1°. Si l'on peut recevoir ce corps dans un vaisseau (*fig.* 23.), il faut mesurer le contenu de ce vaisseau & le tems que ce liquide emploie à l'emplir, il sera aisé ensuite de connoître par une régle de Trois, combien il s'en écoule dans une heure ou dans un jour.

L'on mesure le contenu d'un vaisseau ou par des tranches cubes ou des pieds cubes, ou par pintes, ou en autres mesures connues.

L'on mesure le tems, lorsqu'il est long, avec une horloge qui marque les heures & les quarts d'heure; lorsqu'il est court, avec une horloge à minutes; & enfin lorsqu'il est très-court, avec une horloge à secondes ou à demi-secondes, ou avec les vibrations d'un pendule simple, dont la longueur est de neuf pouces deux lignes un quart, qui font chacune d'une demi-seconde.

2°. Si l'eau ne peut pas être reçue dans un vaisseau (*fig.* 24.), & qu'elle soit celle d'un ruisseau ou d'une riviere, il faut prendre une partie de son lit qui soit le plus régulier qu'il est possible, c'est-à-dire dont la profondeur & la largeur soient à peu près uniformes dans toute la longueur ; ensuite il faut 1°. mesurer la solidité de cette partie, comme A D B *b d a* (*fig.* 24.), dans l'étendue de la distance C *c*. 2°. Laisser flotter un corps leger sur l'eau, & mesurer le tems qu'il emploie à parcourir cette partie. 3°. Une simple régle de Trois fera connoître après cela la quantité de cette eau qui s'écoulera dans une heure ou dans un jour.

X. PROBLEME.

943. *Mesurer le poids des corps.*

Il faut mesurer la solidité de ces corps en pieds cubes, & multiplier le nombre de ces pieds cubes par le poids d'un pied cube de ce corps, qui est marqué dans la table du chapitre I.

CHAPITRE III.

De la mesure des Vaisseaux particuliers.

LEs vaisseaux dont on demande ordinairement la mesure, sont les tonneaux, les fours à chaux, à brique, le port d'un vaisseau.

PROBLEMES.

I.

944. *Mesurer le contenu d'un tonneau.*

Les tonneaux se mesurent ordinairement en pintes, ou plutôt en pots qui contiennent huit pintes.

Pour ce qui regarde la figure du tonneau (*fig.* 25.), on le peut considerer comme une partie de sphéroïde dont les deux bouts sont coupés, ou comme un assemblage de deux, ou plus exactement, de quatre cônes tronqués, ou enfin comme un cylindre dont la base seroit moyenne entre le grand & le petit diamétre du tonneau. Pour avoir une base moyenne, l'on prend la moitié de la somme du grand & du petit diamétre, ou bien l'on prend la moitié du grand & du petit cercle de ces diamétres.

L'irrégularité d'un tonneau est cause que dans la pratique ordinaire on prend la maniere la plus aisée de le toiser; elle consiste à le considérer comme un cylindre, dont le diamétre est moyen entre le grand & le petit diamétre du tonneau. Ainsi pour mesurer le tonneau en pieds & pouces de Paris, il le faut considérer comme un cylindre, & chercher combien dans cette supposition il contient de pieds cubes ou de pouces cubes; ensuite il faut prendre quatre pots & demi ou trente-six pintes pour un pied cube, ou bien une pinte pour quarante-huit pouces cubes.

Il y a des mesures pour les tonneaux, qu'on appelle *Jauges*, & ceux qui s'en servent sont appellés *Jaugeurs*.

II.

945. *Mesurer un Four.*

Les fours en général se mesurent par la quantité des choses qu'elles contiennent, & ausquelles ils sont destinés.

I. Les fours de Boulanger se mesurent par boisseaux de farine qu'ils peuvent cuire chaque fois; la surface du four se mesure selon les méthodes du troisiéme chapitre de *la mesure des surfaces.*

II. Les fours à chaux se mesurent par tonneaux; chaque tonneau contient huit pieds cubes: la figure de ces fours est ronde du sens horizontal, & le profil est irrégulier. Pour trouver la solidité du contenu, il faut 1°. mesurer la hauteur; 2°. diviser la hauteur en parties égales le plus que l'on pourra, & par chacune de ces divisions il faut mesurer la largeur, & alors l'on aura le four partagé en tranches, dont chacune se doit mesurer comme un tonneau.

III. Un four à brique se mesure par le nombre des briques ordinaires qu'il contient; sa figure est parallelipipede. Pour connoître sa solidité, il faut voir combien il contient de briques en longueur, en largeur & en hauteur.

A l'exemple de ces fours, on peut mesurer les vaisseaux qui contiennent quelque chose; ce que l'usage montre assez.

GÉOMÉTRIE
III.

946. *Mesurer le port d'un Vaisseau.*

Un vaisseau (*fig.* 26.) ou un bateau n'étant point chargé, entre dans l'eau d'une certaine quantité, & lorsqu'il est chargé, il entre d'une autre quantité ; la différence de ces deux états marque le port du vaisseau.

Car si l'on imagine une tranche du vaisseau faite par deux plans qui le coupent à la surface de l'eau dans les deux états, l'espace contenu entre ces deux plans & la surface du vaisseau est égale à la quantité d'eau, qui peseroit autant que la charge du vaisseau qui l'auroit fait enfoncer de cette quantité.

C'est pourquoi il faut 1°. mesurer en pieds la largeur de cette tranche, en prenant une longueur moyenne entre la base supérieure & l'inférieure. 2°. Il faut diviser cette longueur en parties égales, & mesurer par des divisions les largeurs, en prenant une moyenne entre les deux bases. 3°. Il faut ajoûter toutes ces largeurs ensemble, & multiplier leur somme par une des parties de la longueur, & vous aurez la base moyenne de la tranche. 4°. Multiplier cette base par la hauteur de la tranche, vous aurez en pieds cubes la solidité de l'eau qui seroit contenue dans cette tranche. (*a*)

Ayant cette solidité en pieds cubes, multipliez-la par 72 livres, poids d'un pied cube d'eau de mer, vous aurez le poids de l'eau, qu'il faut diviser par 2000 livres, qui est le poids d'un tonneau, vous aurez le port du vaisseau en tonneaux, ou, ce qui est la même chose, multipliez cette solidité par 0.036 (*b*), vous aurez tout d'un coup le port du vaisseau en tonneaux.

(*a*) Ceux qui voudront plus de détail sur le *Jaugeage des vaisseaux* & *des tonneaux*, pourront consulter les *Mémoires de l'Académie Royale des Sciences*, années 1721, 1724 & 1741 ; l'abrégé du Jaugeage inseré dans le premier volume du Cours de Mathématique de M. *Wolf*; le *Traité de la construction des Instrumens de Mathématiques*, par *Bion*; le *Traité du Jaugeage*, imprimé à Paris en 1727, qui se vend chez *Jombert*; celui du Pere *Pezenas*, intitulé, *la Théorie & la Pratique du Jaugeage*, &c.

(*b*) Comme il faut multiplier les pieds cubes de la tranche qui donne la charge du vaisseau par 72, & diviser ensuite le produit par 2000, il est clair que c'est la même chose que si l'on multiplioit cette tranche par $\frac{72}{2000}$, qui se réduit à $\frac{36}{1000}$, qu'on exprime en décimales par 0.036.

Comme

PRATIQUE. Liv. VII.

[Comme M. Sauveur n'a pas parlé du toifé du *Paraboloïde*, & que ce folide peut être de quelque ufage dans le calcul des mines (*a*), on a cru devoir l'ajoûter ici, pour rendre cette Géométrie pratique plus complète.

PROBLEME.

Mefurer un Paraboloïde.

On appelle *paraboloïde*, un folide décrit par la circonvolution d'une demi-*parabole* fur fon axe.

La parabole eft formée, comme on l'a dit N°. 551, par la fection d'un cône coupé parallelement à fon côté; on peut la fuppofer décrite de cette maniere fur un plan.

Soit une ligne droite A (*voy. la Pl. pour les addit. fig.* 8.) prife d'une grandeur déterminée à volonté, & une autre droite BC; on divifera cette derniere ligne en un grand nombre de parties BD, DE, EF, &c. à l'extrémité defquelles on élevera des perpendiculaires DG, EH, FI, &c. moyennes proportionnelles entre la ligne A & BD, BE, BF, &c. On les prolongera en M, N, O, &c. enforte que DM = DG, EN = EH, FO = FI, &c. Faifant paffer une ligne courbe par K, I, H, G, B, M, N, &c. elle donnera la courbe appellée *parabole*.

Les lignes comme DG, EH, perpendiculaires à BC, font les ordonnées de la parabole, & BC en eft l'axe.

Il eft évident que plus les points D, E, F, &c. feront pris proche les uns des autres, & plus la parabole fera décrite exactement.

Si l'on fuppofe à préfent que la demi-parabole CBGHIK faffe une circonvolution fur fon axe BC, le folide qu'elle décrira fera appellé *paraboloïde*.

Pour en avoir la folidité, *il faut multiplier le cercle qui a pour rayon l'ordonnée* CK *de la bafe, par la moitié de l'axe* BC.

En voici la démonftration, qu'on pourra paffer fi on la trouve trop embarraffante.

La formation de la parabole donne : la ligne A . DG :: DG , DB; & encore A . EH : EH . BE; ce qui donne A × BD = $\overline{DG}^2$; & A × BE = $\overline{EH}^2$, & ainfi de toutes les autres

---

(*a*) Voyez le premier volume des *Elémens de la Guerre des Siéges*.

ordonnées. Les rectangles ou les produits de la ligne A par les parties de l'axe BC, ayant pour produifant commun la ligne A, font entr'eux comme les coupées BD, BE, &c. Donc les quarrés des ordonnées, égaux à ces rectangles, font aussi entr'eux comme les mêmes coupées ou les parties de l'axe aufquelles elles correfpondent.

Si l'on tire la ligne BK (*Pl. pour les addit. fig. 9.*), on aura le triangle BCK, qui donnera $BD.BE :: Dg.Eh$; c'eſt-à-dire que tous les élémens du triangle feront entr'eux comme les parties de l'axe comprifes entre ces élémens & le fommet B de la parabole. D'où il fuit que les quarrés des ordonnées de la parabole font entr'eux, comme les élémens du triangle, correfpondans à ces ordonnées.

Cela pofé ; dans le mouvement de la parabole autour de fon axe, tous les points de fa circonférence ou toutes les ordonnées imaginées infiniment proche les unes des autres, décrivent des cercles qu'on peut confidérer comme les élémens du paraboloïde ; ces cercles font entr'eux comme les quarrés des rayons, c'eſt-à-dire des ordonnées de la parabole : donc ils font aufſi entr'eux comme les élémens du triangle CBK. Or l'on a la fomme de tous les élémens du triangle, en multipliant le plus grand élément, ou fa bafe CK, par la moitié de la perpendiculaire ou de l'axe BC : donc on aura également la fomme de tous les élémens du paraboloïde, en multipliant l'élément de fa bafe, ou le cercle qui a pour rayon CK, par la moitié de la ligne qui exprime le nombre de fes élémens, c'eſt-à-dire par la moitié de l'axe BC. Donc, &c.]

F I N.

Geom praliq   LIVRE VII. Planche I.

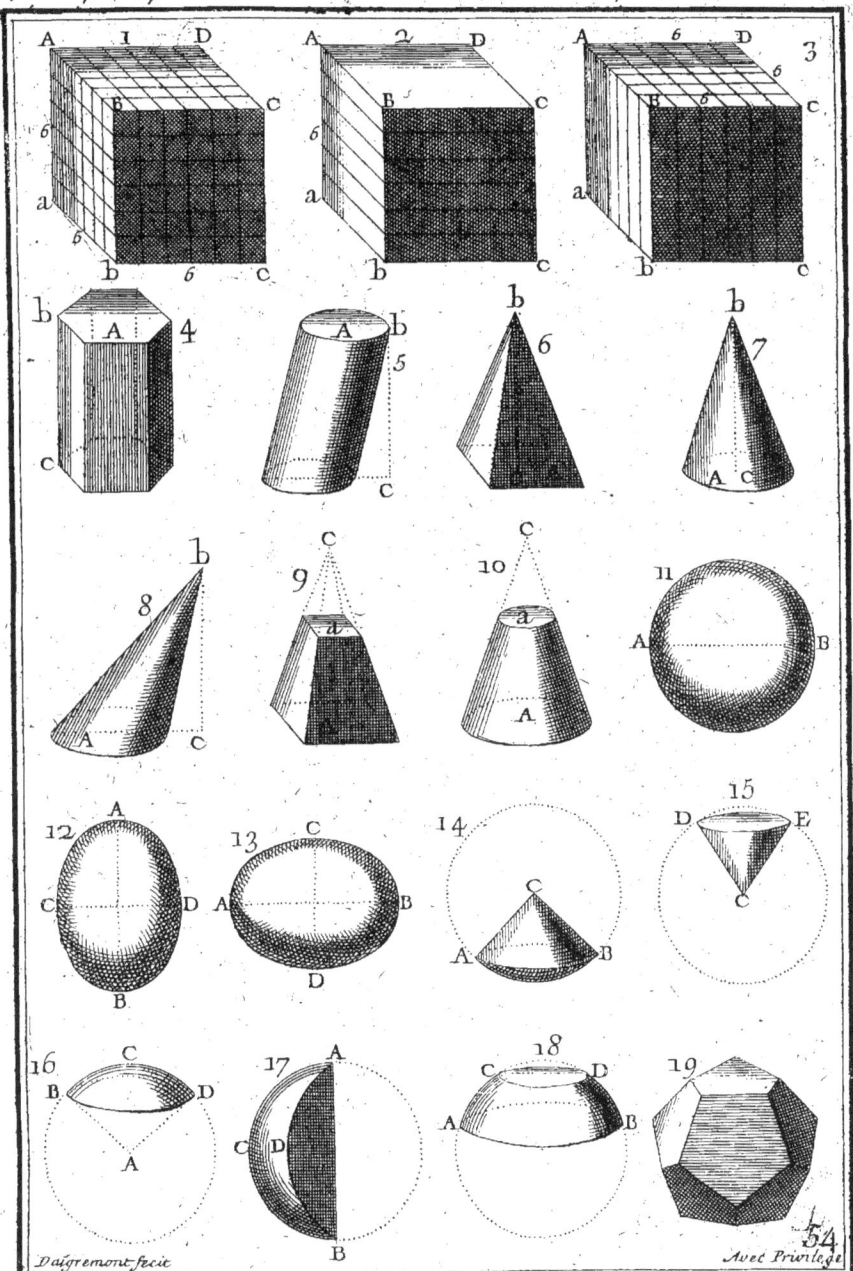

D'aigremont fecit   Avec Privilege

Geom pratiq. LIVRE VII. Planche II.

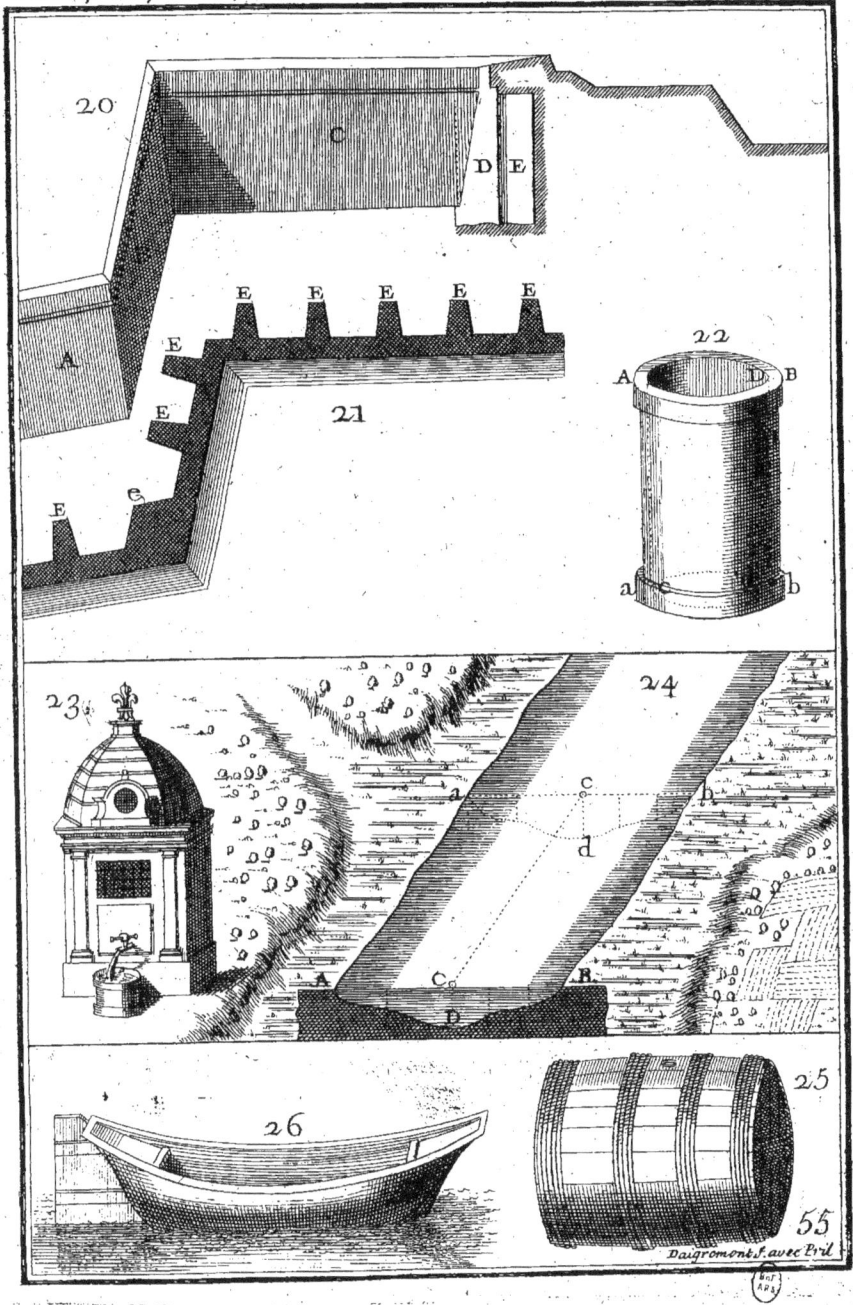

Geom prat.   Planche derniere pour les additions.

Fig. 1.
Fig. 2.
Fig. 3.
Fig. 4.
Fig. 5.
Fig. 6.
Fig. 7.
Fig. 8.
Fig. 7.
Fig. 9.

55

TABLE

DES TITRES ET DES CHAPITRES de ce Volume.

DEFINITIONS *des propositions dont on se sert dans la Géometrie,* page 1.
De l'extraction de la racine quarrée, 2.
De l'extraction de la racine cube, 15.
TRAITÉ *des proportions,* 26.
CHAPITRE I. *Du tout & de ses parties,* ibid.
CHAP. II. *Des rapports & de la proportion géometrique,* 28.
CHAP. III. *De la maniere de changer deux quantités sans changer leur rapport,* 34.
CHAP. IV. *Maniere de comparer ensemble les quatre termes d'une proportion, en conservant toujours une proportion entre ces termes,* 37.
CHAP. V. *Propriétés des quantités proportionnelles,* 40.
CHAP. VI. *Du rapport & de la proportion arithmétique,* 51.

ELEMENS DE GEOMETRIE, 57.

LIVRE I.

CHAP. I. *Des lignes en général,* 59.
CHAP. II. *De la ligne circulaire,* 62.
CHAP. III. *Des angles,* 66.
CHAP. IV. *De la perpendiculaire,* 70.
CHAP. V. *Des paralleles,* 74.
CHAP. VI. *Des lignes tirées dans le cercle & hors du cercle,* 79.
Des tangentes, 81.
Des paralleles dans le cercle, 82.
Des angles dont le sommet est à la circonférence du cercle, ibid.

Zz ij

TABLE

CHAP. VII. *Des lignes proportionnelles,* page 85.

LIVRE II.

CHAP. I. *Des figures planes en général,* 94.
CHAP. II. *Des triangles,* 96.
CHAP. III. *Des quadrilateres,* 103.
CHAP. IV. *Des polygones,* 105.
CHAP. V. *Des polygones réguliers,* 107.
CHAP. VI. *Des figures semblables,* 112.

LIVRE III. 122.

CHAP. I. *Des indivisibles pour les superficies,* 123.
CHAP. II. *De l'égalité des figures planes considérées selon leur superficie,* 125.
CHAP. III. *De la mesure des figures planes,* 130.
CHAP. IV. *Du rapport des figures planes considérées par leurs superficies,* 133.

LIVRE IV.

CHAP. I. *Du plan & de la ligne droite en général,* 140.
CHAP. II. *Des lignes perpendiculaires ou obliques à un plan,* 143.
CHAP. III. *Des plans qui se coupent,* 146.
CHAP. IV. *Des lignes & des plans parallèles à un plan,* 147.
CHAP. V. *Des angles solides,* 151.

LIVRE V.

CHAP. I. *Des corps en général,* 153.
CHAP. II. *De la superficie de la sphére,* 154.
CHAP. III. *De la superficie du prisme & du cylindre,* 157.
CHAP. IV. *De la superficie de la pyramide & du cône,* 158.
CHAP. V. *De l'égalité & de la mesure des surfaces des corps,* 161.
CHAP. VI. *Du rapport des surfaces des corps,* 166.

LIVRE VI.

CHAP. I. *Des indivisibles pour les solides,* 167.

DES CHAPITRES.

CHAP. II. *De l'égalité des figures solides,* page 168.
CHAP. III. *De la mesure des figures solides,* 171.
CHAP. IV. *Du rapport des corps,* 173.

GEOMETRIE PRATIQUE.
LIVRE I.

CHAPITRE I. *Des Logarithmes en général,* 180.
CHAP. II. *Construction de la table ordinaire des Logarithmes,* 182.
CHAP. III. *Remarques sur les Logarithmes,* 184.
CHAP. IV. *Problêmes concernant les Logarithmes,* 186.

LIVRE II.

De la Trigonométrie rectiligne, 196.

PREMIERE PARTIE.

De la maniere de construire les tables de Trigonométrie, 198.

CHAP. I. *Propriétés des sinus, tangentes & sécantes,* ibid.
CHAP. II. *Problêmes généraux pour la construction des tables,* 201.
CHAP. III. *Construction des tables des sinus, tangentes & sécantes,* 204.

SECONDE PARTIE.

De la maniere de résoudre les triangles par le calcul, 207.

CHAP. I. *Principes pour résoudre les triangles,* ibid.
CHAP. II. *De la résolution des triangles en général,* 210.
CHAP. III. *De la résolution des triangles rectangles,* 211.
CHAP. IV. *De la résolution des triangles obliquangles,* 215.

LIVRE III.

Des instrumens pour la Géométrie pratique, 216.

TABLE

PREMIERE PARTIE.

Du Compas de proportion.

Chap. I. Du Compas de proportion en général, 216.
Chap. II. Des lignes des parties égales, 221.
Chap. III. Des lignes des cordes, 223.
Chap. IV. Des lignes des polygones, 225.
Chap. V. Usages des parties égales & des cordes pour la Trigonométrie, 226.
Chap. VI. Des lignes des plans, 230.
Chap. VII. Des lignes des solides, 231.
Chap. VIII. Des lignes des métaux, 232.

SECONDE PARTIE.

De la régle logarithmique, 236.

Chap. I. De la ligne des nombres, 237.
Chap. II. Des lignes des quarrés & des cubes, 241.
Chap. III. Des lignes des sinus, sécantes & tangentes, 242.
Chap. IV. De la ligne des mesures linéaires, 243.
Chap. V. De la ligne des côtés des polygones, 244.
Chap. VI. De la ligne de la superficie des polygones réguliers, 245.
Chap. VII. De la ligne des mesures solides & du poids des corps, 247.

LIVRE IV.

Chapit. I. Des instrumens pour faire des figures sur le papier, 251.
Chap. II. De la maniere de tirer des lignes droites dans des circonstances données, & de les diviser, 254.
Chap. III. De la maniere de faire des cercles, & de les diviser, 261.
Chap. IV. De la maniere de faire des angles, & de les mesurer, 266.
Chap. V. De la maniere de construire des figures, 267.

DES CHAPITRES.

CHAP. VI. *De la maniere de faire des figures égales ou semblables à des figures données,* 269.

CHAP. VII. *De la maniere de tirer des lignes & de faire des figures sur de grands plans comme sur des murs,* 274.

CHAP. VIII. *Maniere de tracer des lignes & de faire des figures sur le terrain,* 278.

LIVRE V.

CHAP. I. *Des mesures linéaires,* 283.

CHAP. II. *De la mesure des lignes & des angles par le calcul,* 287.

CHAP. III. *De la mesure des lignes entierement accessibles,* 292.

CHAP. IV. *De la mesure des angles,* 295.

CHAP. V. *De la mesure des lignes inaccessibles,* 297.

REMARQUES ou *Observations générales sur la mesure de la terre,* 304.

CHAP. VI. *De la mesure de la terre,* 308.

PRÉCIS *des opérations faites pour la mesure de la terre depuis celle de M. Picard,* 311.

CHAP. VII. *De la maniere de niveler,* 315.

CHAP. VIII. *De la mesure des hauteurs des montagnes, & des distances sur mer,* 320.

CHAP. IX. *De la maniere de lever des plans & des cartes,* 323.

USAGES *de la Boussole pour lever des plans & des cartes,* 337.

LIVRE VI.

CHAP. I. *De la mesure des surfaces,* 339.

CHAP. II. *De la mesure des figures rectilignes,* 340.

CHAP. III. *De la mesure des figures planes curvilignes,* 342.

TABLE DES CHAPITRES.

LIVRE VII.

Chap. I. *Des mesures des solides*, page 349.
Chap. II. *De la mesure des corps solides en général*, 351.
Chap. III. *De la mesure des vaisseaux particuliers*, 358.

Fin de la Table.

APPROBATION.

APPROBATION.

J'Ai lû par ordre de Monseigneur le Chancelier un Manuscrit intitulé : *la Géométrie Elémentaire & Pratique*, de feu M. Sauveur, donnée par M. le Blond. Cet ouvrage est déja avantageusement connu par sa facilité, sa méthode & sa clarté : les notes & les additions de l'Editeur le rendront encore plus complet & plus intéressant. L'impression en étoit desirée depuis long-tems, & je crois qu'elle sera très-utile. A Paris, ce 24 Juin 1752.

DE PARCIEUX.

PRIVILEGE DU ROI.

LOUIS, par la grace de Dieu, Roi de France & de Navarre : A nos amés & féaux Conseillers, les Gens tenans nos Cours de Parlement, Maîtres des Requêtes ordinaires de notre Hôtel, Grand Conseil, Prevôt de Paris, Baillifs, Sénéchaux, leurs Lieutenans Civils, & autres nos Justiciers qu'il appartiendra : Salut. Notre amé le sieur le Blond, Maître de Mathématiques des Enfans de France, des Pages de notre grande Ecurie, &c. Nous ayant fait remontrer très-humblement qu'il souhaiteroit faire imprimer & donner au Public les Ouvrages de Mathématiques du feu sieur Sauveur, contenant : *l'Arithmétique, les Elémens de Géométrie, la Géométrie Pratique, la Méchanique, les Fortifications,* &c. *augmentés de notes & de différentes additions, & le Dictionnaire de Marine, par Aubin,* s'il Nous plaisoit lui accorder nos Lettres de privilège pour ce nécessaires. A CES CAUSES, voulant favorablement traiter l'Exposant, Nous lui avons permis & permettons par ces présentes, de faire imprimer lesdits Ouvrages en un ou plusieurs volumes, & autant de fois que bon lui semblera, & de les faire vendre & débiter par tout notre Royaume pendant le tems de quinze années consécutives, à compter du jour de la date des présentes. Faisons défenses à tous Imprimeurs, Libraires & autres personnes de quelque qualité & condition qu'elles soient, d'en introduire d'impression étrangere dans aucun lieu de notre obéissance; comme aussi d'imprimer ou faire imprimer, vendre, faire vendre, débiter, ni contrefaire lesdits Ouvrages, ni d'en faire aucuns extraits, sous quelque prétexte que ce soit, d'augmentation, correction, changemens ou autres, sans la permission expresse & par écrit dudit Exposant, ou de ceux qui auront droit de lui, à peine de confiscation des Exemplaires contrefaits, de trois mille livres d'amende contre chacun des contrevenans, dont un tiers à Nous, un tiers à l'Hôtel-Dieu de Paris, & l'autre tiers audit Exposant ou à celui qui aura droit de lui, & de tous dépens, dommages & intérêts ; à la charge que ces présentes seront enregistrées tout au long sur le Registre de la Communauté des Imprimeurs & Libraires de Paris, dans trois mois de la date d'icelles ; que l'impression desdits Ouvrages sera faite dans notre Royaume, & non ailleurs, en bon papier & beaux caracteres, conformément à la feüille imprimée, attachée pour modèle sous le contre-scel des présentes; que l'Impétrant se conformera en tout aux Réglemens de la Librairie, & notamment à celui du 10 Avril 1725 ; qu'avant de les exposer en vente, les manuscrits qui auront servi de copie à l'impression desdits Ouvrages, seront remis dans le même état où l'Approbation y aura été donnée, ès mains de notre très-cher & féal Chevalier Chancelier de France le Sieur de Lamoignon, & qu'il en sera ensuite remis deux Exemplaires de chacun dans notre Bibliothéque publique, un dans celle de notre Château du Louvre, un dans celle de notredit très-cher & féal Chevalier Chancelier de France le Sieur de Lamoignon, & un dans celle de notre très-cher & féal Chevalier Garde des Sceaux de France le Sieur de Machault, Commandeur de nos Ordres.; le tout à peine de nullité des présentes, Du contenu desquelles vous mandons & enjoignons de faire joüir ledit Exposant & ses ayans cause, pleinement & paisiblement, sans souffrir qu'il leur soit fait aucun trouble ou empêchement. Voulons que la copie des présentes, qui sera imprimée tout au long au commencement ou à la fin desdits Ouvrages, soit tenue pour duement signifiée, & qu'aux copies collationnées par l'un de nos amés & féaux Conseillers Secretaires, foi soit ajoûtée comme à l'original. Commandons au premier notre Huissier ou Sergent sur ce requis, de faire pour l'exécution d'icelles tous actes requis & nécessaires, sans demander autre permission, & nonobstant clameur de Haro, Charte Normande, & Lettres à ce contraires. Car tel est notre plaisir. DONNE' à Versailles le quinziéme jour du mois de Septembre, l'an de grace mil sept cens cinquante-deux, & de notre règne le trente-septiéme. Par le Roi en son Conseil. SAINSON.

Registré sur le Registre XIII. de la Chambre Royale des Imprimeurs & Libraires de Paris, Nº. 39. fol. 14. conformément au Réglement de 1723. qui fait défenses art. 4. à toutes personnes de quelque qualité qu'elles soient, autres que les Imprimeurs & Libraires, de vendre, débiter & faire afficher aucuns Livres pour les vendre en leurs noms, soit qu'ils s'en disent les Auteurs, ou autrement, & à la charge de fournir à la susdite Chambre neuf Exemplaires prescrits par l'art. 108. du même Réglement. A Paris, le 26. Septembre 1752.
J. HERISSANT, Adjoint.

JE cede à M. Rollin le présent privilége pour les Elémens de Géométrie & la Géométrie Pratique seulement ; comme aussi pour le Dictionnaire de la Marine, par Aubin, & ce pour toujours. Fait à Paris le 30 Juin 1753. Signé, LE BLOND.

Registré sur le Registre XIII. de la Chambre Royale des Imprimeurs & Libraires de Paris, fol. 156. conformément aux Réglemens, & notamment à l'Arrêt du Conseil du 10 Juillet 1745. A Paris le 3 Juillet 1753. J. HERISSANT, Adjoint.

AVIS AU RELIEUR.

ON mettra les Planches des *Elémens de Géométrie* & celles de la *Géométrie Pratique* à la fin de chaque Livre de ces deux Géométries, suivant leur ordre numérique, & de maniere qu'elles sortent entierement du Livre vers la droite.

Ainsi les six Planches du premier Livre des *Elémens de Géométrie* se mettront à la page 94.

Celles du second, page 122.

Celles du troisiéme, page 140.

Celles du quatriéme, page 153.

Celles du cinquiéme, page 167. Et celles du sixiéme, page 179.

On mettra ensuite à cette même page le second titre, c'est-à-dire celui de la GÉOMÉTRIE PRATIQUE, ou de la SECONDE PARTIE.

On placera les deux Planches du second Livre de la Géométrie Pratique à la page 216.

Les trois premieres du troisiéme, à la page 237 ; & la Régle logarithmique, qui fait la quatriéme planche de ce Livre, à la page 251.

Les Planches du quatriéme Livre seront placées à la page 285.

Celles du cinquiéme, à la page 339.

Celles du sixiéme, à la page 349.

Et celles du septiéme, à la fin. On mettra immédiatement après les deux Planches de ce Livre, celles des Additions.

www.ingramcontent.com/pod-product-compliance
Lightning Source LLC
Chambersburg PA
CBHW071712230426
43670CB00008B/985